本书为教育部人文社科规划课题"新中国心理学发展史研究"（10YIAXLX007）成果

霍涌泉 等◎著

Development History of Psychology
in New Chnia

新中国
心理学发展史
研究

科学出版社
北京

内 容 简 介

本书以新中国心理学 60 多年的发展历程为切入点，以学科发展的总体概况、学科的基本理论研究、基础研究和应用性研究为重点内容，从国内心理学研究的学术进展、发展走向、主要成就、学科制度、政策影响等层面，对中国当代心理学的科学研究历史展开比较系统深入的专题化研究与客观评述。这对于总结新中国心理学的历史线索和演变转型特征，揭示新中国心理学研究的丰富内涵，重新审视已有学术研究的时代价值和历史价值，具有重要的学术意义。

本书对于高等院校相关专业学生，以及相关领域研究人员具有重要参考价值。

图书在版编目（CIP）数据

新中国心理学发展史研究/霍涌泉等著. —北京：科学出版社，2015.12
ISBN 978-7-03-046773-7

I. ①新…II. ①霍… III. ①心理学史-研究-中国 IV. ①B84-092

中国版本图书馆 CIP 数据核字（2015）第 303590 号

责任编辑：朱丽娜　刘天一　高丽丽 / 责任校对：彭　涛
责任印制：张　倩 / 封面设计：楠竹文化

联系电话：010-64033934
电子邮箱：fuyan@mail.sciencep.com

科学出版社 出版
北京东黄城根北街 16 号
邮政编码：100717
http://www.sciencep.com

北京通州皇家印刷厂 印刷
科学出版社发行　各地新华书店经销
*
2015 年 12 月第 一 版　开本：720×1000 1/16
2015 年 12 月第一次印刷　印张：22 1/4
字数：450 000
定价：**128.00 元**
（如有印装质量问题，我社负责调换）

序

———————

对新中国心理学发展模式、经验问题的总结和反思，具有重要的理论意义和实践价值。著名历史学家克罗齐说："一切真历史都是当代史。"比较系统深入地对新中国心理学科发展问题进行专题化研究，不仅可以更好地完成如何总结中国当代心理学科发展的历史经验的学术任务，而且能够从现实视角与历史视角及学科进展与学术演变转型相结合的高度，进一步深刻地理解改革开放以来中国心理学快速发展的经验和成就，努力寻求我国心理学学科发展繁荣的新机制，探讨把心理学建设推向更高层次和更高水平等重要问题，具有重要的理论和实践意义。同时，对于"如何认识现实"、"如何探讨学术发展规律"与"如何书写历史"等问题的把握，也具有重要的学术价值。

目前，国内心理学史界普遍重视对西方现代心理学史和中国古代心理学史的发掘与整理，而对我国近现代心理学史的研究和探讨则明显不足。特别是对当代中国心理学发展史的系统研究、总结，未能得以真正开展，这明显滞后于教育学、社会学等其他学科，更无法与文学、经济学等许多大学科相比。新中国的心理学研究走过了 60 多年不平凡的风雨历程，学术主流发展经历了多次比较大的转向。改革开放 30 多年来，经过国内几代学者的共同艰辛努力，我国心理学已经取得了跨越式的发展，但我国依然是"世界心理学研究落后的国家"（黄希庭，2008）。因此，比较系统地梳理新中国心理学发展和壮大的轨迹，探讨影响中国心理学发展的各种变量因素，对于不断开创未来学术研究的新境界，无疑可以提供许多有意义的线索。

　　研究、总结心理学的发展历史，是国内外学术界比较关注的理论与实际问题之一。科学心理学是一门很年轻的学科，因此从历史的视角探讨、总结心理学研究的经验和教训就显得格外重要。舒尔茨指出："在心理学中存在着一种与过去更加直接和更明确的联系，这是许多心理学家有探索兴趣的一种联系。"国内心理学界自高觉敷先生主编的《中国心理学史》中开辟了一章"解放后的中国心理学"内容以来，有关新中国心理学研究经验和教训的总结取得了很多有价值的学术成果，如赵莉如教授的《现代心理学起源与发展》、中国心理学会常务理事会发表的《中国心理学六十年的回顾与展望》（《心理学报》，1982）、王甦先生等主编的《中国心理科学》（吉林教育出版社，1999），均是有影响的代表性成果。近年来，更是涌现出了对改革开放 30 多年来心理学研究进展的总结热潮，如黄希庭先生主编的《中国高校哲学社会科学发展报告·心理学卷》（广西师范大学出版社，2008）、林崇德先生主编的《中国心理学科发展报告》、中国心理学会组织编写的《中国心理学年鉴》等，为进一步开展当代心理学史研究创造了良好的条件和提供了权威性资料。潘菽、朱智贤、曹日昌等一批文集的出版，展示了中国当代心理学家杰出的学术风采。

　　关于新中国心理学研究的分期问题，国内学者普遍将改革开放前 30 年的历史划分为学习改造阶段（1950—1956 年）、初步繁荣阶段（1957—1965 年）和停滞不前阶段三个时期；将近 30 年来的发展也划分为三个阶段：重建时期（1978 年—20 世纪 80 年代后期）、稳步成长期（20 世纪 80 年代后期—90年代后期）和快速发展期（20 世纪 90 年代后期至今）。不过，当前国内的许多相关研究尚停留在对现状的简略描述阶段，还没有上升到"史论"层面，难以反映出中国当代心理学发展的学理性内涵。迄今国内还没有出版过一本"中国当代心理学发展史"专著，甚至存在着用后 30 年否定前 30 年的不正常现象。究其原因，是由于开展当代心理学研究的困难与挑战很大，其中涉及许多敏感性问题。另外，对当代性的学术研究又面临着共时性与历时性矛盾的问题。作为一门小学科，心理学研究的时代性特点很难聚集为历史的经典，但是做好这一项工作却是非常重要的事情。其他学科的历史研究为我们心理学界起到了良好的示范作用。国内心理学界更需要坚持"前续历史传统，后启年轻一代"的治学方向，做好基础性的研究工作。

《新中国心理学发展史研究》的主要设计思路是：以新中国心理学 60 多年的发展历程为切入点，以学科发展的总体概况，学科的基本理论研究、基础研究和应用性研究为重点研究内容，从国内心理学研究的学术进展、发展走向、主要成就、学科制度、政策影响等层面，对中国当代心理学的科学研究历史开展比较系统且深入的专题化研究与客观评述。在这里，选择哪些学科发展现象和研究成果作为重点对象进入"心理学史"，乃是首先要解决的问题。尽管有些"学术性研究"之含义难以做到"历史"的本质性确定，但是"学术尺度"，即对研究成果学术影响力和独创性的衡量，则是必须要优先重视和考虑的问题。另外，研究要坚持心理学历史编纂学的标准和尺度，客观地选择当代心理学史中有重要影响的学科建设事件、思想、人物，以及研究基地中那些经得起时间和历史考验的学术成果。

在研究方法上，该书采用文献法、历史考察法、编纂学法、元分析法和理论阐述的方法，通过"厚基础，专题化"的方式，对当代心理学的发展问题进行历史和理论评述。既重视对"史料文献考证"之类的"史实"的积累与整理，也注重对"理论探讨分析"之类的"学术"的钩沉与建构。也就是说，一方面要避免因为文献材料的丰富而陷入"心目俱乱"的境地，另一方面也要克服空洞性的理论评述。争取突出史实性、史料性、学术性、问题性，力求实现"史料翔实、史论结合自然，见解独到"的研究目标。

该书的主要作者霍涌泉教授目前担任中国心理学会理论心理学与历史专

业委员会副主任、陕西师范大学博士生导师、校学术委员会委员。近20多年来，其在理论心理学、西方心理学史、当代中国心理学发展史方面进行了许多研究，积累了很多相关文献资料，并取得了丰富的研究成果。尤其是应国内一些有影响力刊物的邀请，近年来已发表了《新中国60年心理学的变革与发展》、《世纪之交中国心理学的发展走向》、《心理学研究的人文社会科学向度》等论文，被《高校文科学报学术文摘》、人大复印资料《心理学》等全文转载。一些观点被《中国心理学学科发展报告》(2010)、《中国哲学年鉴(2012)》等收入。同时，还参加了全国普通高等教育精品教材及"十一五"国家级规划教材《心理学通史》(北京师范大学出版社，2008)、全国百门精品教材《心理学史》(高等教育出版社，2007)、国家重点图书《中外心理学比较思想史》(上海教育出版社，2009)等项目的编写任务，出版有专著《心理学理论价值的再发现》(中国社会科学出版社，2009)、《现代心理学基本理论研究》(陕西师范大学出版社，2011)，在心理学历史编纂学方面积累了一定的研究经验。这些前期成果为其研究打下了良好的基础，并积累了学术攻关经验。

该书作为国内新问世的新中国心理学发展史研究方面的专著，固然有填补学术研究薄弱环节之功，当然其中也有需要进一步完善的地方。我相信随着国内近年来兴起的重视学术史、学科史热潮的日益深入发展，作者会继续不断地修改完善，提升研究水平和学术质量。

叶浩生

中国心理学会前副理事长

2015 年 8 月 17 日于广州

目　录

绪　论

中国当代心理学的源流、分期和发展概况

新中国的心理学研究走过了 60 余年不平凡的风雨历程。"心理学好像是人类进步的基本条件，更是关于人类真理的试金石。"回顾 60 多年的历史经验，总结新时期中国心理学跨越式发展的辉煌成就，对于不断开创未来学术研究的新境界，寻求我国心理学走向持续发展繁荣的新机制，无疑具有重要的理论意义和实践价值。

一、中国当代心理学的源流

（一）我国现代心理学思想的渊源

心理现象是人类日常生活中一种非常普遍的现象，它在远古时期就引起了先民们的关注。我国古代人关于心、性、思、情、意、知、觉、想、念、虑以及精、气、神、鬼、梦和灵魂等观念，都是对心理现象的描述或直接与间接地涉及心理现象和心理活动。在这方面古代思想家有许多精辟的论述和独到的见解，是一个有待开发和利用的丰富宝藏。中国现代的科学心理学引自西方，传统文化中只有心理学思想，而没有心理学这门学科和专业。

在西方，心理学也是现代科学发展的产物。"心理学"一词来源于希腊文，意思是关于"灵魂"的科学。随着科学的发展，心理学的对象由灵魂变为心灵。直到 19 世纪初，德国哲学家、教育学家赫尔巴特才首次提出心理学是一

门科学。而原先的心理学、教育学研究均属于人文哲学的范畴，后来才各自从哲学的襁褓中分离出来。

国际心理学界普遍认为，近代科学心理学的创始人当属冯特，这缘于他1879 年在莱比锡大学所创建的心理实验室。科学心理学强调不仅要对心理现象进行描述，更重要的是用实验的方法，去探讨其发生、发展的规律，对心理现象作出科学的解释与说明。

现代意义上的中国心理学是舶来品。从 1889 年颜永京翻译的第一部心理学著作《心灵学》在中国出版开始，至今已有 120 多年的历史。作为学科建制的中国心理学出现于 20 世纪初期，1902—1903 年随着清政府新学制的建立，在同文馆和师范馆开设了心理学课程。民国时期，1920 年东南大学设立了中国第一个心理系，1921 年中国心理学会成立（比日本早一年）。随后，在蔡元培等学者的倡导下，"中央研究院"创建了心理研究所（1928），抗日战争之前全国已有十多所大学开设有心理系。

我国现代心理学的发展源于西学东渐，与西方文化的传入有着紧密的联系。西方心理学思想之传入为时较早，据考证在中世纪时期，一些西方传教士已经开始将西方的心理思想传入我国。如明代利玛窦（1582）等人曾将《西国记法》、《灵言蠡勺》等著作中的西方哲学神学心理思想传入我国。"鸦片战争"以后，在"师夷长技以制夷"思想的指引下，我国一些有远见的知识分子极力倡导学习西方的科学技术。这时已经有人留学国外，在国外习修过心理学课程，如容闳（1828—1912）等人。特别是在"戊戌变法"前后，西方的教会学校登州文会馆，已将心理学列入正式课程。1889 年，颜永京牧师在上海圣约翰书院以美国神教学士海文心理学为教本，开设了心理学课程。当时，除了传教士带来的心理学思想之外，王国维（1877—1927）于 1907 年翻译出版了丹麦海甫定所著的《心理学概论》一书，1910 年他又翻译出版了美国禄尔克著的《教育心理学》。在晚清政府被推翻之后，随着学校教育制度的普遍推行，西方的各种心理学思想通过各种途径大规模传入我国。梁启超在《中国历史研究法》一书中，对社会心理问题给予了高度关注。另外，通过出国留学，在我国也出现了一批学贯中西的心理学工作者和心理学家，他们的辛勤劳动为我国现代心理学的发展奠定了基础。现代心理学科的发展史可以说是我国心理学科工作者为寻求真理而辛勤劳作的成果和结晶。

（二）民国时期我国心理学发展的概况

心理学的发展需要有相应的组织建构和学术团体的建立和支持。因此，谈到这一时期心理学的发展，不得不提及蔡元培先生。

蔡元培（1868—1940）是中国近代史上著名的民主革命家、教育家、思想家，也是中国现代心理科学的先驱、倡导者与扶持者。他曾于1907—1913年两次留学德国，其中有三年的时间在莱比锡大学学习，亲自聆听过冯特讲授的心理学、实验心理学和民族心理学课程。他三年里共听过8门心理学课。受冯特的影响，回国后他在我国积极创建心理实验室和心理学研究所。其"兼容并包、学术自由"的教育理念，为马克思主义的传播和现代心理学研究的展开提供了宽松的文化环境。从历史的角度看，可以说他是中国现代心理学之先驱。在蔡元培先生的倡导下，这一时期的心理学组织机构和研究平台才得以实现。他扶持创建了我国第一个心理实验室和第一个心理研究所；为心理学性质与方法之思想提供了方法学基础；重视心理学在教育中的应用，用心理的知、情、意解释、论证他当时提出的"五育"教育方针。蔡元培多次强调说："所谓健全人格，分为德育、体育、知（智）育、美育四项"，并主张把智育、德育、美育作为心育（杨鑫辉，1995）。同时，他也推动了儿童与教育心理学的研究、文艺与美育心理之思想；主张西方心理学与中国传统文化相结合，对心理学研究仍有指导意义。这一时期心理学组织机构和研究平台的建立，大致表现在以下几个方面。

1. 心理学研究机构的建立

心理学的研究机构一般设立在大学的院系或者国家的有关研究机构之中。民国时期，我国有8所大学建立了心理学系，具体情况如下：①东南大学。该校是由1915年成立的南京高等师范学校改名而成，1920年成立心理学系，这是我国建立的第一个心理系。②中央大学。该校于1927年在理学院设立了心理学系，1929年改为教育心理系。③北京大学。蔡元培先生担任校长期间，早在1917年由陈大齐筹建了心理实验室，后来于1926年建立心理学系。④清华大学。该校于1926年建立了教育心理系。⑤燕京大学。该校1927年开始设立心理学系。⑥辅仁大学。该校创立于1926年，1929年在教育学院中建立心理学系。⑦北京师范大学。该校的前身为北京高等师范学校，其心理系成立于1923年。1920年聘请张耀翔讲授心理学，以后又创建了心理学实验室。其心理学附设于教育系之中。⑧大夏大学。该校创办于 1924 年，最初在文科设哲学心理系，1936 年设立教育心理系。当时，在这些大学中活跃着一批著名的心理学家和心理学工作者。其中，较为著名的有陈大齐、唐钺、汪敬熙、陈立、陈鹤琴、陆志韦、张耀翔、廖世承、章颐年、郭一岑、艾伟、郭任远、肖孝嵘、左任侠、高觉敷、谢循初、潘菽、丁瓒、吴江霖、曹日昌、林传鼎等。他们投身于心理学的研究、应用、宣传和教学工作之中，为中国心理学的发展作出了不可磨灭的贡献。民国时期的心理学历史，也就是这一批心理学界的同人学习、研究、宣传和应用心理学的历史。但是，旧中国的心理学很难开展，如"前中央大学的心理系在抗战前的 15 年之中招生人数不足 50 人，学生毕业后大都很难找到适当的工作"（赵莉如，1998）。

2. 心理学会的成立

心理学会是心理学工作者的群众性学术团体，是心理学工作者交流思想、切磋学问、推动学术繁荣发展的重要组织形式。民国时期，我国曾经先后组建了 4 种全国性的心理学学会：①中华心理学会。该学会建立于 1921 年，它的建立与此前一批留美专攻心理学学者的归来直接相关，这也是美国心理学研究发展模式中国化的表现。②中国心理学会。该学会建立于 1937 年，系由心理学工作者每周的聚餐会酝酿及筹划而建立。筹建中的学会组织启事中说："同志们在国内外曾发表过很多有价值的研究作品，曾先后为提倡心理学的效用而努力。但中国心理学研究在国际上还没有达到相当的地位，心理学系在国内各大学中且有日趋没落之势，一般人对于心理学的应用价值更是漠不关心。我们的失败，正因为过去缺乏合作。社会上流行的成见，障碍心理研究的发展，本是普遍现象，在我国这样的情形尤见严重。我们更需要坚强的合作，来排除这个障碍。"该学会因为日寇的入侵而未能如期举办第一届年会。③中国测验学会。该会于 1930 年冬开始筹备，1931 年宣告成立。④中国心理卫生协会。该会于 1936 年在南京正式召开成立大会。这些学会为心理学的发展、推广和应用作出了一定的贡献。

3. 心理学刊物的出版

心理学的发展有赖于学术交流平台的支持，心理学刊物的创办给作者提供了一种展示自己研究成果、进行学术讨论与服务于社会的平台。据统计，民国时期创办的心理学刊物有以下 10 种：①《心理》（中华心理学会会刊）；②《心理半年刊》（中央大学心理系和心理学会编印）；③《心理附刊》（中央大学"日刊"中每周一期的二页周刊）；④《心理季刊》（上海大夏大学大夏心理学会出版）；⑤《中国心理学报》（中国心理学会会刊）；⑥《测验》（中国测验学会编辑）；⑦《中央研究院心理研究所丛刊》（"中央研究院"心理研究所印行）；⑧《心理教育实验专篇》（中央大学教育学院教育实验所编辑）；⑨《教育心理研究》（中央大学研究院教育心理学部编）；⑩《心理建设》（中国心理建设学会会刊）等。这些刊物的创办为心理学研究人才的培养，成果的展示，学术思想的介绍、宣传和讨论以及心理学知识的运用，提供了必要的条件。

（三）西方及苏俄心理学思想的引进与传播

20 世纪 20 年代以后，国际上出现了各个心理学派的激烈争鸣。一些著名的心理学派，如"构造派、机能派、完形派、心理分析派都陆续被介绍到中国来，中国心理学也形成一个开始繁荣的局面"。杨鑫辉主编的《心理学通史》第二卷中，详细记录了当时西方心理学派在我国的流传情况。据统计，1940 年以前，国内翻译的各种心理学书籍达 165 种，其中名著近 20 种。

这里特别值得提到的是，1917 年的"十月革命"之后，苏俄心理学对我国心理学的研究产生了巨大的影响。苏俄心理学的突出特征表现在两个方面：一方面是突出了马克思主义哲学在心理学研究中的指导地位；另一方面是突出了巴甫洛夫学说在心理学研究中的地位和作用。因此，"十月革命"一声炮响不仅给我国送来了马克思列宁主义，而且也送来了独具马克思主义色彩和具有巴甫洛夫学说影响的苏俄心理学思想。自 1923 年苏联学者叶勒索夫来华介绍俄国心理学的发展情况之后，潘菽在《中央大学半月刊》上译文介绍《苏维埃联邦心理学》。1934 年，郭一岑编译了《苏俄新兴心理学》，1937 年他又出版了《现代心理学概观》一书，这是我国最早出现的以辩证唯物主义为指导研究心理学的著作。不过在苏俄心理学思想传入我国的初期，巴甫洛夫学说便受到我国一些学者的质疑。随着新中国的建立，一批赞成和拥护苏俄心理学的心理学工作者构成了新中国心理学研究的中坚力量。他们在这一阶段的研究也为新中国心理学的研究提供了重要的文化积淀。

（四）国共合作时期心理学和新中国心理学奠基者的学术积淀

1937 年"七七事变"以前，我国心理学的发展走向大致有两条道路：一条是积极引进和消化西方心理学不同学派的思想和方法，同时进行本土化的改造；另外一条道路是接受苏俄马克思列宁主义思想的影响，试图在新哲学的指引下探讨心理活动的规律。"七七事变"以后，因为日本帝国主义的大举入侵，使我国人民饱受战争的痛苦。"西安事变"以后，我国在政治上进入了国民党和共产党的第二次合作时期。但是，战争的灾难也使心理学的研究和发展受到了严重的影响。原来在敌占区的心理学研究和教学单位，有的迁至四川、云南等地，有的停办，只有极少数大学还保留着心理学系、组或开设心理学课程。心理学会及原有的刊物几乎全部停办，心理学研究走向了低落时期。可是，即使是在国共合作、抗日战争的烽火岁月里，许多心理学家仍没有放弃自己的研究、教学和著述，并取得了一定成果；培养了一批研究生，出版了一些重要著作；还新创办了《教育心理研究》刊物（艾伟主编，1940—1945 年出版）。心理学的论文主要是中国在教育心理方面，尤其是学科心理（语文、数学、英语）方面的研究成果较为丰富。这一时期，刘泽如发表了《行为研究举例》（连续发表在《理论与现实》1939 年 2—3 期）；汪敬熙先生出版了《行为之生理的分析》（1944）；丁瓒出版了《心理卫生论丛》（1945）。陈立在工业心理研究方面，得到工商界人士的赞助，出版过"实业心理专号"（《新世界》，1944年 12 月号）。

抗日战争胜利特别是新中国成立之后，一些大学相继恢复了心理学系、组。值得一提的是，一些较早接受马克思主义的心理学工作者，后来成为新中国心理学事业的中坚力量，其中著名学者有唐钺、廖世承、张耀翔、郭一岑、谢循初、高觉敷、潘菽、肖孝嵘、周先庚、陈立、阮镜清、胡寄南、左任侠、朱智贤、丁瓒、曹日昌、林传鼎、张述祖、吴江霖等。他们在新中国的心理学发展历史上具有举足轻重的地位，可以说是新中国心理学事业的主要奠基人。

二、新中国前 30 年心理学的发展与曲折道路

新中国成立后，随着社会主义经济建设和文教科学事业的日益发展，在党和政府的领导、规划下，中国心理学得到了迅速发展。国内学者普遍将改革开放前 30 年中国心理学的发展划分为以下三个阶段。

1. 学习改造阶段（1950—1956）

新中国成立之初，党和政府于 1949 年 11 月成立了中国科学院，很快便设置了心理学研究机构，重建了中国心理学会（1950 年 6 月成立了中国科学院心理研究所筹备处，1951 年 12 月 7 日中国科学院心理所成立）。1952 年全国高等学校院系调整，在北京大学哲学系设心理专业，各高等师范院校先后设立心理学教研室，将心理学列为各系的必修课。1955 年 8 月中国心理学会正式成立并举行第一次会员代表大会。这时全国已有 19 个省级心理学会，共有会员 501 人，此后创办了学术杂志《心理学报》。1956 年，在全国科学规划中将心理学作为基础学科之一，并制定了《十二年发展远景规划》，确定了心理学科的发展方向。这一时期对心理学基本上完成了机构、人员调整和心理学科规划的制定。当时学术研究的重点是学习辩证唯物主义和巴甫洛夫学说以及苏联心理学，并试图改造西方的心理学。与此同时，各项研究和培养新生力量的工作都逐步开展起来，为新中国成立后心理学的发展打下了新的基础。

2. 初步繁荣阶段（1957—1965）

1957 年，全国心理学工作者曾针对心理学教学和科研工作中脱离实际的倾向，开展了对心理学如何联系实际、为经济建设服务问题的讨论。这使心理学工作者充分认识到了科研工作要密切联系实际的必要性，在劳动心理、工程心理、医学心理和教育心理等领域取得了一定成绩，推动了应用心理学的发展。

1958 年 8 月，由北京师范大学首先发起了一场波及全国的"批判心理学资产阶级方向"运动。1959 年纠正了这一批判运动的错误，开展了关于心理学的对象、任务、方法和学科性质等基本理论问题的学术讨论。这次讨论明确心理学研究的方向应是贯彻理论联系实际的方针，把重点放在解决实际问题的研究上，同时不应忽视基础理论问题的研究；心理学既要研究阶级的特殊心理活动的规律，也要研究人类心理的共同规律；在研究任务上，心理学要研究的是人的心理形式或反应过程而不是内容；在研究方法上，除阶级分析外，还需使用其他方法；在学科性质上，强调心理学是介于社会科学和自然科学之间的中间科学。

20 世纪 60 年代初期，北京大学、北京师范大学、华东师范大学和南京师范学院等高校开设了心理学专业，培养了一批心理学专业人员。中国科学院心理研究所与 17 个省（自治区、直辖市）的 20 多所师范院校协作开展教育心理学的研究。中国心理学会也成立了教育心理专业委员会，并制定了儿童心理年龄特征的五年研究规划，促进了科研和教学工作的开展。1962 年由国家科学技术委员会①、中国科学院和教育部组织制定《1963—1972 年科学技术发展规划》，在心理学方面也制定了"十年规划"。在此后两年多的时间里，中国心理学研究有了前所未有的发展，在解决工业、国防、医学、教育方面综合性和关键性的心理学问题上取得了一定的成果，在学术研究、专业队伍、刊物和教材的出版等各方面都显出了初步繁荣的景象。特别是组织出版了比较适合国内需要，至今影响广泛的三本心理学经典教材：《普通心理学》（曹日昌主编）、《教育心理学》（潘菽主编）、《儿童心理学》（朱智贤主编）。

3.停滞不前及取消阶段（1966－1976）

在"文化大革命"期间，全盘否定了心理学工作，撤销中国科学院心理研究所和各大专院校的心理学教研室，停止开设一切心理学课程，广大心理学工作者下放劳动，有的被迫改行，有的遭到迫害。1966 年"文化大革命"开始后，各地的心理学教学、研究工作停止。1968 年中国科学院心理研究所全所人员下放干校，少数人改行。1970 年中国科学院心理研究所撤销，中国心理学事业处于完全停滞的状态。这十年的停顿，使中国心理学加大了与国际心理学研究水平的差距。

不过，抛开"反右"和"文化大革命"的不正常干扰之外，这 30 年里中国心理学还是取得了许多积极进展，形成了一定的研究传统格局，为改革开放以来的恢复、重建工作奠定了学科建设体制基础和研究发展方向。其成果集中表现在以下几个方面。

1）自然科学发展模式定向为新时期的大发展奠定了良好的学科建设基础。改革开放前 30 年，老一辈学者对中国心理学发展最为突出的成就之一，可以说是自然科学的学科定向模式。早在 20 世纪 20 年代，蔡元培先生便将心理学定位于"驾于自然科学与社会科学之间的一门科学"，并在 1928 年的"中央研究院"成立了心理学研究所。新中国成立后，党和政府将心理学的学科编制归属于自然科学的生物学部。如果没有这一学科定位方向，而是按照文科的建制发展，中国的心理学可能会受到"极左思潮"的更大冲击，也不可

---

①现为科学技术部。

能为新时期心理学的大发展打下良好的学科建设基础；特别是在科研经费、实验室建设和政策支持的力度方面，自然科学的学科定向是人文社会科学学科所难以达到的。同时，以潘菽为杰出代表的老一辈学者，高瞻远瞩地将心理学定位于"既有自然科学的性质又有社会科学的属性"，强调心理学"还在幼年发展阶段，任务重，能力小，研究的问题多于可用的方法，应当兼容并包，应用和创造一切可用的方法，不要局限于任何一种方法束缚自己的手脚"（潘菽，1980）。这些论断至今仍有积极的指导学术研究的意义。

2）重视提高心理学基本理论问题的研究。西方心理学一直被视为一门实证科学、经验科学，而中国心理学学科建制的自然科学性质定位更被许多研究者所强调。但是，我国一些学者认为，仅仅停留在经验、实证层面上的研究积累，还不足以支撑及维系一门具有独特研究范式、研究方法和发展战略的学科。新中国成立初期的一批心理学家，如潘菽、曹日昌、朱智贤、陈立、高觉敷等，固然十分重视实证研究和解决社会实际问题的应用导向，但我们更要看到他们重视建立独立的学科任务定向和进行深入理论思考的艰辛努力。例如，在20世纪50年代末，曹日昌便总结提出中国心理学的三项重点工作：一是理论任务与学科方向定位；二是为社会主义建设服务；三是计划分工与协作问题。改革开放初期，中国心理学重建和发展的主要领军人物潘菽，更是异常重视心理学基本理论问题的研究。这些老一辈学者大都有留学经历，学贯中西，既有深厚的实证研究底蕴，又有一定的马克思主义理论水平，很重视理论研究和实证研究的结合。他们普遍从心理学的发展和社会主义建设的要求出发，逐渐认识到坚持用辩证唯物主义指导中国心理学工作的重要性和必要性，并试图在心理学的科研和教学中加以正确体现，且能在各自的学术研究领域将理论与实证自然地融会贯通。这种学术素养是值得当代学者学习和继承的。

3）加强心理学的基础研究，加深应用研究。基础心理学涉及普通心理学、实验心理学、生理心理学、心理统计测量和发展心理学等领域，它有着丰富的研究主题和内容。心理学基础研究的任务是揭示心理活动的规律，它直接关系到心理学的理论建设与发展。"从1956年到1966年全国社会主义建设的十年中，我国心理学界试图以马克思主义为指导，结合实际，开始探索适合我国需要、能为社会主义经济文化建设服务的方向，调整并落实规划，在教育、劳动生产、医学等领域中以及在基本心理过程、心理的生理机制和心理发展等方面的研究都进行了相当数量的工作。"（王甦等，1999）这一阶段，中国心理学界在感知觉、记忆、错觉以及结合针刺麻醉进行痛觉研究等领域，进行了大量的实验研究，取得了丰富的学术成果。在生理心理方面，进行较多的是关于动物与人类高级神经活动方面的实验研究，同时采用脑电、电生理、微电极和生物化学等方法，对痛觉、学习、记忆、注意和情绪应激状态等方面的生理机制研究，更是成就显著。在发展心理方面，新中国成立前便有了大量的研究积累，新中国成立后对中国儿童认知发展、类比推理、语言和数学思维发展规律的实验研究形成了明显的优势特色。与此同时，积极开展心理学联系实际，扩大及加深应用心理学的研究，更是这一时期中国心理学研究的重点。

三、改革开放 30 年来的快速发展、成就与经验

改革开放以来，随着我国社会经济建设事业日新月异的发展，中国心理学走过了恢复重建阶段，并进入了一个前所未有的快速发展时期。有学者（黄希庭，2009）将改革开放 30 年来中国心理学的发展划分为三个阶段：重建期（1978 年—20 世纪 80 年代后期）、稳步成长期（20 世纪 80 年代后期—20 世纪 90 年代后期）和快速发展期（20 世纪 90 年代后期以来至今）（黄希庭，2008）。30 年来，中国的心理学在专业教学和学科建设、学术研究和服务社会等方面都得到了空前的提升。

在专业教学与学科建设方面，改革开放初期仅 5 所大学有心理系（1978），到 2008 年心理学本科专业已发展到 260 多所高校，其中新增 200 多所大学；拥有心理学硕士学位授予权的单位有 107 个。在博士培养方面，1982 年仅中国科学院心理所、北京大学、北京师范大学、华东师范大学和杭州师范大学5 个单位拥有授予权，而目前 28 个单位拥有心理学博士学位授予权，一级学科授权点 9 个。清华大学、复旦大学、中山大学等综合型大学也相继恢复中断了 50 多年的心理系。现在我国心理学有 1 个国家级研究所、4 所高校建成教育部人文社会科学重点基地。2003 年，全国高校心理学本科专业每年招生突破了 1000 人，硕士每年招生 500 多人，博士招生 200 人左右（林崇德，2008）。国内超过一半的省（自治区、直辖市）建立了本、硕、博连续完整的培养教学体制。改革开放以来，心理学的人才培养规模、教材建设和实验室建设呈现出了跨越式发展。

在科研政策环境改善方面,近30年来党和政府对心理学发展的积极支持更是前所未有的。1978年教育部为心理学平反昭雪。1980年第22届国际心理学大会讨论并一致通过接纳中国心理学会加入国际心理科学联合会(International Union of Psychological Science,IUPsyS)。2004年国际心理学大会在北京的成功举行,充分体现了中国心理学的学术成就和国际影响力。

1999年科技部组织制定《全国基础研究"十五"计划和2015年远景规划》,并由国家自然科学基金委员会牵头具体实施,将心理学确定为18个优先发展的基础学科之一。2000年,心理学被国务院学位委员会确定为国家一级学科。在2006年的《国务院科技发展纲要(2006—2020)》中,又将"脑科学与认知科学"列入国家8大科学前沿问题之一。近年来,已有10多所国内知名高校将心理学及其相关研究列入"985"工程重点建设项目,教育部直属的6所师范大学也于去年联合启动了"教师教育创新平台"建设计划,把心理学作为师范院校的优势特色学科之一。同时,国家对心理学事业发展的支持还表现在:1994年,《中共中央关于进一步加强和改进学校德育工作的若干意见》中提出,"通过多种方式对不同年龄层次的学生进行心理健康教育和指导";1999年,教育部颁布了《关于加强中小学心理健康教育的若干意见》;2001年,教育部又制定了《关于加强普通高等学校大学生心理健康教育工作的意见》,对大中小学心理健康教育作了具体的要求和规定。近10年来,我国许多职能部门也将心理学人才的职业化建设纳入到了规范化的管理体系中,如劳动部认证的"心理咨询师"、卫生部认证的"心理治疗师"、人事部认证的"心理保健师"等职业资格制度化的保障措施,已经对我国心理学的专业化事业的纵深发展起到了积极的推动作用。凡此说明我国的心理学建设事业已经出现了由点到面的整体大发展格局,标志着心理学科被纳入到了国家主要学科的建设系列中(林崇德,2010)。这必将有力地促进我国各科研机构、院校中心理学专业人才的培养工作,进而提升心理科学在我国的教育和研究水平。

在学术研究方面,改革开放30多年来,中国心理学研究不仅在较短的时间内获得了蓬勃生机,而且在整体特点上出现了一种转型、改革和发展的良好发展势头。

1. 学习引进与创新意识增强

心理学的理论和研究范式大部分来自国外。不断学习先进国家的心理学理论和技术方法，是提升我国心理学研究水平的重要途径。新中国成立前的中国心理学，主要是译介西方心理学著作。新中国成立之初开始转向学习苏联。改革开放后，又重新掀起了介绍西方心理学著作和理论的高潮。自从 1980 年中国心理学会加入国际心理科学联合会以来，中国心理学者与国外的交流日益频繁。在这一过程中，大量的国外前沿心理学研究成果被介绍到中国来，通过心理学工作者的学习和引进发现了新的问题。同时，中国学者在心理学领域的研究成果也被国外所了解。深入研究西方心理学的新趋势、新取向和新进展，有助于我们理解心理学在当代文化体系中的地位与作用，掌握当代西方心理学最新的理论建构和未来走向。

近 30 年来，在研究指导思想上，中国心理学界逐渐放弃了新中国成立以后长期模仿苏联心理学试图建立无所不包的理论体系的追求，代之而起的是对西方多元化心理学理论范式的引进。学术研究表现出了对单一体系心理学的超越与回避倾向，即不再坚持用非此即彼的模式来解释人的心理现象及其活动规律。在研究方法上，不断引进西方心理学的新理论、新思想和新技术，采用多元化的理论研究人类心理活动的模式。同其他科学问题的研究路径相似的是，西方心理学一直是中国学者观照、把握和理解同类型问题的参照。值得关注的是，目前我国学者积极引进和吸收国外心理学的理论模式和技术方法，在此基础上结合自己的实际情况，开展一些有特色的中小型理论和应用性问题的研究，取得了不少有一定国际影响的成果，如拓扑知觉理论（陈霖）、智力的多元结构理论（林崇德）和时间认知分段综合模型（黄希廷）等研究，已引起西方学者的关注。但是，中国学者在评述、学习和转借西方先进理论的探索历程中，也需要逐渐走上一个剥离和独立建构的过程，在面向世界的基础上作出中国人应有的心理学理论贡献。

2. 实证化成为学术发展的主要研究方法

实证研究是提高心理学研究水平的主要进路。许多人认为，实证地研究人的心理问题是心理学科稳定发展的客观要求。心理学的研究陈述，只有得到实证材料或实验结果的支持，才能发展、巩固和完善。近 30 多年来，实证化倾向在中国得到了强化和发展。不少学者在反思与总结改革开放以来中国心理学发展的成就时提出："继续强化实证研究将是今后中国心理学发展的一大成功经验。"许多学者认为，实证化与心理学的科学化要求是内在相关的。也就是说，研究心理学问题要尽量注意"操作化"，必须能够直接或间接予以验证，否则就会使心理学哲学化。目前，我国心理学普遍地重视实验与测量研究，除了传统的基础心理学研究主题，如感觉、知觉、注意、记忆和思维等，进一步加强了实证研究的力度以外，新发展起来的社会心理学、人格心理学也逐渐演变为实验社会心理学、人格测量学。过去学术界长期囿于一般性推理描述的很多研究课题，像遗传与环境对人的能力性格的影响作用、中国人的性格、民众的心理承受能力等问题的研究，现在也大规模地采用了实证调查的技术方法，取得了令人瞩目的成果。近 10 年来出版的一些有影响的心理学专著，特别是最近几年成长起来的一批经过科学两大训练的年轻一代学者的代表性著作，均十分注重以实证操作化的方法，探讨心理学的一般理论问题或具体实际问题。这种重视心理学研究的实证化倾向，有力地促进了心理学学术水平的提高和良好的学术氛围的形成，也深化了心理学研究的学理价值。进入新千年以来，我国心理学工作者又展开了一场更加激烈和不断升级的研究方法上的竞争热潮，这也更容易促进心理学研究走向国际化。

3．认知化成为引领心理学科前沿的主要进路

改革开放 30 多年来，中国心理学的基础理论研究出现了两次明显的转向：第一次是 20 世纪 80 年代初期中国的普通心理学和实验心理学转向了认知心理学研究；第二次是 20 世纪 90 年代以来从认知心理学转向了认知神经科学研究。从认知心理学转向认知神经科学，是当代国际心理科学研究的又一次新的战略转移。认知心理学和认知神经科学研究范式，已成为当前心理学研究的主要路径。认知科学的兴起和发展，标志着对以人类为中心的认知和智能活动的研究进入到了一个新的阶段。认知科学作为一种研究纲领代表了心理学的先进思想和方法，对中国心理学理论发展的影响更是极为深远。中国近年来兴起了一股认知神经科学的研究热潮。当然，国内的认知科学大都沿用西方相对成熟的实验范式或因循其理论框架，普遍关注从硬件设施方面推动学科建设。"但在研究思想创新和理论发展方面，我国学者的学术研究如果要赶超国际先进水平，恐怕是更难达到的目标。"（张卫东，2008）这是中国心理科学研究者不得不面临的艰巨挑战。

4．本土化研究得到了广泛重视

20 世纪 80 年代中期以来，中国心理学又出现了一场规模较大的本土化研究运动。对于中国古代心理学思想的系统性发掘和整理，可以说开启了国

内心理学研究本土化运动的先声。随后是发展心理学界开展的"中国儿童心理发展与教育"这一大规模的全国性协作研究,其中推出的一系列重大成果,标志着中国心理学为丰富世界心理学理论作出了独特的贡献。与此同时,不少认知心理学研究者在西方认知科学理论和方法的规范下,发现中国被试与西方被试在信息记忆加工编码方式上的差异,引起了国际心理学的关注,进而吸引了一批认知心理学研究者参与到了跨文化、"本土化"研究运动的行列中来。20世纪80年代末期,港台学者极力倡导的本土心理学及其卓有成效的研究成果,在内地得到了广泛的传播与交流,这在很大程度上加强了内地心理学的本土化研究意识。

从20世纪90年代开始,中国心理学的本土化研究取向发展到了尝试进行整体思考架构的阶段,这在文化心理学和社会心理学的研究中反映得最为明显。许多学者提出要建构本土化的概念和理论模式,这标志着国内心理学工作者开始具有了对本土化的心理学研究的自觉意识。心理学研究的本土化即中国化的目的,并非建立故步自封的本国心理学,而是要创建面向世界的具有中国特色的心理学,为世界心理学提供新的资料、课题、理念和方法,在世界心理学的发展中作出"不可替代"的独特贡献。

老一辈心理学者多次明确提出:中国心理学必须走自己的路,建立具有我国特色的科学心理学体系,以便能更好地为我国社会主义建设服务,并为国际心理科学的发展作出我们应有的贡献。建构具有中国特色的心理学的途径主要有四条:①要坚持辩证唯物论的指导;②要密切结合实际开展研究;③要有辨别地继承我国古代心理学思想的宝藏,发扬国光,古为今用;④要批判地吸收外国心理学中一切有价值的东西,博采众长,洋为中用。年轻一代的学者也日益认识到,建立原创性的中国心理学理论具有十分重要的意义。从科学的普适性而言,并不存在中国特色的数学、中国特色的物理学,但是却需要有中国特色的经济学、中国特色的文化学、中国特色的社会学;从人类共同性的角度来看,人类具有共同的人性、共同的理性、共同的情感和行为方式,用同样的方法和规则来研究并约束本质相同的人,似乎不会有什么问题。另外,人又是社会历史的产物,是有文化的动物,不同社会中的人接受不同的文化和制度的滋养,对心理规则的要求和遵守又会带有极强的本土特征。中国人的行为生存方式、文化心理模式对全球多元化的发展进程会有所补充、丰富以及独特的贡献。

第一章

新中国成立初期心理学的改造与发展

1949 年 10 月 1 日，中华人民共和国成立。这是在中国共产党的领导下，中国人民的伟大胜利，是中国人民反对帝国主义、封建主义和官僚资本主义的新民主主义革命斗争的伟大胜利。从此，中国心理学的发展也进入了一个新的历史时期。

第一节　学习改造阶段的心理学发展概况

一、学习改造的时代背景

新中国成立之后，为了巩固新生政权，开展了多次轰轰烈烈的社会主义革命运动。1951 年开始的对知识分子"思想改造"运动，对心理学的发展产生了突出的影响。

1951 年 10 月 23 日，毛泽东在中国人民政治协商会议第一届三次会议上提出了知识分子的"思想改造运动"。他说："思想改造，首先是各种知识分子思想改造，是我国在各方面彻底实现民主改革和逐步实行工业化的重要条件之一。"接着《人民日报》以通栏标题发表了"用批评和自我批评的方法开展思想改造运动"的文章。11 月 30 日，中共中央又发出内部文件《关于在学校中进行思想改造和组织清理工作的指示》，要求在所有大中小学校的教职员和高中以上的学生中开展"思想改造工作"。12 月 23 日和 24 日，毛泽东又两次指示中共各中央局，要求在各地学校开展大规模的"思想改造工作"。自此"思想改造运动"迅速从教育界扩展到整个知识界。

当时，正值"抗美援朝战争"期间，中央政府要求肃清"亲美、恐美、崇美"思想，树立"仇视、蔑视、鄙视美帝国主义"的思想。因此，曾经在欧美留过学和在国民党统治下工作过的知识分子都成为思想改造的重点。心理学界那些从"旧社会"过来的知识分子无一例外，都需要进行思想"改造"。这场"思想改造运动"的实质，是让从"旧社会"过来的知识分子，从政治（阶级）立场和人格上进行彻底的自我否定，要"与旧社会割断联系"。大多数真心热爱新中国的知识分子也都纷纷表示，自愿参加这场"思想改造运动"。

二、学习改造阶段的心理学发展

新中国的心理学界工作者在"思想改造运动"的同时，也面临着业务工作何去何从的问题。不久后，毛泽东宣布，中国要实行向苏联"一边倒"的方针，这就使中国的心理学走上了"全盘苏化"的道路。为了向苏联学习，我国心理学界在全国范围内掀起了两个学习热潮：一是系统地学习马列主义、毛泽东思想的热潮。心理学工作者通过学习列宁的《唯物主义与经验批判主义》、《哲学笔记》和毛泽东的《矛盾论》、《实践论》等著作，逐步树立辩证唯物主义的思想，并把它作为研究心理学的指导思想。同时，将以往所学习的西方心理学思想作为资产阶级学术思想，进行政治上的反省和批判。二是积极学习和引进苏联心理学，邀请苏联心理学家来中国讲学（1952—1956），并掀起了一场"用巴甫洛夫学说改造心理学"的热潮。

为了发展新中国的科学文化事业，党和政府于 1949 年 11 月成立了中国科学院。1950 年 3 月，由中国科学院计划局主持召开了一次心理学座谈会，与会者一致希望早日成立中国科学院心理研究所。6 月，中国科学院在北京建立心理研究所筹备处。全国各地的心理学会分会也陆续筹建和开始活动。8 月，在召开中华全国自然科学工作者代表大会时，出席会议的心理学代表及北京地区的心理学工作者陆志韦等 23 人，于会后在清华大学成立中国心理学会，1950 年在南京、杭州、昆明、广州、武汉等地成立分会。1951 年 3 月，政务院批准成立中国科学院心理研究所，任命曹日昌为所长，于同年 12 月中国科学院心理研究所正式成立。

1952 年，中国科学院受中共中央宣传部（以下简称"中宣部"）领导并受政务院文化教育委员会指导，中宣部科学处和文化教育委员会科学卫生处（这两个处是一套人员，两块牌子）具体联系中国科学院。中宣部部长陆定一和文化教育委员会科学卫生处介入中国科学院心理研究所的研究工作。

中国科学院心理研究所是当时全国唯一的心理学研究机构，所长曹日昌是共产党员，早在 1939 年就倡导自觉运用并以辩证唯物主义指导心理学研究工作。1951 年年底，中国科学院心理研究所向文化教育委员会呈报 1952 年度的研究工作计划，1952 年 1 月 8 日，文化教育委员会科学卫生处提出了书面意见（简称"意见"）；四天后，中宣部部长、文化教育委员会副主任陆定一（主任为郭沫若）在中南海召见曹日昌谈话（简称"谈话"）。"意见"和"谈话"在"向苏联一边倒"的政治大背景下认为，世界上只有苏联的心理学是先进的，而西方国家的心理学是"资产阶级的"、"唯心主义的"，都应予以批判。文化教育委员会科学卫生处强调："中国心理学本身没有基础，却又承继了各种各样的资产阶级心理学的影响，体系庞杂。"因此，中国科学院心理研究所的"基本任务"、"中心任务"应致力于唯物主义心理学的基本建设工作，为唯物主义的心理学而斗争，将苏联心理学的成就应用于中国，反驳各种资产阶级的心理学说。陆定一指示：中国科学院心理研究所应该举起以马列主义、毛泽东思想为基础的中国心理学的大旗，明确表示拥护和反对什么心理学说。陆定一和文化教育委员会科学卫生处批评中国科学院心理研究所的工作计划看不到有上述的意图，严重脱离政治、脱离实际。文化教育委员会科学卫生处对该所的研究计划，从内容、目的到方法，一一予以否定。文化教育委员会科学卫生处认为，曹日昌先生有关"小学儿童犯规问题的研究"，"是得不出什么结果、解决不了什么问题的"，并指责为什么不像苏联马卡连柯那样，把集体生活和共产主义教育作为改造"问题儿童"的基本方法。陆定一指出，除心理卫生组可以按原计划工作外，其他劳动心理、儿童心理、教育心理、实验心理等研究组的计划，都得重新制订（薛攀皋，2007）。

中国科学院心理研究所召开了全所研究人员会议，讨论"谈话"、"意见"和修订计划问题，并写出了报告。报告出于对高层领导的尊重和礼貌，虽然表示基本上同意"谈话"与"意见"，但坦陈有些意见提得"相当草率"、"有些片面"。报告对研究工作计划，除个别因人力缺少而暂停外，都是"继续原来的'研究"或"照原计划进行";报告提出由资料组收集散见各刊物的文章，请所内人员审阅并在所里具体批判资产阶级的心理学思想。这种不唯上，敢于据理力争，以自己的方式抵制文化教育委员会科学卫生处欠妥指示的做法，是难能可贵的。另外，值得一提的是，陆定一等领导也未追究中国科学院心理所研究人员的责任。

1952 年全国高等学校实行院系调整，清华大学和燕京大学两校原心理学部分合并入北京大学哲学系，在北京大学哲学系开设了心理专业。此后，各高等师范院校也先后设立心理学教研室，将心理学列为师范院校各系科的必修课。

1953 年 1 月，中国科学院心理研究所改为心理研究室，曹日昌为室主任。10 月中国心理学会筹备委员会在北京召开第一次会议，为了加强与全国各地的联络工作，出版了《心理学通讯》。同年春天，在中国科学院心理研究室、北京、天津、昆明、西安等地先后举办了巴甫洛夫学说学习会，参加学习会的有数千人，形成了全国性的学习巴甫洛夫学说的高潮。

1954 年 4 月，中国心理学会筹备委员会在北京召开第二次筹备会议，批准成立中国科学院心理研究所，各地筹备建立 19 个分会。

1955 年 8 月，中国心理学会在北京正式成立并召开第一次会员代表大会，有 70 余人参加了会议。会议代表推选出理事会成员 17 人，潘菽为中国心理学会第一任理事长，曹日昌为副理事长，丁瓒为秘书长。此时全国会员登记人数为 585 人，全国已有 19 个省级心理学会，共有会员 501 人，随后计划创办会刊——《心理学报》。

1955 年 12 月，在中国科学院第 53 次院务常务会议上提出，1956 年将南京大学心理学力量并入中国科学院心理研究室，扩展为心理研究所。

1956 年 3 月，中国科学院院常务会议通过上述决议。

1956 年 4 月 28 日，毛泽东在中共中央政治局扩大会议上说，艺术问题上的"百花齐放"，学术问题上的"百家争鸣"，应该成为我国发展科学、繁荣文学艺术的方针。这一方针的提出，极大地激励和焕发了知识分子的革命热情和爱国主义情怀，他们满怀希望地投入到建设社会主义的伟大事业中去，为新中国的崛起建功立业。

1956 年 5 月 18 日，中国科学院党组就中国科学院心理研究室同南京大学心理学系（1955 年高等教育部决定停办该系）合并组建新的中国科学院心理研究所向中央报告。报告称：心理所建成后，它的任务是"在我国建立唯物主义心理学的理论体系，展开关于心理活动的物质本体、心理的发生与发展、基本心理过程和心理特征等方面的研究。并与有关业务部门合作开展教育心理学、军事心理学、医学心理学、劳动心理学与文艺心理学的应用研究"。

1956 年 6 月 19 日，中宣部给邓小平的报告中，除同意中国科学院建立心理学所外，并提出："心理学对象、任务与研究方法，是世界科学界未能取得一致意见的问题。因此，心理学研究所成立后的任务，应该由心理学家来讨论，科学院党组可以不必先对此做出决定。"7 月 8 日，周恩来签署："同意中宣部意见，退中宣部办。"8 月 18 日，国务院批准成立中国科学院心理研究所。

随后，中央任命心理学家潘菽为心理研究所所长，曹日昌、丁瓒为副所长。扩建后的心理研究所，研究队伍壮大了，该所与中国心理学会的领导力量也得到加强。心理学工作者沿着自主编制的《中国科学院心理研究所十五年规划》和"国家十二年科学规划"中的《心理学学科规划》，开展研究工作。这一时期，我国心理学基本上完成了机构、人员调整和心理学科规划的制定。心理学家的工作重点是：学习辩证唯物主义和巴甫洛夫学说以及苏联心理学，并试图改造西方的心理学；各项研究和培养新生力量的工作逐步开展起来，为以后心理学的发展奠定了新的基础；我国心理学的教学与科学研究开始呈现出一派生机勃勃的景象。

1956 年 12 月，中国科学院心理研究所在北京举行正式大会，《心理学报》（为中国心理学会的会刊）正式出版发行，曹日昌任主编，编辑部设在中国科学院心理研究所编译室。这标志着"学习改造阶段"的初步完成，也标志着心理学科"学习苏联"和"用巴甫洛夫学说改造心理学"活动的起步与深入发展。

1956 年，"双百"方针的提出，在我国知识分子中引起了强烈的反响，大家欢天喜地，准备迎接"科学文化发展的春天"的到来。不料国际政治斗争的风云发生了变化，"匈牙利事件"突然爆发。

第二节　学习改造的成果与问题

一、学习苏联心理学的实质与成就

从我国心理学学科自身的学习、改造的角度看，1949—1957 年是批判西方资产阶级心理学和全面学习苏联心理学的时期,当时一个响亮的口号是"用巴甫洛夫学说改造心理学"。

苏联心理学是"十月革命"以后发展起来的心理学,是一批心理学家在批判沙俄时代心理学的基础上发展起来的。"十月革命"前,俄国心理学思想领域中盛行唯心主义心理学,但也有唯物主义的身影,特别是谢切诺夫的《脑的反射》(1863)的出版,为建立苏联心理学打下了坚实的基础。

"十月革命"胜利后,由于马列主义哲学思想的广泛传播,苏联心理学工作者开展了对唯心主义心理学的批判和建立马列主义唯物主义心理学的尝试。1920年,布隆斯基发表《科学的改革》一文,提出科学的心理学依靠于马克思主义。1921年,他又发表《科学心理学漫谈》一文,被认为是苏联心理学发展中以公开的战斗姿态反对传统的唯心主义心理学,并在唯物主义基础上建立科学心理学的第一个号召。在1923年1月召开的第1次全俄精神神经病学代表大会上,科尔尼洛夫作了题为"现代心理学与马克思主义"的报告,他指出"心理过程是高度组织起来的物质的特性"。1924年,在第2次全俄精神神经病学代表大会上,他又作了"心理学中的辩证方法"的报告,进一步发展了这方面的思想。苏联心理学家在建立辩证唯物主义心理学的探索与尝试中,大体上经过了以下几个阶段。

首先,是别赫捷列夫提出的"反射学"和科尔尼洛夫提出的"反应学"阶段。"十月革命"前,别赫捷列夫针对主观心理学而提出"客观心理学",并发表了《客观心理学及其对象》(1904)一文,1907年出版了《客观心理学》一书。他主张客观心理学不应该用内省法研究心理活动和意识等主观方面的东西,只承认以外部的行为作为研究对象。他认为这些外部表现就是反射,对这些反射的研究就是客观心理学的内容。"十月革命"后,他保留了以前的基本思想,提出反射学的概念以代替旧的心理学。他把人的有意识的行为视为反射作用的总和,竭力研究物理因素、生物因素、社会因素等对心理功能的影响;主张用严格的客观方法记录外部的反应,并把这些反应与眼前和过去的刺激联系起来。反射学忽视了对意识的研究,因此,在20世纪20年代末期,他的这些错误受到尖锐的批评。在批判别赫捷列夫的反射学时,科尔尼洛夫提出了"反应学"的概念。1922年,他发表了《论人的反应学说》一文,后来正式命名为"反应学"。他主张新的心理学应该实现主观心理学和客观心理学(行为主义心理学、反射学等)的综合,认为反应学就是这样一种综合。反应学的具体内容是用客观的实验方法研究人对外界的刺激有什么反应。它把一切活的有机体的现象都归入反应的概念，把反应看成是一种生物社会的概念，强调人的心理现象的社会特点。从社会科学的角度看，科尔尼洛夫试图把马列主义的一些基本原理运用到心理学中去。

其次，是维果斯基"文化历史发展理论"的提出。维果斯基及其同事们针对心理学中很少具体研究人的意识和人的高级心理功能的情况，强烈呼吁心理学必须研究意识问题，强调要研究人的高级心理功能，并创立了著名的"文化历史发展理论"。这一理论的主要内容就是要用文化-历史发展的观点来研究人的高级心理功能，研究意识的起源、结构和发展。他们认为，所有心理功能的发生和发展都应该用历史的观点来研究，因为人的心理活动和行为随着文化历史的发展而越来越复杂、高级；人的高级心理功能是借助于语言、词来实现的，词所起的是一种"中介"的作用，凭借着这种工具，低级的心理过程向高级的心理过程发展；高级心理功能的发展过程，也必然是先经过外部的阶段，然后转化为内部的"内化"过程。维果斯基在将马列主义的原理运用于心理学问题研究方面前进了一大步，但其中的某些内容也曾受到一些人的批评。例如，有人说他把儿童的思维与语言割裂开来；又说他对于文化和历史只是抽象的论述，没有进行具体的研究。

此外，1930 年 12 月 9 日，斯大林对哲学和自然科学红色教授团联共（布）党支部谈话时，提出了苏维埃哲学家在两条战线上的战斗任务：①反对孟什维克的唯心论和机械论；②学习和钻研列宁的哲学遗产。由此，对心理学也提出了相应的任务，即彻底克服反马列主义的理论，使心理学提高到真正科学的水平。从此，苏联开展了以反射学、反应学和文化历史发展理论为中心的心理学批判；开展了对外国心理学流派包括行为主义心理学、格式塔学派、弗洛伊德学派等的批判；并对苏联心理学家对西方心理学的态度进行批判，其结果导致了对西方心理学的几乎全盘否定。

1936 年 7 月 4 日，联共（布）中央作出《关于教育人民委员部系统中的儿童学曲解的决定》的决议，对当时在苏联流行的儿童学以及有关的心理技术学和心理测验等进行了尖锐的批评。这种以"决议"的方式干预学术研究的做法，严重地影响了心理学的健康发展。即便如此，苏联的一些心理学工作者仍在艰难地工作着。1940 年，鲁宾斯坦出版了他的《普通心理学原理》一书，该书获得 1942 年斯大林奖金，这被认为是苏联心理学界的大事。1946年，该书补充修订的第 2 版出版。该书认为，个人的心理特性不仅在活动中表现，而且在活动中形成。要克服那种把心理过程只理解为由有机体内部的机能来决定的观点，在研究人们的心理现象时，必须研究人们的生活和活动的具体物质条件。

20 世纪 40 年代初期到中期，在苏联卫国战争期间，苏联心理学家研究了提高听和视感受性的条件，研究了恢复伤员战斗力以及有关伪装等军事心理学问题。特别是在鲁利亚的领导下，结合治疗任务对 800 多名战士开展了脑外伤所产生的心理功能障碍研究。1948 年鲁利亚写出了《战伤后脑功能的恢复》一书。

最后，值得提到的是 20 世纪 50 年代初苏联科学院与苏联医学科学院举行的联席会议，在这次会议上提出了在巴甫洛夫学说基础上改造心理学的方针。1952 年夏，苏联教育科学院举行了心理学问题会议，会议决定了心理学必须在马克思列宁主义哲学和巴甫洛夫高级神经活动学说的基础上进行改造。随后，在苏联心理学界掀起了一次"用巴甫洛夫学说改造心理学的热潮"。这次热潮的核心是将巴甫洛夫学说抬高到了"辩证唯物主义"或"彻底的辩证唯物主义"的高度。因此，所谓运用马克思列宁主义哲学和用巴甫洛夫学说改造心理学，其实就是用巴甫洛夫的"大脑两半球机能学说"来解释所有的心理现象。

新中国成立后，所谓的"学习苏联心理学"，实质上包括 3 项内容：①学习苏联开展对西方心理学的批判，认定西方心理学就是"资产阶级心理学"；②学习鲁宾斯坦的《普通心理学原理》和捷普洛夫的《心理学》等；③学习"用巴甫洛夫学说改造心理学"。这 3 项内容的核心是学习"用巴甫洛夫学说改造心理学"。由于人们认为巴甫洛夫学说是"辩证唯物主义"的科学性质，使这场"心理学的改造"运动影响巨大而且颇为深远。运用巴甫洛夫学说改造心理学的运动在我国的具体表现如下。

首先，它促进了心理工作者对辩证唯物主义哲学的学习。在这个阶段，我国的心理学工作者除了积极学习列宁的《唯物主义与经验批判主义》、《哲学笔记》之外，特别重视学习毛泽东的哲学著作《矛盾论》、《实践论》和党的时政方针。他们在政治上积极地投入到知识分子思想改造的运动中去，深刻地进行自我批判；在业务上，接受了辩证唯物主义的心理观，承认心理是人脑的机能，是对客观现实的反映。

其次，引进和学习苏联心理学。主要学习巴甫洛夫的经典著作《大脑两半球机能讲义》、《条件反射演讲集》，学习斯莫林斯基的《病理生理学概论》和贝科夫的《大脑皮层与内脏》，以及有关批判资产阶级心理学和用巴甫洛夫学说改造心理学的资料。这一学习活动先由中国科学院心理研究室开始，然后推向全国。从 1953 年夏季开始，我国先后在北京、天津、昆明、西安等地举办了巴甫洛夫学说学习会，参加人数有数千人之多。有关研究认为，"学习巴甫洛夫学说，对中国心理学工作者重视心理的生理机制的研究和对条件反射实验法的应用，都有积极的意义。通过学习，广大心理学工作者比较系统和正确地掌握了巴甫洛夫高级神经活动学说的基本概念，基本了解了高级神经活动和心理活动的关系问题，且能初步地运用巴甫洛夫学说的观点来确立心理学研究的选题、内容和步骤，并为以后的科研工作打下了基础"（杨鑫辉，1999）。

再次，在学习巴甫洛夫学说的热潮中，我国在心理学教学方面积极引进苏联的心理学教科书，1952 年，教育部先后聘请苏联心理学专家来华讲学。1953—1955 年，北京师范大学教育系心理学研究室开设心理学进修班，培养全国各师范院校的心理学教师，又开设研究班培养心理学研究生。这些班级的学员们学习了苏联心理学专家彼得罗舍夫斯基和彼得罗夫斯基讲授的心理学课程。中国科学院心理研究室的部分研究人员也参加并听取了苏联心理学专家的讲课。

最后，在学习和讨论苏联心理学的同时，也开展了一些实验研究，加深了对苏联心理学的了解。如中国科学院心理研究室通过学习初步掌握了条件反射实验方法；建立了动物和人类条件反射实验室，开展了一些验证巴甫洛夫学说的经典实验。其中，比较重要的实验有以下几种：一是条件反射分化法实验和动物高级神经活动类型鉴定实验；二是根据巴甫洛夫分析器学说进行的知觉"似动现象因素探究"和附加信号对"速度判断"影响的实验研究；三是对儿童第一和第二信号系统的相互动力传递的实验研究；四是高级神经活动的接通机能与人的高级神经活动类型鉴定的实验研究。北京大学哲学系心理学专业也建立了动物条件反射实验室，并开展了有关的实验研究。

另外，我国心理学工作者也以批判"资产阶级心理学"的名义，对西方几个主要的心理学流派的观点进行了政治上和学术上的"反省"和批判，如构造学派、实用主义心理学、行为主义、格式塔心理学等。在批判胡适思想的过程中，对于杜威的实用主义心理学思想也进行了分析和批判。就在人们用巴甫洛夫学说改造心理学的热潮中，我国心理学界的刘泽如教授提出了自己的独特看法，坚持着对巴甫洛夫学说的批判。

但是，突如其来的"反右派斗争"完全打破了心理学自身改造和发展的步伐。中国国内的所谓"资产阶级"和"无产阶级"的政治斗争,又以一种新的方式和形式影响着心理学的发展。所以,从1958年起,我国的心理学就进入到第二个阶段——"批判与恢复"阶段。

二、学习改造阶段的成就

"学习改造阶段"中,在心理学工作者的努力下,党和政府将心理学的学科编制归属于自然科学的生物学部。在我国,以潘菽为代表的老一辈心理学家一直认为,心理学"既有自然科学的性质又有社会科学的属性",因此,"应当兼容并包,应用和创造一切可用的方法,不要局限于任何一种方法束缚自己的手脚"。这一学科方向的定位虽然不尽符合心理学"文理兼容"的学科性质,但也为中国心理学的发展寻到了一个相对稳定的发展空间。因为自然科学的研究建制可以减少"极左思潮"的冲击,特别是在科研经费、实验室建设和政策方面会获得更多的支持。

在心理学的研究方法方面,我国的心理学家相当重视心理学基本理论问题的研究,他们一直强调马克思主义对于心理学研究的指导作用。像郭一岑、高觉敷、潘菽、刘泽如、陈立、朱智贤、曹日昌等人,早在新中国成立之前就一贯坚持自己的观点,为建立辩证唯物主义心理学而不懈努力。这种哲学方法论上的定位,在一定程度上也减少了在"学习改造阶段"心理学家所遭受的政治冲击。

在"学习改造阶段",我国的老一代心理学工作者不仅十分重视实证研究和解决社会实际问题的应用导向,而且十分重视深入的理论思考和建立独立的学科任务的定向。以潘菽为代表的老一辈心理学者多次明确提出:从130多年的现代心理学发展的历史来看,"任何一种方法都能适合某一理解的类型而不是排斥其他的方法,为了取得科学进步我们必须认识到实证方法的局限性并负责任地处理数据,尤其是需要从更为广泛的历史的和哲学的视角来观察分析问题。"心理学基础研究的任务是揭示心理活动的规律,它直接关系到心理学的理论建设与发展。

刘泽如认为,坚持辩证唯物论的指导,必须批判巴甫洛夫学说的机械论观点,对其条件反射实验进行新的解释。但是,这种意见在当时只能被认为是"异端",根本不会受到应有的重视。

20 世纪 50 年代，中国心理学界在感知觉、记忆、错觉等领域进行了一些实验研究，取得了丰富的学术成果。在生理心理方面，进行较多的是关于动物与人类高级神经活动方面的实验研究，同时对痛觉、学习、记忆、注意和情绪应激状态等方面的生理机制研究也有成就。在发展心理方面，新中国成立前便有了大量的研究积累，新中国成立后对中国儿童认知发展、类比推理、语言和数学思维发展规律的实验研究，也形成了较为明显的优势特色。与此同时，积极开展心理学联系实际，扩大及加深应用心理学的研究，也是这一时期心理学研究的追求。

"百家争鸣，百花齐放"的双百方针无疑是发展科学、繁荣文化的正确方针，也是学术界和文化界的同仁期盼和欢迎的方针。但是，如果不能正确处理政治斗争与学术研究之间的关系，也会给学术研究造成严重的负面影响。历史不仅记载着过去，而且连接着现在，也必然会延伸到未来。所以，越过"学习改造阶段"，当心理学的研究进入下一阶段的时候，又会以新的形式呈现在我们的面前。

第二章

改造与恢复阶段心理学的建设成就

　　1955—1965 年，这 10 年是新中国对心理学的改造与恢复阶段，也是新中国成立后心理学的第一个繁荣阶段。虽然这 10 年中国心理学所走过的道路并不平坦，曾有过要不要心理学的争论，有过关于心理学对象、任务和方法的讨论，也有过心理学应当如何贯彻理论联系实际的原则的争论，但在这些批判、争鸣以及讨论中，也澄清了当时心理学界的一些混乱思想，把中国心理学推向了一个积极开展研究工作的新时期。

第一节　心理学的改造、恢复与发展

　　恢复和发展时期的心理学刊物共发表相关论文约 600 篇，内容涉及心理学的一般理论问题、实验心理学的问题、生理心理学的问题、儿童和教育心理学的问题、医学心理学的相关问题、国外心理学的发展概况等，总体呈现出百花齐放、百家争鸣的繁荣景象。在这 10 年中，心理学的恢复和发展主要表现在以下三方面。

一、设立研究机构，创办学术刊物，加强学术研究

　　中国心理学会于 1955 年正式成立，中国科学院心理研究所于 1956 年 12

月 22 日在北京正式成立，并建立了心理学研究所的学术委员会。同时，心理学的研究机构也在全国范围内开始建立起来。大多数省（自治区、直辖市）都成立了科学分院，在好几个分院中都建立了教育科学的研究机构，而这些教育科学研究机构都进行了心理学方面的研究工作或设立了心理学的研究部门。虽然这些地方性心理学研究部门的力量还相对比较薄弱，但这些机构已构成新中国心理学的另一支重要队伍，对心理学研究的发展作出了一定贡献。

1960 年 1 月，中国心理学会召开了第二次全国会员代表大会。9 月，中国科学院心理研究所开始与全国 17 个省（自治区、直辖市）的 20 所高等师范院校进行了第二次协作，并把研究领域从教育心理拓展到劳动心理、医学心理及脑电生理机制的研究。

1962 年 2 月，中国心理学研究所在北京举行了教育心理专业会议。3 月，由国家科学技术委员会、中国科学院和教育部组织制定"1963—1972 年科学技术发展规划"，中国心理学科成立了一个 6 人规划小组，并负责制定心理学十年规划。此后两年多的时间里，中国心理学研究有了前所未有的发展，在解决工业、国防、医学、教育方面的综合性和关键性的心理学问题上取得了明显的成果，在学术研究、专业队伍、刊物和教材的出版等各方面都显出了初步繁荣的景象。

1963 年 12 月，中国心理学会在北京召开全国第一届心理学学术年会。全国 27 个省（自治区、直辖市）心理学会代表 85 人及北京市有关心理、教育、保健等工作者 200 余人参加了会议。这次年会收到论文 203 篇，其中普通心理学方面 31 篇，包括心理学对象、方法等理论性文章 13 篇、心理过程（感知、注意、记忆、思维）16 篇、个性 2 篇；儿童心理方面 59 篇，包括思维 29 篇，其他是记忆、知觉、个性、言语及生理发展等；教育心理方面 94 篇，包括学科心理 72 篇（其中语文 39 篇、数学 29 篇），其他是德育心理 12 篇、教学心理 10 篇；医学心理方面 9 篇；生理心理方面 2 篇；劳动心理方面 1 篇；心理学史方面 5 篇。

1965 年，中国科学院心理研究所新建了感知觉实验室、记忆实验室、思维实验室、脑电实验室等一些水平较高的实验室。

在这 10 年中，中国心理学会出版了 4 种心理学刊物：第一种是《心理学译报》，由吴江霖教授主编，每年 6 期，主要用来介绍苏联心理学的重要论文。第二种是《心理学报》，由曹日昌教授主编，《心理学译报》的内容是用翻译方法介绍外国的，特别是苏联的心理学文献。1955—1957 年，共出版了 3 期，

1958 年后每年出版 6 期。《心理学报》的内容是发表中国心理学者自己的论文。《心理学译报》在开始时发行 3000 多份，但很快就增加到 8000 多份。《心理学报》一开始便发行了 8000 多份。这说明新中国的知识界对心理学知识的要求是在增长，同时也说明新中国心理学界的研究热情在提高，对其他国家的经验特别是兄弟国家的先进经验的学习要求十分迫切。第三种刊物是《心理学通讯》，该刊于 1964 年 8 月创办，是为了加强中国心理学者的交流经验和交换工作上的意见，刊登研究报告、论文、经验交流、学术动态等有关文章。第四种刊物是《心理学文摘》，主要是用摘要的方式，来更广泛地介绍外国心理学的研究成果。

二、制定"心理学学科规划"，明确心理学发展的方向

1956 年，国务院科学规划委员会召集许多科学家制定了 12 年科学技术发展规划。心理学，作为许多基础科学的一种，也制定了 12 年的发展规划。按照这个规划，新中国心理学的发展主要从以下几个方面来推动：①心理的发生和发展的研究；②基本心理过程的研究；③个性心理的研究；④心理学基本理论和心理学史的研究；⑤专业心理学的研究。所谓专业心理包括教育心理学、劳动心理学、医学心理学、文艺心理学和体育心理学等。在基本心理过程中，以视觉、听觉、语言和思维及记忆为重点，在心理学史中以中国心理学史的研究为重点，在专业心理学中以教育心理学、劳动心理学以及医学心理学为重点分别展开研究。

根据规划，中国科学院心理研究室于 1956 年年底扩建为研究所。为加强心理研究所这个机构，当时停办了南京大学的心理学系，将心理学系的所有人员和设备都并入这个研究机构。除原有的发生和发展心理组、言语与思维心理组、感觉和知觉心理组以及个性心理组以外，心理研究所又增加了心理学理论和心理学史组。

根据规划，教育心理学研究的主要方面是：①儿童心理年龄特征的研究；②教学心理学的研究；③道德品质培养的心理学研究；④基本生产技术教育的心理学研究；⑤教育心理学史的研究和资产阶级教育心理学的批判。从1956 年起，新中国心理学的研究工作不仅在研究机构中开始有较多的开展，在高等学校中也有较多的开展。例如，1957 年北京大学心理学教研室的 10

位教授和讲师提出了 14 个研究题目。根据资料的不完全统计，当时全国约 60%师范院校（共 25 个学校）的心理学教师提出了 91 个研究题目。题目与现在的研究相比虽不算多，但可以说明在全国高等学校中的心理学者已开始加入到心理学科学研究中来。

20 世纪 60 年代初期，北京大学、北京师范大学、华东师范大学和南京师范学院等高校陆续开设了心理学专业，培养了一批心理学专业人员。与此同时，中国科学院心理研究所与 17 个省（自治区、直辖市）的 20 多个师范院校协作开展了教育心理学的研究，中国心理学会还成立了教育心理专业委员会，并制定了儿童心理年龄特征的五年研究规划，促进了当时科研和教学工作的开展。

另外，北京大学心理学专业的教学计划也增加了必要的基础科学课，加强了专业课，招收学生的数量也有所增加。北京师范大学教育系教学计划中的心理学课除了原来的普通心理学、儿童心理学和心理学教学法以外，还增加了实验心理学、教育心理学和心理学史三门专业课。与此相呼应，北京师范大学和华东师范大学开设了心理学的研究生班或教师进修班，用以提高各师范学院心理学教师的业务水平。此外，中国科学院心理研究所也加强了对青年干部的培养工作，并于 1958 年第一次招收了研究生。

三、加强学术争鸣，确定心理学研究方向

1957 年，中国进行了全民"整风运动"和"反右"斗争，这次斗争对中国心理学的发展有着极为重要的影响，使中国心理学走上了一个新的阶段。在这个时期，中国心理学界深入开展了学术批判和学术争鸣，扭转了脱离实际的偏向，开始在理论联系实际原则的指导下，并运用任务带学科的领导方法，积极地向建立马克思主义心理学的道路迈进。

随着"整风运动"、"反右"的开展，以及第一个五年建设计划的胜利完成，全国出现了工农业各方面"大跃进"的局面，社会要求科学工作者也以"大跃进"的精神提前完成"十二年科学发展规划"。因此，1958 年 3 月，中国心理学会理事会即根据"大跃进"所制定的"鼓足干劲、力争上游、多快好省地建设社会主义"的总路线，向全国心理学界发出"苦干三年，创新局面"的号召。号召中提出中国心理学工作者的最低奋斗目标是：争取三年

内在解决我国劳动生产和教育事业上所提出的有关心理学的最迫切、最普遍的问题方面取得显著的成绩。

在"整风运动"的后期，全国各地心理学工作者结合心理学的教学和研究工作的检查，对新中国成立以来心理学的教学和研究工作中严重脱离实际，造成少慢差费的现象进行了深刻的揭露和批判，并就心理学是否应加强与实际联系的问题开展了辩论。在 1958 年 3 月中国科学院心理研究所关于这个问题的辩论中，一部分学者认为中国心理学过去主要是进行学习改造，研究工作做的不多，应该建立起巩固的理论基础，然后再去联系实际，否则就是"帮倒忙"。他们主张今后的研究仍应该以理论研究为主。另一部分学者则认为中国心理学在前一个时期中，工作虽然做得不够，但多数心理学工作者已初步掌握了马克思主义心理学的基本观点和方法，今后的工作应该多联系实际，从解决实际所提出来的问题去进行研究，从而发展心理学，而不能忽视实际或脱离实际去搞理论。辩论结果达到了一个比较一致的认识：认为心理学的研究应该是"两条腿走路"，"应大力加强联系实际的研究，同时也加强深入的理论研究工作。一方面面向社会主义建设，解决它所提出来的心理学问题，并把为实际服务的工作提高到理论水平上来丰富心理科学；另一方面进行有关尖端领域和基本问题的研究，以促进学科的发展并更好地解决实际问题。在工作中要特别注意培养干部和扩大心理学工作者的队伍，加强组织机构和物质设备以及技术条件"（潘菽，陈大柔，1959）。因此，在这 10 年中，心理学工作者将理论与实际的研究并重，作为其心理学研究工作的主要方向。他们相信在全民"大跃进"的形势下，心理学一定可以很好地服务于实际，并从实践中丰富心理学的理论。经过这次辩论，中国科学院心理研究所及北京大学心理专业都分别调整了他们的研究工作和干部培养的方向。中国科学院心理研究所改变了过去按学科体系分组的办法，重新设立了以联系教育、劳动、医学等为主要任务的研究组。北京大学心理专业也加强了教育心理、劳动心理、医学心理等专业课程，以使他们的工作密切结合当前社会主义建设的需要。

在该阶段，有一个重要的历史插曲，那就是随着"反右"斗争的结束，1958 年康生与中宣部的负责人发动了一场"批判心理学"的运动。这场精心策划的"批判心理学"的运动，是 1958 年 6、7 月中共中央文教小组副组长康生借"教育革命"之机，策划的一场波及全国的心理学批判运动。他们认为，当时苏联已经变修了，而新中国成立以后我国高等学校的教材，尤其是社会科学教材，基本上都是从苏联翻译过来的，因此应加以批判。康生提出，苏联的教育学对我国的影响很大，先批判教育学。但中宣部负责人认为，我们引进的凯洛夫教育学是斯大林时代的产物，如果批判，就乱了！他建议批判心理学。于是康生决定：就批心理学吧！康生还定调说：心理学是党性的阶级分析的社会科学（赵莉如，1980）。7月初，中宣部将批判心理学的任务迅速下达给北京师范大学（康生是这所大学的名誉教授）。7月底，一场批判心理学的政治运动在北京师范大学教育系心理教研室率先开始，心理学教授彭飞、朱智贤和全体讲师受到了批判和围攻，很快这场心理学批判运动就波及全国心理学界。心理学被贴上了"彻头彻尾的资产阶级的反动的伪科学"的标签。而这场批判运动被定性为是"心理学领域中兴无灭资的两条道路的斗争"。

1958年12月28日，周恩来召集主管意识形态，包括宣传、教育等部门负责人陆定一、康生、胡乔木、张际春、周扬、杨秀峰、张子意等到西华厅开会，研究、分析各有关部门在"大跃进"中出现的问题。周恩来批评了执行知识分子政策上"左"的做法，并指出在大学教授中"拔白旗"是错误的。1959年1月，中宣部根据周恩来的指示，由陆定一、胡乔木、周扬多次召开会议，检查党组在1958年工作中所犯的错误。因此，这场批判运动延续到1959年年初，在全国教育工作会议召开前才悄然停止。

胡乔木认为，在1958年以来的各种批判运动中，以对心理学的批判最不讲理。1959年3月13日、21日，胡乔木在分别听取中国科学院心理所所长潘菽和副所长曹日昌、尚山羽，北京大学、北京师范大学和华东师范大学有关人员汇报心理学工作后认为：①心理学研究的对象是心理、意识；②意识的形成有生物学的基础，也有社会的制约，说它只有阶级性是错误的；③人是有共同的心理活动规律的；④心理学是唯物主义认识论的科学基础，要靠这些研究成果，彻底战胜唯心主义；⑤动物心理也要研究，把人当作动物和认为人与动物毫不相干，都是错误的；⑥排除实验，心理学怎么进行研究？⑦心理学不能解决阶级性的问题，任务要提得恰当，把不是心理学的任务加在心理学上，不是发展心理学而是消灭心理学；⑧所谓共产主义的心理学是空谈，是回避科学研究，表面上对心理学要求很高，实际上是取消心理学；⑨心理学家在批判中应该坚持正确的意见，采取攻势；⑩学术讨论要说服人，现在应当把复杂的问题一一提出来，大家研究一一答复，多写文章，进行宣传（北京师范大学教育系心理学教研室，1958）。

周恩来等人对于"极左"思潮的抵制，使康生和中宣部负责人发动的对心理学的批判运动暂时收敛了一下。这个批判运动引起了遍及全国的连锁反应，造成了极为严重的后果，它是新中国成立以来我国心理学界第一次遭受的最大挫折。

1959 年，为了纠正 1958 年心理学批判运动的错误，新中国心理学界召开了两次由北京心理学工作者参加的座谈会。第一次心理所邀请北京有关单位的心理学工作者 80 余人参加座谈；第二次为同年 5 月 11—16 日，心理所会同北京大学、北京师范大学等 6 个单位举办学术报告讨论会，与会心理学工作者 400 多人。座谈会和学术报告会针对 1958 年批判运动给心理学界造成思想上和理论上的混乱问题，诸如心理学的对象、任务、研究方法、学科性质，进行了热烈的讨论。会议在有些问题上有了基本一致的看法，如多数人同意心理学是没有阶级性的，不能分为无产阶级的心理学和资产阶级的心理学等；提出心理学研究的方向应是贯彻理论联系实际的方针，把重点放在解决实际问题的研究上。

这一学术会议讨论当时以一种异常迅速的态势在全国展开，演变成一次争论激烈、规模空前、持续数月的学术大讨论，标志着中国心理学开始走进相对平稳的恢复发展时期。1959 年 9 月，中国科学院心理研究所开始与全国 17 个省（自治区、直辖市）的 20 所高等师范院校开展了心理学研究大协作。

中国心理学会副会长、心理研究所副所长曹日昌在总结发言中说，在科学研究，中同一的研究对象或问题，常常有观点不同的科学工作者，从不同的角度或不同的侧重点进行研究从而形成不同的学派。心理学的情况显然也是如此，这是可喜的现象。有不同意见的心理学工作者都应该各抒己见，争鸣辩论，坚持真理，虚心学习，对各种问题进行深入研究，展开友谊竞赛。他呼吁：心理学的任务重，研究的问题复杂，必须多路进军，由有关单位协力进行，各单位可按其业务性质与特点，安排重点工作。与此同时，有关报刊也发表心理学家的文章，对有分歧的问题继续深入讨论和争鸣。

事后，在总结 1958 年的大批判运动时，人们仍然认为"这是一次影响广泛的群众性的学术批判运动。这次运动主要是检查新中国成立以来心理学的教学和研究工作中还存在着一些问题，新中国成立以来心理学中忽视从人的社会实质方面去理解心理活动等错误倾向……"（潘菽，陈大柔，1959），为后来心理学的繁荣奠定了坚实的基础。

在随后的几年里，中国科学院心理研究所与中国心理学会在总结经验和教训的基础上，共同主持制定新的研究规划，为心理学在我国的进一步发展创造了有利条件。在研究领域和技术方法方面，心理学工作者对信息论、控制论、无线电技术、电子计算机和人工模拟等给予密切关注。对国外心理学的学习介绍，从以往只注意苏联，扩展到欧、美、日等国的先进成果与经验；并从以往单篇论文翻译过渡到综合评价。中国心理学呈现出了逐渐恢复与发展的景象。

第二节　改造、恢复与发展阶段的特点

1955—1965 年，中国心理学的研究环境相对稳定和宽松，学者之间的争鸣也促进了中国心理学的飞速发展，在这期间呈现出以下发展特点。

一、追赶国际研究的努力

在这 10 年的改造与恢复阶段，我国心理学的研究紧跟时代步伐，关注国际前沿研究，除了大量介绍和翻译苏联心理学的前沿以外，同时也介绍世界其他国家心理学的发展情况，主要表现在：介绍国际心理学大会简况、国际应用心理学会议，了解国际心理学研究的新进展，关注国际科学心理学联合会的最新近况，关注世界其他国家的各种心理学盛会；通报了德国举行的与国际关系有关的社会心理学问题讨论，也介绍了美国、日本、捷克、斯洛伐克等相关国家的各种心理学盛会。此外，也通过对日本心理学研究的概况、英国实验心理学概况、美国工程心理学方面的组织工作、日本的程序学习运动、德国的社会心理学问题、东南亚几个国家的心理学概况、欧美资产阶级心理学理论现状、南美各国心理科学的概况、奥地利科学家对知觉理论的贡献以及德意志民主共和国的知觉心理等相关研究的介绍与引进，让国内心理学工作者能把握住时代脉搏，进行相应心理学的教育教学与科学研究。

以心理卫生发展为例，在世界范围内，咨询心理学正式形成和发展时期是 20 世纪 50—60 年代（车文博，2010）。以美国为例，在组织机构方面，1946年美国心理学会成立了咨询心理学部，1952 年又更名为咨询心理学分会，被编为第 17 分会。在法规颁布方面，1963 年美国国会通过设置"社区心理卫生中心"法案，在出版刊物方面，1954 年以俄亥俄大学为中心先后创办了两个刊物：一个为《咨询心理学杂志》，另一个为《咨询心理学家》。前者是以应用为主的刊物，后者是以理论为主的刊物。

中国心理卫生协会 1936 年成立于南京，后因受时局的影响，心理卫生工作曾一度停顿，新中国成立后，心理卫生工作开始恢复。在 1955—1965 年这 10 年中，我国病理心理学工作者在和精神病学工作者富有成效的协作之下，展开了临床心理诊断、心理治疗和其他病理心理研究的一系列工作，取得了较为丰硕的成果。据不完全统计，仅就 1956 年一年在全国发行的《心理学报》和《中华神经精神科杂志》中，发表的有关病理心理学的论文近 40 篇。其他发表在综合科学报道刊物和日报的有关论文还未统计在内。在这些文章中，除了介绍国外的相关理论外，也有我们自己的独立思想和见解。

我国病理心理学可以说是在新中国成立之后才正规发展起来的，1956 年制定的"心理学学科规划"中，把病理心理列为重要项目之一。其他有关医学科学的研究计划也列有病理心理各方面的专题。在临床工作中，精神病学工作者更感到"应重视病理心理问题"（夏镇夷，1963），因此，中国心理学会各地方分会也有不少精神病学工作者参加了组织工作，这些直接地推动了各地病理心理学工作。比如，在这个阶段，心理学工作者和相关科学工作者探讨了"医学心理学"、"临床心理学"、"变态心理学"和"病理心理学"等名词究竟有什么异同，认为"医学心理学"和"临床心理学"概括较广，且着重于心理学知识应用于医疗、预防疾病的实践方面；"变态心理学"虽然也指出了心理现象的病理方面，但这个概念应用起来不够确切；"病理心理学"则既明确地指出了它所研究的对象，也说出了这个科学分支的学术本质，是比较适当的。这些体现出新中国心理学工作者紧跟时代前沿，把握时代脉搏，并在此基础上提出了自己的独特见解。

1958 年，在南京召开了"全国精神病防治会议"。在会议上，学者们的讨论反映出对病理心理学的重视，认为病理心理学在精神病防治工作上具有重要的作用。在当时提出以神经衰弱症的有效防治的病理心理学研究作为重点，同时一并展开精神分裂症及其他各科疾患的病理心理学问题研究（丁瓒，1958）。自此以后，由于我国病理心理学工作者和精神病学工作者的共同努力，在北京首先试探性地进行"神经衰弱快速综合治疗"（李心天等，1958）。由于疗效显著，很快在全国各地开展了这种疗法的研究。大家一致认为，在这种疗法中，心理治疗占主要地位。于是，又进一步地分析了心理治疗在这种疗法中的作用（中国科学院心理研究所医学心理组，1959）。治疗疾病的疗效往往给人们分析致病因素以可贵的启发。我国有关科学工作者根据我国社会和人们精神面貌的特点，对神经衰弱的病因问题加以探讨。更有从皮层机能状态和记忆、联想等心理活动各方面，结合实验心理学方法在神经衰弱患者的治疗过程中进行研究（宋维真，1959）。这就使这个疾病的临床诊断和疗效鉴定，初步有了客观依据。

后来，这种综合治疗方法和病理心理实验方法又被推广到其他慢性病，如高血压、胃溃疡和精神分裂症的治疗中去（王景和，1961）。也有总结临床与实验资料探讨神经衰弱和歇斯底里的病理心理特点的。并且，在当时一些病理心理学上的新领域，如药理心理、脑损伤心理和智力落后儿童心理的研究，新中国的心理学工作者都先后进行着相应的研究工作。与此同时，也对我国古代病理心理学进行了挖掘与探索（陈仲庚，1963）。

二、追求科学性、实用性的积极探索

在这 10 年的研究中，中国大多数心理学工作者不但虚心地学习苏联心理学已有的成就，密切关注苏联心理学界开展的关于心理学对象、方法及学科性质等问题的讨论（徐联仓，1959），同时也从其他角度给予了全方位的研究，努力追求科学性、实用性、全面性的统一。在此期间，研究内容广泛，涉及面有普通心理学的基本概念问题、心理学的研究对象问题、心理学的科学性质问题、生理心理问题、医学发展问题、发展心理学的问题、劳动心理学概况、航空心理问题、体育心理学问题、工业心理学问题、知觉问题；内容丰富，有基础理论研究、应用实践研究，又介绍了世界著名学者的前沿成果，也有介绍各国心理学发展概况的研究。

这种相对宽松的研究氛围，使学者们的思想百花齐放、百家争鸣，使这10 年间心理学工作者的研究中体现出了研究的科学性。在 1955 年中国心理学会第一届会员代表大会上，曾把"关于心理学对象的几个基本问题"列为学术讨论的中心，会前发动全国会员进行广泛讨论，这次讨论的问题主要集中在心理活动与高级神经活动的关系问题上。开始时，心理学家的意见是有不少分歧的，其中有两种极端的意见比较突出：一种意见认为高级神经活动就是一切，人的心理活动和狗的唾液分泌活动没有本质的区别（刘范，1957）；另一种意见则强调心理活动是不能用高级神经活动说明的更高级的现象（卢于道，1957）。多数心理学工作者在讨论中批判了把心理活动等同于高级神经活动而主张取消心理学的错误倾向，也批判了把心理活动与高级神经活动对立起来，使心理活动脱离了物质本体而导致二元论的错误。多数人认为，心理现象或人的心理活动是动物发展到了人类而达到高度复杂程度并具有了特殊新质的高级神经活动。在长期的自然历史发展中，动物的脑与环境的关系不断发展，它的高级神经活动也不断发展，这是量变。当出现了人类时，高级神经活动就产生了质变，随着第二信号系统的出现就产生了人的心理现象。人的心理是人脑的机能，是客观存在（社会和自然）的反映。多数心理学家肯定了应该研究心理现象的物质本体——人脑，初步树立起对于心理现象的唯物主义的理解与客观研究方法的原则（丁瓒，1956）。

在探讨心理学的研究对象和任务时，针对当时有人认为心理学不应该研究抽象的人，人的心理有阶级性，因此主张用阶级分析法作为唯一的研究方法，有学者指出："我们反对心理学上的抽象化，并不是否定心理学上作科学的抽象。恰巧相反，科学之所以成为科学，正是由于它是对事物本质的抽象。人们对事物认识深化，也正是在于把事物的各种片面的、表面的、外部的联系，加以概括，抽象出其中全体的、本质的、内部的反映。"（陈帼眉，1959）强调心理学上所应有的是能够概括社会上每一个具体人的心理活动的本质的抽象，心理学上所不应有的是不能反映具体人的心理活动的全体的、本质的、内部联系的抽象。因此，心理学必须研究作为社会成员的具体的、活生生的人的心理。看到人类心理规律的共同性是必要的，看到心理规律的特殊性也是必要的。科学的任务首先决定于社会实践的需要，各门科学特有的任务又决定于它们自己的研究对象和范围。此外，在每一个特定的时期，科学的具体任务又决定于它当前发展的状况。这些任务决定于科学研究的对象。心理学研究的对象是人的心理，心理学的任务就是研究这种作为客观世界在人脑中的主观印象的心理的规律。因此，心理学既应研究客观世界怎样反映在人脑中，外界刺激怎样转化为意识的事实，也必须研究心理对生活条件的依存性，即在什么样的生活条件下，在什么样的活动中，人的心理不断完善和发展的规律。因此，研究心理的生理机制，必须研究外界影响在人脑反映活动中的作用，同样，研究心理的社会历史制约性也应该研究脑的机能、脑的活动规律。心理学两个方面的任务应该结合起来，任何人为的分割都是错误的。

　　新中国的心理学工作者在追求理论真理的同时，也注重联系实际，将心理学对实际生活和社会需求的指导性、实用性体现了出来。在此阶段，他们一方面对西方心理学不断进行批判反思，另一方面也初步开展了一些探索性的研究。其工作大体可分为两个方向：一个方向是在一些研究机构中，应用巴甫洛夫学派条件反射的实验方法，进行了一些有关心理学基本理论问题的实验研究；另一个方向是在一般师范院校的心理学教研组中，大多都结合教学，主要应用观察法进行了一些有关教学心理学和个性心理学等问题的研究。

　　中国心理学工作者在这个时期所进行的探索性研究成果，主要包括：①围绕人类意识的起源与发展（王甦，任仁眉，1959）、心理学研究的对象问题（何玉琨，1960）、心理学的学科性质（郭一岑，潘菽等，1959）、人的心理实质（彭聃龄，1958）等方面对心理学的基本理论问题进行了讨论，并撰写了大量相关论文；②对国外心理学相关理论的批判与反思（郑荣樑，1961），主要集中在对西方各心理学派别，如构造学派、行为主义、格式塔心理学、弗洛伊德的心理分析、唯心主义感官生理学以及桑代克的教育心理学等；③进行了大量有关儿童和教育心理学方面的研究，主要表现在结合中小学教学改革工作，在教育和儿童心理学方面进行了科学研究和广泛的调查（王文新，1962），对心理学课程的内容问题进行了讨论；④心理学专门问题的实验研究等。在心理学专门问题的实验研究中，主要有心理物理的实验研究（王甦等，1964）、运动视知觉的实验研究（王甦等，1963）、儿童两种信号系统相互作用的实验研究、儿童高级神经活动类型及动力定型的实验研究（曹傅恂等，1963）。这些实验研究的主要目的，多数是阐明心理活动的规律与其生理机制。此外，在医学和劳动心理学方面，各地的心理学工作者也开展了一系列研究。综上可以看出，这个时期的心理学工作者研究涉及的内容翔实、全面。

　　另外，为了给心理学科学研究工作及教学工作提供更多的参考资料，中国科学院心理研究所在此期间编印了《心理学研究动态》，及时反映国际（主要是苏联，也包含世界其他国家，如美国、德国、日本等）、国内学术动态。此外，福建省心理学分会同福建师院教育系、福建师院教育科学研究室也合编了《心理学动态》（也为不定期），为心理学界的工作者进行教学研究提供了相应的参考。

　　同时，中国科学院心理研究所和各高等师范院校大搞协作开展教育心理学的研究工作。他们以"全日制中小学学制改革问题"为中心，广泛开展了儿童心理、语文教学心理，数学教学心理、劳动教育心理等方面的研究，如幼儿园计算教学改革的实验研究、中学生掌握平面几何中线和角的概念的心理学研究、中学语文教学中错别字问题的心理学研究、小学一年级六七岁儿童语文学习中关于实际和理解方面一些问题的比较研究，以及再生产劳动中学生道德品质的发展和变化等。在协作所取得经验的基础上，他们还编写了普通心理学、教育心理学和儿童心理学的教学大纲草案。

三、理论与实践并举的尝试

通过对这 10 年文献资料的分析，可以大体将这些文献分为四部分内容：一是国内理论探讨研究，主要是批判、探讨心理学的学科性质等学术问题研究，约有 180 篇；另一部分是实践应用研究，有 190 篇左右；还有一部分是介绍国际前沿的心理学研究，约有 130 篇；此外，还有约 80 篇的方法论相关文献。从这些不完全统计可以看出，这个阶段的研究是注重理论与实践并举，表现出国际性与本土性的积极尝试。

在国内的理论探讨中，主要是从心理学研究什么、心理学是否应研究人的大脑活动、心理学的基本观点、心理学研究中的思想方法问题、心理学的对象任务和方法、高级神经活动和心理活动的关系、心理学的方法论问题等心理形式与心理内容的关系、人类意识的起源与发展、人心理发展的内因外因、人的心理活动的共同规律、意识的本质及其发生发展等方面进行了探讨与反思。

在实践应用研究中，主要是在实验心理学、普通心理学、教育心理学、工业心理学、航空心理学、儿童发展心理学、心理语言学、神经形态学、神经心理学、体育心理学、劳动心理学以及医学心理学等相关领域展开研究。1955—1966 年心理学文献统计如图 2-1 所示。

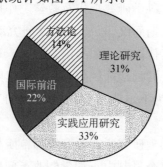

图 2-1　1955—1966 年心理学文献统计

在"整风运动"及"反右"之后，心理学界对自己的工作方向作了检查，进行了辩论。检查和辩论的结果是，认识到过去许多工作是严重脱离实际的，是为理论而理论的，因此进展很慢，成效很小，今后的工作必须坚决贯彻马克思主义理论联系实际的方针，运用以任务带学科的方法，加强为社会主义建设的实际需要服务。由于认识上的这种提高，研究工作也就从脱离实际的方向转移到密切联系实际的方向。因此，这 10 年中在劳动心理、医学心理和教育心理等方面的研究工作都取得了初步的成果和经验。

1959 年的春季到夏季，从北京开始，在全国范围内对心理学的几个基本的学术性问题，如对象、学科性质和方法等问题，又进行了一次较为深入的争鸣和讨论，通过广泛的讨论，有些分歧的意见比较接近了，所争论的问题比较明确了。学者一致认为心理学的发展应理论与实践并重，就像两条腿走路一样，谁也离不开谁。

在两条腿走路方针的指导之下，全国大多数省、市都成立了科学分院，在好几个分院中都建立了教育科学研究机构，而这些教育科学研究机构都开始了心理学方面的研究工作或已设有心理学的研究部门。

同时，不少心理学工作者已开始走向农村、工厂、学校和医院，试图使心理学接近群众，为实践服务，也希望从这样的实践中来丰富心理学的理论。当时中国心理学工作者联系实际所进行的研究工作主要有三个方面：教育心理学的研究，主要是为教育改革提供有关的心理学理论依据；劳动心理学的研究，主要是协助掌握生产技术与促进技术革新以提高劳动生产率；医学心理学的研究，主要是关于精神病患的生理机制及心理治疗方法的探讨。例如，在教育心理学方面，为了配合学制改革的研究，不少心理学工作者都参加 6 岁入学实验班的实验研究工作，企图探明 6 岁儿童在学习活动中的心理特点，以便为教学工作和教育措施提供心理学上的依据。尚有一部分心理学工作者从事关于共产主义道德品质培养及劳动教育中的心理学问题的研究，以便为贯彻党提出的教育与生产劳动相结合的教育方针提供心理学方面的依据。在劳动心理学方面，他们配合工矿企业中的技术革新运动，进行过有关改进操作方法，协助技工培训，促进创造发明，以及防止事故等一系列的研究工作。在医学心理学方面，在大学生、工人和干部中进行了以贯彻心理治疗原则为主的神经衰弱快速综合治疗的试验研究。经过 4 周的治疗，所得疗效都很高，患者中有 80%—82% 获得痊愈并显著好转，证明了心理治疗在综合治疗中的重要作用（中国科学院心理研究所医学心理组，1959）。

四、注重学术讨论与争鸣的开展

新中国成立以来，人们在引进国外心理学的相关理论时，都表现出强烈的批判进取意识。这种批判与反思意识，在 1955—1966 年表现得尤为突出，对于心理学的基础理论问题的批判与反思，比如关于心理学对象和特点的问题，也就是心理现象的实质问题，主要集中在以下两个方面：第一，心理意识是不是一种独立的物质活动形态？第二，心理意识是一种自然现象、社会现象，还是一种介于自然和社会之间的现象？也有对国外心理学的反思与批判，如对巴甫洛夫学说的争论、批判与反思，对詹姆士-兰格情绪的批判、对于格式塔的批判、对实用主义的批判、对精神分析的批判等，也有对方法论方面进行的思索，在整个争论中，表现得尤为突出的是对于心理学的学科性质不同的意见。

第一种意见认为，心理学有自然科学的性质也有社会科学的性质，可以称之为中间科学。心理学具有两重性是由其研究对象、心理的实质所决定的。个体心理的发展既与生理结构的发展分不开，也与社会历史条件、环境和教育的影响分不开。社会的影响必须通过自然的、生理的变化起作用。心理是自然和社会两方面的辩证统一，偏废任何一方面都是不恰当的。因此，总的来说，心理学是不偏不倚的中间科学，但是在具体问题上，在心理学的分支上又是有所偏重的。有的偏重社会科学，如教育心理学；有的偏重自然科学，如医学心理学。有的学者进一步强调指出，心理现象不是单纯的自然现象或社会现象，也不能拼凑式地归结为既是自然现象也是社会现象，而是不同于一般的自然现象或社会现象的特殊现象。心理是脑反映客观现实的特殊形式，是自然现象和社会现象的有机综合或辩证统一。可以把这种特殊现象叫作精神现象或思维现象，而研究这种现象的科学可以称为精神科学、思维科学或综合科学。这是符合马克思列宁主义奠基人关于世界包含着"自然"、"社会"和"精神"（或思维）等三种基本现象的看法的。但是有学者指出这只是适合于研究人的心理学，而不适合于对动物心理的研究。

第二种意见认为，心理学是社会科学或特殊的社会科学。人的心理是复杂的，心理就其产生的客观条件来说固然有自然的一面和社会的一面，但是决定其性质的是社会的一面。自然的、生理的方面仅仅制约人的心理形成、发展和表现的途径和方式。人的心理性质和心理发展的水平是被生产力的发展水平和生产关系、阶级地位的具体特点所制约的。人的心理就其性质来说是社会历史的产物，从这个角度来看，心理学是社会科学。还有学者认为，正如恩格斯在《自然辩证法》一书中指出的，物质的运动"包括宇宙中所发生的一切变化和过程，从简单的位置变动起直到思维止"。目前，科学界按照物质由低级到高级的运动发展，一般都把宇宙间各种各样的物质运动分为机械的、物理的、化学的、生物的和社会的五种基本运动形式，并根据科学研究对象属于哪一种基本运动形式而分类。人的心理是物质发展到人脑这一高级阶段的一种运动形式，这一物质运动的高级形式是社会历史的产物，是一种特殊的社会现象，它虽然受机械的、物理的、化学的和生物的运动形式和规律的制约，但是不能归结为这些低级的运动形式，而有其质的特点。为了强调人的心理的质的特点，不妨把研究人的心理学视为特殊的社会科学。

第三种意见认为，心理学研究的对象应包括动物的心理和人的心理。人脑是自然的实体，人脑对客观现象的反映活动不一定都有社会性，而心理学是研究人脑如何反映客观现实的，应该为自然科学。这一意见没有得到多数与会者的同意，他们认为人的心理和动物的心理有本质的区别，不能相提并论。

在讨论过程中，学者们一致认为，年龄心理特征就其内容来说应该包括心理过程和个性等发生发展的年龄特征。有的学者认为还应该包括儿童的活动，因为儿童是在活动中形成和发展心理特征的，通过活动表现出来并且作用于客观现实。

大家还一致认为，心理有其发展的内部动力、内部矛盾或内因。心理的内部矛盾在其发生、发展、转化和解决的过程中，有其一定的规律和阶段。各阶段根据内部矛盾的同一性和特殊性具有相互联系又相互区别的矛盾的特点，表现为一定的年龄心理特征。儿童心理发展及其年龄特征一方面受儿童身体发育、年龄的影响，另一方面也受社会物质生活条件特别是教育的制约。这两方面是心理发生发展的客观条件，不能脱离客观条件抽象地研究心理发展及其年龄特征。

大多数学者也认为，年龄心理特征具有相对稳定性，既稳定又可变。年龄心理特征的相对稳定性表现为各年龄阶段的心理特征既具有比较稳定的质的特点，又是互相联系不断向前发展变化的；它还表现为具体条件下既有共同性又有特殊性。年龄心理特征具有相对稳定性的原因在于，客观条件——心理发展的物质前提和社会物质生活条件（包括教育）的相对稳定性，以及在这些客观条件的制约下，心理发展的内部矛盾的相对稳定性。心理各方面的相对稳定性是有区别的，但不能把这种区别绝对化。在划分年龄心理特征阶段的标准这个问题上，意见分歧也比较大。一部分学者认为应该根据心理发展本身的规律性和阶段性来划分，根据被一定社会历史条件尤其是教育所制约的心理发展内部矛盾的特点来划分。他们认为，尽管按这个标准来划分相当困难，但是从方向上看它是可能的。心理发生发展的客观条件是复杂多样的，同一种心理特征可能由不同的客观条件所制约，根据社会历史条件、教育所制约的心理发展内部矛盾的质的特点来划分，不但可以使我们掌握心理发生发展的规律和阶段，而且能够辩证地理解不同的客观条件对心理发生发展的作用，更好地估计心理的质的特点产生的客观原因。这样划分阶段对于教育工作是有意义的，因为它标志着心理发展的规律性，能够提示教育工作者采取发展儿童心理的适当措施、方法或途径，同时也符合心理学这门科学的特点。

另一部分学者认为，心理的发生发展为客观条件所制约。心理的发生发展虽然有其内部矛盾和质的特点，有其规律和阶段，但是不能以此作为划分年龄心理特征的阶段，而必须根据制约其发展的客观条件，因为离开客观条件，心理特征便无从产生。况且目前关于心理的内部矛盾及其质的特点的研究还很不够，只有从客观条件入手才能理解和掌握心理发展的内部矛盾及其质的特点。但是如何根据客观条件来划分，有的学者认为既要根据社会历史条件、教育的影响，也要与实际年龄进行很好地结合。

还有学者认为应该根据儿童的活动来划分，在活动中体现教育与发展的辩证关系，表现儿童的年龄心理特征及儿童的主观能动性。不过有的学者也指出，不参加某种活动（如没有进学校学习）不一定就没有某些心理特征。

关于标志年龄心理特征的各阶段的名称、衡量心理发展阶段的尺度、确定年龄的指标等问题，大家也提出了不同的意见。有学者认为应该以实际年龄或比较普遍、通用的年龄分期（如幼儿期、童年期等）作为划分阶段的标志或名称。如果生理学、心理学、教育学、医学等研究人的科学，都采用同样的年龄标志或者大众所了解的名称，然后按各门科学的特点去研究和阐述各自的内容，就可以避免一些不必要的麻烦。可是有学者指出这样的标志或名称虽然可以采用，却无助于解决年龄心理特征阶段划分的实际问题。也有学者提出，资产阶级心理学所采用的"智力测验"，可能存在批判继承作为衡量尺度的价值等问题。有些学者认为应该树立这样的观点，即心理现象是客观存在的，有一定的客观标准来对它进行研究和测量，否则无法划分心理发展的年龄阶段。心理发展的水平不一定与实际年龄完全一致，但是衡量心理发展阶段的尺度是能够找出的，有了尺度，其对工作的意义就会更大（潘菽，1959）。

在学术讨论与争鸣中，为什么要探讨心理学为谁服务的问题，如何对待传统心理学和外国心理学的态度问题，心理学的指导思想和方法论是什么等基础问题，是有其历史渊源的。新中国刚经过社会主义的改造阶段，心理学和其他学科一样，首先需要解决的是世界观、方法论的问题，因此才会出现大讨论、大反思，在讨论和反思中才能涤荡心灵，明晰概念，进而找准研究的方向。

实践也证明，如果没有对苏联心理学的相关理论的反思，没有对国外心理学理论的批判，没有对什么是心理学，以及心理学的任务、研究对象、心理学的研究性质等的大讨论，没有对 1949—1955 年心理学研究中出现的问题的反思，没有建立新的研究内容，研究规划的尝试就不会明了以马克思主义为指导研究心理学的真正含义及其重要性，也不会取得后来心理学的繁荣与发展。

第三节　改造、恢复与发展阶段的成就、局限与启示

在改造、恢复与发展阶段的 10 年中，中国心理学走过的道路并不是平坦的。新中国的心理学发展既有让人欢欣鼓舞的一面，也有让人值得深思和借鉴的一面。这 10 年中，有过要不要心理学的争论，有过关于心理学对象、任务和方法的两次争论，也有过心理学应当如何贯彻理论联系实际的原则的争论。所有这些争论都在一定程度上反映了心理学学术思想上的分歧。正是在这一系列的争论中，中国心理学取得了值得重视的成果和经验。

一、成就

重视心理学的基本理论研究，促进应用的发展，是这 10 年学术开展的主

线索。

首先，从基本理论研究来看，除注重实验研究、有组织地解决实践中的问题外，也比较重视心理学的理论研究。开展了有关心理学的研究对象、研究基本理论、研究方法的大讨论，非常重视明确指导思想、注重以虚带实，同时也比较注意心理学理论原则的确立、体系的形成、经验的总结、理论的概括。这一时期的学者全面评价了心理学的指导思想，比较深刻地反省了心理学的发展道路，讨论了心理学研究中马克思主义理论的指导意义，以及人学研究的自然科学取向的局限性和人文科学聚合体的可能性，提出了一系列有关心理现象研究的观点。另外，对心理学的哲学问题、心理与脑的关系、个性、心理学的研究方法等问题都有讨论。通过学术讨论与争鸣，明确了心理学是一门基本科学，认为心理学的基本任务是研究人的心理的发生和发展，阐明人对客观现实的反映过程和规律，科学地论证物质第一性、意识第二性、意识是高度组织起来的物质的产物，以及意识是客观现实的反映等辩证唯物主义哲学的重要命题；一致认为心理学对于丰富辩证唯物主义哲学及指导人类各方面的实践活动都具有非常重要的意义。

其次，心理学工作者充分汲取了苏联心理学理论体系中的合理内核，开展了哲学心理学、普通心理学、实验心理学、发展与教育心理学、劳动心理学以及其他应用心理学的全面研究，提出了求真、求实的马克思主义心理学科学观点，注重应用研究与理论研究并重的取向，通过各种思想观点的交流与碰撞，既注意国外相关成果的系统收集，又加强本土文化的挖掘提炼，促进了新中国心理学学科的繁荣和发展。

在这10年间，新中国心理学工作者积极跟进世界心理科学发展的主流，介绍了世界各国的最新研究进展，体现了学者的前瞻性。在其他应用心理学方面，探讨了心理语言学、心理物理学方法、神经形态学发展、情感规律研究、人类意识的起源与发展、人的心理活动的共同规律、意识的本质及其发生和发展、心理学的对象和性质、心理学的哲学、心理学的对象和特点，以及它在科学分类中的地位、中国劳动心理学的概况、医学心理学的发展、航空心理学、体育心理学的发展、我国病理心理学现况及怎样在我国开展医学心理学工作等问题。

最后，通过对这10年心理学发展的梳理，可以看出整个心理学界在批判与反思中，涤荡了学术研究的心灵，营造了一定的学术氛围，促进了学科在争鸣中成长。在立足点上，反对任何唯心论和形而上学的机械论，坚持马克思主义唯物论的一元论和辩证法；在着眼点上，着眼于现实社会具体的人、具体的个体，并把这些个体看作具有生物特征，在一定的社会历史条件和关系中的个人，对现实的心理学研究具有很强的启迪性；在归结点上，既重视理论的基础，又重视实证的并重，理论指导实证，实证支持理论，显现出了理论与实证并重的发展态势。

当时通过对苏联心理学的学习和西方心理学的批判与吸收，心理学工作者本身的立场和观点获得了改造，有关心理学的基本理论问题也初步得到了明确。这就为中国心理学的进一步发展奠定了必要的思想基础。在这期间，心理学工作者进行了一些研究工作和教材编写工作。这些工作或是解决了一些实际问题，或是丰富了心理学理论，为进一步的工作奠定了基础。此外，在开展研究和教学工作的过程中，心理学的研究机构和教学机构逐步建立起来。他们建设了实验室，培养了一定数量的专业人员，为今后中国心理学的发展奠定了必要的基础。

二、局限

新中国成立初期（1949—1956），主要是引进和学习苏联的心理学思想。当时最响亮的口号是"用巴甫洛夫学说改造心理学"，这也是苏联两院会议提出的口号。为此，苏联心理学界也出现过一次大的心理学批判运动，许多心理学家在政治的压力下作了检讨，巴甫洛夫学说被视为"辩证唯物主义心理学"的代名词。中国的批判心理学也追随了这一潮流。在政治批判的同时，中国也有许多心理学家试图从哲学方法论层面与心理学的学术层面，对西方心理学进行批判。因此，中国心理学界的总体趋势是尝试运用辩证唯物主义的思想方法论去看待和解决心理学的基本理论问题。心理学在哲学层面的批判和研究取得了一定的进展。

心理学教学和科研工作中有缺点和错误，应该批评，比如，有人用生理现象去解释一切心理现象等。但是"批判运动"的特点是，以"阶级斗争和阶级分析"的名义对待不同意见的分歧与争论，攻其一点，不及其余，以偏概全，简单粗暴地全盘否定心理学的研究方法与研究路径。采用动物实验，被斥为生物学化；研究心理现象与大脑活动的关系，被斥为生理决定论。他们认为不应该从进化史上研究意识起源的问题，不应该研究人的心理活动的共同规律。在他们看来，人只有阶级心理，没有共同的心理活动规律；并认为阶级分析方法是心理学研究的唯一方法；心理学完全是一门社会科学；心理学的任务只能是研究"工人阶级的心理"与"共产主义的精神面貌"，这些都是"极左"的观点。在这种"极左"思潮的影响下，不少心理学工作者在批判运动中也有把学术性问题与资产阶级思想问题混淆起来的倾向。"学术问题政治化"的倾向不仅在中国心理学界引起了思想上的混乱，也败坏了正常学术讨论的名声。

三、启示

从这 10 年来中国心理学所走过的曲折道路中，我们可以得到一些重要的启示。

首先，现代中国心理学的发展也同样需要坚持"百家争鸣"的方针。当代心理学研究中曾经因为政治批判代替了学术批判，导致大多数学者对"批判"一词反感。但是，在这 10 年中，曲折和误解是有的，但是不能忽视老一辈学者们通过百家争鸣的方式对我国心理学发展的贡献。另外，事实上，科学的发展永远离不开"继承（引进）—批判—创造"的轨迹，批判是继承和引进的超越和深入发展，又是新的创造的开路先锋。没有批判的中介，就没有心理学的发展、进步和创造。这里所需要的批判是摆事实，以及讲道理的学理性和学术性批判，而不是简单的上纲上线的政治性批判。

纵观中国心理科学的发展历史，中国古代虽有很深厚的心理学思想积淀，但是并没有系统的心理学体系。所以，当代中国心理学实际上是舶来品，这就注定了中国心理学的发展要走引进国外心理学的道路。1949 年以前，主要是从日本和欧美引进西方的心理学思想；新中国成立后，又全盘引进苏联的心理学，而排斥西方的心理学。中苏两党、两国关系恶化以后，心理学变成了政治批判的对象。"文化大革命"以后，又开始大规模引进国外的心理学。引进对于中国来说无疑是融入国际社会的必要步骤，但是，要有自己的科学心理学思想，单靠引进是不够的，还需要经历本土化过程，而这个过程的实现，需要一定程度的争鸣。国际上兴起的本土化运动，是许多第三世界国家融入国际社会的必然趋势。这种本土化过程在一段时间内仍然摆脱不了国际主流心理学潮流的影响，只是实验对象的本土化，而理论背景、方法、程序及结果都难以有大的突破。因此，真正融入国际社会的过程，还需要批判和创造。批判是创造的先导，是催生新思想的产婆。只有创造独具特色的属于自己民族的心理学，才能使自己真正地融入国际社会，成为国际社会的一部分。因为只有民族的，才是世界的。如何进行批判性研究呢？那就是当代心理学的研究离不开辩证法的运用。马克思说过，"辩证法在对现存事物的肯定的理解中同时包含对现存事物的否定的理解，即对现存事物的必然灭亡的理解；辩证法对每一种既成的形式都是从不断的运动中，因而也是从它的暂时性方面去理解；辩证法不崇拜任何东西，按其本质来说，它是批判的和革命的"（恩格斯，1971）。辩证法主张不同学派和不同观点之间的争辩、讨论和批评。因此，"百花齐放，百家争鸣"的旗帜，实际上是一面贯彻辩证法精神的旗帜，它主张批评的自由，提倡不同学派的争鸣、争辩和讨论。学理和学术问题只有通过严肃的学术批评、学术争鸣和学术讨论，才可以真正解决。在辩证法指引下的学术讨论，不仅可以消除论敌身上的谬误，也可以暴露自己论证中的缺陷，从而达到对真理的认识。学术批评和学术争鸣对于讨论双方而言，不仅是公平的、有益的，而且有利于扫除学术腐败，揭露错误的观点，动摇主流中不合理的霸权思想，使谬误在批评中消失，使真理在辩论中确立。

大量事实表明，辩证法是进行心理学研究的一种可供选择的方法，也是获取新的研究成果的方法。因为按照辩证法的原则，我们要对一切既有的事物和理论进行重新分析、审查和批判，也包括对自己观点的分析、审查和批判。

当然，辩证法主张的批判精神，指的是"具体问题具体分析"的精神实质。不能用政治批判代替学术批判。"文化大革命"的历史告诉我们，政治的批判不能也不应当代替学术的批判，学术的问题只有运用学术批判的方法才能解决，否则就不能使中国的心理学科得到健康的发展，这一教训是值得认真汲取的（薛攀皋，2007）。

其次，需要理论与应用并重，继承和弘扬老一辈学者开创的学术传统。学术创新离不开对学术传统的继承和发展。没有继承就没有创新，我国心理学界曾素有重视理论研究的优良传统。以潘菽为代表的老一辈心理学家，一直十分重视心理学的理论与应用并重。潘菽曾说过："中国心理学当前的任务是：吸取过去十年来的经验教训，大力加强联系实际的研究，同时也加强深入的理论研究工作。一方面面向社会主义建设，解决它所提出来的心理学问题，并把为实际服务的工作提高到理论水平上来丰富心理科学。另一方面进行有关尖端领域和基本问题的研究，以促进学科的发展并更好地解决实际问题。"（潘菽，陈大柔，1959）潘菽认为，心理学工作者必须面向实际，结合生活实践进行深入的理论研究。心理学是一门理论性很强的学科。心理学的主要任务之一，是解决人的意识的起源和发展问题。这方面的研究是理论的，但绝不能认为这方面的研究是与实际无关的。因为在人们的生活、学习、工作等实践活动中，处处有着心理学的问题。人的意识发展也是体现在人的种种实践活动中的。因而，不可能离开人的实践活动来研究人的心理。正因为心理学既是理论性强又是富有实践意义的科学，所以正确贯彻理论联系实际的原则在心理学的研究上就显得特别重要。

改革开放后，我国心理学呈现出飞速发展的景象，尤其是在实证方面得到了长足发展，但理论研究却出现了相对缓慢的态势。潘菽曾总结过，如果忽视理论研究，"虽然埋头在实际中，但深入不下去，看不清，走不远。所有这些偏向和倾向都给予心理学工作者所应当充分吸取的教训，以求今后的工作能走上正确贯彻理论联系实际的原则的道路而加速开展起来"（潘菽，陈大柔，1959）。

加强心理学理论研究，是提高心理学整体科学研究水平的需要。美国国家科学院院士斯梅尔瑟认为，理论的用处和价值体现在四个方面：一是系统地整理并建立相互的联系。理论是这样一种机制，借助于它可以把时常是独立进行、互不相关的经验研究活动的分散结果，放在一个框架中进行系统的整理并建立相互的关系。二是概括功能。理论力求使研究上的发现和论点的适用范围超越理论形成的范围。三是提高敏感程度的功能，提醒人们注意一些具体的问题。如果对社会现象的研究漫不经心、没有理论指导，对这些问题就不一定看得清楚，而这些问题恰恰有可能是进行理论阐释的依据。四是有应用的潜在价值。理论的应用应当为观察社会现象提供论点、角度和方法，从而使实践活动更有针对性，更为有效。

心理学作为一门既有实证性又有理论性的学科，其发展自然需要建立在比较科学的理论体系和深厚的基础理论之上。不同的学术研究方向、学术观点和学术流派的形成及发展，是心理学研究繁荣与兴盛的重要标志，也是推动我国心理学跨越式发展的内在动力机制。加强心理学理论研究，对于改善实证研究与理论研究失去平衡的现状，开创我国心理学发展的新境界，具有重要的学术意义和实践价值。单纯强调心理学的实证研究，还不足以支撑及维系其成为一门重要学科的战略发展任务，而容易纠缠于不是很重要的问题中难以自拔，更无法适应现代心理学日新月异发展的需要。

总结过去，展望未来，我们可以更清楚地认识到，中国心理学的发展必须坚持"具体问题，具体对待"的辩证法的原则，必须创造出真正的"百花齐放，百家争鸣"的自由讨论的氛围，从而使心理学工作者面向世界，为国际心理学的发展作出自己应有的贡献。

第四节　苏联模式对中国心理学的影响

苏联是世界心理学强国之一，除美国之外，苏联是从事心理学研究最积极的国家，无论是在研究人数、机构、课题、难度，还是在出版的著作、刊物方面都居世界前列，以其鲜明的特色屹立于世界科学之林。苏联心理学研究的特点主要有以下几个方面。

首先，心理学研究机构较大。20 世纪五六十年代时，苏联就有四个心理研究所(苏联科学院心理学研究所、苏联教育科学院普通教育心理学研究所、乌克兰共和国心理学研究所、格鲁吉亚共和国乌兹纳捷心理学研究所)，中央级两个、省级两个，人员近千人，下设 36 个研究室。除四个专门研究机构外，还有 12 所大学设有心理学系或心理学专业，每年为心理学研究机构输送大批的研究力量，还在中学、职业技术大学和中等专业学校开设心理学课，培养心理学人才。

其次，研究工作效率较高。例如，萨拉托夫师范学院心理教研室创建于 1942 年，该室有 4 个研究课题：文艺创作心理学、语言心理学、注意心理学和教育心理学。到 20 世纪 80 年代该室出版专著近 50 部，论文 400 多篇。从萨拉托夫师范学院心理教研室的工作就可以看出，苏联心理学研究工作效率之高，题目系统性之强了。此外，我们再从苏联心理学杂志发表的论文数量看，到 1985 年，苏联专业心理学杂志有 6 个，与心理学有直接关系的期刊有 10 多种。在这些刊物上，苏联全年发表的文献数量为 750 多篇，也就是说平均每天两篇文献，其中 80% 主要刊登于心理学专业刊物上。

最后，苏联心理学重视基本理论和方法论的建设。一直以来，苏联心理学都比较重视理论，而且在"十月革命"后不久，就提出要贯彻辩证唯物主义的思想。强调哲学与自然科学的联系，明确提出要坚持马列主义哲学思想的正确方向，要运用辩证唯物主义和历史唯物主义的观点来指导生理学和心理学的研究，在反对唯心主义的同时，要克服机械论和形而上学。尽管苏联心理学研究者对辩证唯物论的看法不完全一致，但辩证唯物论的基本观点是大家都遵守的，这在苏联心理学界是没有大的分歧的。西方心理学也有理论，但与苏联有所不同。西方理论不够深入，未免片面，理论基础一直没有超出二元论的框框。欧美心理学派别很多，每一派都有自己的理论，表面上看起来有各种各样的观点，但根本上都没有脱离二元论。苏联心理学重视辩证唯物主义、马克思列宁主义哲学思想，这是它能够屹立于世界科学之林不可或缺的特色之一。

这些特点奠定了苏联心理学在世界心理学中的地位。即使在苏联解体之后，苏联心理学界曾经涌现出来的心理学大家，如维果斯基、鲁宾斯坦、列昂捷夫、鲁利亚、洛莫夫等，仍然是苏联心理学能够屹立在世界心理学之林的形象代表。

20 世纪 50—60 年代，苏联心理学家同美国、英国及中国和东欧社会主义国家的心理学家经常有来往，互派学者进行访问与交流，相互翻译和出版心理学书籍，参加国际性的心理学会议，苏联心理学的成果在世界心理科学中得到了反映。尤其是 1966 年在莫斯科举行的第十八届国际心理学盛宴，更加促进和推动了苏联心理学家和外国心理学家的交往。这种交往的增加对世界心理学的发展具有重要的作用。

苏联是世界上第一个社会主义国家，在心理学上是第一个提出以马克思主义为指导改造传统心理学、建立马克思主义心理学的国家。对那些与其有相同社会制度的国家来说，苏联心理学无疑起到了引领、示范和借鉴的作用；而对那些具有不同社会制度的国家来说，苏联心理学是一种冲击，是一种新的研究方向，促使其在比较中得到进步。就苏联心理学的发展模式对中国的积极影响作用而言，具体表现在以下几个方面。

首先，苏联心理学重视心理学的基本理论研究和理论心理学，特别是马克思主义心理学对中国社会主义的心理学基本理论建设曾经发挥过积极的示范作用。

苏联心理学一般比较重视对理论问题的研究。他们认为，只有对心理学的一般理论进行认真的研究，才能对每一分支领域中积累起来的科学资料、

思想与方法加以系统化。同时，对心理学一般理论的研究，也是把心理科学
成就有效地运用到实践中的重要条件之一。心理学这门学科理论性比较强，
不重视理论很难前进，而心理学要加强其理论的科学性并成为真正的科学，
必须贯彻辩证唯物主义的观点，建立马克思主义心理学。"十月革命"的胜利，
对苏联的政治、经济、文化和科学（包括心理学）等方面都提出了新的要求，
这也要求发展以马克思列宁主义思想为指导的心理学，同时要对旧的、唯心
主义的心理学进行批判。别赫捷列夫、科尔尼洛夫、维果斯基三位心理学家
在建立马克思主义科学心理学中作出了巨大的贡献。别赫捷列夫（1857—1927）
是一位研究大脑和神经病理学以及精神病学的专家，他提出了反射学。他把
对心理学的研究和同精神病学和病理心理学的工作联系起来。他反对主观心
理学的理论和方法，力求在研究客观方法的基础上建立自然科学的心理学说。
他把自然的心理学观点的体系称为客观心理学（从 1904 年起），以后将其称
为心理反射学（从 1910 年起）和反应学（从 1917 年起），试图建立马克思主
义科学的心理学。以自然科学的唯物主义原则为基础的反射学，与主观唯心
主义心理学相比，乃是一种进步，因而引起了主观唯心主义心理学者的反对。
但是，反射学家们在反对主观唯心主义心理学的时候，未能克服心理研究中
的机械主义观点，即研究行为时，忽视了对意识问题的研究。企图建立没有
心理的心理学是错误的。当然关于心理活动的反射原理还是很重要的，从 20
世纪 20 年代开始，反射原则就是苏联心理学最重要的方法论前提之一。以科
尔尼洛夫（1870—1918）为首的反应学，是试图建立马克思主义心理学方法
论的另一派别。20 世纪 20 年代初，科尔尼洛夫领导了一些心理学家，用马
克思主义观点对心理学进行改造，并反对唯心主义和经验主义，对反应进行
的研究也获得了一些实验资料，这对苏联建立马克思主义心理学有着重大贡
献。维果斯基（1896—1934）在试图建立马克思主义心理学方面也起了巨大
的作用。他在心理学的基本理论、普通心理、儿童心理、教育心理、病理心
理以及艺术心理等方面都有很多研究。斯米尔诺夫指出，维果斯基在苏联心
理学的建立和发展中都起到了出色的作用，他是为马克思主义心理学而斗争
的首创者之一。1925 年，他针对行为主义和唯心主义心理学所导致的心理学
在方法论上的危险，发表了重要论文《意识是行为心理学的问题》。他明确指
出，"忽视意识问题就给自己堵塞了研究人的行为这一相当复杂问题的途径"。
"如果把意识从科学心理学中排除出去，就会在很大程度上维护了过去主观
心理学的二元论和唯灵论。"这是他以后所从事高级心理机能研究的中心思想。

建立马克思主义心理学是一项十分艰巨的任务，这不仅要求批判传统的旧的心理学，还要求不断积累有价值的科学资料，根据马列主义思想，提出与之相应的新观点、新理论。由此可见，别赫捷列夫、科尔尼洛夫、维果斯基等心理学家在建立马克思主义科学心理学中作出了不可磨灭的贡献，可以说没有他们就没有今天苏联心理学光辉灿烂的遗产。

苏联心理学对于发展我国心理科学具有重要的意义。第一，当时苏联的心理科学发展比较快，取得的成果较多，这给我们提供了丰厚的"学习资源"。第二，苏联的国情与我国的国情大体相近，我们都是社会主义国家，是以马列主义作为各项工作的指导思想，我们的努力方向和目标基本一致。苏联心理学家的学术指导思想和研究本身的成功与失败，以及辩证唯物主义的思想方向都是可供我们借鉴的。在苏联心理学的影响下，我们国家提出自觉坚持辩证唯物主义的指导，要防止思想僵化，努力改革基本理论研究，进一步提高基本理论研究的水平。因此，苏联所建立的马克思主义科学的心理学对我们具有积极的影响。

其次，苏联心理学重视大脑高级神经活动的研究。巴甫洛夫学说、鲁利亚的脑机能理论对中国心理学的唯物主义科学化发展起到了推动作用。心理学研究既要有哲学基础，又要有自然科学基础，两者缺一不可。苏联把马克思列宁主义哲学和脑高级神经活动的研究确定为心理学的哲学基础和自然科学基础。大脑高级神经活动的研究，即有关心理生理机制的研究方面，主要代表有巴甫洛夫学说、鲁利亚的脑机能理论，并取得了举世瞩目的成就。

我国曾积极学习苏联模式，巴甫洛夫学说、鲁利亚的脑机能理论对中国心理学的唯物主义科学化发展起到了极大的推动作用。巴甫洛夫（1849—1936）是一位著名的生理学家，他对高级神经活动等问题有很深入的实验研究，他的高级神经活动学说总结性地写在《动物高级神经活动（行为）客观研究20年经验：条件反射》（1923）和《大脑两半球机能讲义》（1927）等著作中，基本上成了辩证唯物主义深入研究心理问题的自然科学基础，有助于把心理学从内省主义中解放出来，有助于采用心理科学研究的客观方法。巴甫洛夫及其学派理论与实验研究对宗教与唯心主义世界观是一个沉重的打击。20世纪50年代初，苏联科学院与苏联医学科学院以及俄罗斯教育科学院先后两次（前者在1950年6月，后者在1952年6月）召开了关于以巴甫洛夫学说改造心理学问题的会议，主要认为只有巴甫洛夫学说才是心理学的自然科学基础，批判了一些心理学家对巴甫洛夫学说采取的忽略态度。在这两次会议以后,对巴甫洛夫学说、心理学生理机制的研究加强了。但出现了另一种倾向,即产生了对巴甫洛夫学说的教条主义态度,似乎只有以巴甫洛夫学说来解释心理现象才是科学的、正确的。这显然是不对的,这种倾向在 20 世纪 50 年代后期对中国心理学界也产生了极大的影响。到 20 世纪 50 年代末 60 年代初,苏联心理学界已逐渐感到其中存在的问题,发现了这种倾向,之后逐步酝酿,开始有所改变。最终苏联心理学家在学术思想上对巴甫洛夫学说采取了科学分析的态度:基本上肯定他的学说,但又不用它来解释一切现象,纠正了原来的片面倾向。

许多人认为,我国通过学习马克思列宁主义哲学和巴甫洛夫学说,从而确定了我国心理学的哲学基础和自然科学基础。因为巴甫洛夫学说、鲁利亚的脑机能理论不仅提供了自然科学的论证,也为心理学提供了方法论的指导原则,指出了研究途径,所以说苏联心理学对脑高级神经活动的研究也推动了我国心理学的发展。

再次,苏联心理学重视实验研究,中国心理学长期重视实验心理学不仅受到西方心理学的影响,也受到了苏联心理学的影响。

苏联心理学家普遍强调,为了保证经验清晰和报告准确,必须进行实验,因为实验不仅是在控制条件的情况下进行的,而且是可以重复的。实验重复的次数越多,经验就越清晰,对经验的描述也就越准确。这一思想对中国心理学乃至全世界心理学都有巨大影响。苏联把马列主义哲学和脑高级神经活动的研究,确定为心理学的哲学基础和自然科学基础。要贯彻辩证唯物主义的观点,加强心理学的科学性,成为真正的科学,那么从自然科学中借来的实验研究就是必不可少的了。苏联心理学家长期重视实验研究,巴甫洛夫、别赫捷列夫和瓦格涅尔等力求通过实验研究揭示心理的生理机制。他们对心理的生理机制研究的影响力之大是众所周知的,其研究成果被译为多种文字,广泛流传。所以中国心理学长期重视实验心理学不仅受到西方心理学的影响,在很大程度上也受到苏联心理学的影响。

最后,苏联重视应用心理学,注重解决社会实践问题,特别是教育心理学、儿童心理学的实验推广研究。苏联心理学有重视理论的传统,但也注意加强心理学与实际的联系,使心理学为实践服务。从 20 世纪 30 年代起,随着国民经济与文化的发展,苏联对心理学的发展提出了新的要求——增强心理学的实践性,增强其为实践活动服务的特点。在社会和政府的支持下,苏联很快出现了一些心理学分支,如劳动心理学和心理技术学、教育心理学、司法心理学、病理心理学、社会心理学等。这些分支心理学力图适应苏联国民经济与文化发展的迫切要求。20 世纪 40 年代初，苏联人民开展了反法西斯侵略的伟大卫国战争，为了满足战争的需要，心理学界开展了为国防服务的科研工作。就是在这一时期，苏联的国防心理学有了很大的发展。20 世纪 50 年代初，苏联心理学加速发展。在 1952 年、1953 年与 1955 年举行的三次全苏心理学会议上，对战后进行的心理学研究进行了总结：对大脑反射活动的研究取得了一定的成绩，克服了对巴甫洛夫学说的教条主义态度，克服了对心理学研究对象和研究方法的虚无主义态度。1957 年，建立了苏联心理学家协会。1959 年举行了全苏心理学协会第一次代表大会，会议表明，苏联心理学家在心理学的许多领域作出了成绩。20 世纪 60 年代前期，由于苏联建设的需要，教育心理学、医学心理学、体育心理学、宇航心理学等进一步发展，中断多年的社会心理学研究也发展起来了，并开始研究与控制论、信息论及社会学等科学相联系的心理学问题，广泛应用了一些最新的实验技术和方法。1962 年召开的"高级神经活动心理学和心理学的哲学问题会议"提出要求：要加强研究心理学和社会、心理学和技术的邻接领域的问题。此后，苏联心理学进入一个新的迅速发展时期。苏联心理学的这些新特点、新趋势，在 1963 年举行的全苏第二届心理学家代表大会与一些地方性会议上得到了明显的反映。苏联重视应用心理学，注重解决社会实践问题，特别是教育心理学、儿童心理学的实验推广研究。早在 1877 年，俄罗斯教育家和心理学家卡普捷列夫就出版了《教育心理学》一书，这是一部从教育实际出发，较系统地阐述心理学问题的著作，也是苏联第一部"教育心理学"。"十月革命"后的 20 世纪 20—30 年代，苏联心理学家巴索夫、布隆斯基、维果斯基等人，从各自不同的角度以不同的观点研究了儿童的心理发展，包括个性的道德品质的发展问题。到 20 世纪 40—50 年代，苏联的教育心理学有较大的发展，将德育心理问题作为一个独立的科学领域来研究。苏联教育心理学的特点是重视结合教学与教育实际的研究，广泛地采用自然实验法，综合研究占主导地位。对于儿童心理，医学心理工作者开展了关于家庭与儿童教育的心理咨询服务，包括心理诊断、心理矫正等，直接面向广大父母及儿童。在莫斯科，这样的咨询服务已经开展了近 10 年，取得了很好的效果。

20 世纪 70 年代以后，苏联心理学更加重视应用心理学，解决社会实践问题，强调心理、心理学的社会方面，诸如培养新人、生产管理、宣传工作、婚姻家庭等方面。在 1983 年的第六届全苏心理学会上，洛莫夫在作为会议主旨的总结报告中提出，心理学要为增强人民群众的"心理免疫力"服务。

　　1971 年，苏联科学院成立了心理研究所，之后在基辅、塔尔图、第比利斯、塔什干、罗斯托夫、哈尔科夫、雅罗斯拉夫尔等城市的大学里又成立了心理学系（或心理专业），这就使其心理学机构大大增加了。值得指出的是，苏联特别注意儿童和婴幼儿教育。据统计，苏联全国有 42 所师范学院和 262 所师范学校为学前教育机构培养教师。据 1981 年统计，在苏联国立学前机构工作的人员达 100 万人。在这些教师队伍中，有 85%受过高等和中等专业教育，其中包括心理学教育。

　　苏联对我国影响的最明显特征是心理学的"师范发展模式"。目前，俄罗斯还有一所莫斯科心理师范大学。它原本隶属于俄罗斯教育研究院（1993）的国际教育与心理学院，后来在此基础上——在莫斯科市成立了心理师范学院。它正式创立于 1996 年，从 2000 年开始具有大学资格。它是年轻的大学，其历史可以追溯到 20 世纪初，是俄罗斯建立的（当时是世界第三个）第一个科研和教育的心理学研究所，也就是今天的俄罗斯教育科学院的心理学研究所。该校在相对短的存在期限内取得了高等教育结构非常高的职业声誉，并成为在国内外享有充分权利的职业教育协会的成员。当前，学校现有 9 位科学院院士和俄罗斯教育科学院通信院士，138 位科学博士，388 位科学副博士。俄罗斯联邦教育领域总统和政府奖金获奖者有 38 位。该校 2005 年在师范和语言类大学中排第 9 名，2004 年排第 22 名。这里有主要藏书是心理学的图书馆，学术和教学文献总计超过 30 万册。

　　受苏联的影响，中国的心理学研究队伍 70%集中在师范院校，特别是 1952 年的中国高等院校调整对心理学发展的影响很不利。当时为了效仿苏联，我们也设置了独立的高等师范院校，并且将大部分心理学研究团队集中于这些师范院校之中。这确实保证了我国基础教育的发展，其历史功绩是不可磨灭的，但同时也带来了很多的后遗症。

　　一是从高等教育的培养目标来说，苏联强调专门教育。我国高等教育仿效苏联的模式，也强调培养专才，因而批判通才教育。把大部分心理学研究者集中于师范院校，在一定程度上脱离了实际，使得心理学学生的知识面过窄，不能适应新科技发展的形势。1952 年的中国高等院校调整，造成高等学校分工过细、理工分家的局面，这不利于交叉学科的发展，发展师范教育体制模式的心理学更是举步维艰。

　　二是我国对高等学校没有统一的管理和领导。高等教育部只管理少数部属院校，大多数学校由中央各业务部委管理，形成了条块分割的局面。受其影响，师范院校心理学的发展也较慢，这种情况到 1999 年以后的高等教育的体制改革才得以改变。"向苏联学习"是当时院系调整的主方向，也就是说对苏联教育模式的学习是单向的，只允许老老实实地学，不允许有丝毫的怀疑或批判，可谓是"全盘苏化"，这使我们的课程教学陷入了程序化、僵化的局势，影响到了教师创造性和学生主动性的发挥，而且使学校建设变得千人一面，办不出特色，学生的个性也得不到发展。本来与美国、日本相比，苏联心理学模式就比较狭窄、偏执，所以这种不加以鉴别、全盘吸收的结果发展到中国就更为狭窄和偏执。

三是苏联心理学发展模式虽然逐步失去了市场，然而改革开放初期，1978 年恢复高考实际上又回到了 20 世纪 50 年代初期向苏联学习的格局，尽管之后也进行了多次改革，但苏联教育的影子仍然随处可见。可以这样说，中国现在的教育传统，除了继承中国传统文化的内核外，还融入了苏联教育的传统，想要彻底消除，并非易事。随着苏联的解体，苏联心理学的研究队伍也已解体。苏联心理学的昔日风光不再，苏联的马克思主义心理学已经走上了精神祭坛的阶段。我国老一辈精通苏联的专家大都去世，年轻一代熟悉苏联心理学的很少，但苏联心理学对中国影响的历史后果却难以消除。心理学人才培养的师范教育发展模式，严重地限制了中国心理学的发展。随着当前我国师范教育综合化改革发展的新进程，心理学承载着延续教师教育的传统特色与国际化、应用化的双重角色任务。要改变苏联模式影响的消极后果，无疑还需要继以时日，持续变革创新。

第三章

改革开放初期中国心理学的恢复与重建

1978—1989 年，我国进入到改革开放的新时期，心理学科也得到了迅速发展，为 21 世纪以来心理学科的发展与繁荣奠定了重要基础。

第一节 改革开放初期中国心理学的发展

一、改革开放初期中国心理学的发展阶段

1977 年 6 月 24 日，国务院有关领导作出"恢复心理所是很必要的"重要指示，从此开始了中国心理学的新生时期，迎来了心理学发展的春天。这个时期的中心任务是解决心理学如何为四个现代化服务的问题。

改革开放初期，中国心理学的发展可以划分为恢复重建期和稳步发展期两个阶段：1978 年至 20 世纪 80 年代后期为恢复重建期；20 世纪 80 年代后期至 20 世纪 90 年代后期为稳步发展期。

（一）恢复重建期

恢复重建时期的心理学用科学事实批判以前强加给心理学的政治帽子，除去其发展的政治禁锢。在十一届三中全会召开之前，即 1978 年 5 月和 10

月中国心理学会连续召开学术会议，学习邓小平关于"科学技术是第一生产力"、"知识分子是工人阶级的一部分"、"四个现代化关键是科学技术的现代化"等指示；决定恢复教育心理专业委员会，筹备组建医学心理专业委员会和体育运动心理专业委员会，并制订了编写心理学各科教材的计划。党的十一届三中全会的召开，从政治上为心理学恢复了名誉，迎来了心理学发展的春天。

在重建时期，我国心理学取得了显著的成绩。在机构建设方面，恢复并加强了中国科学院心理研究所的工作，恢复并重建了高等师范院校心理学教研室的工作，中国心理学会总会和26个省（自治区、直辖市）分会的工作得到了重建。在队伍建设方面，除积极做好前些年被迫改行，又适合于教学和科研工作的心理学工作者的归队工作外，还在科研所及有条件的高等院校招收研究生。

1978年，北京大学率先成立了心理学系，后来，华东师范大学、北京师范大学、杭州大学、华南师范大学等校也相继成立了心理学系。中国科学院心理所恢复研究机构，到1980年扩建为6个研究室。科学研究工作开始启动，中国科学院心理所的研究主要集中在发展心理、感知觉、生理心理和病理心理、心理学基本理论、工程心理。高校主要开展普通心理、教育心理和发展心理方面的研究。1979年《心理学报》复刊，随后《心理科学通讯》也恢复出刊。

从总体上看，这一时期的很多举措都带有补习的时代特征。例如，为了满足教学科研队伍建设的迫切需求，通过举办"研究生进修班"等方式培养心理学专门人才；为了迅速补习与时代相脱节的心理学知识，专业杂志如《心理科学通讯》、《外国心理学》、《心理学探新》等刊登了不少介绍性、动态性的文章；心理学家举办了教育心理、组织管理心理、实验心理学、认知心理学等专门讲习班或培训班。这些措施对于迅速恢复心理学的教学科研工作起到了极其有益的作用。

随着改革开放的深入发展，我国心理学逐渐融入国际心理学的研究组织，心理学家开始走出国门进行学术访问和进修，或者去国外攻读心理学学位。特别值得一提的是，1980年7月，国际心理科学联合会在德国莱比锡举行的第22届国际心理学大会中，讨论并一致通过接纳中国心理学会申请加入国际心理科学联合会。

（二）稳步发展期

这一时期，我国心理学各分支学科的科学研究像雨后春笋般开展起来。例如，在基础心理学领域，开展了关于中国人眼光谱相对视亮度函数研究、中国人肤色色度和记忆色宽容度等问题的研究，以及听觉、触觉和汉语信息加工及视觉拓扑特征等的研究。在基本理论与心理学史领域，开展了心理学与辩证唯物主义的关系以及我国古代和近代一些著名思想家的心理学思想的探讨。在发展与教育心理学领域，开展了儿童认知、情绪、语言及道德观念发展研究、中小学数学语文教学心理及道德品质教育心理研究、独生子女及特殊儿童教育心理等研究。在工程心理学、管理心理学、变态心理学、心理测量学、生理心理学、比较心理学、体育运动心理学、法制心理学及社会心理学等领域，也开展了不少有特色的研究。总之，这一时期我国心理学各主要分支的研究在广度和深度上都有明显的变化，基础研究的水平有了较大提高，已形成一些有意义的创新性的中心研究课题，开展了较系统的研究，直接为我国社会发展服务的应用研究也开展起来了（王甦等，1997）。中国心理学会心理学教学工作委员会的建立和心理学国家理科基础科学研究和教学人才培养基地的建设，对今后中国心理学的发展产生了重要的影响。

陈霖负责的拓扑知觉课题组的研究成就，朱智贤主持的中国儿童和青少年心理发展与教育全国协作组的研究工作，均受到了国际关注（朱智贤，1990）。《中国大百科全书》（心理学）（潘菽、荆其诚主编，1991）、《心理学大词典》（朱智贤主编，1989）、《简明心理学百科全书》（荆其诚主编，1991）等工具书的出版，均是中国心理学这一时期取得的标志性成果。另外，我国成功获得了第28届国际心理学大会的主办权。

二、全国心理学学科座谈会及专业学术会议的召开

中国心理学会1977—1978年先后在北京平谷县召开了全国心理学科规划座谈会，在杭州召开了全国心理学专业学术会议和中国心理学会第二届学术年会。这三次继往开来的会议的召开，规划并促进了我国心理学研究的发展。来自全国各地的23位代表在会上拟订了规划初稿，后经修改作为草案，由中国科学院心理研究所分送有关单位征求意见。这一规划草案除前言外，

共分 4 部分：①外国心理学概况；②奋斗目标；③研究项目；④实现规划的措施。在研究项目中又分为心理学基本理论、感觉与知觉、思维与记忆、心理发展、生理心理、教育心理、工程心理、医学心理研究等 8 个方面。在每个方面均按国内外概况、三年计划、八年规划和 23 年设想安排。这是一个比较详细而全面的心理学学科发展规划，对我国心理学工作者起了极大的鼓舞作用。它促进了我国心理科学事业的恢复和发展，参加会议的代表会后立即向所在单位领导汇报并召集开会传达会议精神和内容，积极开展工作，争取已转业的同行归队，恢复已停办的教研室，重新开展实验研究。

平谷会议使广大心理学工作者欢聚一堂，总结了过去 10 多年来的经验教训，介绍了当前国际上心理学发展的动态，交流了打倒"四人帮"后开展科研和教学工作的成果，明确了今后努力的方向；开始全面恢复我国心理学的研究和教学工作，扭转了心理学在"文化大革命"期间被迫停滞的境地，是中国心理学发展史上的一个重要转折点。

第一，在发展心理和教育心理方面，组织了全国各地大协作研究，其发展规模和速度都是空前的。如对 3～12 岁儿童数概念和计算能力发展的研究，超常儿童的调查研究、儿童语言发展的研究，都初步收到较好的效果。在研究方法上，实验法、观察法、调查法、个案跟踪法等被广泛采用。对新中国成立后一直被视为禁区的"智力测验"，进行了具体的分析，开展了试验性的研究。在教育心理学方面，对各科教学的心理学问题，品德教育心理学问题和现代化教学手段的心理学问题等正在积极进行研究，有些也取得了可喜的成果。

第二，在普通心理、实验心理和工程心理学的研究方面，这一时期继续把视觉研究、听觉研究作为重点研究项目。如为了配合社会主义工业化的需要，进行了与制定光学标准有关的中国人眼光谱相对视亮度函数的研究，与彩色电视、彩色电影有关的中国人皮肤颜色的标准和记忆肤色的宽容度研究，常见色记忆色的宽容度研究等。为配合制定国家厂矿照明标准，进行了视功能的实验。配合制定噪声防护标准，进行了普通话听力损伤阈的研究。此外，还进行了有关中国人深度视觉基本参数的测定，为光学仪器设备提供了心理学依据。上述成果有些已被有关部门采用，并已在生产实践中初见成效。

第三，在医学心理与生理心理学的研究方面，近年来在配合针麻原理的研究中，心理学界进行了心理因素在针刺麻醉和针刺镇痛中的作用的研究，总结了暗示、注意、情绪等心理因素的影响，还研究了在手术中人的情绪变化与体内各生理指标和生物化学变化的关系。在疼觉基础理论方面，研究了皮肤疼阈变化的生物节律，以及大脑某些部位与针刺镇痛的关系，如海马与针刺镇痛的关系。在生理心理方面，对学习记忆的神经基础和生物化学基础进了试探性研究，用电损毁海马不同部位或海马内注射胰蛋白酶等手段，检查对大鼠暗箱回避模式记忆的影响，证明学习记忆的早期阶段海马起积极作用，并与蛋白合成相联系。在病理心理方面，进行了精神药物的研究，对国产有致幻作用的中草药进行了动物行为实验鉴定。在精神病治疗方面，研究了催眠治疗、心理治疗的作用。对生物反馈法、行为疗法也进行了研究试用等。

第四，心理学基本理论的研究，引起心理学界的重视。比较突出的是对冯特的评论，仅 1978 年学术年会上就收到 29 篇论文。此外，还对苏联心理学家列昂捷夫的有关活动和意识问题进行了分析、研究和评价。

三、改革开放初期中国心理学会的发展

1977 年 8 月 16—24 日由中国科学院心理研究所主持在北京平谷县召开了全国心理学学科规划座谈会，有来自全国各地的 23 位代表参加，初步制定了心理学学科的发展规划及实现规划的措施。规划中的研究项目包括心理学基本理论、感知觉、思维与记忆、心理发展、生理心理学、教育心理学及工程心理学等 8 个方面。这是一个比较详细和全面的心理科学发展规划，对我国心理学工作者起到了极大的鼓舞作用，它促进了我国心理科学事业的恢复与发展，在中国心理学发展史上是一个重要转折点。

1978 年 5 月 8—15 日，中国心理学会在杭州召开全国心理学专业学术会议，与会代表 72 人。会议的主要内容讨论落实如何评论国际著名心理学家冯特的心理学工作，这是为准备参加 1980 年国际心理学大会纪念冯特创建世界第一个心理学实验室 100 周年的活动而举行的。通过此次会议引起我国心理学界对心理学理论工作的重视，促进了心理学基本理论的研究工作。此次会议共收到论文资料 100 余篇。会议还确定了教育心理学、普通心理学、儿童心理学、公共课心理学和心理学史教材的编写计划。

1978 年 12 月 8—15 日，中国心理学会在河北省保定市举行第二届全国学术会议。230 余人与会，会议收到论文资料 248 篇，其中心理学基本理论

和评论冯特心理学的占 21%，发展心理占 19%，普通心理占 17%，教育心理占 12%，医学心理和生理心理占 11%，工程心理和体育心理占 5%，其他占 14%。此次学术年会距上届学术年会（1963 年）15 年，是中国心理学者在经历"文化大革命"后的一次盛大聚会。会议分 4 个组进行学术交流，即发展心理与教育心理组、心理学基本理论组、普通心理与工程心理组、医学心理与生理心理组。会议总结了 15 年来的经验教训，为强加给心理学的诬蔑不实之词和受批判迫害的心理学工作者进行平反，恢复名誉。会议期间，理事会开会讨论通过增补新理事，连同原有理事共计 51 名，除潘菽仍担任理事长外，增选陈立、陈元晖、苏幼民、彭飞、唐钺、高觉敷、刘绍禹等 7 人为副理事长，杨民华为秘书长，徐联仓为副秘书长。会议还讨论并通过了有关重建发展心理和教育心理专业委员会、组建体育运动心理专业组、成立医学心理专业委员会筹备组以及设立及健全编辑出版委员会和心理学报编委会等事项。《心理学报》从 1979 年恢复出版，由潘菽任主编。《心理科学通讯》1981 年复刊，由王亚朴任主编，朱曼殊、李伯黍任副主编，从第 2 期起，由左任侠任主编。

从 1978 年开始，中国心理学会恢复了与国际有关学会的联系与交往。1978 年 8 月，应澳大利亚心理学会第 13 届年会的邀请，由徐联仓、荆其诚、李心天三人组团前往参加。1979 年荆其诚应美国心理学会邀请，代表中国心理学会前往出席美国第 87 届年会。他们分别在会上介绍了中国心理学的发展情况，受到国外心理学家的热烈欢迎与好评。

1979 年 11 月 25 日—12 月 1 日在天津召开第三届全国心理学学术会议，与会代表 850 余人。会议收到论文资料 400 余篇，其中发展心理和教育心理占 41%，心理学基本理论占 16%，医学心理占 15%，普通心理和工程心理占 9%，生理心理占 6%，体育运动心理占 5%，其他占 8%。会议进行分组学术活动。会议期间召开常务理事会讨论批准建立普通心理和实验心理专业委员会、工业心理专业委员会以及生理心理专业委员会作为学会下属分支专业委员会。此外，还讨论通过了中国心理学会章程草案。这次年会反映了我国心理科学在"四人帮"倒台后近年来的兴旺景象，标志着心理科学开始得到了迅速发展。

1980 年 7 月中国心理学会正式申请加入国际心理科学联合会。中国心理学会由陈立、徐联仓、刘范、荆其诚 4 人组成代表团，前往民主德国莱比锡出席 7 月 6—12 日的第 22 届国际心理学会议。他们 4 人分别在会上作了学术报告，受到国外同行的热烈欢迎。其中陈立报告了《冯特与中国心理学》的纪念论文。会议期间陈立和荆其诚作为代表出席国际心理科学联合会召开的代表会议，会上讨论并一致通过接受中国心理学会加入国际心理科学联合会成为当时第44个会员国的成员。1984年在墨西哥阿卡波哥召开的第23届国际心理学会议上，由于我国心理学国际地位的提高，荆其诚被选为国际心理科学联合会执委会成员，同时中国心理学会推荐陈立和张厚粲为我国的国际心理科学联合会代表，1987年推荐张厚粲和缪小春作为代表。

1981年12月4—8日在北京举行第三次全国会员代表大会暨纪念建会60周年学术会议（全国第4届学术会议），与会正式代表198人，列席代表32人，加上临时与会者人数共达450余人。此外，还有应邀前来参加会议的国际心理科学联合会秘书长，以及美国、印度、日本、澳大利亚等国及我国香港地区心理学工作者10余人。大会收到论文报告480余篇，其中教育心理占29%，医学心理占16%，发展心理占15%，心理学基本理论占13%，普通心理与实验心理占13%，体育心理占6%，生理心理占4%，心理测验占3%，工业心理占2%。在这些论文报告中，有423篇被选入会议《文摘选集》。会议期间进行理事会改选，产生第3届理事会。潘菽当选为理事长，副理事长有陈元晖、苏幼民、荆其诚、彭飞、陈立；秘书长为徐联仓，副秘书长为赵莉如。这次大会是我国心理学发展历史上的一次空前盛会，它对我国心理学60年的发展及经验教训进行了一次全面总结，为进一步推动我国心理科学事业发展创造了条件，标志着我国心理学开始进入一个蓬勃发展的新时期。

1984年12月4—3日中国心理学会在北京召开了第5届全国心理学学术会议，与会人数达350余人，应邀参加会议的还有美国、英国、瑞典、日本等国及我国香港地区的心理学家10余人。大会收到论文报告809篇，其中有390篇被选入会议《文摘选集》。在收到的论文中，发展心理占19%，医学心理18%，普通心理（包括实验心理、管理心理、航空心理）占17%，教育心理占15%，心理学基本理论占12%，法制心理占8%，学校管理心理占5%，体育运动心理占4%，其他1%（生理心理论文另出专集）。这次会议检阅了1981年以后的三年来我国心理学各方面工作的新进展。会议除了进行分组学术活动外，还进行了理事会改选，选出理事共60人，常务理事17人。荆其诚为理事长，陈立、张厚粲为副理事长，徐联仓为秘书长。此外，聘任林仲贤、李令节为副秘书长。理事会根据心理学发展需要对各有关专业委员会及工作委员会进行了调整及加强，共设立了10个专业委员会及4个工作委员会。

10 个专业委员会,即教育心理专业委员会、发展心理专业委员会、体育运动心理专业委员会、医学心理专业委员会、普通心理与实验心理专业委员会、工业心理专业委员会、生理心理专业委员会、心理学基本理论专业委员会、法制心理专业委员会、学校管理心理专业委员会。4 个工作委员会,即心理学科普工作委员会、国际学术交流工作委员会、学术工作委员会、心理测量工作委员会,各个专业委员会每隔 1～2 年召开学术会议进行学术活动。一些专业委员会还举办专业人员培训班及心理学仪器鉴定会等活动。

1987 年 9 月 18—22 日中国心理学会在杭州召开全国第 6 届学术会议,与会国内代表 500 余人。此外,在北京召开的会议,国际心理科学联合会执委会全体成员及日本、美国、加拿大及我国香港地区心理学会负责人也应邀参加会议,外国来宾共计 35 人。大会收到论文 619 篇,其中 306 篇国内及 10 余篇国外心理学者的论文被选入会议《文摘选集》。在提交的会议论文中,心理学基本理论和心理学史占 9%;教育心理占 16%;发展心理占 13%;普通心理、实验心理和工程心理占 19%;管理心理、法制心理及社会心理占 12%;体育运动心理占 5%;医学心理及心理测量占 21%;生理心理占 6%。这些论文报告内容广泛,反映了我国心理学各个分支近年来的工作进展与成果,论文水平和质量比以往有显著提高,受到与会国外心理学家的高度赞赏。

1988 年中国心理学会进行换届改选理事会工作,采取由各专业委员会及各省市心理学会分别提名候选人,然后采用通信投票差额选举的方式,选举产生第 5 届理事会,共计选出理事 70 名。1989 年 8 月 16—19 日在哈尔滨召开第 5 届理事会第一次全体理事会议。会议内容有:①原理事长荆其诚向大会作上届理事会工作报告;②通过修改的中国心理学会新章程;③选举产生第 5 届理事会理事长、副理事长、秘书长及常务理事;④调整心理学会下属有关专业委员会及工作委员会;⑤讨论制订第 5 届理事会的工作方针和活动计划。与会理事经过充分酝酿提名,采用差额选举、无记名投票方式选出理事长王甦,副理事长匡培梓、车文博、朱曼殊,秘书长林仲贤,选出常务理事 21 人。另外,聘任刘善循为副秘书长。为了更好地推动我国心理测量工作的开展,会议通过将原有的心理测量工作委员会调整为心理测量专业委员会。为了进一步加强《心理学报》编委会工作,由徐联仓任主编,王甦、张厚粲、林仲贤任副主编。

自 1989 年以来,各分支专业委员会都分别召开了各种学术会议,有的专业委员会还相继举办了各种形式的培训班与研讨班,对心理学工作者进行知识更新及提高。全国会员人数近年也有了较大发展，已达 2800 余人，据不完全统计，其中正教授、正研究员人数达 321 人；副教授、副研究员人数达 1223 人。为了更好地加强对学会会员的管理工作，中国心理学会与中国科学院心理研究所协作建立了中国心理学会会员数据库，此项工作受到国外同行的赞赏。为了更好地适应心理科学形势的发展，原《心理科学通讯》从 1991 年起更名为《心理科学》，由朱曼殊任主编，李伯黍、方云秋、缪小春任副主编。1991 年 6 月，《心理学报》编辑部为了更好地提高学报的质量与水平，组织了主题为"心理学如何为社会主义建设服务"的座谈会，与会的许多心理学工作者都纷纷提出了积极的意见与建议。与此同时，还召开了在京常务理事会扩大会议，传达中国科学技术协会四大会议精神，进一步讨论和贯彻如何使心理学更好地面向社会主义建设实际。

中国心理学会第 1—18 届年会及理事长、副理事长一览表，如表 3-1 所示。

表 3-1　中国心理学会第 1—18 届年会及理事长、副理事长一览表

学术会议	时间	地点	会议主题	理事长（会长）	副理事长
第 1 届	1955 年 6 月—12 月 15 日	北京		潘菽（1960 年 1 月）（第 1 届）	曹日昌
第 2 届	1978 年 12 月 8 日—12 月 15 日	保定			
第 3 届	1979 年 11 月 26 日—12 月 1 日	天津		潘菽（第 2 届）	陈立、陈元晖、苏幼民、彭飞、唐钺、高觉敷、刘绍禹
第 4 届	1981 年 12 月 4 日—12 月 8 日	北京		潘菽（第 3 届）	陈元晖、苏幼民、荆其诚、彭飞、陈立
第 5 届	1984 年 12 月 4 日—12 月 8 日	北京		潘菽（名誉理事长）理事长：荆其诚（第 4 届）	陈立、张厚粲（第 4 届）
第 6 届	1987 年 9 月 18 日—9 月 22 日	杭州		王甦（第 5 届）（1988 年 7 月选举）	匡培梓、车文博、朱曼殊
第 7 届	1993 年 10 月 5 日—10 月 9 日	北京		林仲贤（第 6 届）	车文博、朱祖祥、张厚粲、沈德立

续表

学术会议	时间	地点	会议主题	理事长（会长）	副理事长
第8届	1997年10月19日—10月24日	苏州		陈永明（第7届）	沈德立、杨治良、林崇德、黄希庭
第9届	2001年11月5日—11月7日	广州		张侃（第8届）	林崇德、黄希庭、杨治良、莫雷
第10届	2005年11月24日—11月26日	上海		张侃（第9届）	乐国安、叶浩生、沈模卫、莫雷、董奇
第11届	2007年11月8日—11月11日	开封	心理学与和谐社会		
第12届	2009年11月5日—11月8日	济南	心理学促进人与社会的发展	林崇德（第10届）	乐国安、李其维、刘华山、沈模卫、王登峰、叶浩生、游旭群、张文新
第13届	2010年11月20日—11月21日	上海	走向世界、服务社会	杨玉芳	
第14届	2011年10月21日—10月23日	西安	增强心理学服务社会的意识和功能		
第15届	2012年11月30日—12月2日	广州	心理学与幸福社会	莫雷	
第16届	2013年11月2日—11月3日	南京	心理学与创新能力提升	乐国安（第11届）	白学军、金盛华、李红、王登峰、游旭群、张建新、周晓林
第17届	2014年10月10日—10月12日	北京	心理学助推中国梦	沈模卫（第12届）	
第18届	2015年10月	天津		游旭群（第13届）	

四、改革开放初期中国心理科学发展迅速

改革开放初期，中国心理学会与国外的一些国家学会组织开始了联系与

交往。1978 年 8 月，应澳大利亚心理学会第 13 届年会的邀请，荆其诚、徐联仓、李心天三名心理学家前往出席了会议。会上他们分别介绍了中国心理学发展的情况，受到热烈欢迎。会后参观访问了澳大利亚有关大学的心理学系和研究机构，与对方建立了友好的协作计划。1979 年，应美国心理学会的邀请，荆其诚代表中国心理学会理事长潘菽教授出席了美国心理学会第 87 届学术年会。这是我国心理学家在新中国成立后首次应邀出席美国召开的学术会议，因此格外引人注目。

1980 年 7 月，中国心理学会加入了国际心理科学联合会。与此同时，派出以陈立教授为首的 4 人代表团前往民主德国莱比锡出席第 22 届国际心理学大会。这次大会适逢纪念德国心理学家冯特在莱比锡大学建立第一个心理学实验室（1879 年）100 周年。与会人数达 2965 人，分别来自世界 50 多个国家和地区。中国心理学家分别在大会及分组会上作了学术报告。出席此次大会的中国心理学家，除了陈立外，还有刘范、荆其诚、徐联仓。

1980 年 10 月，美国心理学会应中国心理学会理事长潘菽教授的邀请，派出以米勒为团长、一行 10 人的心理学家代表团，前来中国进行为期三周的访问。代表团在访问期间，除了作有关的学术报告外，还参观了中国科学院心理研究所及有关的一些大学心理学机构，并与中国心理学家进行了各种类型的座谈。美国心理学家代表团的这次访问，对我们了解美国心理学的情况，加强两国间心理学家的联系与合作，无疑起到了积极作用。

此后，中国心理学家与国外心理学家间的相互联系与交往日益频繁。1983 年，中国心理学家组团一行 7 人前往美国出席中美心理学家认知心理学学术研讨会。荆其诚、匡培梓、林仲贤、刘范、张梅玲、方至、曹传怺等分别在会上作了学术报告。美国科学院及美国心理学会出版了此次会议的论文集，我国心理学家的论文报告均被收录在内。会后，中国心理学家先后参观访问了美国 18 所著名大学和研究机构，其中包括哈佛大学、芝加哥大学、哥伦比亚大学、麻省理工学院、IBM 研究中心、BBN 公司等，历时 26 天。这是迄今为止中国心理学代表团前往美国参观访问时间最长、规模最大的一次。

1984 年 9 月 27 日，在墨西哥召开了第 23 届国际心理学大会。中国有 4 位心理学家前往出席了会议。会议期间选举了新一届国际心理科学联合会执行委员会，荆其诚教授入选。这是中国心理学家第一次被选入国际学术组织担任职务。中国心理科学已开始受到国际同行的关注。

1987 年 7 月 21—24 日，国际行为发展研究会（International Society for the Study of Behavioral Development，ISSBD）在中国北京举行第 9 届双年度卫星会议。来自澳大利亚、比利时、巴西、加拿大、丹麦、英国、芬兰、意大利、日本、马来西亚、荷兰、瑞士、美国及中国的 139 位中外心理学家出席了会议。这是在我国举办的第一次国际心理学会议。刘范教授在此次会议上当选为 ISSBD 执委会委员。由于中国心理科学的发展已在国际上产生了一定的影响，国际心理科学联合会决定 1987 年的执行委员会在中国举行。适逢中国心理学会第 6 届全国学术会议也在杭州举行，国际心理科学联合会执委会全体成员及日本、加拿大、美国及中国香港地区心理学会的负责人均前往杭州出席 9 月 19 日起为期 4 天的中国心理学会第 6 届全国学术会议。这次会议人数达 500 余人，外国来宾计 35 人。会议收到学术论文 619 篇，论文内容广泛，涉及心理学各个领域，包括心理学基本理论、心理学史、教育心理学、发展心理学、普通心理学、实验心理学、管理心理学、工程心理学、心理测验、社会心理学、生理心理学、学校管理心理学、法制心理学、体育运动心理学等，反映了改革开放以来中国心理学的发展情况及取得的成果。当时的国际心理科学联合会主席霍茨曼在大会致词中说：中国心理学会在很短的时期内取得了很大的成绩，特别是许多青年心理学工作者出席了会议，表现了中国心理学发展的巨大潜力。中国心理学将在国际上作出更大的贡献。通过这次会议，国际心理学界的代表人物对中国心理学的情况有了进一步的了解。他们一致认为，中国心理学的水平提高很快，特别是看到了年轻一代的心理学工作者已经涌现，展现出了广阔的发展前景。

1988 年 8 月 28 日—9 月 2 日，在澳大利亚悉尼召开的第 24 届国际心理学大会，中国大陆有 15 位心理学家前往出席了会议。荆其诚、张厚粲、林仲贤、方富熹、管林初等分别在分组会上作了学术报告。会议期间，国际心理科学联合会执行委员会进行了换届改选，荆其诚教授继续当选为国际心理科学联合会执行委员会委员。

第二节　改革开放初期中国心理学主要领域研究的积极开展

一、中国心理学基本理论的研究

改革开放初期，是中国心理学基本理论研究空前活跃的时期。中国心理

学会制定了基本理论研究规划，成立了全国心理学基本理论研究会，通过了
研究会的试行条例，确定了当时以评冯、编写《中国心理学三十年》和心理
学史为研究工作的重点，选举产生了以潘菽、陈元晖为正、副会长的领导机
构。之后，有些省、市也建立了心理学基本理论研究小组。这就为我国今后
开展心理学基本理论研究奠定了组织基础。心理学基本理论研究又有了新的
发展。在 1978 年两次全国性的学术会议上，论文质量和数量都比 1963 年举
行的第 1 届年会有明显提高。论文增加 9 倍，注意结合实际，内容较为充实，
有一定的说服力。特别值得提出的是，潘菽同志对加强基本理论研究提出了
一系列看法和主张，并带头做了许多理论研究工作（潘菽，1979）。中国科学
院心理研究所基本理论组编了《马、恩、列、斯、毛论人的心理》的专辑和
几十万字的评冯资料。徐联仓同志介绍了澳大利亚心理学基本理论研究的方
向和概况。中国科学院心理研究所情报室还专门介绍了近年来苏联和西方心
理学基本理论研究的动向和成果。所有这一切，对我国心理学的基本理论研
究和评冯工作都起到了推动作用（车文博，郭占基，1979）。

二、中国心理学史的研究与发展

改革开放初期，中国心理学史的研究与发展取得了丰富的成果。1983 年，
潘菽、高觉敷主编的《中国古代心理学思想研究》（江西人民出版社），揭开
了中国心理学史学科创建的序幕。这是中国心理学会成立 60 年以来仅有的一
本关于我国古代心理学思想研究论集，选取 25 篇比较有价值的论文编纂而成，
附录了研究中国古代心理学思想的 100 多篇论文总索引。长期担任中国科学
院心理研究所所长、中国心理学会理事长的潘菽教授，为该书写了序言。他
指出："这五六年来，我们心理学工作者中也有了较多的人，对祖国古代心理
学思想遗产的宝贵性和现实意义有了更多的注意和认识，因而在这方面作了
较大的努力，并取得了一定的可喜成绩。"（彭新武，2006）该书 1982 年版 5
人所写"编后说明"中说："杨鑫辉、马文驹协助主编进行具体的编辑出版工
作。""教育部已通知，在中国心理学史正式教材未出版前，本书作为高等院
校的暂用教材。"由此，《中国古代心理学思想研究》既是心理学界的集体之
作，更由教育部下文定为高校暂用教材，当然可以称它揭开了中国心理学史
学科创建的序幕。

1982 年春，教育部发文成立中国心理学史编写组，开始成员为 8 人。后来，除参加执笔编写的徐顾问和正副主编外，还有刘兆吉、刘恩久、马文驹、杨永明、李国榕、彭飞、赵莉如、陈大柔、高汉生、许其端、邹大炎、朱永新、曾立格、韦茂荣等。中国心理学史学科正式建立的最主要标志是，1986 年由人民教育出版社出版，由高觉敷任主编，潘菽任顾问，燕国材、杨鑫辉任副主编的我国第一部《中国心理学史》教材。该书是中国心理学史学科第一部较为全面系统的学术专著和统编大学教材，其历史年代上起先秦下迄近现代，前后跨度 2500 多年，熔古代心理学思想史和近现代心理学史于一炉。该书基本上是分时期、按人物编写的，其工作浩繁并具开创性。它是发挥集体智慧和力量，花费 5 年多时间才得以完成的。正如美国心理学会心理学史分会前主席布罗采克所说："像这样的科研项目在世界文献中还没有先例。"人们将该书问世前后的 17 年定为学科创建时期，是有多个客观标志的。

首先，已有一系列研究论文、专著、教材、资料选编及工具书问世。就论文说，燕国材的《关于"中国古代心理思想史"研究的几个问题》(1979)，杨永明、李殿凤、欧阳仑的《应当重视中国古代心理学遗产的研究》(1979)，起到了吹响号角的作用。杨鑫辉的《研究中国心理学史刍议》一文，在 1982 年冬烟台召开讨论制定"中国心理学史编写大纲"的会议上，是两个主题报告之一。刘兆吉教授评价说："受到了与会领导和该书撰稿人的重视和赞同……作者投入这项工作的观点和立场，也是大家所公认的。"(黎红雷，2001)专著主要有燕国材的《先秦心理思想研究》(1981)、《汉魏六朝心理思想研究》(1984)、《唐宋心理思想研究》(1987)和《明德心理思想研究》(1988)，杨鑫辉的《中国心理学史研究》(1990)、《中国心理学思想史》(1994)和国家教委教材《心理学简史·第一编中国心理学史》(1985)，朱永新的《心灵的轨迹——中国本土心理学论稿》(1993)。最重要的工具书有：燕国材主编，杨鑫辉、朱永新副主编的《中国心理学史资料选编》(共四卷)(1989—1992)和《心理学大辞典·中国心理学院史分卷》(1989)。以上著述都是中国心理学史学科创建的学术基础和重要表现。燕国材教授对中国古代心理学思想已有系统而较全面的研究，尤其是《先秦心理思想研究》为学科的建立与发展提供了一个范本。潘菽学部委员生前曾在信中大力支持杨鑫辉教授，完成了写作《中国心理学思想史》的任务。马文驹教授评价该书"是中国心理学史发展的新里程碑"，具有体系新而全等特点。

其次，国家教育委员会①当时已将中国心理学史正式列入高校有关系科专业的教学计划，批准建立主要招收中国心理学史研究方向的心理学硕士学位点。在教育系、心理系讲授中国心理学史课程，继承和发扬了祖国优秀文化传统中的宝贵心理学思想，改变了以往"言必称希腊，言必称西方"的状况。该门课程有的采用部定暂用教材《中国古代心理学思想研究》（1983），有的采用《心理学通史》（内有"中国心理学史"专编）（1984）。该课程从1986年起则统一使用统编《中国心理学史》教材。更值得注意的是，为了加强学科建设和培养更高层次的专门人才，从1986年起，上海师范大学、江西师范大学和河北师范大学先后招收和培养中国心理学史硕士生。

最后，中国心理学史学科建立了学术团体、研究机构和教材编写组，从三个方面提供了组织保证。1980年，为了结束过去各自分散工作的状态，在中国心理学会基本理论专业委员会内成立了潘菽任会长的中国心理学史研究会（于重庆），后改为研究组。在研究机构方面，1981年起，南京师范大学、上海师范大学和江西师范大学先后成立了心理学史研究室（江西师范大学设立了中国心理学史和心理学本土化研究室）。《中国心理学史》教材编写组，是教育部1982年春发文组织的。事实证明，以上组织机构在各自的范围内发挥了组织的保障作用，促进了中国心理学史学科的创建。

此外，在这个时期内，中国心理学史的国际学术交流日益发展。中国心理学史工作者积极参加有关国际性心理学会议；同国外高校开展校际互访，在国外有关刊物发表论文等。北京大学汪青为联合国教科文组织编辑了《亚太地区心理学》，并撰文评价了中国古代心理学思想。1987年上半年，杨鑫辉作为客座教授，应邀到加拿大作中国心理学史多个专题讲学，并应邀访问多伦多大学和顺访美国，历时3周。

三、生理心理学的发展

1977年，心理学界在北京制定了有关生理心理研究工作的三年、八年及长远规划，明确了基础理论研究的必要性及奋斗目标。1978年中国心理学会恢复了学术年会；同年，北京大学建立了心理学系并成立了生理心理学教研室，1980年，《心理学报》复刊，发表了一些生理心理学的研究报告。全国

①现为教育部。

还举行了邀请国外有关学者参加的针灸针麻学术会议[全国针灸针麻学术讨论会（论文摘要），1979]。1980 年，中国心理学会又举行了第三届学术年会，我国生理心理学工作者的代表重聚一堂，单独举行了 5 天的学术活动，并经中国心理学会理事会批准成立了生理心理学专业委员会，主任委员由潘菽所长兼任。

我国生理心理学研究的新长征已经开始。以中国心理学会第二届与第三届学术年会为例。在第二届年会中，生理心理学代表仅 3 人（来自心理所、生理所和北京大学），仅宣读了 3 篇海马与记忆的研究报告（如罗胜德等，1979a，1979b）及若干篇心理因素与针刺镇痛关系的实验报告（许淑莲等，1979）。然而，第 3 届年会参加的正式代表 9 人，列席代表 3 人及邀请代表 4 人。这些代表来自 9 个单位（北京心理所、北京大学、上海生理所、昆明动物所、贵阳医学院及中医学院、沈阳中国医科大学、南京大学及江西医学院）的代表，除宣读 16 篇研究报道之外，还作了 4 篇综述报告，潘菽理事长与会并作了鼓励性讲话。其次，对于前段时期中"极左"思潮对我国生理心理学事业的种种干扰和破坏进行深入批判与学术争鸣，并较快地得到了新的认识，这是又一个方面的重要收获。

改革开放初期，以两届心理学年会及全国针灸针麻学术讨论会为例，我国生理心理学研究工作的内容可以归纳为以下方面。

首先，一类研究是常规的条件反射及动物行为观察的研究，其中不少工作原系第二时期的研究。如对不同种类猴与狒神经灵活性的比较研究（心理所、昆明动物所等）（中国心理学会生理心理学组，1979）。另一类研究是心理因素对针刺镇痛的影响，如暗示及情绪状态对针麻效果的影响。研究中尝试运用了多种生理和心理指标。另外一些研究则直接探索动物大脑的机制。其中，一种类型是运用手术切除或电损毁法，如电损毁海马对大白鼠暗箱回避模式记忆与学习的影响（心理所），前额叶切除对称猴不同类型瞬时记忆的影响（上海生理所）。另一类型的研究系采用脑电或微电极技术，如海马电活动与皮层电活动对记忆学习或探究反射的影响[全国针灸针麻学术讨论会（论文摘要），1979]，又如电刺激与 LSD 注入中脑中缝核群对清醒活动状态下家兔海马神经原单位电活动的影响（贵州大学医生理教研室及心理所），再如脑内电活动与针刺镇痛关系的研究（上海生理所、复旦大学等）。最后一类研究工作采用了现代的一些脑化学技术手段，如脑腓肽与 P 物质同针刺镇痛关系的研究（上海生化所、上海药物所、北京动物所和北京医学院等单位），以及睡眠化学物质的探讨（上海生理所）等工作曾尝试引进了先进的脑腓肽技术。

另外，用海马内注射蛋白质与核糖核酸等生物大分子的水解酶以研究大白鼠暗箱回避等模式记忆与学习的脑化学机制（心理所、生理所），以及在侧脑室注射神经递质类工具药物以研究动物学习记忆与针刺镇痛效果的影响（生理所、北医生理教研室与上海药物所等）（罗胜德等，1979），这一类研究成功地运用了现代脑内注射工具药物方面的研究技术。此外，不少单位在研究动物行为和针麻机制中分析了脑内神经递质含量的变化或其更新率（罗胜德等，1979）。还有单位试用了放射免疫技术，进行有关脑腓肽与针刺镇痛关系的研究，也有的单位（如北京大学）对精神病药物对脑内各类神经递质含量的影响进行了研究。由上述可见，虽然只三年时间，我国生理心理学研究已经恢复到相当的水平，工作是有成绩的，前景是可以期望的。

四、实验心理学的发展

1977 年后，我国实验心理学得到较快的发展，短短的几年便取得了不少有价值的成果。从实验心理学的工作开展来看，在这段时间内，一些心理学研究机构相继恢复和重建，一些高等学校的心理学教研室也恢复了活动。随着国内大好形势的发展，有几个高等院校已扩建成立心理学系，并开始招收大学生和研究生。

1980 年 5 月，中国科学院心理研究所和杭州大学共同开办了高等学校验心理学师资进修班，培训了一批实验心理学师资。同年召开的中国心理学会第 3 届学术年会上成立了实验心理学专业委员会。这标志着我国的实验心理学的研究和教学工作已推向了一个新的发展高潮。

在研究工作方面，中国科学院心理研究所开展了颜色视觉方面的系统研究。赫葆源等所进行的中国人眼光谱相对视觉函数的研究（赫葆源等，1979）的结果表明：中国人眼光谱相对视亮度曲线与 CIE 相应的曲线比较无显著差别，证明人种学的差异对光谱视亮度没有重要影响，并进一步发现年龄、视野大小及亮度水平对 V（入）函数有一定影响。中国科学院生理研究所杨雄里等也进行了有关问题的研究（杨雄里，刘育民，1979）。这方面的成果对光度学及色度学具有一定价值。

林仲贤和彭瑞祥等（1979）对中国人肤色色度特性及记忆色宽容度问题进行了系统的研究，获得了一系列基本数据，填补了我国在此方面的空白。

此项工作与国外当时的同类工作相比，无论在测定人数以及测试方法还是在实验技术方面都接近同等水平。此方面的研究成果已经应用于彩电色卡标准、光源显色性的评价以及颜色定标等方面。

焦书兰等（1979）设计了一台双积分球目视色度计，此仪器不但能产生比较色，也能产生待测色，使用此仪器对 A，D_{55}，D_{65}，D_{75} 4 种照明体进行了颜色匹配实验，得出 4 种照明体的颜色匹配宽容度。此工作对于产生各种标准光源有关的色度匹配具有实际意义。此外，在深度知觉研究方面，虞积生等（1980b）进行了一些基本参数的测定，获得了有意义的基本数据（虞积生等，1980a）。张厚粲等（1980）探讨了主观轮廓与深度线索的关系。王甦（1979）在触觉方面对触摸方式与触觉长度知觉关系进行了研究，也都获得了一些初步结果。

在听觉方面，中国科学院心理研究所也开展了有关工作。方至和沈晔等（1979）关于普通话听力估计的研究，初步确定了纯音听力和普通话听力之间的数量关系，说明美国 AA00 的三频率估计公式，也适用于汉语普通话。但王乃怡等（1979）的研究得出了普通话损伤阈值较低的结果。中国科学院声学研究所张家禄（1978）根据他的实验研究和对言语知觉过程的理解，认为"言语知觉首先是感官过程，而不应像动觉论那样过分强调动觉的作用"，提出了言语知觉反应论。这一理论不同意国外的一些言语知觉理论观点。这方面的工作都为进一步深入研究打下了基础。

可以看出，这一时期实验心理学的研究工作又重新得到了发展，在短短的几年时间内，在一些领域，如颜色视觉、深度知觉、听觉等方面都先后获得了一些可喜的成果，得到了有关部门的肯定，有的成果已被列入国家标准采用。这说明实验心理学在社会主义建设中发挥着越来越重要的作用。

第三节　改革开放初期中国心理学发展的主要成就

一、国际化与中国化的双重进路

改革开放后，我国重新掀起了介绍西方心理学著作和理论的高潮。自从

1980 年中国心理学会加入国际心理科学联合会以来，中国心理学工作者与国外心理学界的交流日益频繁。在这一过程中，大量的国外前沿心理学研究成果被介绍到中国来，通过心理学工作者的重复和模仿发现了一些新的问题。同时，中国学者在心理学领域的研究成果也被国外的研究者所了解。例如，内隐学习和内隐记忆的研究就经历了一个从学习到发展的过程。日益密切的国际交流使一些跨国家、跨文化的研究成为可能。中国的研究者在这个过程中开阔了眼界，锻炼了协作精神，提高了科研能力，受益匪浅。国际合作使中国的心理学研究进入了一个崭新的研究时期，其研究已经开始从被动接受、模仿跟踪，转向着手自主进行原创性的工作。

改革开放 30 年来，我国心理学家对心理学研究的中国化问题也极为重视。对于心理学研究的中国化，不同的学者从不同的背景出发，作出了不同的理解。例如，有的认为心理学研究的中国化主要分为 4 个层次：验证、修正和补充国外的研究发现；研究国人特有而重要的现象，如孝道、面子等问题；修改旧理论与创立新理论；改变旧方法与设计新方法等。心理学研究的中国化，就是要以中国人的视野来研究与中国经济社会发展密切相关的心理学问题。为此，要采用多取向、多方法的研究策略，要坚持心理学研究为中国经济社会发展服务的方向，心理学研究的中国化其实也是对国际心理学的贡献。

二、认知心理学的兴起及引领

现代认知心理思潮开始于 20 世纪 50 年代中期，60 年代之后迅速发展，因奈瑟出版《认知心理学》一书而得名。到了 20 世纪 80 年代，改革开放初期，认知心理学已成为当前西方心理学界盛行的一个新流派，取代了行为主义心理学而在西方心理学领域居主导地位。

认知心理学是西方现代心理学发展的新方向。有人把认知心理学的兴起，誉为现代心理学的一场革命，即"认知革命"。爱达荷大学索尔索教授曾主持了全美认知心理学讨论会（1972—1974），他所主编的《认知心理学》（1979）是一部集中了现代认知心理学理论及研究成果的大型教科书。安德森（1980）指出：认知心理学的任务就是"试图了解人类智慧的实质和人们怎样思考"。由于人们对认知的理解不同，他们对认知心理学的对象和任务的解释也是有区别的。

1983 年，由中国科学院心理研究所和美中学术交流委员会联合在美国召开一次认知心理学讨论会。会议 8 月 28—31 日在美国的威斯康星举行。中国科学院心理学代表团团长荆其诚教授率代表 8 人及在美访问的学者 7 人共 15 人参加会议，并提交论文报告 10 篇。美国心理学代表团团长斯蒂文森教授率代表 22 人，向会议提交论文报告 18 篇。会议从 5 个方面研讨了认知心理学的研究及其应用：①感知觉发展及其特点；②学习和阅读心理学；③数学和自然概念认知发展心理学；④认知的神经生理基础；⑤应用认知心理学（张嘉棠，1984）。这是中美两国科学院心理学家的第一次双边学术讨论会。论文报告反映了双方近年来的研究成果，所讨论的问题也反映了当前认知心理学发展的重要问题。这次讨论会有助于促进认知心理学的发展和增进中美心理学家的友好交流。

认知革命是现代心理学的重大事件之一，而在 20 世纪 50 年代以前的半个世纪里，西方心理学的主流是行为主义的实验性研究，而"当时，认知研究的名声不佳，因为，这项研究往往超出正统的科学范围而卷入到一些'心灵主义'的概念中去"。认知心理学之所以开始受到人们重视，主要原因如下。

一是其冲破了行为主义对心理学的禁锢，使心理学从只研究外部的行为，转向研究内部的心理机制，这一转变具有重要意义。如果说行为主义强调研究"没有心理"的心理学，其结果可能会导致取消心理学，那么认知心理学由于重视认识过程的研究，把研究意识与研究行为统一起来，从而恢复了心理学在科学体系中的地位和作用。

二是认知心理学从信息加工的观点出发，强调研究认识的高级过程，并注意各种认知活动的内在联系，特别是高级过程对低级过程的影响。例如，在研究概念形成和问题解决时，注意到短时记忆和长时记忆的作用；在研究知觉和再认时，注意到图式和内部表征的作用等。重视高级过程的研究，具有理论和实践的意义。从理论上讲，它使那些长期使人困惑的高级认识过程（如问题解决、推理、决策等）真正成为科学研究的对象，为揭示这些过程的实质提供了有价值的资料；从实践上讲，它使心理学与人类的实际生活更紧密地联系起来。

三是认知心理学特别重视研究各种认知活动的策略，如再认的策略、回忆的策略、解决问题的策略、作出决定的策略、形成概念的策略等。使用策略表现了人类智慧的重要特征，认知心理学重视研究认知策略，有助于理解人类智慧的本质。

四是如果说传统的实验心理学用客观方法主要研究了认识的低级过程，那么认知心理学则对用客观方法研究高级、复杂的认知活动作出了重要贡献。

改革开放初期出现的普通心理学和实验心理学研究转向认知心理学，这是中国心理学的基础理论研究出现的一次明显的转向，更是当代心理科学研究的一次新的战略转移。认知心理学作为一种研究纲领代表了心理学的先进思想和方法，对中国心理学的基础理论研究产生了重要的引领作用。此后，中国心理学界在认知心理学和认知神经影像学方面开展了大量的、卓有成效的研究，在知觉识别模式、空间知觉、汉字认知、汉字记忆规律及机制、语言理解和问题解决、机器理解汉语、自我与人格的脑神经机制等方面都进行了十分深入的探讨，引起了国际的关注。最为突出的成就是，应用认知学和人工智能领域的心理学研究，已被列入全国重点科研计划，受到了国家有关部门的高度重视。当然，目前国内的认知神经科学普遍关注从硬件设施方面推动学科建设，大都沿用西方相对成熟的实验范式或理论框架，在研究思想创新和理论发展方面还有许多工作要做。

三、实证研究的持续强化

实证主义作为一种时代精神渗入即将诞生的心理学中，并从方法论层面深刻地影响了心理学的产生和发展。作为一种哲学方法论，实证主义推动了心理学的自然科学化进程，对心理学产生了极为深刻的影响。

长期以来，实证方法成为提高心理学研究水平的主要进路。强化实证性、可操作性已成为改革开放初期中国心理学研究的一个主旋律。有学者在反思与总结改革开放以来中国心理学发展的成就时提出，"继续强化实证研究将是今后中国心理学发展的一大成功经验"。这是对国际心理学研究中长期存在的实证主义与人文主义的争论，以及两种研究取向的消长起伏和融合趋势在中国心理学界的回应。国内许多学者强调，实证化与心理学的科学化要求是内在相关的，实证地研究人的心理问题是心理学科稳定发展的客观要求。心理学的科研成果只有得到实证材料或实验结果的支持，才能不断发展、巩固和完善。也就是说，研究心理学问题要尽量注意"操作化"，必须能够直接或间接地予以验证，否则就会使心理学哲学化。

目前，中国心理学普遍重视实验与测量研究，除了传统的基础心理学研究主题，如感觉、知觉、注意、记忆和思维等，进一步加强了实证研究的力度以外，新发展起来的社会心理学、人格心理学也逐渐演变为实验社会心理学、人格测量学。这种重视心理学研究的实证化倾向，在一定程度上促进了中国心理学学术水平的提高，也深化了心理学研究的学理价值。

四、心理学理论与历史的研究有待加强

理论是学术研究的基质。理论与历史研究历来是建构学术大厦的基质与主干，是科学研究的重点基础，因此各门大学科总是把理论和历史研究列为产出知识精品的主攻学术方向。在我们国家，心理学一直是一门小学科，作为小学科的中国心理学要产出史论精品是异常困难的。因此，心理学的理论研究发展道路很不平坦，经常出现背离科学研究的一般化、普遍化的常识性误差。

新中国心理学 60 年的发展，曾有重视心理学理论与历史研究的优良学术传统。以潘菽先生、高觉敷先生为杰出代表的老一辈心理学家，一直特别重视心理学的理论建设与理论教育工作，在 20 世纪五六十年代和改革开放初期，理论性研究模式一度曾成为国内心理学发展的热点领域之一。在改革开放初期，国内心理学界在中国科学院心理研究所理论组的带动下出现了评论冯特的热潮，仅《心理学报》一个专辑就收集到评冯文章近 50 篇；接着出现了心理学理论刊物《心理学探新》及全国统编的《近代西方心理学史》教科书等。只要心理学还有争论，只要心理学还需回顾总结，只要心理学还得向前发展，心理学历史与理论的研究就不会中止（沈德灿，1982）。因为心理学理论与历史的学习研究是为心理学广泛的学术讨论和广阔的科学实践开路的。它不仅关注心理学研究的过去，也着眼于心理学学科发展的现实与未来，是服务于这门学科的发展、总结与提高的。中国心理学家重现心理学历史与理论的研究，无疑是出于历史反思，总结经验教训和发展我国心理学的这种社会需要。

总体来看，中国心理学家重视心理学的历史与理论研究的原因如下：一是在我国宣传、普及和发展心理学的社会需要；二是具有从事这种学术活动的可能性，即心理学家本身的一些条件与特点。把这两个方面结合起来，变为实际行动，就出现了中国心理学重视历史与理论研究这样一种状况与传统。应该指出的是，这两个因素起决定性作用的还是社会的客观需要。因为只有

有了这种客观的社会需要，心理学家的这种主观条件才能发挥作用。同时，缺少历史与理论的研究也会使心理学家的研究迷失方向或走向偏流。换言之，正是建设和发展中国心理学的社会需要推动，促使国内心理学家重视起从事心理学理论与历史的研究与教学工作。

学术研究既具有普遍意义，也具有时代性意义，而不同时代却又盛行着不同的学术风气。应该承认，近 20 年来在中国心理学研究走向国际化与实证化的浪潮中，心理学理论研究处于十分不利的状态。因此，要恢复和保持心理学理论与历史研究这个学术传统并得到逐渐的加强与合乎逻辑的发展，仍有待于中国心理学界共同努力奋斗。

第四章

改革开放以来中国基础心理学的研究进展

基础心理学是研究心理学基本原理和心理现象一般规律的科学，是所有心理学分支中最基本的研究分支。这一领域的学术进展代表着国家科研水平。本章按照感知觉、注意、记忆、思维、语言、动机和情绪等主题梳理近 30 年来中国基础心理学的研究进展。

第一节　基础心理学研究概况

改革开放以来，基础心理学从 20 世纪 80 年代进入了快速发展和繁荣阶段。各个分支整体上呈现出研究内容逐渐扩大、水平不断提升、研究方法不断多样化的良性发展局面。从 20 世纪 80 年代开始，基础心理学研究范式转向认知心理学范式，90 年代末开始向认知神经科学转变。认知科学的主流地位，确保了基础心理学研究更加多样化，更加科学化，为基础心理学的迅速发展奠定了新的基础。集中体现在以下几个方面。

一是感知觉的认知加工机制获得了新的进展。感知觉研究是科学心理学自诞生以来研究最早的领域，具体涵盖触觉、视觉、听觉等多个子领域及其跨通道联合作用的心理机制研究。近 30 年来，由于科学技术的迅猛发展，感知觉研究旧貌换新颜，尤其是借助于脑成像技术和计算机智能技术，将感知觉研究领域拓展到对脑、认知、行为等各层次的研究。我国心理学家针对时间知觉，也进行了很多相关研究。同时，知觉拓扑理论是我国心理学界提出的第一个具有国际影响力的理论。

二是注意问题成为认知心理学的研究焦点。注意是人的心灵门户。学术界对注意问题的研究比较集中，较多指向选择性注意现象。选择性注意研究包括返回抑制、负启动、注意瞬脱、注意偏向等各领域，注意的研究也主要集中于这些领域。注意领域的研究也借助了脑成像技术、基因技术，对注意的神经生理机制进行了探讨。

三是对记忆问题进行了很多探索，研究成果也相当丰硕。20世纪90年代,研究者对记忆的研究集中在对外显记忆的研究，探讨了记忆的发展规律、记忆的生理机制、元记忆等问题，还有关于小鼠等动物记忆问题的探讨。21世纪初,开始关注于对内隐记忆的研究,主要集中于对内隐记忆的影响因素、汉字的内隐记忆、内隐记忆与外显记忆的比较等方面。

四是对思维的研究主要集中在创造性思维、推理及假设检验、反事实思维等领域.早期对思维的研究集中在对国外理论的综述和理论的介绍与分析，而后对各个子领域都开展了相关的研究。其中，创造性思维一直是研究者关注的重点，围绕这一问题也产生了许多研究成果。近年来，反事实思维成为研究者关注的另一焦点。

五是语言认知领域的成果也极为丰富，其中汉语认知研究产生了一定的国际影响。汉语认知研究涉及汉字识别，汉字形声字的读音、语义提取、声调加工，汉语词汇识别，句子和课文理解，儿童语言发展，汉语双语加工与表征研究，汉字识别的计算机模拟等方面的内容。另外，还有研究关注到了第二语言的发展特点、语言的神经生理机制等问题。

六是对情绪的研究近年来受到了重视，大致分为情绪和认知、行为关系的研究;情绪智力和学业智力的研究;情绪的神经生理机制研究等几个方面。

1. 从对行为和心理现象的描述走向对心理机制的探讨

早期对心理学的研究主要集中在对心理现象和行为的描述性分析，此后随着对心理现象认识的逐步加深以及现代科学技术的发展，使得研究方法和研究手段不断拓展和更新，对心理学的研究也不仅仅局限在描述分析，而转向对更深层次心理现象机制的探讨。

基础心理学借助事件相关电位技术（ERP）、功能磁共振成像（fMRI）、正电子扫描（PET）、近红外成像技术（fNIRS）、计算机模拟技术等，使基础心理学对心理现象神经生理机制的研究成为可能，使人们不仅认识到心理现象和行为的特点，而且对其更本质的生理机制有了更进一步的认识。

心理学虽然是一门研究心理现象的学科，有其不确定和模糊的一面，但是先进科学技术的运用使得心理学不仅是一门研究心理现象的学科，而且是一门研究心理现象的生理机制的科学。基础心理学运用先进科学技术对心理现象的生理机制进行研究，为心理学更加科学化作出了突出的贡献。

2. 多学科交叉综合，拓宽研究领域

心理学作为一门中间学科，不断借用各学科的研究成果以丰富和拓展自己的研究领域，同时也促进了其他学科的发展。基础心理学和信息科学、遗传学、临床医学等学科结合，使自己的研究领域不断扩展，人们对心理现象的认识更加全面。而且，在这种融合的过程中，使得基础心理学的研究手段不断丰富，这极大地推动了心理学的整体发展水平。心理学与其他学科相互借鉴，分化或整合出一些新的研究领域。例如，基础心理学和生命科学、遗传学的结合，使心理学可以探讨心理现象的生理机制，而不再局限于对心理现象的描述。在研究方法上，基础心理学也借鉴了其他学科的研究方法，研究手段越来越多样化。基础心理学借鉴计算机模拟技术，将人脑和计算机相类比，提出了一些新的理论。

3. 发挥基础作用，引领心理学发展方向

与心理学其他分支学科相比较，基础心理学体现出了很强的科学性。但是，这并不能说基础心理学的实用性不高，相反，这种基础性研究的性质就要求它为其他分支学科的发展提供基本依据，而这正是基础心理学应用性的具体表现。

基础心理学的研究成果被心理学其他分支学科所运用，这体现了基础心理学在心理学中的基础引领作用。基础心理学要发挥好这种作用，不断带领各子学科创造出更多新的成果。此外，基础心理学遵循科学研究的原则，易于同其他学科建立联系，而这对于心理学研究目前比较分化的局面有所改善。总的来说，基础心理学在加强学科内在联系和学科间联系，避免心理学内部分裂使心理学内部的联系更加紧密方面，起着重要的纽带作用。

第二节　基础心理学主要研究进展

一、感知觉

感觉是许多学科共同关注的话题。心理学中感觉的研究主要包括视觉、听觉、触觉、痛觉等，知觉则包含空间知觉、时间知觉、运动知觉等，感觉与知觉的研究并不能完全分开，而是一个相互联系的整体。心理学对于感知觉的研究开始于 20 世纪 50 年代末 60 年代初（荆其诚，焦书兰，1983），既有基础性研究，也有应用性研究。感觉过程的研究多与工业生产有关，例如，有关视觉的研究成果被广泛应用到照明工业，以及电视、电影等行业的标准制定。知觉中拓扑性质的研究是我国第一个在国际上享有盛誉的研究项目。

1. 触觉研究

有关触觉的研究主要围绕触觉长度知觉、触觉长度总和、触觉超锐敏度等领域展开。目前，有学者将焦点转移到对触觉-听觉/触觉-视觉交叉模式工作记忆的研究上。

王甦（1979）考察了触觉长度知觉机制，研究发现触摸方式对触觉长度知觉有重要的作用，影响触觉长度信息的接收和编码。王甦和张铭（1990）的触觉超锐敏度实验研究结果显示，不同的刺激运动速度对微差作业有不同的影响，快速有利于作业完成，出现速度效应。关于曲线两端点的触觉辨别实验发现，当曲线刺激快速通过皮肤表面时，其两端点的知觉距离小于静止和慢速运动条件下的知觉距离，出现时空相互作用；曲线的弧高（曲率）对其两端点的知觉距离有重要影响，弧高大的会导致较小的知觉距离，弧高小的则会导致较大的知觉距离，并将这种弧高的影响可称作"弧线效应"（王甦，张铭，1990）。

2. 视觉研究

心理学对视觉的研究范围较为广泛，有关视觉功能的研究开始于 20 世纪 80 年代，主要有视觉功能曲线的研究（荆其诚等，1980），视野亮度变化对视觉对比感受性的影响的研究（焦书兰等，1979）等。视觉功能研究运用到照明行业，为制定工业照明的标准提供了依据；关于视觉搜索中非对称现象、视觉表象、视觉工作记忆、立体视觉、视疲劳的研究等，被广泛应用于工业领域、军事领域和生活领域。

3. 听觉研究

听觉研究多数和语言相结合，另外也有研究关注听觉障碍。听觉的研究多和语言发展相联系，如词汇听觉使用频率（周爱保，1996）、汉语听觉词汇加工（周晓林等，2004）、跨语言的错误记忆通道效应（毛伟宾等，2008）等。

有关听觉词认知的语义激活过程是认知心理学和心理语言学的热点问题。陈栩茜和张积（2005）采用缺失音素的中文双字词为材料，考察了中文听觉词的语音、语义激活进程。结果表明：对缺失音素的中文听觉词识别受听觉词语音和句子语义背景的影响；句子语义背景在缺失音素的中文听觉词识别之初就开始发挥作用，并一直影响着中文听觉词的理解。他们在实证研究的基础上，提出了中文听觉词理解的"激活扩散动态模型"，为语言学习等提供了理论基础。

余凤琼、袁加锦和罗跃嘉（2009）开展了情绪干扰听觉反应冲突的 ERP 研究，结果表明听觉情绪诱发对反应抑制加工过程有显著影响，且在早期反应冲突监控阶段最为明显。

4. 时间知觉研究

有关知觉的研究涉及时间知觉、空间知觉等，并与其他心理学问题进行了相关整合性研究。针对时间知觉，我国心理学家对此进行了许多相关研究。比如，对儿童时间知觉的研究发现，5 岁儿童不会使用时间标尺，时间知觉极不准确、极不稳定。6 岁儿童一般不会使用时间标尺，再现长时距不准确、不稳定，基本上与 5 岁儿童相似；但再现短时距的准确度和稳定性高于 5 岁组。7 岁儿童开始使用时间标尺，但主要是使用外部的时间标尺，使用内部时间标尺的人仍属少数。8 岁儿童基本上能主动地使用时间标尺，时间知觉的准确度和稳定性都大为提高，开始接近成人。同一年龄儿童的时间知觉，存在着显著的个别差异（黄希庭，张增杰，1979）。

二、注意研究

在人的信息加工过程中，人类的注意限制是最难以克服的瓶颈。20 世纪 90 年代以来，认知心理学家对视觉注意是如何在时间和空间两维度上对知觉对象加以选择的机制进行了大量的研究。近 30 年来，我国学者对注意问题的探讨主要集中在选择性注意，包括返回抑制、负启动、注意瞬脱、注意偏向、特殊人群注意的研究等领域。

1. 返回抑制

返回抑制是指当注意返回到先前注意过的位置或客体时，人们的反应变慢的一种抑制现象。

王玉改和王甦（1999）在返回抑制范式下，以大学生为被试，采用线索-靶子模式进行了视觉字母觉察实验。实验发现，返回抑制在线索与靶子之间的时间间隔（SOA）为 700ms 时出现，且在 900ms 时消退。证明了随着实验任务的难度逐渐增大，返回抑制出现越来越晚，实验任务的难度是影响返回抑制出现时间的一个重要因素。无论是线索化阶段的注意，还是靶子加工阶段的注意，均对返回抑制有显著影响，支持了注意影响返回抑制的观点（陈素芬等，2002）。此外，一般性注意资源限制对返回抑制的影响的实验结果，验证了"IOR 的低级成分不受注意资源限制的影响和 IOR 的高级成分受注意资源限制的影响"的假设（金志成，陈骐，2003）。

邓晓红、周晓林等（2006）检验了返回抑制是否受线索生物学意义的调节，以阈上和阈下不同情绪效价的面孔为外源性线索，证实了返回抑制受线索生物学意义的调节。阈下线索的生物学意义（情绪效价）能得到自动加工，从而影响空间注意的转移和返回抑制机制的功用；阈上线索的情绪效价被清晰感知时，自上而下的注意控制机制使线索的生物学意义被忽略，从而阻碍情绪效价功能的发挥。

周建中和王甦（2001）探讨了返回抑制容量。在连续线索化条件下，当线索化位置相邻时，返回抑制容量可以达到 4 个，当线索化位置间隔时，返回抑制容量只有 1 个；在同时线索化条件下，当线索化位置相邻时，返回抑制容量可以达到 3 个，当线索化位置间隔时，返回抑制容量只有 1 个。结果支持认为存在着两种不同的返回抑制的观点，即一种是弥散性的，其容量较大；另一种是集中性的，其容量只有 1 个。

王敬欣和白学军（2012，2013）重点考察了返回抑制过程中对情绪性信息优先加工的心理机制。

特殊人群的返回抑制研究主要集中在精神分裂症（张艳，2013）、体育运动员（黄琳，周成林，2014）、焦虑人群（张瑜等，2013）、听觉障碍（刘幸娟等，2011）、老年人（陈衍，白学军，2012）等人群。

2. 负启动

负启动是研究选择性注意的经典范式。20 世纪 80 年代中期以来，关于负启动的研究现已成为注意研究的一个热点，并积累了丰富的实验成果，提出了许多新的研究课题。

对负启动机制的研究是负启动领域中的重要内容。金志成和张雅旭（1995）以汉语单字词为材料，采用负启动技术，在归类任务中考察了作为负启动效应根源的扩散抑制是否遵循资源有限机制，以及在要求操作反应的情况下能够获得来自分心物特性抑制的负启动效应。结果表明，被试对曾在启动显示中作为分心物的探测目标的反应时，随着启动显示中分心物数目的增加而缩短。因此，扩散抑制遵循资源有限机制，在操作反应的要求下能获得非常显著的来自分心物特性抑制的负启动效应。

张达人、张鹏远和陈湘川（1998）考察了感知负载对干扰效应和负启动效应的影响机制，实验结果显示在零负载时出现干扰效应，而高、低负载时干扰效应消失。同时，在低、零负载时出现负启动效应，在高负载时负启动反转为正启动。这些结果说明负载的变化对干扰子的状态有明显的作用，但正启动效应的出现显示高负载并不能完全排除对干扰子的加工。

张丽华、胡领红和白学军（2008）将负启动和思维相联系，采用问卷法筛选出高创造性思维水平和低创造性思维水平两组被试，利用负启动实验范式考察创造性思维水平不同的大学生分心抑制能力的差异，探讨其分心抑制能力与创造性思维的关系。结果表明，创造性思维水平高、低组均表现出明显的位置抑制能力。低水平组大学生表现出明显的特性抑制能力，但高水平组大学生没有表现出明显的特性抑制能力。因此，个体的特性抑制能力随创造性思维水平的不同而产生明显的变化。

3．注意瞬脱

在日常生活中，超负荷的信息充斥着人们的感知世界，信息瞬息万变的速度远远超越了人类视觉系统的加工能力。因此，并不是所有的信息都能够获得注意加工。注意对相继呈现的目标刺激的加工能力非常有限，当观察者试图找出嵌入在信息流中的两个连续目标时，在对目标刺激（T_1）正确识别之后的 200～500ms（TOA），对探测刺激（T_2）的识别准确性会受到显著影响，Raymond（1992）把这种对两个连续目标中第二个目标不敏感的现象称为注意瞬脱。注意瞬脱反映了人类普遍存在的认知缺陷，注意瞬脱研究能够从认知加工机制上回答信息是如何进入人的意识层面的难题，研究价值及前景十分广阔，已成为近年来注意研究的焦点和前沿课题。

注意瞬脱之所以受到如此关注，有三个重要的原因：第一，注意瞬脱明显反映了长时注意的缺陷。几十年来，注意研究的一个中心问题是：辨别一个物体需要占用注意多长时间，注意瞬脱会持续几百毫秒，这个时间似乎比我们先前预想的要长很多。第二，注意瞬脱是一种普遍存在的人的认知缺陷，在不同的实验情景和大多数的被试中都得到了证明。因此，这种效应可以帮助我们理解大脑是如何加工系列呈现刺激的认知机制的。第三，注意瞬脱不仅是研究注意和记忆关系常用的有效方法，而且还是认知神经科学中最有趣的研究课题。

近年来，我国学者对注意瞬脱研究的贡献主要体现在以下几个方面。

1）介绍和评述国外的注意瞬脱理论模型。解释注意瞬脱现象的理论很多，各个理论之间存在一定争论。这些模型主要有抑制模型、干扰模型、双阶段模型、双阶段竞争模型、中枢干扰模型、注意停留时间假说和暂时性失控假说等。近年来，我国学者对注意瞬脱的理论进行了相关的介绍和评述，如注意瞬脱的暂时性失控理论（邓晓红等，2008）、注意瞬脱的瓶颈理论（张明，王凌云，2009）、注意瞬脱的神经机制（邓晓红，周晓林，2006），注意瞬脱中的 Lag-1 节省现象（吴瑕，张明，2011）等。

2）探讨注意瞬脱的影响因素。注意瞬脱效应存在着巨大的个体差异，在相同的实验情景中，有的被试表现出明显的注意瞬脱效应，有的效应很小甚至没有。很少表现出注意瞬脱效应的被试被称为无瞬脱者。影响注意瞬脱效应的因素主要有外部因素和内部因素两个方面。杜峰等（2004）考察了注意瞬脱效应（简称 AB 效应）和刺激持续显示时间（简称 ED）之间的关系，发现 SOA 或者 ED 的延长能减小 AB 效应。ED 延长并没有伴随着对目标的加工速度的加快。但在目标与干扰项没有显著的特征差异时，AB 效应随着 ED 延长而减小的现象消失了，即 ED 对 AB 效应的影响出现了实验性的分离。

韩盈盈和赵俊华(2013)在经典的注意瞬脱研究范式中变化干扰刺激 T_{2-1} 或目标刺激 T_2 的颜色特征，探究由新异刺激特征引发的注意捕获对注意瞬脱的影响。结果发现，当改变 T_{2-1} 或 T_2 的颜色时，这些与任务无关的新异信息可以自下而上地引发注意捕获并减小注意瞬脱。注意瞬脱起因于有限注意资源的分配，资源的分配方式受注意捕获的自动调节。为解决注意瞬脱到底是有限资源限制还是资源分配提供了新的实证和理论解释。

3)探讨特殊人群和普通人群在注意瞬脱现象上的差异。一些研究探讨了特殊群体和普通人群在注意瞬脱上的差别，为特殊人群较好地从事特殊职业提供了科学依据。

有研究者探讨了高水平运动员与普通体育大学生在注意瞬脱上的区别。研究发现，不同注意类型的高水平运动员的注意瞬脱、注意能力特征之间存在程度不等的项目差异。环境主导注意型的高水平乒乓球运动员只有轻度到轻微的注意瞬脱，其最低点出现在目标刺激后 135ms 处，第一注意瞬脱区持续 540ms；而主体主导注意型的高水平固定靶射击运动员，综合注意型的高水平活动靶射击运动员，都有非常明显的的注意瞬脱，最低点都出现在目标刺激后 270ms 处，持续时间均为 945ms。高水平乒乓球运动员和高水平的活动靶射击运动员的注意能力特征表现为：注意集中稳定性和注意广度水平较高；而高水平固定靶射击运动员的表现为注意转移能力较低。在项目差异上，乒乓球运动员的注意集中稳定性、注意转移能力和性向注意综合能力，都明显高于两种注意类型的高水平射击运动员。运动员注意瞬脱及注意能力特征既有遗传成分，也有后天运动训练的成分。所以，不同注意类型的运动员的注意能力训练的着重点各有不同。其中，乒乓球运动员注意能力训练的着重点是降低，甚至是完全消除运动员的注意瞬脱、提高注意集中稳定性、注意转移能力和注意广度水平；固定靶射击运动员的着重点是提高其注意广度水平和注意分配能力；而活动靶射击运动员的着重点则是提高运动员的注意广度水平和运动员的注意转移能力（李永瑞等，2005）。另外，还有很多研究从空间维度上探讨了注意瞬脱的加工机制。

4)揭示注意瞬脱的认知神经机制。有学者以情绪图片为材料，在 RSVP

任务下检验了效价和唤醒度在注意瞬脱对抗效应中的作用。实验发现效价在对抗注意瞬脱中起主要作用，且正性图片的对抗效应优于负性图片，但唤醒度对注意瞬脱的影响不显著，结果支持积极情绪对抗注意瞬脱的观点。ERP 结果进一步发现，以上效应发生在 P3 代表的工作记忆巩固阶段。而在 P2 和 N2 代表的早期注意阶段，尽管已出现了注意瞬脱和情绪加工，但二者无显著交互作用。

4. 注意偏向

注意偏向的研究主要集中在情绪信息与注意偏向和焦虑特质与注意偏向两个领域。

情绪信息对注意的调节是近年来情绪研究的热点问题之一。注意偏向机制存在注意成分说、图式说、注意资源说和 PDP 模型等多个解释。王敬欣等（2014）以情绪场景图片为材料，通过眼动技术分别记录被试在反向眼跳任务和 Go/No-go 任务中的眼动数据，考察了情绪图片的注意偏向。结果发现：与不带情绪色彩的刺激相比，具有情绪意义的刺激可引起注意偏向，表现为更快地捕获注意并且注意更难从情绪图片上转移。另外，有一大批的研究成果表明：对负性情绪刺激存在明显的注意偏向（吕创等，2014；张敏，卢家楣，2013）。

焦虑与注意偏向的研究也是近年来情绪与认知领域的热点。黄希庭（2008）等考察了特质焦虑大学生注意偏向的特点及其内在机制。结果表明，高特质焦虑大学生表现出一种对负性刺激的注意偏向，而低特质焦虑大学生没有表现出注意偏向，认为高特质焦虑个体对负性刺激的注意偏向是一种注意解除困难。钱铭怡、王慈欣和刘兴华（2006）的研究发现，在词和非词比例高的条件下，高社交焦虑组在负性评价词和受他人关注词上的 Stroop 效应显著大于低社交焦虑组。高社交焦虑个体对负性评价和他人关注的词语存在注意偏向。也有高焦虑特质的注意偏向特点实验发现，高焦虑特质对威胁信息并非特别敏感，而是一旦注意了，则锁定其中，难以摆脱。低焦虑特质则对快乐信息更敏感，而且更容易锁定其中，给予了更多的关注（高鹏程，黄敏儿，2008）。

彭家欣等（2013）的研究发现，高特质焦虑个体常表现出对威胁性刺激的选择性注意偏向的特点。通过记录高、低特质焦虑者进行情绪加工时的 ERP 实验，比较了两组个体在选择性注意偏向发生的时间进程和相关的神经反应的差异。结果发现，高特质焦虑者诱发出更大的 N1，进一步发现恐惧图片比中性图片诱发更大的 N1；而低特质焦虑者诱发了更大的 N2；特质焦虑得分越低，N2 波幅越大。结果初步说明，高特质焦虑者加工早期对恐惧图片分配了较多的注意资源，并且其抑制执行功能可能受损；而低特质焦虑者较晚开始区分恐惧图片和中性图片。这些结果提供了支持认知-动机模型的新证据。

5. 特殊人群注意的研究

对注意缺陷多动综合征（attention deficit hyperactioity disorder，ADHD）即儿童注意能力的研究是注意研究的另一个方面。王勇慧、周晓林和张亚旭（2005）采用停止信号任务，操纵其中的反应冲突，探查两种亚型（注意缺陷型和混合型）ADHD 儿童在不同抑制功能-反应冲突和反应停止上的表现，以及儿童在内源性和外源性两种注意条件下反应抑制的表现。结果发现，与正常儿童相比，ADHD 儿童在两种反应抑制上都有不同程度的缺损，不仅冲突效应量更大，反应停止的错误率也更高；但在控制年龄因素后，未观察到两种亚型 ADHD 儿童之间在反应冲突和反应停止能力上有明显差异。研究还发现，儿童在内源性和外源性两种注意条件下反应抑制的表现模式都相似，说明反应冲突和反应停止可能存在某些共同的神经机制，两种亚型 ADHD 儿童在这些机制的功能缺损上有类似之处。采用图片 Stroop 任务，对两种亚型 ADHD 儿童的促进和抑制加工进行了研究。结果发现，不论在反应时还是错误率上，ADHD 儿童和正常儿童在促进效应上的表现模式都相似，但 ADHD 儿童在错误率上比正常儿童表现出更大的抑制效应，混合型 ADHD 儿童的抑制效应大于 ADHD 儿童。由于 ADHD 儿童仅选择性地在抑制加工上受损，而促进加工正常，这一结果提示，促进和抑制可能是具有不同机制的、分离的加工过程（王勇慧等，2006）。

6. 注意的认知神经科学研究

随着认知神经技术的发展，国内研究者采用 ERP、fMRI 等技术对注意的认知神经机制进行了大量的研究，取得了重要的研究成果。

吴燕等（2007）采用 ERP 技术考察了内源性注意和外源性注意的神经活动机制。内源性注意诱发了早期 N1 成分和晚期 P300 成分，外源性注意加强了 N1 成分、P1 成分以及 P300 成分。研究还表明，内源性注意和外源性注意是两种独立的注意系统，以不同的方式影响着脑内的信息加工。何媛媛等

（2008）采用内隐情绪任务和改进后的 oddball 范式，从 ERP 的角度证明了外倾被试对正性刺激存在注意偏向，且注意程度随正性刺激效价强度的变化而变化。罗琬华、曾敏和李凌（2003）对返回抑制的 ERP 研究显示出现返回抑制效应时，枕部电极有效提示的 P1 幅值小于无效提示的 P1 幅值，而 N1 幅值却变大，提出了返回抑制是由注意动量流的惯性引起的理论观点。罗跃嘉、魏景汉、翁旭初等（2001）通过 ERP 记录研究注意的空间等级的脑内时程动态变化。结果发现，视觉搜索任务的目标受不同大小提示范围的启动。提示范围增大时，识别目标的反应时延长，P1 波幅增大而 N1 波幅减小，该效应在短间隔条件下尤为明显。P1 增大反映了促进目标识别时，适当注意范围的空间等级变化需要额外的运算资源，而 N1 波幅减小则可能扩散了空间注意倾斜。研究结果提供了以下电生理学证据：注意空间等级的改变调节了早期视皮层的神经活动，并激活了视觉搜索中至少 2 个时间重叠的 ERP 成分。

三、记忆研究

我国心理学工作者在记忆领域进行了大量卓有成效的探索，从新中国成立开始就进行了有关记忆的研究。对记忆的关注领域从外显记忆到内隐记忆，方法上也在不断创新。从新中国成立起至今发表在《心理学报》和《心理科学》上的文章颇多，有五六百篇。

（一）记忆的编码、储存与提取机制研究

20 世纪 80 年代后，人们开始尝试使用各种新方法来研究记忆。杨治良等用信号检测论的方法研究了不同年龄组再认图形、词的能力和特点，他们认为信号检测论具有两个独立的指标 d' 和 c，有利于分析人们的心理因素；信号检测论把再认错误划分为两类：第一类错误，又叫拒真错误，即本来原假设是正确的，而根据样本得出的统计量的值落入了拒绝域，根据检验拒绝了正确的原假设。第二类错误，又叫受伪错误，即本来原假设是错误的，而根据样本得出的统计量的值落入了接受域，不能拒绝原假设，接受了（确切地说是不拒绝）原本错误的原假设。有助于分析错误原因。而且信号检测论指标 d' 比传统再认法指标灵敏。实验结果表明，各年龄阶段再认具体图形，

小学高年级学生成绩最佳；再认抽象图形和词，初中学生最佳（杨治良等，1981）。

还有研究者继续使用信息加工心理学的方法来研究短时记忆。这些研究有材料数量与呈现速度对视、听同时瞬时记忆的影响（叶绚等，1980），以及在包含多种提取内容时加工层次对自由回忆和再认的影响（朱滢，1982），汉语语义记忆提取的初步研究（陈永明，彭瑞祥，1985）等。

按照记忆的认知加工过程，记忆可分为编码、储存和提取三个独立又相互联系的过程。近年来，我国学者对记忆过程的研究取得了重要的进展。

在记忆编码方面，莫雷（1986）以汉字为材料，用信号检测法对短时记忆的编码方式进行研究，实验结果支持了关于短时记忆随情境而变换编码策略的设想。郑涌（1991）开展了关于英文词的短时记忆编码方式的实验研究。郭春彦等（2004）通过 ERP 探讨了在"学习-再认"模式条件下的记忆编码与特异性效应之间的关系。郭春彦等（2003）通过 ERP 记录、探讨了深、浅两种加工与记忆编码的相互关系。研究结果表明，深、浅加工的 Dm 效应涉及不同的脑区，这一结果支持深、浅两种加工的 Dm 效应存在分离的结论。孟迎芳（2012）考察了对内隐与外显记忆编码阶段脑机制，结果表明，从 200ms 开始的颞区负走向 Dm 效应为内隐记忆（启动 vs 忘记）所特有，反映了对刺激的知觉加工过程，400~500ms 前额区正走向的 Dm 效应为外显记忆（记住 vs 忘记）所特有，反映了对刺激的精细加工过程，而 200~300ms 中央区及 600ms 开始的顶区负走向的 Dm 效应为两种记忆类型所共有，它们分别反映了对刺激的注意状态以及把编码后的刺激信息登记进相应记忆系统的过程。因此，内隐记忆与外显记忆在编码阶段的脑机制既存在着分离，也存在着重叠的现象。

在记忆的储存方面，张明、陈彩琦和张阳（2005）将线索-靶子范式和 N-Back 变式结合，以工作记忆的记忆错误和侵入错误数为指标，探讨了返回抑制与工作记忆的储存和加工之间的关系，揭示了返回抑制既影响工作记忆的储存又影响对任务目标的维持。

在记忆的提取方面，陈永明和彭瑞祥（1985）对汉语语义记忆的提取开展了研究。实验结果揭示了存储于网络不同水平上的句子其提取时间不同这一事实。在信息提取阶段上，汉字字形的作用不是一个重要的因素。孟迎芳和郭春彦（2006）采用"学习-测验"范式，考察在编码或提取中分别附加的干扰任务对内隐测验或外显测验中获得的 ERP 新旧效应产生的影响，为两种记忆在编码与提取加工的关系上存在的分离现象提供了神经生理方面的证据。

罗跃嘉、魏景汉和翁旭初等（2001）考察了汉字视听再认的 ERP 效应与记忆提取脑机制，观察到对听觉汉字的认知产生"持续中央负成分"，而视觉汉字的认知出现"晚期正成分"，提示汉字的视听认知具有不同的脑机制。汉字视听认知皆出现了新旧效应，即旧词皆引起 ERP 晚期成分的正走向变化，但视听新旧效应的起始时间与头皮分布不同，听觉效应为右半球优势，视觉效应则出现在左侧顶叶、左侧颞叶后部与右侧枕叶。

（二）工作记忆和前瞻记忆研究

近年来，对工作记忆的研究主要集中于视觉工作记忆、工作记忆容量以及工作记忆和其他心理现象间的关系等。对客体在视觉工作记忆中存储机制的研究发现，对颜色和形状这两个基本特征的存储以整合客体为单位，兰道环的颜色与开口朝向信息很难以整合客体方式存储。研究者推测，视觉工作记忆中存储的整合客体并非如现有理论假设的，是在集中注意参与下创建的，而是由并行加工阶段所获信息构成的；客体中所含的需集中注意提取的细节特征信息难以与其基本特征信息整合于该客体表征。注意水平对视觉工作记忆客体表征的影响研究发现，由相同维度特征组成的客体在工作记忆中只能以单一特征为储存单元，且这种储存不受注意水平的影响，可能是一种自动化的过程；由不同维度特征组成的客体在工作记忆中能以整合形式表征，但是这种表征需要集中性注意的参与。该结果表明，在知觉过程中整合起来的信息在储存到工作记忆的过程中时，仍需要消耗注意资源（陈彩琦等，2003）。

前瞻记忆的自评和延时研究，目前由于实验任务的不同，结果差异很大。实验采用由前瞻记忆自我评价题目构成的并且包含前瞻记忆任务的测验材料，探索了前瞻记忆研究的一种新方法，研究了可能影响前瞻记忆的几个因素。结果发现，0 延时与其他延时（7min、17min、27min、57min）均有显著差异，其他各延时之间没有显著差异，年龄对前瞻记忆和前瞻记忆自我评价均有显著影响，前瞻记忆与性别、人格、智力、回溯记忆没有显著相关（赵晋全等，2003）。

（三）外显记忆和内隐记忆关系的研究

改革开放以来，我国学者在该领域的贡献主要体现在研究范式的引进、修正和完善，以及理论建构等方面。

首先，在内隐记忆和内隐学习框架下的无意识研究范式上，国内内隐记忆和内隐学习研究经历了两次大的转变：①从人工语法范式到序列学习范式。Reber（1967）首创了人工语法范式，尝试用分类操作任务分离语法学习过程中的意识和无意识。但该范式在衡量标准、学习材料、刺激呈现方式等方面备受争议。于是，Nissen 和 Bullemer（1987）提出了序列学习范式，尝试用随机序列和固定序列的反应时差值分离意识和无意识。在此基础上，随后演变出了矩阵扫描、序列预测、复杂系统控制等范式。②从任务分离范式到加工分离范式。任务分离范式通过直接测验任务来测量意识，通过间接测验任务来证明无意识的存在。由于任务分离范式很难做到意识和无意识间的有效分离，Jacoby（1991）提出了加工分离范式。通过包含测验和排除测验来分离意识和无意识。该范式被学术界誉为"一种最直接和最客观的测量意识和无意识贡献的有效程序"。国内学者在该领域的贡献主要有以下几方面：郭秀艳和杨治良（2002）最早引进了 AGL 范式，通过两种人工语法的汇聚操作，探讨了语法学习时外显记忆和内隐记忆的贡献及协同关系；通过编制汉字偏好测验，推证出偏好测验中存在无意识加工；通过使用非文字材料，探讨了内隐学习的普遍性；运用信号检测证明了内隐学习的三高特性。黄希庭和梁建春（2003）证明了内隐汉字时序记忆中存在意识和无意识加工。朱滢（1997）证明了意识与无意识间的相互独立性。郭秀艳将 SRT 范式拓展为双维度 SRT 范式，杜建政将加工分离范式扩展为多重分离范式。

其次，在内隐社会认知研究方面，无意识知觉和内隐社会认知领域主要的研究范式有：①Stroop 色词干扰变式。"注意就好比是选择一个喜欢的电视节目，而意识则是出现在屏幕上的内容。"Merikle 巧妙地利用概率论提出 Stroop 色词干扰变式来研究无意识知觉。②该范式是评估个体对两个概念无意识联系强度的间接方法。通过相容和不相容两类任务分离意识和无意识，以内隐联想测验（implicit associantion test，IAT）效应间接评估被试在内隐认知中对客体的相对态度。③IAT 范式的变式。基于 IAT 范式忽略错误率的缺陷，Nosek（2001）提出了 GNAT（go/no association test）范式。后来学者又拓展出外在情感西蒙任务和评价启动范式。国内学者在该领域的主要贡献有以下几方面：耿海燕和朱滢（2001）验证了 Stroop 色词干扰任务的结论，确立了和无意识知觉间质的差异。常丽和杜建政（2007）通过不同认知负荷下的外显自我评价，证明 IAT 范式下内隐自尊和外显自尊发生了分离，内隐自尊具有无意识自动化的特点。朱宝荣等创用"超意识广度法"和"二次比较法"修正了常规启动效应。目前，这些修正的范式被大量用于攻击性行为、刻板印象、自尊等传统社会心理学领域，也被广泛用于内隐态度、情绪与推理及个体焦虑症治疗等实践领域。

再次，是错误记忆、内隐时间和不注意视盲下的无意识研究方面。近年来，错误记忆、内隐时间和不注意视盲成为学者关注的热点（黄希庭等，2006）。①错误记忆的范式。耿海燕和钱栋（2007）的研究表明，错误记忆的信息加工过程也与无意识有关。记忆源检测中包括快速启发式的无意识加工和精细系统式的有意识加工。类别联想范式、无意识知觉范式、误导信息干扰范式等也是较著名的范式。②内隐时间的范式。从内隐运动出发的表征动量范式和从时距估计分布出发的计时分布相关范式，促进了内隐时间范式的提出。③不注意视盲的范式。不注意视盲是指人们专注于某事而忽略眼前出现的其他事物的现象（Simons，2000）。不注意视盲将知觉、注意与意识的关系带入了新的研究视角，主要有静态实验、选择性注意以及动态实验范式。不同范式的研究结论均证实了在不注意视盲中存在无意识加工。国内学者在该领域的贡献主要有以下几方面：周楚等（2007）用集中联想范式，证明了错误记忆的产生，是从无意识到意识激活关键诱饵的连续累积过程。何海瑛等（2001）的研究也说明错误记忆更多受无意识影响。黄希庭用表征动量范式发现，内隐时间表征具有一致向前的方向性、顺序性和连续性。目前，相关学者又开始尝试将不注意视盲、记忆捕获和注意瞬脱三者结合起来进行对比研究，这种尝试将很可能为意识的理论发展提供新的证据。

最后，在理论建构方面，杨治良（1998）经过多年的研究，提出了外显记忆和内隐记忆关系的"钢筋水泥"模型。该模型认为，认知系统中存在外显记忆和内隐记忆两个子系统，两个子系统之间会产生协同作用，使系统形成具有一定功能的结构，并表现出相互独立、相互作用、互为主次、互相依存的特征。外显记忆和内隐记忆共生共存，在心理活动的不同层面有着不同的关系形式。人的整个内心世界就是以无意识为"钢筋"，以意识为"水泥"构筑起来的相互联系的大厦。如果单有钢筋构不成框架，单有水泥也构不成框架，只有二者有机结合，才能构建一座建筑物的基本框架。该模型的提出，一方面避免了传统模型机械分立地将外显记忆和内隐记忆完全分离的片面性，另一方面也强调了在任何一种水平及任何一个层面上，外显记忆和内隐记忆都是一个有机的复杂体，甚至可以说我们生命的延续、文明的积淀都是以意识和无意识共同构建的基本结构为基础的。随后，郭秀艳等（2003）运用 PDP 范式，提出了外显记忆和内隐记忆之间交叉发展的权衡观，认为权衡还有两者相对性的一面，即一方下降时另一方会表现出相对地位的提高，二者间的独立性是相对的，存在紧密的联系和相互作用，既包含外显学习也包含内隐学习。

四、思维研究

有关思维的研究开始得比较早，在 20 世纪五六十年代就有学者开始了对思维问题的探讨。早期的思维问题主要围绕学生的思维特点展开，随着研究的不断深入，对思维更深层次的探讨也逐渐出现。对思维的研究主要围绕问题解决和思维品质两大传统问题展开。对问题解决的探讨又围绕反事实思维、推理及假设检验、顿悟、表象和心理旋转等进行了系列性研究。在思维品质方面，对思维品质的研究贯穿于思维研究的始终，其中创造性思维、发散性思维长期以来一直是研究的重点。对创造性思维的研究主要集中在创造性思维的影响因素、超常儿童的创造性思维、创造性思维的脑机制等方面，此外还有我国学者提出的思维结构模型。林崇德以儿童青少年数概念与运算能力的发展进行了研究，提出了有国际影响的思维结构模型，认为思维包括 6 种成分结构，分别是指思维的自我监控、思维的目的、思维的材料、思维的过程、思维的非认知因素和思维的品质（李庆安，吴国宏，2006）。同时，思维与其他心理问题，特别是同语言之间的联系也是研究的另一个热点。

（一）表象和心理旋转

表象是研究者一直以来关注的重点，现在对表象的研究主要集中在视觉表象。来自儿童空间表象发展的研究表明，知觉经验和物体的鲜明特征是儿童空间认知发展的重要因素；自我中心现象在 8 岁组表现得最为突出；我国儿童解决三山课题的发展阶段与皮亚杰划分的阶段基本一致；发现解决三山课题的成绩与错误结果之间有两种不同性质的关系，8 岁以后成绩的发展变化与脱中心化的倾向相应，7 岁以前是与其他错误相应，7 岁是两种性质的转换点。研究数据提供了我国儿童解决三山课题的发展阶段和发展特点的资料

（李文馥等，1989）。

通过视觉表象扫描中的视角大小效应结果表明，在视觉表象扫描中，扫描时间会受到表象对应刺激视角大小的影响，即使扫描的几何距离相等，不同视角大小条件下的扫描时间仍存在显著差异；在4°～10°这个视角范围内，心理扫描的时间显著短于这个范围之外的扫描时间，6.5°左右是视觉表象扫描的最佳视角。视角大小效应有别于心理扫描的大小效应和距离效应，为Kosslyn的表象计算理论增加了新的内容，具有重要的理论意义。同时它对仪表、图形设计以及棋牌游戏等工作和生活实践具有一定的应用价值（游旭群等，2007）。

对主观参考框架在心理旋转中的作用的研究表明，前置刺激为被试对当前刺激的正像/镜像判断提供了参考框架信息而不是匹配所需的记忆痕迹模板。这一结果倾向支持了 Robertson 等（1987）提出的概率混合模型。研究还发现，前置刺激的参考框架作用很有限，仅在400ms的时间内起作用，这说明它在一般情况下很难被旋转（王才康，1991）。

对以自我和物体为参照系的心理旋转分离的实验结果发现，两种实验任务结果均表现出显著的角度效应；在 LR 任务条件下，存在显著的内旋效应，而在 SD 任务条件下，不存在内旋效应。从而表明当以人手图片作为心理旋转材料时，它具有双重角色。被试心理旋转加工时究竟选用何种参照系的旋转策略，与实验材料和实验任务两者都密不可分（陶维东等，2008）。

（二）推理及假设检验

对儿童的推理能力的探讨一直是关注的焦点，对推理的研究也有许多种，如归纳推理、条件推理、类别推理、特征推理，由于 ERP 技术的发展，有研究开始关注推理的神经生理机制。

对不同概念范畴和特征类别对儿童归纳推理多样性效应的影响的研究结果显示，在非生物类别范畴材料上，5～6 岁儿童在两种特征类别上均未表现出多样性效应，8～9 岁儿童在隐蔽特征类别上表现出多样性效应；在生物类别材料上，5～6 岁、8～9 岁儿童在外显特征和隐蔽特征上均未表现出多样性效应。概念范畴和特征类别对 8～9 岁儿童的归纳判断力有显著影响。在概念范畴上，儿童在非生物范畴材料上的表现显著高于生物范畴；在特征类别上，儿童在隐蔽特征上的表现高于外显特征（陈庆飞等，2010）。

复合命题推理能力相关影响因素的实证研究探讨了影响 9～11 岁的儿童、少年和成年人的复合命题推理能力发展的相关因素,主要有格式类型、性别、材料性质等因素。结果表明, 不同的格式类型、性别对被试的复合命题推理能力有着显著的影响。而材料性质对被试的复合命题推理能力的影响体现在阶段性上,只对儿童阶段被试的有影响,而对少年阶段和成年阶段被试的影响却不大(陈水平等, 2009)。

关于条件推理的 ERP 研究结果发现, 5 种任务所诱发的 ERP 早成分均不存在显著差异,在头皮前部的左外侧额区和左颞区, MP 与 DA 推理与基线任务相比, 均诱发一个更明显的晚期正成分(450～1100ms),在右外侧额区则诱发一个更明显的晚期负成分(450～1100ms);与之相反, MT 与 AC 推理与基线任务相比, 在左侧诱发一个更明显的晚期负成分(450～1100ms),在右侧诱发一个更明显的晚期正成分(450～1100ms),这一结果可能是由于左右脑在推理中的认知功能以及 4 种推理类型之间存在的差异所致, 同时也表明推测过程主要激活了左右侧的前额部、颞叶等区域,基本支持 Gocl 等的双加工理论(邱江等, 2006)。

对小学儿童假设检验思维策略发展的研究显示, 在该研究条件下, 答案存在多种可能性的任务Ⅰ明显难于答案确定的任务Ⅱ;小学儿童假设检验能力随年级的提高而增长,但增长的速度因任务不同而不同;随着年级的提高, 小学儿童使用的不成功策略逐步增加, 成功策略显著减少, 但这也受任务不同的影响;固定样例程序较好地克服了变化样例程序所带来的假设检验研究的缺陷(张庆林等, 2001)。

(三)反事实思维

反事实思维是个体对不真实的条件或可能性进行替换的一种思维过程。它是在心理上对已经发生的事件进行否定, 然后表征原本可能发生但现实并未发生的心理活动。陈俊、贺晓玲和林静选(2008)以 170 名大学生为被试, 采用情境模拟技术, 研究结果的接近性和不同等级的分界线对反事实思维及满意度的影响。研究一表明, 结果接近分界点较结果远离分界点时, 被试产生的下行反事实思维要多。当结果的效价为成功时, 更易引发反事实思维。研究二发现, 上行反事实思维随成功的等级变化而呈整体上升趋势, 个体对结果的满意度随成绩的增加而上升。岳玲云、冯廷勇和李森森等(2011)利用 ERP，采用简单赌博任务范式，考察具有"评估倾向"和"行动倾向"的两类个体在反事实思维上的差异及其神经电生理证据。行为结果表明，评估倾向的个体比行动倾向的个体产生了更强的反事实思维，两者的差异极其显著；脑电结果表明，在反映结果快速评价的 FRN 上，组别主效应显著，评估倾向的个体所产生的 FRN 波幅显著大于行动倾向的个体；在 P300 上，组别主效应显著，评估倾向的个体所产生的 P300 波幅显著大于行动倾向的个体。这说明两种不同调控方式的个体在反事实思维强度上存在着显著差异，在 FRN 和 P300 上得到了反映，评估倾向的个体所产生的反事实思维更强，情绪体验也更加强烈。不同调控方式的个体，其反事实思维具有不同的特点和不同的大脑活动。

（四）创造性思维及其认知神经机制

1）政府层面的创造型人才培养模式改革实践培养了大批创造性人才，是我国现阶段的重大需求，也是国际社会和学术界共同关注的重大课题。随着世界多极化、经济全球化的深入发展和我国经济社会发展方式的加快转变，提高国民素质、培养创新人才的重要性和紧迫性日益凸显，《国家中长期人才发展规划纲要（2010—2020）》、《国家中长期教育改革和发展规划纲要（2010—2020）》与《国民经济和社会发展"十二五"规划纲要》都将创造性人才的培养作为我国未来 5～10 年的重要战略目标。培养创造性人才，是研究创造性的最终目标。很多国家普遍重视创造力的培养，并探索了多种培养模式，其中学科渗透模式是被普遍推行且行之有效的一种模式。比较著名的有 Taylor 的三维课程模型、Treffinger 的创造性学习模型、Renzulli 的创造力培养理论、Adey 的思维科学课程以及 Torrance 和 Covington 的创造性思维教程等。在具体的教育实践中，美国的中小学将创造力的培养贯穿在整个教学活动之中，并设立专门的天才班级和天才学校；英国设立了 9 岁、13 岁和 18 岁三级"超常生国际水平测试"，指定牛津布鲁克斯大学"高能儿童研究中心"为中小学校的超常人才计划协调人进行培训；澳大利亚重视创新人才的鉴别和选拔，建立了多所英才教育研究中心，提出了创新人才的选拔机制和评估标准；法国的教育改革高度重视儿童创造力的培养，通过创新构思、造型艺术、素描、绘画等各种实验活动培养中小学生的创造力；新加坡搭建了不同级别、不同形式的平台来展示学生的创新才能，通过严格的分流制度确保对优秀学生的教育；日本在 20 世纪 80 年代初提出创造力的培养，并把从小培养学生的创造力作为基本的教育国策。

我国在创造力人才培养方面，教育部联合中组部、财政部于 2009 年启动了"基础学科拔尖学生培养试验计划"（简称"珠峰计划"），选择清华大学、北京大学等 19 所顶尖大学进行试点，力图在培养拔尖创新人才上有所突破。之后，北京市实施"翱翔计划"，上海市发布了"科学种子计划"，陕西省启动了"春笋计划"，推行高校与中学合作，联合培养创新人才。这些尝试在一定程度上推动了我国创新人才培养模式的发展与改革，

2）基于课堂的创造性思维培养研究。胡卫平等根据林崇德的思维三菱结构模型、皮亚杰的认知发展理论以及维果斯基的社会文化理论，提出了思维能力的三维立体结构模型（TASM），开发了"学思维"活动课程，提出了思维型课堂教学理论（林崇德，胡卫平，2011）。"学思维"活动课程是一种系统的、迂回训练的螺旋形课程，以一定的知识内容为载体，以培养思维方法为核心，从深刻性、灵活性、敏捷性、批判性、独特性等方面培养学生的优良思维品质。"学思维"活动课程共有 8 册，从小学一年级到初中二年级每个年级 1 册。2003—2011 年，200 多所学校的 20 多万中小学生参加了"学思维"活动课程的实验研究，跟踪研究结果表明，实验组学生的思维能力、创造力、学业成绩、学习策略、学习动机、自我效能等得到明显提高，同时教师的教学行为也有明显的改善（胡卫平，郎海丽，2006，2011）。

3）超长儿童创造性思维研究。施建农和徐凡（1997）以超常和常态儿童为被试，对儿童的兴趣、动机与创造性思维的关系作了进一步的考察。结果发现：超常儿童的图形、数字和实用创造性思维的流畅性和独创性成绩都明显高于常态儿童；超常和常态儿童的创造性思维与兴趣、动机之间存在显著的相关；兴趣和动机得分较高的被试的创造性思维得分显著高于兴趣和动机得分较低的被试；超常儿童中有相当部分处于低兴趣和低动机水平，而常态儿童中却有相当部分处于高兴趣和高动机水平。

4）情绪与创造性思维关系的研究。情绪与创造性思维关系的研究逐渐成为近年来创造力研究的一个热点，已有研究通过比较积极和消极两种情绪状态下创造性的表现来揭示两者的关系，但得出的结论存在不一致，甚至相互矛盾。

以往大量研究结果表明，积极情绪有利于促进创造性的产生，消极情绪阻碍了创造性的产生。Ashby 等（1999）发现，积极情绪有利于提高认

知灵活性，借助于广泛联系的情境信息，个体能够更好地解决创造性问题。Lyubomirksy 等（2005）的研究表明，积极情绪状态下的个体联想内容更为丰富，创造性产品更具灵活性与独创性。我国学者卢家楣（2002）的研究表明，积极情绪效价下被试的思维流畅性得到显著的提升。胡卫平（2010）等对创造性科学问题提出能力的研究表明，积极情绪状态下被试能够提出更多、更富有创造性的科学问题。针对团队创造性的研究表明，对于团体组织而言，积极情绪有利于调节人际关系，促进内部信息交流，提高工作团队的创造性水平（刘小禹，刘军，2012）。

在创造性认知过程及其加工机制方面，许多研究结果表明，创造性活动其实也包含着十分规则的信息加工过程，并且与非创造性活动有着相似的地方（周丹，施建农，2005；胡卫平等，2010）。我国学者提出的原型启发理论也认为，"顿悟"的产生包含两个阶段："原型激活"（即想到对眼前问题有启发作用的某个已知事物）及原型中的"关键启发信息利用"（即想到原型中所隐含的某个关键信息对眼前问题的解决有启发作用）（张庆林等，2012）。

首先，创造性初级过程与个体信息加工速度、注意抑制能力、概念表征等特征紧密相关。从创造性思维的不同层次来看，在初级过程中，无关信息抑制能力（周泓，张庆林，2002）、信息加工速度（胡卫平等，2010）、注意模式（刘正奎等，2007）等都能影响个体信息处理的有效性，从而显著影响个体创造性活动的产生。

其次，创造性次级过程与个体认知加工策略选择有关。在创造性次级过程中，高创造力者之所以能够"独具慧眼"，是因为他们在头脑中表征原型的时候，善于排除表面特征，采取恰当的策略深刻地把握与问题解决思路有关的"特征性功能"，从而有效地建立"功能目标"与原型的"特征性功能"之间的联系（张庆林等，2004；张庆林等，2012）；同时，高创造力的个体对目标类别概念的加工更加深入，更倾向于使用概括的加工策略，使得分类加工的有效性更高（沃建中等，2010），从而保证了在创造性任务上具有更好的表现。

最后，创造性认知的初级过程和次级过程具有不同的功能机制。Yong 等（2008）的研究发现，外部评价降低了创造性答案生成阶段（初级过程）的效率，但却促进了评价和选择阶段（次级过程）创造性答案适宜性的提高。罗劲（2004）的研究成果指出，顿悟过程需要扣带前回、海马、左腹侧额叶以及视觉空间信息加工网络等脑区协同完成。在信息加工方面（初级过程），扣带前回负责早期预警系统的发动，海马负责新异有效联系的形成；在控制与监控方面（次级过程），左腹侧额叶负责思维定势转换和语言加工，视觉空间信息加工网络负责思考的背景或参照框架的切换。

5）创造性思维的认知神经机制研究。近年来，一门旨在教育与脑科学"巨大鸿沟"之间搭建"桥梁"的教育神经科学应运而生。国际上，从实际应用出发，整合心理学、教育学、神经科学等学科的研究成果，多视角、多层面分析人的心理活动，科学合理地提炼更有科学意义的教育理论和实践措施，并使开展基于"脑的教育"成为新的研究热潮。英国南安普顿大学的雷洛兹教授指出："在某些阶段，人类大脑的可塑性极强。"认知神经科学研究者主要利用 fMRI、EEG、PET、ERP 以及 fNIRS 等生理学及脑成像技术对创造性心理过程进行研究，揭示创造力的认知神经机制。

创造力的神经机制研究主要体现在发散思维、顿悟和艺术创造力三个领域。

第一，发散思维的神经机制研究。众多学者以 EEG 为指标对发散思维的神经机制展开了研究，但依然存在着以下争论：一是是否存在单侧化效应？虽然创造力的主要机制在右脑的观点深入人心，但这一观点并没有得到大部分来自 EEG 研究证据的支持，甚至有研究得出左脑占主导的结论。二是是否存在 α 波的变化？研究表明，相对于控制任务，发散思维任务的 α 波确实常常发生变化，然而变化方向并不一致。就额叶区的 α 波而言，一些研究者报告发散思维测验伴随着 α 波同步增加，但也有完全相反的结论。从创造力的 ERP 研究来看，由于缺乏一个有效的实验范式，很难瞬时地采集到创造性思维发生状态下同步发生的 ERP，目前还很少有采用 ERP 技术开展发散思维的研究。我国学者涂燊等（2010）提出的汉字添加笔画范式较好地解决了这一难题。

第二，顿悟的神经机制研究。顿悟是最难以捉摸的心理现象之一，常被称为"aha"效应。来自 EEG 的研究发现，顿悟过程中在额叶区、顶叶区、颞叶区伴随着 α 波的降低，但这种降低与以往研究中发现的前额叶和颞顶区域激活相关联的机制仍不明确。来自 ERP 的证据表明，顿悟现象伴随着前扣带回活动，但在 ERP 成分上存在相互矛盾的结论。我国学者邱江等（2006）发现了 N320（2006）和 N1500-N2000，Mai 等（2004）发现了 N380。罗劲等的顿悟的脑成像研究发现，相对于非顿悟任务，顿悟任务激活了前额区、前扣带回、颞顶区（罗劲，2006）。刘春雷等（2009）的研究结果显示，创造性思维需要多个脑区的参与，因不同的认知任务其关键脑区而有所不同。从心理过程上看，顿悟是一个瞬间实现的、问题解决视角的"新旧交替"过程，它包含两个方面：一是新的有效的问题解决思路如何实现；二是旧的无效的思路如何被抛弃（即打破思维定势）。罗劲（2004）以谜语作为材料，利用fMRI 技术精确记录了人类的大脑在实现顿悟瞬间的活动状况。结果显示，顿悟过程激活了包括额叶、颞叶、扣带前回以及海马在内的广泛脑区。根据各方面的综合证据，研究者认为，在顿悟过程中，新异而有效联系的形成依赖于海马，问题表征方式的有效转换依赖于一个"非语言的"视觉空间信息加工网络，而思维定势的打破与转移则依赖于扣带前回与左腹侧额叶。

第三，艺术创造力的神经机制研究。近几年的脑科学研究初步揭示了艺术创造力和科学创造力的神经机制存在差异。来自 EEG 的研究发现，艺术家右脑呈现出更高的 α 波、β 波和 θ 波，表现出大脑单侧化效应，但也有研究认为创造性思维是两半球联合的结果（Petsche et al., 1997）。有关艺术创造力的脑成像研究仅仅在近几年有所涉猎，但依然没有一致的结论。我国学者沈汪兵等（2009）的研究表明，艺术创造力主要是右侧额叶的功能。

五、语言心理研究

（一）汉字加工

我国学者对汉字加工的特点进行了很多研究。对汉字加工基本单元的研究发现，汉字的加工要经过笔画、部件和整字三个层次，其中单位部件的笔画数和部件数影响着汉字加工时间（彭聃龄，王春茂，1997）。

王爱平等人采用 RSVP 范式考察了汉字加工中呈现速率对重复知盲效应（repetition blindness，RB）的影响。结果发现：①在加工汉字重复刺激时，存在着重复知盲效应，其强度随着呈现速率的变化而改变，当呈现速率较快时，正确率较低，当呈现速率较慢时，正确率较高；②与加工英文信息比较，在汉字加工中，RB 效应的出现似乎推迟了一段时间，这可能从另一方面反映出加工汉字与加工英文需要不同的时间，即加工信息的难易程度也影响 RB效应出现的时间（王爱平，张厚粲，2005）。

陈宝国和彭聃龄（2001）考察了汉字识别中形、音、义激活的时间进程。采用基于语义和基于语音的启动范畴判断作业，在不同的 SOA 条件下，考察高频汉字识别中形、音、义信息激活的相对时间进程。结果表明，高频汉字形、音、义激活的时序为字形—字义—字音。这一结果揭示，高频汉字字义的提取更符合直通理论的预期。高频汉字的语音是自动激活的，但语音的激活可能发生在字义通达之后。陈宝国（2003）有关汉字识别中形、音、义激活时间进程的另一项研究，采用基于语义和基于语音的启动范畴判断作业，在不同的 SOA 条件下，考察低频汉字形、音、义信息激活的相对时间进程。实验结果表明，低频汉字字形的激活在先，字音和字义的激活同时进行。低频汉字形、音、义激活的这种顺序不受基于语义还是基于语音的实验任务的影响，但实验任务影响了低频汉字字音、字义激活出现时间的早晚。张武田和冯玲（1992）关于汉字识别加工单位的研究发现，汉字识别是以笔画为单位进行加工的。而词识别单位化模型则认为，对熟悉词的识别与组成词的字母加工无关。研究利用汉字具有笔画多少不同及组成部件不等的差别，以独体字或少笔画字为对照，探讨了高频和低频汉字识别的加工单位问题。实验结果表明，高频字笔画数和部件数分别对字识别产生显著影响，低频字似乎只有当笔画数和部件数两种成分都具有一定差异时，才表现出识别速度的显著差别。此结果不支持前述的两种模型。提出了汉字识别是由多种成分综合作用的理论观点。

舒华和张厚粲（1987）开展了成人熟练读者的汉字读音加工过程的研究，探讨了成人熟练读者的汉字读音过程。实验一研究了不同字形、不同字频的单个汉字的读音，发现被试读汉字有直接提取、声旁及类似推理三种加工方式。高频字的读音以提取为主；中频字读音时，声旁和类似推理的作用增加；低频字读音时，提取基本不起作用。实验二发现，声旁的发音一致性对低频字的读音影响很大。激活熟悉的类似字，以确定刺激字的读音，是低频字读音的一个重要方式。此外，舒华和张厚粲（1987）还考察了汉字读音过程中的音似和形似启动效应。结果发现，音和形都相似的启动字和目标字之间存在着显著的启动效应。关于字音和字形的相对作用，发现音似启动效应显著，表明汉语读者的心理词典结构中存在着语音联结通路。

（二）句子加工

彭聃龄和刘松林（1993）探讨了汉语句子理解中语义分析与句法分析的关系。实验结果表明，在有语境和无语境条件下，两类句子在歧义词和解歧词上的反应时均有明显的差异。这些结果支持了句子理解中句法与语义加工的弱相互作用模型。石东方和张厚粲（1999）考察了动词信息在汉语句子加工早期的作用。实验发现，动词与宾语搭配上的各种违反对目标名词（宾语）的加工产生了即时效应。结果表明，包括语义信息在内的各种词汇信息被通达后立即参与了汉语句子加工。

（三）阅读理解

鲁忠义和熊伟（2003）探讨了汉语句子阅读理解中的语境效应。研究表明，语境的作用机制是灵活的，它会随语境条件的变化而变化。在启动词与目标词语义联结弱的情况下，如果语境对目标词是一种低干扰，那么各模块之间彼此独立，一个模块不受另一个模块的影响；如果句法关系改变后的语境对目标词形成高干扰，各模块相互作用，不同语境对词汇通达有不同的作用。当启动词与目标词之间有较强的语义联结时，语境效应主要来源于词与词之间的联结启动，这时的语境作用机制符合模块化理论，而当启动词与目标词之间有较弱的语义联结时，随语境干扰强度的增加，目标词的词汇通达也随之增加，这时的语境作用机制则符合相互作用理论。

张必隐等比较了中、英文的阅读过程，并发现中文读者在阅读加工中更多地采用分散的策略，而英文读者则更多地采用集中的策略。在中文中语义违反所造成的朗读混乱大于句法违反所造成的混乱；而在英文中则句法违反所造成的混乱大于语义违反所造成的混乱。但是由句法、语义和事实的违反所形成的曲线，在中、英文中是相似的，这说明中、英文的阅读加工有其共同之处（张必隐，Dank，1989）。

王穗苹和莫雷（2001）探讨了篇章阅读理解中背景信息的通达机制。结果发现，不论把冲突限制条件下的冲突信息限制在过去发生，还是作为一种虚假的情况来加以描述，都不能完全消除冲突的效应，冲突限制条件下目标句阅读时间总是长于一致条件下的阅读时间，这支持了记忆基础文本加工观，说明在篇章阅读中背景信息通达不是一个更新追随的过程，过去的或虚假的背景信息也会被重新激活并影响当前信息的加工。

（四）双语研究

有研究者关注了第二语言、英汉双语者的语言特点、语言的神经生理机制等。郭桃梅和彭聃龄（2003）考察了中-英非熟练双语者的第二语言的语义通达机制。结果发现，当启动刺激（英文单词）的中文对译词与目标刺激之间的关系是翻译关系时，得到了显著的启动效应；当两者之间是语义联想关系时，前者对后者没有显著的影响；当两者之间是形似关系时，前者对后者产生了显著的抑制作用；当两者之间是同音关系时，前者对后者产生了显著的促进作用。这一结果表明，对于中国的英语学习者来说，他们的第二语言只能借助其汉语对译词的词汇表征通达其语义概念表征，实验结果在一定程度上支持了 Kroll 和 Stewart（1994）的层次模型。

六、动机研究

对需要的研究集中在对大学生需要方面的主要有：通过对大学生需要结构的调查（赵鸣等，2012）、大学生的需要结构与变化规律的研究（黄希庭等，1988）；另外，还有研究关注认知闭合需要、自尊需要等各种类型的需要。陈沛霖对马斯洛需要理论的补充和完善，也是我国心理学者对需要理论的积极贡献。

对大学生需要结构的调查发现，我国大学生的基本需要可分为 18 种，其中强度最大的前四位是求知的需要、友情的需要、建树的需要和自尊自立的需要；强度最弱的四位是性需要、归属需要、权力需要和躲避伤害的需要。大学生的 18 种需要又可分为 8 类，由强至弱依次为发展的需要、尊重的需要、交往的需要、贡献的需要、安全的需要和生理的需要。同时，大学生的需要结构存在着一些团体差异和个别差异（孙宝志，韩民堂，1986）。

刘霞等（2013）采用整群取样法对 1551 名流动儿童进行测查，探讨不同归属需要下内群体认同和群体地位感的中介作用差异。结果表明，不同归属需要下歧视知觉对个体和群体幸福感的作用机制存在差异。在高归属需要组，歧视知觉对个体幸福感存在直接显著的负向预测作用，并通过群体地位感和群体幸福感的双重中介消极地影响个体幸福感；歧视知觉完全通过群体地位感的中介消极地影响群体幸福感。在低归属需要组，歧视知觉对个体幸福感既存在直接的负向预测作用，也通过内群体情感认同和群体地位感的中介发挥间接的积极作用，歧视知觉对群体幸福感只存在间接的消极影响，内群体情感认同和群体地位感在其中发挥完全中介作用。这表明，内群体情感认同和群体地位感在流动儿童歧视知觉与幸福感之间的中介效应受到归属需要的调节影响。

对动机的研究集中在探讨动机对行为、学业成就等的影响，还有一些研究关注成就动机的影响因素等内容。张红霞和谢毅（2008）从行为动机的角度，探讨了影响青少年网络游戏玩家游戏意向的主要因素。采用结构方程模型的方法，发现青少年网络游戏玩家的游戏意向受多种内在动机和外在动机的共同影响。青少年玩网络游戏的基本内在动机（如社会交际、超越现实、自我效能和享受乐趣）促进了沉浸动机的形成。同时，沉浸是提高游戏意向的内在动机，主观规范和游戏涉入度是分别降低和提高游戏意向的外在动机。此外，内部动机和外部动机对游戏意向的影响存在交互作用（张红霞，谢毅，2008）。

20 世纪 80 年代初期，有不少研究开始关注成就动机，对成就动机影响因素、成就动机和学业绩效间的关系进行研究。梁海梅、郭德俊和张贵良（1998）在迈尔（Maehr）等人研究的基础上，考察了成就目标（任务目标和能力目标）与动机和学业成就之间的关系。结果表明，任务目标通过内部动机对学业成就产生积极的影响，能力目标通过外部动机对学业成就产生消极的影响。王振宏和刘萍（2000）测量研究了动机因素、学习策略、智力水平对学生学业成就的影响。结果表明，自我效能、内在动机、掌握目标、学习策略、智商分数与学业成就呈显著的正相关，外在动机、业绩目标与学业成就呈显著的负相关。宋凤宁、宋歌、佘贤君等（2000）采用问卷调查法考察了初、高中学生的阅读动机、阅读时间及阅读成绩，结果发现，中学生阅读动机水平的高低与阅读时间、阅读成绩存在极为显著的正相关，其中，内部动机对中学生的阅读时间、阅读成绩的影响要大于其他因素的影响。

七、情绪研究

（一）情绪智力

对情绪智力的研究主要是对大学生情绪智力的研究，有研究关注大学生情绪智力现状，如情绪智力的差异研究，关于情绪智力和认知智力、心理健康关系的研究，还有研究关注员工情绪智力与工作绩效之间的关系、情绪智力结构。

张进辅和徐小燕（2004）开发了高信度和高效度的大学生情绪智力量表，考察了大学生情绪智力的特征。结果表明，大学生的情绪智力总体上表现出积极的趋势，但其结构内部的发展不平衡，情绪的意识因素的发展高于情绪的行为因素；大学生的情绪智力存在显著的性别差异、一定的专业差异和一定的年级差异。

竺培梁和耿亮（2011）考察了大学生的情绪智力、认知智力、人格与决策的关系。研究发现，情绪智力的年级差异显著，而情绪智力的专业差异和性别差异则不显著；情绪智力与认知智力适度相关；情绪智力对决策具有直接效应，而认知智力则通过情绪智力影响决策。

张辉华和王辉（2011）对个体情绪智力与工作场所绩效的关系进行了元分析。元分析结果发现，整体上个体情绪智力与工作场所绩效有中等程度的相关；情绪智力测量工具、绩效衡量标准、实证数据特点和文化差异等会调节影响它们之间的关系；在多种调节效应中，中国文化背景下它们之间的关系最强。结果表明，情绪智力能有效地预测工作绩效；情绪智力与工作绩效的关系强度受不同因素影响会发生小幅变化；文化差异对它们之间关系的影响最为明显。

张辉华（2014）基于社会网络视角，分别以社会资本的关系性维度为中介变量，以社会资本的结构性维度为跨层调节变量，探讨了个体情绪智力对任务绩效的影响。研究发现，在控制个性的前提下，关系性社会资本在个体情绪智力影响任务绩效过程中起到中介作用，结构性社会资本（咨询网络密度）正向调节影响个体情绪智力与任务绩效的关系。结果表明，不同层次的社会资本及其维度在情绪智力影响绩效过程中扮演着不同角色，运用社会资本概念框架有助于解释情绪智力的作用机制。

（二）情绪调节

近 20 年来，对情绪调节的研究主要集中于对儿童情绪调节的研究，包括情绪调节的影响因素、情绪调节策略和其他心理现象的调节中介作用，以及脑机制研究等方面。

陆芳和陈国鹏（2007）运用自编问卷对学龄前儿童情绪调节策略的发展状况进行研究，结果发现学龄前儿童的情绪调节策略存在显著的年龄差异，总体的情绪调节能力随年龄的增长而提高。在挫折情境中，发泄策略的运用存在显著的性别差异。随后的研究运用自编的幼儿情绪调节策略调查问卷和儿童气质问卷（parent temperament questionnaire，PTQ）对幼儿进行研究。结果发现，除自我安慰外，其他各种情绪调节策略都与气质的某些维度存在不同程度的相关，不同气质类型的幼儿在问题解决和被动应付这两种调节策略的运用中存在显著差异。此外，5 岁的难养型幼儿对替代调节策略的运用显著多于同年龄的易养型幼儿（陆芳，陈国鹏，2009）。

还有研究探讨了青少年情绪调节策略和父母教养方式之间的关系。结果显示，父母教养方式对于青少年的情绪调节策略具有显著的影响并有预测作用。不同性别的青少年情绪调节的策略（成熟型）存在显著差异；不同年级的青少年情绪调节的策略（成熟型）存在显著差异（贾海艳，方平，2004）。

个体的情绪调节与其认知的关系是近年来情绪和认知领域中一个重要的前沿研究热点。李静和卢家楣（2007）系统地探讨了两种情绪调节分类下的4 种情绪调节方式（原因调节——评价忽视和评价重视；反应调节——表情抑制和表情宣泄；减弱调节——评价忽视和表情抑制；增强调节——评价重视和表情宣泄）对记忆（视觉和听觉记忆）及记忆评价（即元记忆、视觉和听觉元记忆）的影响。结果表明，评价忽视和评价重视对记忆没有影响，表情抑制和表情宣泄对记忆影响显著（表情抑制影响了听觉记忆，表情宣泄影响了视觉和听觉记忆）；评价忽视、评价重视和表情宣泄对元记忆没有影响，而表情抑制影响了听觉元记忆；不同情绪调节方式对记忆的影响无性别和专业上的差异，但对元记忆的影响虽无性别上的差异，却存在专业上的差异。总之，个体不同的情绪调节方式会对记忆和元记忆产生不同影响（李静，卢家楣，2007）。

王莉和陈会昌（1998）考察了中国文化背景下 2 岁儿童在实验室压力情境中的情绪调节策略及特点。结果表明：2 岁儿童已具有使用复杂的调节策略的能力，主要的情绪调节策略有 6 种，即积极活动、分心、自我安慰、寻求他人安慰、被动行为、回避，其中积极活动策略使用的频率最高；不同情境中的策略使用有显著差异，儿童可以根据情境的不同来选择使用情绪调节策略；儿童情绪表现与调节策略的使用相关；从儿童行为的抑制性和非抑制性维度考察，行为抑制性不同的儿童在策略的使用上存在个体差异；母亲的介入程度和陌生人的行为与儿童的策略使用显著相关。追踪研究结果表明，2 岁时的情绪调节策略能显著地预测儿童 4 岁时的社会行为（2002）。

杨阳、张钦和刘旋（2011）利用 ERP 技术考察了认知重评对积极情绪调节及后续认知任务的影响。结果显示，在情绪调节阶段，与被动观看或评价忽视相比，评价重视调节下的 LPP 更大。在词呈现阶段，被试的反应时受情绪调节的影响，表现为：评价忽视＞评价重视＞被动观看。在 160～720ms，认知重评之后词汇所诱发的 ERP 与被动观看后词汇的 ERP 有显著差异，支持了情绪调节损耗认知资源的观点。

（三）情绪和其他心理现象的关系

情绪与其他心理现象间的关系问题主要围绕情绪与认知、记忆、学习等的关系而展开。

原琳、彭明和刘丹玮等（2011）探讨了认知评价对主观情绪感受和生理活动的作用。研究结果发现，持有利于情绪调节评价的个体，负性情绪感受降低，皮肤电反应减弱，但心率无变化。这说明认知评价影响个体的主观情绪体验，并在一定程度上抑制负性情绪所导致的生理唤起的增高。

陈琳、桑标和王振（2007）采用故事情境法探究小学儿童情绪认知的发展。结果发现，总体而言，情绪认知在小学不同年级有明显发展；基本情绪认知最好，其次是积极自我意识情绪认知和冲突情绪认知，对消极自我意识情绪的认知最差；情绪识别和情绪原因认知明显好于情绪行为认知和情绪调节认知；对情绪表现者的情绪认知明显好于对情绪接受者的情绪认知。

郭力平（2001）从认知与情绪的相互关系考察了刺激材料的局部知觉特征的改变如何影响再认的加工过程。结果发现，刺激的局部知觉特征改变主要影响了再认的自动提取加工，对于意识性提取加工的影响不大，并对人的认知系统如何加工信息以唤醒情绪与再认的过程及其特点进行了深入分析。

俞国良和侯瑞鹤（2006）考察了学习不良儿童对情绪表达规则的认知特点。结果发现，学习不良儿童表情调节知识水平显著低于一般儿童，性别差异不显著，组别与年级的交互作用不显著，表明两组儿童的发展趋势相似，发展水平不同；学习不良儿童报告出较少的社会定向目标，自我保护目标得分与一般儿童差异不显著；学习不良儿童缺少根据不同人际关系类型，灵活运用情绪表达规则知识的能力，而且较少把情绪表达规则的使用和目标联系起来。后续研究又探讨了情绪状态对学习判断的影响及其机制。实验结果表明，首轮回忆测验成绩可以通过影响个体的情绪状态来影响后继的学习判断以及回忆测验和学习判断的绝对准确性；情绪可以影响学习判断和个体对学习内容的加工深度，加工深度的提高有利于促进个体的回忆，学习判断和回忆成绩共同影响着学习判断的准确性（俞国良等，2006）。

（四）情绪的神经生理机制

阐明人类情绪的生理机制是心理学家和神经科学家所面临的巨大挑战。

高培霞、刘惠军和丁妮等（2010）采用 ERP 方法探讨青少年情绪性加工的脑电反应发展性特征。结果显示，三个年龄阶段的个体对情绪性图片刺激进行加工，通过主观报告能够明确区分情绪意义，其评价顺序与成人一致，同时，ERP 的 300～900ms 时段从顶枕区到整个脑区呈现出和成人研究一致的波形特征，即情绪性刺激引起 ERP 的晚期成分相对于非情绪性刺激引起更正的波幅；三个年龄阶段的个体在脑电活动的时程上表现出从后侧脑区向前侧扩散的趋势，低龄组个体枕区的 ERP 活动程度高于高龄组个体，而高年龄组个体在额区、颞区、中央区位置的 ERP 活动比低龄组个体更强。结合主观报告，上述 ERP 结果展示了青少年情绪性加工脑电反应的发展性特征。

王振宏和姚昭（2012）探讨了情绪名词的具体性效应及其具体性效应是否受词汇情绪信息的影响。结果发现，情绪名词的具体性效应受内隐或外显情绪条件的影响，具体的情绪词比抽象的情绪词反应时间更短、正确率更高，诱发了更大的 N400 和更小的 LPC，但 LPC 的具体性效应只表现在内隐情绪任务中。词汇的具体性和情绪性的相互影响发生在内隐情绪任务中的语义加工阶段，正性、负性的具体词和抽象词的加工在 N400 成分上差异不显著，而中性具体词和抽象词在 N400 成分上差异显著，说明词汇的情绪信息为抽象词的加工提供了充分的语境，因此消除了具体词的加工优势。

第三节　近 30 年来中国基础心理学重要学术思想成就举要

一、拓扑性质知觉理论

半个世纪以来，初期特征分析理论和视觉计算理论一直占领主导地位，陈霖院士的拓扑性质知觉理论向此权威提出了挑战。1982 年他在 *Science* 上提出视知觉拓扑结构和功能层次的理论,并在近 20 年来进行了知觉组织的大量实验研究,以令人信服的结果不断完善和论证这一假说,使之越来越被国际同行所接受,成为在知觉领域有着很大影响力的学说。陈霖的知觉拓扑学说,是新中国首位心理学家关于知觉的理论获得的世界级声誉的学说。

知觉研究始终贯穿着"整体论"与"原子论"之争,即知觉过程是由大范围性质到局部性质还是从局部性质到大范围性质。在近代知觉的研究中,强调知觉过程是从局部到整体的初期特征分析的理论一直占主导地位。"特征捆绑问题"就是原子论与整体论之争发展的延续问题。什么是特征捆绑呢?我们在知觉物体的时候,知觉到的是整个物体,因此在视觉过程的某一阶段,必定存在着一种把这些分开的特征结合起来形成整个物体知觉的过程。陈霖认为,特征捆绑问题是一个错误的问题,认为各种特征性质在视觉过程的初期被分离抽提出来,才会产生必须反回来把它们捆绑到一起的问题,这是一种人造的、因果颠倒、头脚倒立性质的错误。陈霖的拓扑性质知觉理论明确提出了知觉过程是从大范围到局部性质的,为解决特征捆绑难题提出了一种可能的新概念和思路。

陈霖这样概括自己的理论:知觉组织的拓扑学研究基于一个核心,即知觉组织是从变换和变换中的不变性知觉角度来理解。还包括两个方面:一方面强调形状知觉的拓扑结构,即知觉组织的大范围性质能够用拓扑不变性来描述;另一方面强调早期拓扑性质知觉,即拓扑性质知觉优先于局部特征性质的知觉。此处的优先,是指由拓扑性质决定的整体组织是知觉局部几何性质的基础,基于物理连通性的拓扑性质知觉先于局部几何性质的知觉。拓扑性质的早期知觉学说认为,是拓扑不变性质的早期辨别将图形和背景分离开来,而这个性质辨别在视觉过程中发生得最早。陈霖的实验结果证明了视觉对拓扑结构觉察的敏感性,并且证明了蜜蜂能够知觉到图形之间的拓扑性质差别。我们看见一个物体,就该把它从它的背景上分离出来,关于知觉物体的概念,陈霖是这样定义的:知觉物体可以定义为拓扑变换中的不变性。比如说,当正方形变成长方形,或者是一个物体由蓝色变为黄色,都没有产生新的物体,因为其拓扑结构没有发生变化。物体的几何性质可以通过变换中的不变性来描绘形状和性质,拓扑性质是几何学性质中最为稳定的一种,即在拓扑变换下保持不变的一种性质,卓彦等人 2003 年发表在 *Science* 上的文章表明:形状在似动中起作用,在形状性质研究中拓扑性质差别最稳定。

视觉搜索知觉研究权威人物，哈佛大学的 Walf 认为，情形可能是下一个 10 年的研究将表明，陈霖是在正确的轨道上，而坚持视觉过程从"局部到整体"的观点的人是错误的。

2003 年，*Visual Cognition* 的主编 Humphreys 评价陈霖的文章：对将来的研究有开创性的贡献，是对许多年来对人类知觉信息决定性因素的研究的丰富且重要的总结。

美国科学院院士 Desimone 评价了陈霖的知觉拓扑模型：与神经生物学体系一致，也与心理学行为实验的物体基本表达的证据一致。他的知觉拓扑模型强调物体特征是变换下不变性质的研究方向，也激励神经生物学家对视觉系统特征分析的研究方向。

朱滢教授认为，陈霖的拓扑知觉学说是我国宝贵的精神财富，它证明了中国的心理学家有能力且有勇气挑战过时的理论，并提出自己全新的有影响力的理论。

二、"钢筋水泥模型"学说

无意识作为一个古老的概念，然而也是需要不断更新的。其不仅是一个心理学概念，精神病学、哲学、文学等也在普遍使用。心理学范畴的无意识概念，指的是相对于意识而言的，指个体没有觉察到的心理活动和心理过程，既包括对刺激的无意识，也包括无意识的行为。而对于意识与无意识的关系，心理学上并没有很好的理论表明无意识与意识既可以单独影响作业，也可以共同发挥作用的关系。我国学者杨治良等（1998）用钢筋水泥模型形象地分析了意识和无意识之间的关系，他指出意识和无意识就像一座大厦框架结构中的钢筋和水泥，即有相对独立性，同时二者在任何水平和层面上都是一个有机的结合体。

1993 年，Jacoby 提出的加工分离程序较成功地分离出意识与无意识加工的影响，是目前内隐记忆研究中发展得较为成熟的实验性分离方法。同时我们也应该看到的是，近年来不少研究表明加工分离程序本身存在许多不足之处，更重要的是实验数据和客观情况告诉我们，内隐记忆和外显记忆又是不能完全分开的。在我们的实验中，没有一例被试在包含测验中出现 100%的归类正确率，在排除测验中也同样没有出现 0 归类正确率。

杨治良等以本科生为被试，采用 Jacoby 的加工分离程序，对记忆测验图片的社会特征与非社会特征的外显记忆与内隐记忆贡献进行了分离，考察了对社会性信息的加工中内隐记忆的贡献是强于非社会性加工的内隐记忆贡献，还是相反。结果表明，在对社会性信息的加工中，内隐记忆的贡献强于对非社会性信息加工的内隐记忆贡献，提出内隐和外显记忆的"钢筋水泥"结构性模型的假设（内隐记忆就像框架构中的钢筋部分，外显记忆就像框架结构中的水泥部分，二者是有机地结合在一起的）。

由此，杨治良提出内隐和外显记忆是相辅相成的，是独立性和协同性的统一，与其采用将外显记忆比作意识冰山的顶部而将内隐记忆比作意识冰山的底部来描述意识的传统模型相比，我们认为用一座大厦的框架结构来描述记忆更为恰当。在这个钢筋水泥模型中，内隐记忆就像框架结构中的钢筋部分，外显记忆就像框架结构中的水泥部分。如果单有钢筋构不成框架；同样，如果单有水泥也构不成框架，只有它们有机地结合起来，才能构建一座建筑物的基本框架。当然，我们强调外显记忆和内隐记忆相辅相成的统一性，我们依旧认为外显记忆和内隐记忆具有结构和功能的相对独立性，正如钢筋和水泥是具有各自独特性的建筑材料一样。也正是因为如此，我们认为实验性分离研究具有相当积极的意义，但同时我们或许应当超越实验性分离研究的藩篱，去挖掘人类记忆更深刻的意义。

这一模型认为，"在人的认知系统中存在着意识和无意识两个子系统，这两个子系统之间会产生协同作用，使系统形成具有一定功能的结构"。意识类似于框架结构中的水泥部分，无意识就像框架结构中的钢筋部分，表现出"相互独立、相互作用、互为主次、互相依存"的特征。"正是由于这些钢筋所构建的基本框架的支撑作用，人类的思维盖起了摩天大厦，盛开着宇宙中最灿烂的花朵。"钢筋水泥模型代表了我国心理学家在意识与无意识领域研究的新水平。

"钢筋水泥"既有功能和结构上的相对独立性，又是一个有机而复杂的结合体。然而国内有评价认为，这个理论意识的理论建树不够深入，缺乏整体性的理论阐释。虽然钢筋水泥模型代表了我国学者在意识领域的研究水平，为我们理解意识与无意识的关系问题提供了新的理论和实证依据，但是该模型与 Baars（1997）的"意识剧场"模型异曲同工，都是科学隐喻，但后者更为形象地阐述了意识、无意识、注意、工作记忆和自我意识之间的关系，也得到了越来越多神经生物学证据的支持。而杨治良等（1998）的钢筋水泥论，虽然跨出了传统模型将意识和无意识机械分离看待的禁锢，将二者视为多层级的有机结合体，但对其动态相互作用的具体特征未给予细致的描述。也有评论认为社会内隐现象的钢筋水泥模型、分阶段综合模型、智力的多元结构理论等实体理论，已经显现出国内心理学工作者对心理学理论研究已经初步形成体系。

三、时间心理综合分段模型

时间具有永恒性、不变性和无可替代性。其既是一个物理概念，也是一个历史学概念、哲学概念，同时更是一个心理学概念。时间心理学是一门研究个体对客观事件的顺序性和持续性的心理反应的科学，它与客观时间最大的不同之处在于，心理时间是一种主观经验，受个人的身心发展及其运动规律的影响，即人们对于时间的理解和认知是不同的。心理学中最早对时间的研究可以追溯至 19 世纪德国天文学家 Bessel 等对于《格林尼治天文台史》中"人差方程"的测量。

黄希庭教授从 1961 年就开始研究儿童的时间知觉，是我国时间心理学研究的开拓者、先行者，包括时间认知心理、时间体验、时间透视研究等方面，都取得了大量的、系统化的研究成果。他最早对儿童的时间认知特点进行研究，得出结论：时间观念是儿童掌握各种知识的必备条件。在时间心理学中，把时间知觉对空间知觉的影响叫作 Tau 效应，把时间知觉受空间事件影响的现象称为 Kappa 效应。发现了儿童时间知觉的 Kappa 效应，且发现 Kappa 效应受年龄的影响，儿童年龄越小，Kappa 效应越大，5 岁左右的儿童难以分清事件的空间和时间关系，容易用事件的空间关系来估计估计时间，随着年龄的增长，Kappa 效应逐渐减少，8～9 岁的时候，大部分儿童都能主动使用时间标尺将事件的空间关系和时间关系区分开来，估计时间的准确性明显提高。黄希庭关于时间心理学说的主要涉及以下方面。

1. 时间知觉分段综合模型

从认知的观点出发，对于人如何形成时间距离的估计，已有三种模型：存储容量模型、加工时间模型和变化/分割模型。黄希庭等从长时距、短时距、时间知觉阈限等方面用多因素设计和模糊统计等方法的实证研究表明，人对时间的利用是根据自己不同用途按照自己确定的时间单位来划分的，即时间具有阶段性的特点，并且受多种因素的影响，如事件的结构和质量、时序与时点的性质、通道特点、编码、分段和提取策略以及个体的一些身心因素的影响，在此基础上他提出了分段综合模型。该模型认为人对时间认知的取决因素主要有时间的长短、间隔、顺序、刺激出现的时间点、个体的认知因素、人格特征等，时序、时距、时点这三个属性应统一进行多维度的研究，它们是保证同一时间经历完整性的三个属性。同时指出，对时间知觉应继续定量研究，并重视定性研究，在研究手段上，除了进行实验研究之外，还应利用神经心理学、神经病理学和脑成像的证据来证实分段综合模型。

2. 时间透视的研究

时间认知的研究主要围绕时间信息的三个属性，即时序、时距、时间透视进行探讨。时序是指事件出现的顺序、间隔和位置，即将两个或两个以上的事件知觉为不同并按顺序性和相继性整理出来。时距指每件事情持续的时间，两个相继时间之间间隔的长短。国内对时间透视的研究相对来说较少。时间透视的概念由来已久，但是由于其概念的复杂性和研究方法的局限，一度造成其概念的混乱不清。近年来，随着对时间透视研究的深入，其概念也渐渐清晰明确。黄希庭认为，时间透视的心理结构至少包含认知成分和情感成分两种，影响着人们看待时间的方式及与时间距离相关的问题。因此，可以将其定义为：人对过去、现在和未来的时间的观念和经验，包括个人对过去、现在和未来的情感、态度与预期。时间透视的测量方法主要有目标测量法和创造性表达法，还有问卷法、日记法、追选比较法、量表法、列举法、自我报告法等。黄希庭教授认为，在时间透视方面，不同年龄阶段和不同性别的个体之间均存在不同程度差异，除了年龄、性别因素之外，还有人格特征、社会角色、价值观、民族、文化和动机等方面的差异会对时间透视造成影响。同时，指出值得进一步研究的问题应引起我们注意：应加强对时间透视的情感成分和动机成分的研究，对儿童的时间透视问题需要研究，对同龄个体存在不同时间透视的差异的决定性因素的探索，以及对时间透视测量方法的改进。

在"过去时间的心理结构"的研究中，通过对用 7 个时间单位和模糊统

计试验方法对过去时间修饰词为工具表明：过去时间和未来时间在心理结构
上是对称的，过去的心理时间被划分为以秒和分为计时单位的"较近的过去"，
小时、日、月为计时单位的"近的过去"，以及以年为计时单位的"远的过去"。
时间修饰词的词义离现在由近及远，词义的模糊度变大，评估的把握度变小。
很少有被试以星期为计时单位对时间修饰词进行赋值。

在"未来时间的心理结构"的探讨中，以日常生活中表示未来时间的修饰
词为工具的研究表明：时间修饰词与一定的时间单位有对应关系；未来的心
理时间主要被划分为以秒、分为计时单位的"较近的未来"，小时、日、月为
单位的"近的未来"，以年为单位的"远的未来"；越近时间段的未来时间修
饰词义模糊度越小，评估未来时间的把握度越大，相反，越远离现在的未来
时间修饰词义模糊度越大，评估未来时间的把握度越小，并绘制了未来心理
时间的模型。

在时间人格的研究方面，不同的人对待时间的态度是不同的，人们在时
间上的人格差异称为时间人格。不同的人在看待时间的价值、管理和规划方
面是不同的，每个人对时间的紧迫感不同，同时，时间知觉上还存在显著的
性别差异。时间人格方面的研究主要包括时间洞察力和时间管理两方面：时
间洞察力是个体对于时间的认知、体验和行动的一种相对稳定的人格特质，
它既是一种能力特质，也是一种动力特质。与人对于时间价值的认知、对时
间的认知和推理以及对未来时间的管理密切相关。时间洞察力可分为过去时
间洞察力、现在时间洞察力和未来时间洞察力，又可分为状态时间洞察力和
特质时间洞察力。时间洞察力可以作为个体差异变量起作用，但个体偏向不
同，不同自我同一性的人对不同阶段时间的体验不同。黄希庭教授采用多维
度方式探讨时间洞察力，包括时间洞察力的心理结构、机制和形成规律，自
我观念、成就动机、社会情绪及心理幸福感与其的关系。他们探索大学生过
去时间洞察力的心理结构，并编制了大学生过去时间洞察力量表。大学生过
去时间洞察力包括过去时间认知、过去情绪体验、过去行动等 3 个维度和 12
个因素，具有较好的信度和效度。

黄先生认为时间管理倾向主要包括 3 个维度：时间价值感、时间监
控能力、时间效能感。时间价值感是个体时间管理的基础，时间监控能
力体现在一系列的外显活动中，如计划安排、目标设置、时间分配等监
控活动中的能力及评估，时间效能感是制约时间监控的一个重要因素，
反映了个体对把握时间的预期和信念，反映了个体对时间管理的信心和

估计行为能力的指标。时间维度上对应的人格特征分别是价值感、自我监控和自我效能。他们在查阅文献和开放式问卷调查的基础上编制了青少年时间管理倾向量表（adolescence time management disposition scale），该模式把时间管理倾向划分为 3 个维度，分别是时间价值感、时间监控观和时间效能感。

除了上述理论与学说，黄希庭教授还在时间记忆的研究中归纳了时间记忆的理论与研究范式，在时间推理中研究了周期性推理、概率推理，在时间隐喻的研究中开展了跨文化研究，通过中英文时间表征上的异同揭示心理时间表征的意义和可能性等。

王甦曾经指出，黄希庭教授选择时间知觉作为研究课题，数十年如一日坚持不懈，在这一领域颇有建树，有独到之处。黄希庭教授善于思考和把握各种心理现象之间的关系，深入研究。在普通联系中深入开展心理学研究，是其心理学理论功底深厚的表现，这种创新精神值得提倡。李伯约在《从时间知觉到时间心理学》一文中提出：将多因素实验设计的方法引入时间知觉的研究是独具特色的。我国时间心理学的发展起步较晚，但是进展较快。在时间认知阶段的发展上，我国心理学对时间认知的研究数量在增多，基本与国际同步，尤其是黄希庭教授的分段综合模型更是一大特色。在时间心理学阶段，我国的研究已走在世界前列。张庆林在《黄希庭心理学学术思想探寻》中认为，黄希庭是我国时间认知心理学研究的拓荒者，是进行实践体验、时间隐喻研究的先行者，还是国内最早将时间认知和体验结合起来进行时间透视研究的研究者之一。他的分段综合模型的提出和实验研究对时间心理学的发展和理解人类的时间认知过程有重要的理论意义。另外，对时间透视的研究，已成为时间研究与人格研究结合的又一热点。

四、"智力三棱结构"学说

智力研究在哲学、心理学及自然学科中都占据着十分重要的地位，对于智力的定义，是指可以成功解决问题或者任务，并可以适应良好的个性心理特征，组成成分包括思维、感知、记忆、想象、言语和操作技能。心理学史上也出现过很多关于智力的理论，比如，加德纳的多元智力理论，斯腾伯格的成功智力论，珀金斯的"真"智力论等。而思维作为智力的核心成分，对人类智力起着十分重要的作用，思维的结构也影响着智力的发展。我国的林崇德教授在探索思维心理学的各种理论的基础上，依据思维的结构方面提出了一个十分重要的学说，即"思维的三棱结构"（图4-1）。

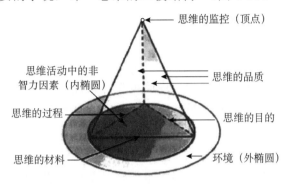

图 4-1　智力三棱结构模型图

在长达40多年的对思维心理学的研究中，林崇德和项目组成员一直进行着对思维和智力及其发展的探索。20世纪80年代，他们围绕着儿童青少年的数、形、语言三种能力的发展变化，即针对其数学和语文两种学科能力的特点进行行为研究；20世纪90年代，主要围绕自己独创的思维或智力的"三棱"结构，从思维和智力的目的、进程、材料、品质、监控能力和非智力成分出发，揭示儿童青少年的思维和智力发展的趋势和特点；最近10年主要是围绕国际前沿的课题，对儿童、青少年甚至成人的认知和社会认知领域的新课题进行系列行为研究。这些研究课题都是相应时期国内或国际上的研究热点。

林崇德的"智力三棱结构"理论认为，思维主要包含6个成分，即思维的目的、思维的过程、思维的材料、思维的品质、思维的自我监控以及思维的非认知因素，支撑思维心理学研究的理论基础是思维结构观。思维的目的就是思维活动的方向和预期的结果，即实现适应这样的思维功能。而思维的活动过程的框架为：确定目标—接受信息—加工编码—概括抽象—操作运用—获得成功。如果说思维的基本过程是信息加工的过程，那么思维的材料（内容）就是信息，即外部事物或外部事物属性的内部表征。而思维的品质不仅是人的思维的个性特征，而且可以看作思维结果的评价依据，思维品质的成分及其表现形式很多，但主要应包括深刻性、灵活性、独创性、批判性和敏捷性 5 个方面。思维的自我监控又叫反思，它是自我意识在思维中的表现。思维的非认知因素或非智力因素，又可叫作智力中的非认知或非智力因素，它主要包括动机、兴趣、情绪、情感、意志、气质和性格等。

林崇德用思维的三棱结构展示了思维乃至智力结构的多元性；说明了智力主要是人们在特定的物质环境和社会历史文化环境中，在自我监控的控制和指导下，在非认知因素的作用下，为了达到某种目的，识别问题、分析问题和解决问题所需要的思维能力。由此可见，支撑思维心理学研究的理论基础是思维结构观。同时，林教授提出了思维的特点包括概括性、逻辑性、目的性、层次性、产生性等几个方面。而思维的前提是人们已经形成或掌握的概念，因此对于概念的掌握首先要求的是思维的概括性，从事物的特点中抽象出本质的概括的共性，所以概括性是智力乃至思维的基础和首要特点。关于思维培养，林崇德也提出了自己独到的见解。他认为培养学生的思维品质，是促进青少年学生智力和思维发展的主要突破口，概括水平成为衡量学生思维发展的等级标志；概括性也成为思维培养的重要方面，思维水平通过概括能力的提高而获得支撑。

有学者评价智力三棱理论时说到，这对智力研究的贡献是多方面的，但其最值得称道的是在智力的"思维核心说"之基础上所提出的"智力的三棱结构理论"。诚如黄希庭在其《改革开放 30 年中国心理学的发展》一文中所指出的，这是一项国内为数不多的"属于原创性的基础研究成果"。该结构初看复杂，细看实则很简明，其构成要件可分为两部分：一部分为某种程度受其他学者研究成果的启发而形成的概念，作者拿来"为己所用"，成为三棱结构的有机部分。这主要是指关于思维的目的、材料、过程的划分，以及思维监控的思想等。我们可能会从中看到它们与吉尔福德的三维智力结构以及与以弗拉维尔为代表的诸多具有"元"性质的概念，如斯腾伯格的"元成分"、戴斯的 PASS 模型中的"计划过程"、帕金斯的"反省的智力"等的联系。另一部分则主要源自他自己的思考。这集中反映在他所提出的"思维品质"这一重要概念上。或许"思维品质"的说法早已有之，但明确把它纳入思维的某种整体结构中的，他是第一人。正是基于此，他的智力结构成了一种独具特色的智力理论模型。不仅于此，他还更具体地提出刻画思维品质的若干维度，我们鲜见国外学者有如此系统的描述。

董妍在《透视思维结构揭示智力实质》一文中提到林崇德的智力理论之

精髓在于对思维结构的理解和思考，在唯物辩证法的哲学观点、系统科学理论、哲学界的结构主义思潮的理论基础上，通过对思维结构的解析，能够让我们更清楚地认识智力及其本质。由此可见，这一理论在心理学的智力研究方面有极大的贡献，值得我们认真学习和研究。

第五章

改革开放以来中国发展与教育心理学研究进展

改革开放以来，随着国家经济实力和科研水平的不断提高，我国发展与教育心理学的研究取得了许多重要的学术成果。发展与教育心理学是研究个体心理发生与发展，以及为了促进个体心理发展的人类学习与教育的实质与规律的科学。在我国的学科建设系列中，心理学一级学科共有 3 个二级学科分支，其中将发展与教育心理学并列为一个二级学科。这在国际上虽然没有先例，但却反映出了我国心理学科建设的艰辛努力成果。

第一节　发展与教育心理学研究概况

中国心理学会于 1978 年重建儿童与教育心理学专业委员会，这标志着我国发展与教育心理学研究进入了一个崭新的发展阶段。近 30 年来，我国发展与教育心理学的研究工作有了很大的进步，取得了不少令人瞩目的研究成果。

一、中国发展与教育心理学研究历程

新中国成立前，我国的发展和教育心理学家主要是在介绍专业知识和研究西方心理学、发展与教育心理学的基础上，开始编写专著和教科书。1924

年廖世承编写了我国的第一本教科书《教育心理学》。1925 年中国第一个儿童心理学家陈鹤琴出版了《儿童心理学之研究》一书。同年，他还写了一本《家庭教育》，该书中详细论述了儿童心理学理论和实践相结合的教育理念，被称为中国教育专著中最具价值的著作之一。

新中国成立初期，学术界普遍强调以马克思列宁主义为指导，借鉴苏联心理学，从而批判资产阶级意识形态心理学思想、改造和建设我国心理学。在此期间，引入更多的是苏联的发展与教育心理学研究，国内原创性研究较少，有少量的研究很大程度上也是模仿和学习苏联心理学。1962 年，朱智贤的《儿童心理学》一书出版，为建立中国发展心理学体系奠定了一定的基础。1962—1963 年，潘菽带领广大的教育心理学工作者编写了新中国第一本《教育心理学》。"文化大革命"十年，我国的发展与教育心理学的研究已经进入了一个停滞的阶段。

改革开放 30 年来，中国的发展和教育心理学领域的研究取得了丰硕的成果，其重点是中国儿童和青少年的心理发展的特点和规律研究，中学生的数学思维发展和研究、取向结构教学、创造性思维和个性发展、审美心理研究、智力和非智力因素分析、中国独生子女心理发展研究、汉语教学研究、心理健康教育和心理素质训练、教学心理学研究、教师心理研究和其他热点主题。

二、中国发展与教育心理学研究发展的特点

1. 实证研究的水平日益提高

近 30 年以来，发展与教育心理学领域的定量实证研究越来越多，水平也越来越高。以 1985 年、1995 年、2005 年在《心理学报》、《心理科学》、《心理发展与教育》、《心理科学进展》这 4 本心理学核心杂志上发表的发展心理学和教育心理学的文章为例，无论是定量研究文章的数量，还是其总体文章在这三个阶段都有显著的增长。自改革开放以来，国内心理学定量研究水平的提高不仅表现在数量上，而且还表现在实验设计、统计方法和研究技术等这些领域。

2. 开展了具有中国特色的本土化的研究课题

来自不同国家的人，他们的心理发展和教育毫无疑问存在着共同性，但

由于不同的社会和文化背景，心理发展和教育也必须有自己的特点。我国发展心理学家和教育心理学家进行相关研究时，已经逐渐开始考虑社会和文化因素的作用，进行了具有中国特色的本土化研究。比如，中国儿童语言习得的特点，中国独生子女、留守儿童的心理发展与教育，中国传统文化对儿童的社会发展的影响，各民族的跨文化比较和其他各民族成员的心理发展。这些研究的成果对我们深入了解心理发展和教育问题的普遍性和多样性有很大的帮助。

3. 面向实际应用的研究越来越多

中国学者在研究人类心理发展的一些基本问题的同时，也开始注重实际问题和心理发展的相关研究。他们把发展心理的研究和教育相结合，为教育改革提供一定的心理依据。近 10 年来，我国部分心理学研究的是发展心理与教育相结合，进行教育实践研究。这些研究提出了教育工作的研究和教育实践的初步研究成果，通过应用、开发和验证这些结果，从而对提高教育质量也发挥了积极作用。例如，数学认知中部分与整体关系的发展，特殊儿童的心理发展，林崇德关于儿童思维的研究等。而有一些研究虽然没有直接涉及教育，但研究结果对改进教育工作也有一定的启发作用。除了面向教育工作，还有一些实际问题在其他领域也是有价值的，如对儿童和青少年的心理健康及其影响因素、中小学生焦虑、青少年吸烟和饮酒行为等的研究。

第二节　发展与教育心理学研究的进展

改革开放 30 多年，中国的发展与教育心理学在以往研究的基础上，已经取得了很大的进展。这个领域的研究和发展有很多方法和途径，可以分为基本建设的开展与学术研究的进展这两大方面。

一、基本建设的开展

基本事项的开展和运行，对学科发展而言具有"基本"的意义。没有这些基本事项的运行，则学科地位的获取、学科知识的传播及学科研究的提升均无从谈起。因此，这些基本事项的运行被视为学科的"基本建设"。这个基本建设至少包括 3 个方面，即研究队伍的形成、基本平台的建立与重要资料的积累。

（一）研究队伍的形成

新中国成立后，逐渐形成了发展与教育心理学的学术研究团队。1952 年，高校经过院系调整后，清华大学和燕京大学两校原心理学部分并入北京大学哲学系，成立了当时我国唯一一个心理学专业。1959 年，华东师范大学、北京师范大学和杭州大学（现并入浙江大学）在教育部先后成立了心理学专业，他们肩负着教学和科研的双重使命，是中国发展与教育心理学的主要力量。自 1978 年以来，由于学位制度的逐步完善和心理学系的创建，中国心理学的研究已经进入了一个新的时代。除了上面提到的高校和研究机构以外，北京师范大学认知神经科学与学习研究所、西南大学心理学院、天津师范大学心理学与行为研究院、首都师范大学心理学系、上海师范大学心理学系、辽宁师范大学心理学系、陕西师范大学心理学院、山东师范大学心理学院等，几乎大多数的我国高等院校都设有心理学专业，并有相应的发展与教育心理学的教学和研究团队。

（二）基本平台的建立

自改革开放以来，我国教育心理学学科基础平台的开发建设已经取得了重大进展，主要包括以下两个方面。

一是全国性学术团体的成立。20 世纪 60 年代，儿童与教育心理学专业委员会是中国心理学会成立的第一个专业委员会（缪小春，2001）；1979 年，该委员会又得到了恢复。1984 年，考虑到发展心理学与教育心理学的学科性质有别和从业人数比例太高，故将其分为两个委员会，即发展心理学专业委员会和教育心理学专业委员会，在组织国内外学术活动、举办全国性学术会议、开展学术交流方面起到了重要作用。2006 年，中国心理学会发展心理学与教育心理学两专业委员会第一次联合举办学术年会，共有 800 余名代表参加了会议，收到会议摘要共计 500 余篇。

二是学术刊物的出版。北京师范大学发展心理学研究所于 1985 年创办了《心理发展与教育》这个面向国内外公开发行的心理学学术刊物，它是国内唯一的发展心理学与教育心理学专业学术刊物，专门发表发展心理学和教育心理学领域高质量的研究报告和论文，下设 5 个栏目，包括认知与社会性发展、教与学心理学、心理健康与教育、理论探讨与进展等栏目。已故著名心理学家、教育家朱智贤教授曾任该刊主编，现任主编为林崇德教授，副主编为董奇、申继亮和方晓义。

（三）重要资料的积累

改革开放以后，我国老一辈发展心理学家和教育心理学家在批判和吸收国外研究成果的基础上，结合我国的实际情况，陆续撰写了一系列具有中国特色的发展心理学与教育心理学专著和教材，如 1962 年出版的由朱智贤编写的《儿童心理学》，到 2008 年已经修订了 6 次；1986 年出版的朱智贤、林崇德等的《思维发展心理学》，提到了著名的思维结构及发展理论；1988 年又出版了国内第一部系统的儿童心理学史方面的专著《儿童心理学史》。还有 1980 年出版的潘菽教授主编的《教育心理学》，邵瑞珍教授主编的《教育心理学：学与教的原理》（1983）和《教育心理学》（1988），《学与教的心理学》（第一版，1990；皮连生主编修订的第二版，1997；第三版，2003），韩进之主编的《教育心理学纲要》（1989），陈琦等主编的《当代教育心理学》（1997），张大均主编的《教育心理学》（第一版，1999；第二版，2004），吴庆麟的《教育心理学》（1997），冯忠良等编写的《教育心理学》（2000），莫雷主编的《教育心理学》（2002），郭祖仪等主编的《小学教育心理学》（2000）等。这些发展与教育心理学的著作为我国发展心理学与教育心理学学科体系的发展奠定了坚实的基础。

回顾 30 年来我国发展与教育心理学领域的基本建设开展的情况，此领域的基本建设已经较为稳固。我国发展与教育心理学的研究队伍不断壮大，提供给相关研究人员的交流平台也已搭建起来，基本资料的积累也达到了一定的程度。相信通过这些基本建设的不断健全，我国发展与教育心理学的学科发展将会更加顺利。

二、学术研究的进展

由于发展心理学和教育心理学的学科研究内容是有一定差异的，下面将分别介绍这两个学科近 30 年的学术研究进展和成果。

（一）发展心理学的研究进展与成果

发展心理学是研究个体心理发展特点与规律的一门科学。近 30 年来，我国发展心理学的研究和发展非常快速，研究对象从儿童、青年扩展到探索个体整个生命历程的心理发展规律。随着科学研究水平的上升，研究范围和体系也在不断扩大和完善。当今发展心理学领域的研究可以分为以下 5 个领域：认知发展、社会性发展、特殊群体、婴儿和老年人心理、跨文化心理。下面将具体阐述每一个子领域的研究进展情况。

1. 认知发展

认知发展是指个体获得知识和解决问题的能力随时间的推移而发生变化的过程和现象。它在发展心理学研究中占有非常重要的地位。认知发展的研究主题包括自然认知和社会认知两大类。自然认知的研究主要涉及个体的感知觉、客体认知、概念、问题解决及记忆等方面的认知能力的发生、发展的过程及共性规律。而社会认知是个体关于社会现象、社会关系等方面的人类自身实践的认知。

20 世纪 80 年代，我国心理学家朱智贤率先研究了小学生字词概念的发展（朱智贤等，1982），还有一些研究者对儿童的数学认知进行了系统的研究，以后的研究范围逐渐扩大到儿童对自然现象的认知。进入 20 世纪 90 年代，语言认知和元认知的研究开始大量出现。近 10 年来，发展心理学家采用更加高科技、多元化的研究方法，对自然认知领域进行更加深入而广泛的探索（吴文婕等，2008）。近 10 年来，我国发展心理学家对社会认知，尤其是对心理理论的问题（王益文，张文新，2002）的探讨投入了很多精力，取得了一系列研究成果。

（1）关于数学认知

20 世纪 80 年代初，以刘范带领的一个全国协作组曾对儿童数学认知的发展进行了比较全面系统的研究，揭示了儿童数学概念和运算能力的发展规律和影响发展的主要因素，并提出了一些有价值的理论观点（张增杰等，1985）。还有张梅玲、刘静和等研究了儿童对数学中部分与整体的认知（张梅玲等，1983）。研究结果表明，部分与整体的关系是小学数学概念和运算中一种本质的关系，是儿童掌握数学概念的关键。林崇德等曾采用综合性的调查方法，描述学前儿童数概念形成和运算能力发展的趋势，探讨该阶段儿童思维活动水平和思维结构的发展特点（林崇德，1980）。在此基础上，他们继续对小学儿童数概念与运算能力的发展进行研究（林崇德，1981），探讨小学儿童思维发展的关键年龄，并进一步探索培养小学儿童运算思维灵活性的方式（林崇德，1983）。在教育教学实践中，发展心理学家采用自编应用题的方法，试图培养小学儿童数学运算中思维的独创性，为课堂教学提供理论依据（林崇德，1984）。

到了20世纪90年代，对数学认知的研究深入到问题解决过程的层面，心理学家对儿童解决算数应用题的认知加工过程进行了研究。徐敏毅（1994）首先调查了学前及小学儿童对算数应用题的理解和解答，并将儿童解题的认知能力划分为不同水平，初步构建儿童解决算数应用题的认知加工模型。辛自强（2004）在以往对简单算数应用题研究的基础上，将问题解决过程中的图示与策略相联系，采用口语报告法研究复杂的算术应用题的解题过程，探讨问题解决中图示与策略的关系。辛自强（2005）后来又采用对基本算术应用题分类的方法测量图式，探讨图式的作用以及影响图式获得的因素，对儿童教学问题解决过程进行了更加深入的探索。

近十九年来，随着研究的深入，研究者不再满足于描述儿童数学认知的发展特点，有些学者专门研究学生的数学认知策略，试图提高学生的数学认知水平。研究者对儿童问题解决的过程和策略发展情况进行研究，描述了儿童数学认知策略的发展特点（陈英和等，2006）。除此之外，还对数学学优生和学差生在解决应用题时的表征策略进行比较，得出两类学生策略使用上的差异特点，为学困儿童的干预和帮助提供了理论支持（仲宁宁等，2006）。在对数学问题解决策略的研究中，有研究者发现工作记忆是数学认知策略的重要影响因素，进一步对工作记忆各成分和问题解决策略的关系进行研究，结果表明儿童算数认知策略的表现明显受到其工作记忆容量的限制性作用（陈英和，王明治，2006），而中央执行的干扰则造成了策略整体执行效果下降。还有研究者基于PASS理论的研究，试图探索认知系统整体功能与数学学习的关系。对单纯型数学困难、混合型数学困难和正常小学生进行同时和继时两类编码加工的测评，经比较后发现，对于单纯型和混合型数学困难，学生间的同时加工差异不显著，而混合型数学困难学生的继时加工水平显著低于单纯型困难学生。邓赐平等（2007）由此推测，较低的同时加工水平似乎是两类数学困难学生的共同特征,而继时加工水平的差异则似可作为单纯型与混合型困难学生的区分标准之一。这些研究为教育与课堂实践提供了理论依据。

（2）对自然现象的认知

关于对自然现象的认知,我国发展心理学家主要研究儿童的时间、空间、速度、运动、因果关系等问题。在时间认知方面,研究课题主要集中在时间认知的发展特点、时距信息的加工以及时间判断等问题上,包括幼儿时间认知发展的实验研究、时间判断的视听通道效应的实验研究和时序信息提取特点的实验研究等。在空间认知方面,研究课题有儿童的空间概念和空间表征,如周润民1989年提出的左右概念、方位概念、二维和三维空间概念、二维空间和三维空间的转换等。20世纪90年代以来,方富熹、方格、刘范等对儿童的时间认知、年龄认知进行了一系列研究,研究课题包括学前儿童对时距的估计和他们的认知策略（方格等,1994）,小学生对习俗时间的时距判断和周期性的认知（姜涛,方格,1997）,儿童对年龄的认知的发展（方格,方富熹,1991）等。有的研究者还运用先进的认知神经科学技术探讨了儿童的听觉认知。在儿童感知觉方面,发展心理学家研究了幼儿各种感觉到的记忆、视知觉,并将认知神经科学技术应用于该领域,如采用ERP研究听觉认知能力（梁福成,1993）。董奇负责的研究团队将婴儿的爬行经验与空间认知能力（董奇等,2001）、共同关注能力相联系（曾琦等,1999）,强调了动作在早期心理发展中的组织与建构功能。这些研究成果非常重要,它们说明了个体早期动作对心理发展起源的重要性。

（3）元认知

国外从20世纪70年代就开始兴起有关元认知问题,从此以后,我国也开始关注此领域的相关研究,并将重点放在元记忆的发展研究上,主要探讨了幼儿、小学儿童（包括常态儿童和超常儿童）、青少年（杜晓新,1992）以及由青年直至老年人的元记忆（吴振云等,1995）的发展特点。其中记忆策略和记忆监控能力的发展是研究的主题（李景杰,1989）。近十几年来,元认知的研究范围从元记忆逐渐扩展为对元认知的监控（刘儒德,1997）、元认知策略的选择（吴丹灵,刘电芝,2006）以及训练方面（陈向阳,戴吉,2007）的研究。这样的趋势也表明了心理学家希望将元认知的理论成果更好地服务于社会实践。

（4）心理发展理论

心理发展理论是人们对心理发展因果关系的认识,是对自己及他人所知、所想、所欲和所感等具有归因属性心理状态的朴素心理观念，近十几年逐渐成为我国发展心理学的研究热点问题，并取得了重要进展和研究成果。苏彦捷等（2006）除了在儿童对心理差异的理解、儿童心理状态推理中的观点偏差等方面进行探索外，还同时采用多个任务，突破了以往研究难以证明儿童愿望理解发展的层次性的局限，更清晰地阐释了儿童愿望理解发展的一般规律。在错误信念研究方面，新近的研究表明儿童二级错误信念认知的发展不是一个全或无的过程，而是一个逐步发展的过程。张文新等的研究发现，5～6 岁儿童能够认识二级心理状态。这一发现改变了学术界对儿童理解社会互动的潜在复杂推理能力的认识。李艳艳等（2006）以观察亲子互动游戏为基本研究手段，分别从游戏参与方式、情感交流、语言交流和父母教养方式 4个角度切入，深入探索了在中国城市独生子女居多的独特文化背景下，父母对儿童心理理论发展的影响。

随着儿童逐渐走入学校，开始学会与家庭以外的成员互动，心理发展理论也随之运用与发展。因此，有关儿童社会行为与心理发展理论的关系，心理学家也进行了一系列系统研究。继初步探明幼儿心理发展确实与亲社会行为发展之间存在某种密切联系后（刘明等，2002），对不同任务程序进行系统的比较研究，具有极大的价值。邓赐平等通过设置不同实验材料和不同情境条件，对幼儿心理发展表现的任务特异性和一致性进行了分析（邓赐平等，2005），同时考察了不同任务情境对幼儿心理发展表现的影响（邓赐平，桑标，2003）。任务范式研究的这一重大突破，为探究中国儿童心理发展中的能力发展及潜在表征基础的发展模式提供了独特的视角。

（5）推理能力的研究

对于儿童推理能力的发展，我国发展心理学家也进行了比较深入的探索与研究，并取得了一定的研究成果。20 世纪 80 年代，研究者主要对儿童的类比推理能力的发展特点进行了实验研究。后来研究者主要对儿童的传递性推理产生兴趣，并展开了一系列的研究工作，研究包括儿童的传递性关系推理的研究（李红，1997）和传递性推理心理效应的研究（张仲明，李红，2006）等。

近几年来，对推理能力的研究主要涉及因果推理、图形推理的有关内容，以及条件推理中的概率效应等问题（邱江，张庆林，2005）。在图形推理方面，研究者就小学生图形推理策略的发展特点（林崇德等，2003）、图形推理策略的个体差异进行探讨，并采用眼动技术研究不同推理水平的儿童在图形推理任务中的表现（沃建中等，2006）。在因果推理方面，发展心理学家对因果推理进行了系统研究，他们考察了从幼儿到高中生的因果推理的年龄特点和影响因果判断的各种因素（胡清芬，林崇德，2004），发现了呈现方式在因果判断中具有的作用（胡清芬，林崇德，2006）。

（6）语言发展

汉语儿童是语言发展的主要研究对象，因为这对了解语言发展的特殊性和普遍性起到了很重要的作用。20 世纪 70 年代末以后，以朱曼殊等（1982）为首的我国发展心理学家和语言学家研究的范围更加广泛，从一开始研究学前儿童掌握因果连接词和发展语言结构的影响及对儿童连贯性语言的调查，再到儿童的语音、语义、句法、语用以及有关的一些理论问题。研究对象多为正常婴儿和幼儿，也有一些研究涉及小学儿童。而对于特殊儿童，如智障、盲童、聋哑和各种语言障碍儿童的研究则相对较少。

语言发展的研究主要包括儿童早期词汇和句子的产生与理解方面的发展研究。儿童的早期词汇研究包括儿童对空间词汇、时间词汇、量词、代词、动词和形容词的掌握。在句子的产生方面,他们研究过儿童句法的一般发展、疑问句的发展、把字句的发展、句子中各种动词结构的发展。在句子的理解方面，研究过儿童对疑问句、否定句、被动句、量词句的理解，儿童对各种复合句的理解，对间接意义的理解以及儿童理解句子的策略。此外，他们还研究过儿童的语用问题和元语言能力的发展问题。通过这些研究，我们大致了解了汉语儿童的语言发展过程。而这些研究结果也表明，汉语儿童的语言发展和其他语言背景下的儿童的语言发展有很多相似处,但也具有其特殊性。

20 世纪 80 年代中期到 90 年代末期，彭聃龄（1997）等将汉语和汉字的特点作为重点突破口，强调研究的层次性与系统化。他们从汉字的识别过程入手，研究汉字的基本特点和汉语词汇的特点，还对儿童语言意识的发展进行了系统的研究，以促进儿童的社会化，帮助他们形成健康的人格。在研究过程中,研究者还从汉英双语者的角度研究了两种语言的加工和表征等问题，采用语义整合的研究范式，以语句为实验材料，进一步研究了汉英双语者的语义表征。

近 20 年以来,利用认知神经科学的方法来揭示语言及其他认知的脑机制成为研究的大势所趋。这一类研究也是越来越多，例如，有的心理学家曾采用 fMRI 和 ERP 研究了汉字识别中形、音、义自动激活的脑机制（陈宝国等，2003）、汉英双语者两种语言加工和表征的脑机制（李荣宝等，2003）等。最近几年，发展心理学家在儿童阅读障碍领域进行了大量研究。例如，对阅读障碍儿童和正常儿童的比较研究（吴思娜，舒华，2007）；还有研究探讨阅读障碍的发生和原因（王爱平，舒华，2008）；以及对汉语阅读障碍高危儿童的早期筛选和早期干预的研究（彭红等，2007）。这些研究成果将会进一步完善之前提出的理论，也为发展汉语失语症的康复方案提供了理论和实践基础。

2. 社会性发展

30 年来，中国社会性发展的研究已经取得了很大的进步，研究内容从简单的现象描述发展到深度的关系解释，研究方法也从单一的问卷调查方法发展到复杂的控制实验室观察。有关这方面的代表性研究主要集中在自我意识、道德、情绪情感这三个领域。

（1）自我意识的发展研究

社会性发展的核心概念之一表现为自我意识，从 20 世纪 80 年代起我国心理学工作者就对其产生了浓厚的兴趣，最初这种兴趣主要表现在对自我意识的概念及其所含成分的界定，以及对我国儿童自我意识发展状况的描述性初探。进入 20 世纪 90 年代之后，研究者开始进一步深入研究自我意识发展的机制问题，并对自我意识和其他心理特征及过程进行了联合研究，其中包括自我意识对记忆的影响、自我意识与焦虑情绪的关系、自我意识对社会适应的影响、教师及家庭对自我意识发展的影响、自我意识与网络成瘾的关系等。此外，自我意识当中的子成分，如自尊、自我效能感、延迟满足等，由于其具有较高的评价意义及应用价值，受到了研究者相对较多的关注。

关于自我意识的研究，韩进之和李晓文的研究最具代表性。以韩进之为首的研究组考察了学前儿童、小学生、中学生和大学生自我意识的发展。他们把自我意识分为 3 个成分：自我评价、自我体验和自我控制。各成分发生的时间稍有前后，以后随年龄不断发展，但发展速度和模式各不相同。此外，评价的依从性和独立性、具体和抽象、外部行为评价和内部心理评价等也各有发展特点。李晓文（1990）对自我意识发展的机制问题进行了探讨。其研究发现，6 岁儿童基本上具有了反省自我意识，即在人际交往中明显表现出从交往对象的角度反思和调节自己的反应，并逐步认识到有一个区别于外部表现的内在的、真正的"我"存在；10～11 岁是"观察者"自我意识形成的重要年龄阶段，而认识和把握自我的需要与预见事件主体意义之能力的协调发展是"观察者"自我意识的形成机制。提出自我意识发展的本质特征在于，能够使人更为主动、积极地调节自己，自尊需要是儿童自我意识发展的内在动力。当儿童开始学会认识事件对于自我的关系和意义，从而更为主动、合理地满足自尊需要时，自我意识便得以发展。

（2）道德判断和道德观念发展的研究

道德是调整人们相互关系的行为准则和规范的总和，道德发展是研究儿童社会化的核心内容。20 世纪 80 年代中期以来，我国心理学工作者在吸收国外最新研究成果的基础上，综合我国实际情况进行了大量关于儿童道德发展的研究。以李伯黍为首的研究组曾研究儿童和青少年对行为责任的道德判断和公正观念的发展。从总体上说，研究结果支持皮亚杰关于道德认知发展的理论，儿童的道德认知发展有其顺序性和阶段性。但中国儿童从不成熟到成熟的道德判断转变，比皮亚杰所描述得要早。这个研究组和其他一些研究者还对公私观念、集体观念、分享观念、劳动观念、爱国观念、责任心、利他观念和行为进行了研究。20 世纪 90 年代以来，这方面的研究不断扩大与深化。研究课题包括儿童道德判断的依据，儿童道德概念的影响根源、道德情感的归因，如年幼儿童对欺骗行为的道德判断和相关的情绪归因等。此外，研究者还对价值观、理想、动机、兴趣、独立性、意志和自我控制能力的发展进行了研究。

另外，道德研究成果的应用也受到了一定的关注，特别是最近几年，相关的应用研究越来越多。研究者们试图找到一些有效的干预措施促进儿童的亲社会行为发展，抑制攻击行为发展，如对认知干预法的尝试以及采用行动研究法对小学生被欺负问题进行干预研究。

（3）情绪情感发展的研究

情绪和情感是个体对人、事物的态度体验及其相应的行为反应，是在不断接触社会性刺激的过程中逐渐发展的，社会化成熟的重要标志是情绪情感的成熟。

婴儿情绪发展是研究的重要内容，对于较大儿童以及成人的情绪发展，早期仍以描述性研究为主。如 20 世纪 80 年代的全国青少年心理研究协作组曾对我国儿童青少年照片表情模式辨认能力的发展、声音表情和活动录像表情模式的认知发展进行了一系列研究，确认了当时我国儿童青少年情绪随年龄呈现出的变化趋势和发展特点。在 20 世纪 80 年代的情绪发展研究之初，研究者就将其与我国的社会文化特点联系了起来。他们关注了中国独生子女的情绪心理，中国文化对儿童情绪发展的影响、情绪心理的跨文化比较以及情绪的文化和性别等。

进入 20 世纪 90 年代之后，我国情绪发展研究的重点逐渐集中到焦虑和抑郁、情绪表达、情绪理解与情绪调节等方面，试图明确不同年龄阶段个体的几种典型情绪和一些基本情绪的发展特点，并找出与其相关或对其有影响的因素。在这些研究的基础上，情绪发展与心理健康问题的联系越来越紧密，很多研究者都希望通过情绪研究的结论来促进心理健康发展。有研究探讨了社会变革时期家庭与青少年心理社会发展的关系，结果表明，城市男青少年的家庭义务感低于农村男青少年和城乡女青少年，他们希望获得自主的年龄更早，母子亲密最低、父子沟通最少；与农村青少年相比，城市青少年对与父母公开发生分歧的接受性更高、亲子冲突强度更大、亲和水平更低。家庭义务感越强的青少年亲子关系越积极、成就动机越强。此外，研究者也越加关注情绪与认知的关系，尤其是情绪对认知的作用。

长期以来，有关情感方面的研究相对比较少，而近年来对孤独感、主观幸福感等问题的关注越来越多。同时，与心理健康密切相关的自我价值感、归因方式、社会支持、同伴关系等情感类课题，在儿童和老年人的研究中逐渐得到关注与重视。

3. 特殊群体

早在改革开放初期，中国的发展心理学家舒畅就开始关注一些特殊的群体。首先是针对认知发育障碍和智力发展超常的儿童，后来随着社会和经济发展以及一些国家政策的陆续出台，我国出现了独生子女、单亲孩子、留守儿童和其他更多的特殊群体，而这些人与同龄人在认知和人格发展方面的差异成为发展心理学研究人员感兴趣的问题，由此展开的相关研究也越来越丰富。

（1）超常儿童研究

19 世纪的英国人类学家高尔顿首先开始对超常儿童进行较系统的科学研究。而我国对此领域的研究是从 1978 年开始的，查子秀（1994）组织一些心理学研究者和相关的教育工作者组织了协作研究组，在全国范围内开展协作研究和教育实验。他们采用个案研究、追踪研究、实验研究、教育干预等手段研究了超常儿童的认知、类型、个性倾向和特征、创造力和超常儿童的发展过程、条件，以及超常儿童的鉴别和教育等问题。这项全国性的协作研究和教育工作持续了 20 年之久，在理论和实践上填补了我国大陆在这个领域研究的空白，并为进一步发展奠定了基础。

20 世纪 90 年代以来，超常儿童的研究范围逐渐扩大，出现了一些新的研究热点，例如，超常儿童的创造性思维、元记忆（桑标等，2002），以及与常态儿童的比较研究（李淑艳，1995），还有一些关于跨文化的研究。近十几年，随着各种技术手段的不断发展，对超常儿童的信息加工速度及认知神经活动研究成为热点。目前，着力于超常儿童以及个体智力差异的研究主要分两大类：一方面，主要是运用实验或认知心理学的测查方法来探索一些基本的认知成分，从而解释智力测验分数的变异，比如，关于正确率、反应时、检测时等的研究；另一方面，研究者开始运用 PET、EEG、ERP、fMRI 以及行为遗传学技术来寻求智力变异的原因。

（2）发展障碍儿童的研究

20 世纪 80 年代以来，我国发展心理学领域的专家和学者对发展障碍群体（智力障碍、学习不良、残疾儿童）进行了比较深入的分析与研究，主要目的在于探索这些群体的认知发展和社会性发展的特点和规律，以及如何对其进行特殊教育等问题。

第一，关于智力障碍儿童的研究。20 世纪 80 年代，研究者主要从整体上研究了智力障碍儿童的心理特点，包括认知特点、动作协调能力和智力障碍儿童辅读学校的情况。20 世纪 90 年代对智力障碍儿童的研究在此基础上进一步深化。在认知发展方面的研究，主要集中在智力障碍儿童的感知觉上，包括知觉广度（张铁忠，黄文胜，1992）、视觉搜索（张铁忠等，1993）；在语言方面，研究集中在智力障碍儿童的字词概念和语言理解上。近十几年，对智力障碍儿童的认知发展与个性、社会性的研究继续扩展，并且受到了心理学领域新近的研究热点的影响。首先，对智力障碍儿童的感知觉的研究范围进一步扩大，开始了视觉、触觉和长度知觉等辨别研究以及颜色命名的研究。其次，对智力障碍儿童语言的研究扩展到词汇表达、语音发展、语义加工、语言障碍等方面。此外，认知心理学的研究热点如工作记忆、加工速度等，也逐步扩展到了智力障碍儿童。在个性和社会性方面，新近开展了对智力障碍儿童的适应行为、亲社会行为以及心理健康问题的研究。

第二，关于学习不良儿童。我国心理学研究者从 20 世纪 80 年代才开始关注学习不良儿童的认知发展特点。例如，沈晓红、吕静（1989）研究了小学学习不良学生和正常学生的认知发展特点。当时，对学习不良学生的概念没有一个清晰的界定，它基本等同于中国传统意义上的"差生"。20 世纪 90

年代以后，随着发展心理学研究和社会性发展趋向的逐渐兴起，对学习不良儿童的社会性发展研究已成为一个热门的课题，辛自强等（1999）对其进行了较为系统的研究，主要集中在以下几个方面：首先，是对学习不良儿童的界定；其次，是对学习不良儿童的个性、社会性发展研究（包括学习不良儿童的自我概念、社会交往、社会行为）；最后，是对学习不良与家庭环境关系的研究。这些研究涉及学习不良儿童的父母评价、家庭功能、父母教养方式、家庭资源等内容。近十九年，对学习不良儿童的研究内容进一步深化。我国心理学家将元认知理论引入到对学习不良问题的研究之中。我国心理学者俞国良和张雅明（2006）比较系统地探讨了学习不良儿童的元记忆的监测与控制的发展等问题。此外，学习不良儿童的心理健康和情绪问题也受到了越来越多研究者的关注。王永丽、俞国良（2003）等研究者还考察了学习不良儿童心理健康（包括学习、自我、社会生活适应、人际关系）的表现特点。

第三，关于残疾儿童的研究。近30年来，心理学对残疾儿童的研究对象主要包括聋哑儿童和盲童。20世纪80年代，研究的焦点主要集中在聋哑儿童的认知上，通过对比研究等方法，周仁来（1993）探讨了聋哑儿童和正常儿童的知觉（视、触觉）、思维、记忆、语言等方面的特点。而对盲童的研究相对较少，主要集中在认知发展领域（朱曼殊，武进之，1982）。20世纪90年代以后，在原有的研究基础上开始对聋哑儿童的个性、社会性等方面进行研究，如人格特征及亲子关系等。这一阶段，张增修、佘凌（1997）研究了盲童的记忆广度，并在个性、社会性领域对盲童的人格特点进行了考察。近十九年，研究将内隐与外显记忆、执行能力、汉字识别等研究内容渗入其中。研究者研究了听力障碍儿童与听力正常儿童的内隐社会认知（李彩娜，2000）；另有研究者采用自行编制计算机化的加工分离程序（PDP），探讨了听力障碍儿童和正常儿童是否在内隐和外显记忆上存在不同的发展模式（周颖，孙里宁，2004）。而近些年对听力障碍儿童的研究主要集中于心理健康状况以及父母教育方式、社会支持等方面。

（3）关于独生子女心理的研究

由于我国人口压力的不断加大，在20世纪70年代末开始实行计划生育的政策，从而使我国20世纪80年代后出生的儿童中绝大多数都是，独生子女。于是，独生子女的心理发展特点，很自然地成为中国发展心理学家关注的一个问题。

进入20世纪80年代，我国关于独生子女心理的研究开始集中于个性特征（刘亚丽，1988）的探讨，后来一些发展心理学家对独生子女的合群性（陈科文，1985）、心理卫生问题（叶广俊，郭梅，1987）以及教育方面（钱信忠，1989）都进行了研究。到了20世纪90年代，研究范围逐步扩大，包括独生子女的内部差异及其相关因素（黄娟娟等，1990）、非智力人格因素（张履祥，钱含芳，1991）、行为及情绪特点（苏林雁等，1993）、心身健康（陶国泰，1994）、亲子关系（吕锋等，1997）、自我中心问题（顾蓓晔，1997）等的研究。近十几年来，独生子女的个性和社会性的发展成为研究的主题，还包括一些早期的干预对独生子女的气质（陈学诗等，2006）和人格（贾军朴等，2004）的影响研究。徐丽华、陈登峰、傅文青等（2011）在这一时期的研究对象，主要集中于作为独生子女的在校大学生，近两年，留守环境下的农村独生子女的心理健康问题也得到了关注。

4. 弱势群体心理研究

弱势群体主要指生活在离异、单亲、再婚、收养或寄养家庭的儿童，留守儿童以及处境不利与贫困地区的群体等。随着社会的发展，离异已经成为一种不可忽视且无法回避的重要社会问题，离异家庭儿童的适应性问题成为研究关注的焦点。20世纪80年代以来，对离异家庭的研究主要考察父母离异对儿童的直接影响，抚养方式以及离异带来的客观因素如搬家、失去朋友、生活条件下降与儿童之间的关系。到了20世纪90年代，离异家庭的研究更关注儿童的发展，更加关注影响儿童发展的微观环境，如亲子关系、父亲的作用等，并积极采取了许多干预措施且取得了一定成效（陈会昌等，1990）。李慧、陈英和、王园园等（2007）开始关注离异家庭子女的自我发展、心理压力与应对、良好的心理与行为适应等问题。

自改革开放以来，农村劳动力向非农产业流动的速度迅速加快，因此产生了一个特殊的社会群体——留守儿童。近年来，研究者从不同的角度对留守儿童进行了大量的研究。我国心理学研究者申继亮在2004年承担了教育部重大攻关项目，专门考察了留守儿童的社会支持、生活适应和心理弹性等内容。此外，曾凡林和昝飞（2001）分别对收养或寄养家庭的儿童进行了研究；高琨和邹泓（2001）对处境不利与贫困地区的儿童进行了相关研究。

5. 婴儿和老年人心理

20世纪70年代末80年代初，中国发展心理学的研究局限在儿童和青少年发展期，随着改革开放步伐的加速，儿童和青少年的心理研究仍然是主要的，但出现年龄上的两极研究发展趋势，即婴儿期和老年期心理的相关研究逐渐增多，这反映出中国发展心理学的逐渐成熟与完善。

（1）对于婴儿的研究

自 20 世纪五六十年代以来，国际上对婴儿心理的研究已日益成为一个引人注目的领域。我国的婴儿言语、动作、认知、社会性的发展一直是研究的热点。其中言语发展包括语音、语言的获得、识字等；认知发展包括数概念、自我认知、概括能力等；社会性发展包括依恋、情绪调节、延迟满足和移情等。对婴儿动作发展的考察，是为了进一步揭示人类最重要的一种基本能力的发展特点。

在我国，有研究者从 20 世纪 50 代开始对婴儿的语言发展进行研究。最具代表性的是许政援等研究者对于 3 岁前儿童言语发展所进行的追踪研究，也包括一些横断研究和实验研究。他们对 3 岁前儿童言语发展的过程、阶段、特点、规律以及影响因素等方面进行了分析，并在这些研究材料的基础上对语言发展的普遍性、儿童语言获得的理论和言语发展与认知（思维）发展的关系等有关理论问题进行了探讨。近年来，研究者还对模仿、强化或模仿与强化的结合、父母的活动（如与婴儿的前言语对话、儿向语言的使用、对儿童语言的反应）以及儿童的自主性等因素的作用有了更深刻的认识。但由于婴儿语言研究方法的局限性，一般只能进行个案观察，因此针对婴儿语言的研究仍然不多，且大多数语言研究仍集中在儿童期。

董奇等（1999）对婴儿动作的研究最有代表性，他结合婴儿的爬行动作进行了大量的实验研究，取得了丰富的研究成果，主要有出生季节与婴儿爬行动作的关系研究；婴儿的爬行经验与其空间认知能力发展的关系研究；爬行与婴儿共同注意能力的发展研究；对爬行经验与依恋关系的研究等。

自我认知指个体认为自己是区别于他人和物体的独立个体。儿童能否正确认识自己，对于其发展具有重要的意义。刘金花等（1993）研究了婴儿自我认知开始出现的年龄以及经历的过程或发展趋势，并比较了男女婴儿自我认知出现的年龄。杨丽珠和刘凌（2008）采用微观发生法对婴儿的自我认知进行了研究，探讨了婴儿视觉自我认知的具体发生时间和个体差异，以及视觉自我认知指标的发生顺序。董奇等（1997）考察了我国婴儿客体永久性的发展机制及其趋势。20 世纪 80 年代末，有研究者介绍了国外关于婴儿数概念的研究进展，并介绍了一些跨文化比较的研究结果。20 世纪 90 年代，研究者介绍了测查婴儿期概念发生的两种主要方法：知觉辨认法和习惯化/去习惯化法（陈英和，1994）。但国内关于数概念的研究对象大多集中在幼儿期和学龄期，至今尚未有针对婴儿数概念的实验研究。

自 20 世纪八九十年代以来，我国研究者对婴儿社会性参照能力的研究，主要有视崖、陌生人情境和新异玩具 3 种范式（池瑾，王耘，1999）。近十几年来，针对婴儿社会性发展的研究更为深入，也取得了大量成果，例如，董奇、陶沙、李蓓蕾等（2000）对婴儿社会情绪行为发展的年龄特点和性别差异的研究，对婴儿爬行经验与母婴社会性情绪互动行为关系的研究，王立新等（2005）对家中游戏情境对父婴交流行为影响的研究。胡平和孟昭兰（2003）对城市婴儿的依恋类型进行了分析，并建立了判别函数，发现对城市婴儿进行依恋类型判断的判别函数与国外进行的依恋判断函数非常相似；婴儿不同的依恋类型具有跨年龄和跨情境的一致性；中国城市婴儿对某些依恋类型具有与西方同类婴儿不同的行为特点，其差异可能与文化和家庭抚养等因素有关。

（2）关于老年人心理的研究

林崇德和辛自强（2010）的研究指出，中国正在步入"老龄化"社会，截至 2008 年年底，全国 60 岁以上老年人有 1 亿 6000 万，到 2015 年将突破 2 亿。老年人口的快速增长不但给国家带来了一系列的社会问题，同时也引发了大量关于老龄化趋势以及人口老化现象的科学研究。在我国，对老年人群体心理的研究始于 20 世纪 80 年代初期，90 年代以后研究逐渐增多，现已初成体系。人脑的认知功能是当前许多学科研究的焦点，随着认知科学、计算机科学和人工智能研究的迅速发展，有关智能活动和认知过程的研究已成为十分活跃的学术领域。老化心理学（psychology of aging）是当代心理学研究中发展迅猛的重要领域之一，其中认知老化特别是记忆老化更是理论家探讨的热点问题。

从 20 世纪 90 年代开始，一些学者围绕认知老化进行了大量研究，提出了认知老化模型。近年来，申继亮等对认知老化的机制进行了更深入、更系统的研究，探讨了基本心理能力老化的中介变量。他们发现感觉功能、加工速度和加工容量是基本心理能力老化的重要中介变量，基本心理能力老化的中介作用呈现出层次性（申继亮等，2003）。彭华茂、申继亮和王大华（2004）又进一步探讨视觉功能、加工速度和工作记忆在认知老化过程中的关系，发现视觉功能、加工速度和工作记忆的老化存在视觉功能——加工速度——工作记忆这样一条层级关系。此外，他们还关注到教育水平等因素对老年人认知能力的影响模式。

随着我国人口老龄化进程的加快，老年人在社会上所占的比例越来越大，成为不可忽视的群体。同时，随着我国物质文化生活水平的提高，老年人群的平均寿命也在延长，其对健康的需求也越来越强烈。近年来，研究者对老年人心理健康状况和影响因素等社会适应问题进行了大量研究。

有关离退休老年人心理健康的研究显示，离退休老年人的生活内容、生活节奏、社会地位、人际交往等方面都会发生很大变化，由于不适应环境的突然改变，而出现情绪上的消沉和偏离常态的行为，被称为"离退休综合征"。老年人可能会出现寂寞、失落、焦虑、抑郁和烦躁等负性情绪，其中影响最大的是抑郁情绪，严重时可转化为老年抑郁症，这是一种老年人多见且危害较大的精神疾病，严重者可导致自杀。20 世纪 90 年代以后，有关这方面的研究逐渐增多，如张向葵等（2002）探讨了退休人员的应付方式对其心理健康的调节作用，发现退休人员的应付方式受文化程度影响，高文化程度的退休人员比中、低文化程度的退休人员更多采用面对与探索的应付方式，更少采用幻想和退避的应付方式。退休人员的原有社会角色丧失后，应付方式对其心理健康具有调节作用，社会联系减少对退休人员的心理健康有着直接的影响。同时，社会联系减少、职务地位丧失、经济收入降低又共同通过退避、幻想与淡化 3 种应付方式间接影响心理健康。

近年来，一批研究者围绕老年人的社会适应还开展了大量研究。如关于老年人社会支持的研究（申继亮等，2003），社会支持对老年人抑郁情绪的影响（王兴华，2006），王大华、佟雁、周丽清等（2004）对老年人主观幸福感的研究等。其内容包括：如亲子支持对老年人主观幸福感的影响机制，老年人的日常环境控制感的特点及其与主观幸福感的关系，也有老年人的依恋特点等。总体来说，关于老年人心理的研究日趋丰富，内容涉及认知、社会性等各个方面，并且结合中国国情针对老龄化等日趋敏感的社会问题进行了大量研究，得出了很多有意义的结论。这些研究的积累都为建立中国老年心理学作出了贡献。

6. 跨文化心理

跨文化发展心理学是跨文化心理学的一个重要分支，其目的是研究不同文化背景的个人行为在不同年龄的行为表现或心理发展的异同。这个领域的研究有助于解释人类行为的起源与发展，有助于区别在文化独立和文化依赖两种情况下产生与发展的行为，还有助于揭示影响儿童如何模仿成人行为的各种影响因素，如家庭结构、宗教、经济状况等。我国发展心理学的跨文化研究主要包括国内各民族儿童及青少年心理发展的比较研究和与国际儿童和青少年心理发展比较这两大部分。

（1）国内各民族或地区间的跨文化心理研究

中国是一个拥有 56 个民族的多民族国家，不同民族之间的经济、文化发展都具有自己的特点，这样的国情不但为开展跨文化研究提供了得天独厚的条件，也说明我国需要对这方面进行深入系统的比较研究。我国的跨文化研究主要集中在云南和青海这两个多民族省份。20 世纪 80 年代，我国的跨文化研究开始兴起，到了 90 年代，研究的取样不断扩大，如包括汉族、藏族、蒙古族、壮族、苗族、朝鲜族、回族、傣族、土家族、纳西族等十几个少数民族，以及不同地区如上海、台湾、香港等地的比较。研究的内容主要涵盖认知发展、语言以及社会性发展等方面。在儿童认知发展方面，很多研究试图用跨文化研究来验证皮亚杰的认知发展理论的普遍性问题。结果表明，各民族儿童认知发展的顺序是共同的，与皮亚杰的研究结果也大致相同，但发展水平存在一定差异。差异的原因主要在于，经济、文化发展和学校教育质量的不同，而不在于民族本身。缪小春（2001）对记忆、元记忆、学习能力、解决问题策略的研究也得到了相似的结果。

在国内关于不同民族间语言的跨文化研究相对较少。对藏族双语成人的双语态度研究，还有研究的对象都是双语使用者，还有一些研究涉及语言和认知发展的关系问题。研究者比较分析了使用汉语和使用摩梭语、傣语、藏语儿童的守恒、归类、类比推理的能力。结果这两个研究都似乎说明认知独立于语言，认知发展不受语言水平的制约。在社会性发展的跨文化研究，主要涉及不同民族或地区间的道德（方富熹等，2002）、情绪理解（李佳，苏彦捷，2005）、父母教养态度（钱铭怡等，1999）和情绪体验（严标宾等，2003）等比较研究。

（2）国际跨文化心理研究

国外跨文化心理比较主要是与西方欧美国家的比较，以及中日儿童的比较，主要研究对象是儿童，也有部分成人跨文化比较研究。儿童跨文化比较主要包括认知、情绪、道德判断、社会性等方面。

在认知能力的跨文化比较上，我国学者朱曼殊、康清镳同国外学者展开了大量的研究，如中国和加拿大儿童的空间概念（C.B.哈维等，1985），中国和加拿大儿童对持续时间概念的掌握（朱曼殊，1987）等。这些研究为进一步了解不同文化背景下认知能力发展的差异性提供了丰富的实证资料。我国研究者在创造力的跨文化研究中取得了较为突出的成果，如胡卫平（2004）对中英青少年创造力培养的比较研究等。在第 11 届全国心理学学术会议中，一些研究者报告了关于中国、英国、日本三国儿童创造力差异的研究结果，发现中国、英国、日本中学生创造性思维的差异并不体现在水平上，而是体现在思维的模式、风格上（黄希庭，2008）。

在社会性发展的跨文化心理比较方面，涉及的内容合作更加广泛。具体研究如陈会昌和 Sanson（1997）在儿童社会性发展的系列研究中，研究者比较了中国和澳大利亚父母报告的儿童社会性发展，发现儿童社会性发展的各个方面，在中国、澳大利亚父母的心目中占有不同地位；邹泓、吴放（1997）的研究发现，中国父母重视自我意识、社会技能、意志品质，而澳大利亚父母更重视社会技能和社会情绪的发展；山本登志哉、张日昇（1997）在中美两国儿童依恋安全性指标的比较研究中发现，在用中国儿童依恋安全性指标来评价中美儿童对教师的依恋行为时，有把被试评价为安全性较高的倾向在对中日婴幼儿"所有"行为的比较研究发现，中国幼儿园、托儿所的婴儿其交涉行为和交换性行为的出现早于日本保育园的婴儿，但从交涉行为出现的比例来看，日本婴儿采用交涉行为的倾向比中国婴儿更明显。他们还研究了幼儿团体成员之间的所有关系，发现不是由不平等的等级制所规定的（山本登志哉等，1999）。杨丽珠、孙晓杰、常若松（2007）对中国幼儿和澳大利亚幼儿人格特征的跨文化研究结果表明，中国幼儿具有集体主义人格倾向，澳大利亚幼儿具有个人主义人格倾向；杨丽珠、邹晓燕、朱玉华（1995）等的研究发现，幼儿人格形成受到文化特质的影响。对学前儿童在游戏中社交和认知类型发展的中美跨文化比较发现，中美学前儿童游戏的方式和内容、社交和认知水平存在显著差异。

有关道德发展的跨文化研究主要包含友谊、欺负行为等方面。有研究者比较了中国儿童和英国儿童对待欺负行为的态度差异，结果发现，中国儿童对待欺负行为的态度比英国儿童更积极（纪林芹等，2004）。

三、教育心理学研究的进展与成果

教育心理学是一门研究学校教学和学习情境中人的各种心理活动及其交

互作用的运行机制和基本规律的科学。20 世纪 80 年代初以来，我们的教育心理学研究人员除了描述和验证国外的相关理论和实验研究以外，更多的是结合我国的教育实际进行研究，包括学习心理研究、品德心理研究、教学心理研究、审美心理研究、教师研究和教学整体改革的综合研究。

（一）学习心理研究

一直以来，学习动机都是教育心理学中研究的主要变量。自 1978 年以来，我国学者对学习动机的研究大致可以分为 3 大部分：一是对西方学习动机理论的介绍、总结和探讨，如《成就目标理论研究的进展》《归因理论发展之概况》等；二是有关各种社会认知信念对学生学习动机作用的实证研究，其内容涉及成就动机、成就归因、成就目标、自我效能、自我概念、学习兴趣等多个方面，并取得了相当多的具有本土意义的研究成果；三是有关学习动机的教学改革实验研究。我国研究者主要针对中小学课堂教学进行有关促进学生学习动机的教学模式研究，如罗峥、郭德俊（2000）提出的 ARCS（attention relevance confidence satisfaction）动机设计教学模式及李燕平和郭德俊（2000）提出的 TARGET 模式，以及郭德俊等（2000）提出的情绪调节教学模式等。

1. 知识学习研究

我国学者冯忠良、姚梅林等（2001）提出了知识掌握领会、巩固、应用三阶段理论。该理论认为，知识的领会是通过对教材的直观和概括来实现的，知识的巩固是通过对教材的保持来实现的，而知识的应用则是通过具体化过程来完成的。知识掌握学习类型分为陈述性知识学习和程序性知识学习。对陈述性知识的研究主要集中在概念学习方面，符号和命题学习相关的研究相对较少。在程序性知识学习方面，主要有模式识别、动作序列的学习等研究领域。还有一些研究提出知识学习的影响因素包括内部因素和外部因素，内部因素有先前知识、认知结构、学习动机和态度、学习的定向和定势，外部因素包括学习材料的内容与形式、教师教导、学习情境等。

2. 创造性学习研究

随着我国在改革开放后的快速发展，社会对创新型人才的需求增加，教育心理学界也随之对创造力加强了研究。我国学者林崇德（2000）根据理论与教育实践，提出了创造性学习的定义，并描述了创造性学习的特点，他们认为创造性学习是与传统的学习方法——维持学习相对立的一种学习。创造性学习具有以下特点：一是它是创造性教育的一种形式。二是它强调学习者的主体性。三是它倡导的是学会学习，重视学习策略。四是创造性学习者擅长新奇、灵活而高效的学习方法。五是它来自创造性活动的学习动机，追求的是创造性学习目标。创造力学习研究涉及创造力产生过程，比如，张庆林、邱江、曹贵康（2004）提出的创造性认知，郭德俊、黄敏儿、马庆霞（2000）提出的创造力动机，以及张景焕、陈泽河（1996）提出的创造力的促进（创造性教育、创造性学习方法）等。

3. 学习策略研究

黄希庭等对学习策略进行了较为系统的研究，取得了很多卓有成效的研究成果。这一领域的研究主要包括学习策略的定义和结构、发展性、影响因素等方面。关于学习策略的定义，研究者的看法并不统一。有的观点认为学习策略就是在元认知的作用下，根据学习情境的各种变量、变量间的关系及其变化，调控学习活动和学习方法的选择与使用的学习方式或过程；另一些研究者，如刘电芝（1997）认为学习策略是指学习者在学习活动中，有效学习的规则、方法、技巧及其调控。它是内隐的规则系统，又是外显的程序与步骤。而在关于学习策略的结构上，研究者的看法也不尽相同。

关于学习策略的发展研究，主要集中在学习策略发展的年龄阶段特征和水平特征上。在学习策略发展的年龄阶段特征上，对幼儿的研究表明，幼儿的数学运算策略体现出如下特点：在获得策略的早期阶段，儿童多使用单一的策略；当儿童的作业从非技能性向技能性过渡时，策略运用的多重性就表现得特别明显。对儿童的乘法等值概念理解的研究也发现，有关认知策略的形成，随年龄的增长而发生了显著的变化。此外，另有学者对高等师范学院学生的研究发现，高等师范学院学生学习策略的发展趋势与学习动机有相似之处，表现为低年级学生的学习策略比高年级学生积极。

在水平特征上，我国的心理学家通过研究证实，不同学习水平的学生在拥有和使用策略上有巨大的差异。不同水平的学习者不仅在学习策略使用的数量与频率上有差异，在质量上也有差异。例如，刘电芝和黄希庭（2008）对小学四年级儿童进行简算策略教学，结果表明，开设简算策略教学训练课的实验班与对照班学生的计算成绩、计算速度和计算兴趣有显著差异。

我国研究者还探索了影响学习策略获得的因素，如朱永祥（2000）把学习风格、动机、知识基础作为学习策略的要素；刘电芝和黄希庭（2002）则认为还应该包括任务、学习文化、学习动机、学习观念、社会环境、教学模式等因素。

（二）品德心理研究

品德是个体社会行为的内在调节机制，是合乎社会规范要求的稳定的心理特性。我国正处于社会转型的阶段，对品德的研究具有重要的社会意义。我国对品德的研究主要集中于品德心理结构、品德的形成和发展、品德培养、品德问题行为等几个方面。

在品德的心理结构方面，早期的研究者倾向于静态地看待品德的结构，例如，周莹莹（2006）把品德心理结构划分为道德认识、道德情感和道德行为。近年来的研究者更加关注品德结构中各因素之间的关系。例如，章志光（1990）认为，品德的心理结构是个体在外界的影响下产生道德行为的中介过程，并提出了一个"品德形成的三维结构"的设想，即生成结构、执行结构和定型结构。当这些结构和外界环境发生关联时，就构成了一个包括品德机制在内的大的社会动力系统。张大均在出版的《教育心理学》一书中提出"品德的社会态度结构模式"，认为品德结构实际上是一种相对稳定的社会态度。

在品德的形成和发展方面，已有的研究集中于探讨道德认知、道德情感和道德行为的形成和发展特点。目前，我国对道德认知的研究较为成熟。例如，我国儿童道德发展协作组（1982）对国内 5～11 岁儿童和青少年学生有关道德判断的发展进行调查，指出了我国儿童道德判断发展的转折年龄，即我国儿童从客观性判断向主观性判断发展的转折年龄在 6～7 岁；儿童摆脱成人惩罚影响，根据行为本身好坏作出分析判断的转折年龄在 8～9 岁。寇彧（1997）对我国大、中、小学生道德判断发展水平进行了比较研究，发现青少年道德判断随年龄的增长而发展，高中生已达到成熟水平。陈会昌（1986）等采用故事法对我国中小学的爱国观念和劳动观念的发展水平进行研究，结果发现，中小学生的爱国观念和劳动观念是不断发展的。他们还进一步考察了中小学生对自身品德发展现状的评价（陈会昌，陈松，2003）。另外，陈会昌、陈松（2002）的研究还发现，道德判断与价值观、学习成绩、受教育程度等均存在着一定的关联。在道德情感方面，发现中小学生道德情感的发展水平随年龄的增长而逐步提高，并且趋于复杂；在道德行为方面，通过设置实验情境，提出了儿童利他行为发展的 4 个阶段，依次为自我中心、初步的利他思想、交换与互惠、自律的利他行为，并发现道德责任心、成就动机、角色采择能力、移情、价值观对利他行为都有重要影响。

在品德的培养方面，章志光（2002）等运用教育-社会心理实验法对学生道德行为表现的心理过程及其与社会条件、教育方式的关系进行了大量的实证研究，对德育心理提出了一些基本的看法：①品德的形成是内外多种因素交互作用的结果；②价值取向是决定个体品德发展方向与水平的关键因素；③教育的针对性可提高青少年品德培养效能；④品德量表的编制是品德研究的必备工具，有的还是品德教育的手段。

对于品德的问题行为，已有的研究主要通过对难以管教的学生的个案研究，进行教学经验总结，从而总结了学生问题行为的规律及相应的矫正方法，如通过对班级角色地位的调整来改变班级结构，结果发现一些原本被嫌弃的学生的心理品质和人际关系均有所改进。

纵观我国品德领域的研究现状，研究趋势逐渐从 20 世纪八九十年代大规模的、涉及内容较广泛的调查研究，发展到目前从细小处入手、开展精细研究的思路上来，例如，对亲社会行为的研究、对小学儿童品德发展的关键期的研究等（邵景进，刘浩强，2005），近年来，品德研究逐渐出现了实用化与本土化的特点。

（三）教学心理研究

1978 年，美国教育心理学家格拉塞主编的《教学心理学进展》丛书第一卷出版，宣告了教学心理学的诞生。它的研究目的在于，将心理学原理与教学问题紧密联系在一起，以认知教学理论和现代学习理论为基础，运用现代信息加工理论和计算机模拟方法，从课堂教学情景出发，以研究知识和认知技能的获得，以及如何设计并安排学习条件来发展这种知识和技能（张大均，1994）。我国心理学家和教学理论家从 20 世纪 80 年代初开始系统引进和介绍欧美教学心理学的研究和相关理论，到了 20 世纪 90 年代后期，我国学者张大均主编的《教学心理学》及《教学心理学研究》等学术专著相继问世。21世纪初，张大均担纲总主编的《教学心理学丛书》集中从"理论、策略、技术" 3 个层面将教学心理学理论与课堂教学实际联系起来，更加系统地探讨了教学心理学学科体系、研究的新视点（梁丽等，2008）。

我国有关教学心理的研究主要集中于特定的学科，即数学和语文教学心理的研究。近 30 年，数学教学心理研究主要有以下几个方面：①应用题的教学心理，如应用题的结构、分析方法和技能、理解过程和解决过程、产生错误与困难原因分析、发展解题能力的条件等（郭兆明，张庆林，2004）。②小学生数学概念的掌握过程，如数概念、相差概念、倍概念、分数概念、正反比例概念等（吕静，何剑，1989）。③小学生运算技能的培养策略，如运算法则、运算技能、运算策略、算术规律等。目前的研究主要集中在考察儿童运算策略的使用、样例学习的能力、问题情境对运算策略的影响等（杨晓映，何先友，2007）。④代数教学心理的研究，如代数概念、代数运算错误和困难的原因、小学生的代数初步知识等（周国韬等，1997）。⑤几何教学心理的研究，如解决几何问题的思维过程、几何作业错误与困难的原因、几何教学、小学几何初步知识的教学等。这类研究主要涉及初中生的几何能力与教学、儿童或小学生对几何图形的认知等。

语文教学心理研究在 20 世纪 80 年代时主要集中在识字教学和语文阅读能力方面。后来到了 20 世纪 90 年代，研究不断深入，范围也逐渐扩大，总体来看大致可以分为以下几个方面：①儿童学习汉字的心理特点，主要集中于字形和语音线索对字义获得的作用、语音意识与语言能力的发展等方面（舒华等，2003）。②词语和句子的阅读与教学，例如，学生对不同句子类型（肯定句、复合句）的理解，不同句型的跨文化、跨语言研究等（万明钢，1991）。③中小学生阅读文章心理过程的研究。早期的研究探讨了中小学生分析文章结构、归纳中心思想的特点以及默读能力。万云英等在此领域进行了较长时间的研究，主要是集中在培养中小学生的独立阅读能力上。研究结果表明，文章的主题句（钱文，万云英，1991）、文章体裁的特点和结构规则是影响阅读理解的重要外部条件，阅读者原有知识和认知结构则是影响阅读理解和分析技能实现的内部条件。如莫雷（1990）等用"因素-活动法"研究阅读能力结构，认为其因素是语言的解码、组织连贯、模式辨别、筛选储存、语感、阅读迁移以及概括和评价等。此外，近年来，张必隐（2000）在中文认知和阅读心理方面进行了许多系统的基础研究。随着眼动技术的引进，研究者们开始利用眼动技术探讨学生的阅读特点（金美贞，2005）。④作文教学心理，主要包括作文过程的研究；学生写作的策略[如作文前计划（刘淼，张必隐，

2000）]；对作文的评价研究（刘淼，2003）等。这些研究都为我国语文教学实践提供了心理学的依据。

随着心理学对情感领域研究的推进，以及出于教学实践的需要，教学中情感现象日益受到人们的重视，并于 20 世纪末逐步形成了一个以教学中的情感现象为研究对象的研究领域——情感教学心理学，它与随后明确的认知教学心理学一起构成了教学心理学新的发展格局。作为此领域的开拓者，卢家楣（1999）等的研究主要集中在如下几个方面：①情感教学心理学的基本理论研究；②教学中情感因素运用的现状研究；③情感对学生认知影响的研究；④情感教学策略研究；⑤情感教学模式研究；⑥情感教学目标研究；⑦为基础教育服务的应用性研究。

（四）审美心理研究

审美心理是教育心理学的一个具体应用领域，主要研究美育（包括艺术教育）过程中师生心理活动的特点及其规律。20 世纪 80 年代，我国就有学者开始对中国古代哲学、文艺理论尤其是音乐、诗歌、小说和绘画、书法理论中的美育心理思想进行研究（刘兆吉，1982）。还有研究者从中国古代文化的角度，对人类科学思维和审美思维方式的关系进行了探讨，以此对审美形象与逻辑的统一思维方式进行阐述，多方法、多取向地探讨了审美教育的心理特点及规律（赵伶俐，1999）。李红等（2004）对儿童青少年审美心理、审美特点进行了讨论，提出了对策，并探讨了场依存性对中学生绘画欣赏的影响。

有研究者分析了中小学艺术课程的特点，从美育心理的角度对审美化教学进行了探讨。例如，有研究发现造型结构化的美术教学模式对学生造型能力发展具有促进作用（李良炎，鲁邦林，2003），审美化的书法教学对学生书法能力具有提高作用。

赵伶俐（2002）对青少年的审美价值观、审美认知等进行了系统的研究。例如，他们将审美价值观和人生价值观联系起来，分析了审美意识与真、善意识的关系。在审美认知研究这方面，他们探讨了审美认知的逻辑基础：多值逻辑和审美逻辑。研究表明，审美活动涉及我们的感知、情感、想象、记忆，以及价值评判等高级认知过程。基于审美逻辑的审美概念学习具有积极的迁移效应，审美概念理解对审美感性水平具有提高作用，审美概念理解也有助于创造性思维的达成。

（五）教师心理研究

自近代以来教育心理学兴起以后，有关学习心理和学生心理的研究一直处于优势和中心的地位，而有关教师心理的研究却起步相对较晚。但自从改革开放以后，尤其是近十几年对教师心理方面的研究不断深入，到目前为止，还是取得了一定的成果与进展，这对我国今后的教育理论及实践产生了重要和深远的影响。

1. 关于教师素质结构理论的研究

教师素质是指教师在教育教学活动中表现出来的，决定其教育教学效果，对学生身心发展有直接而显著影响的心理品质的总和。林崇德在 1996 年回顾前 10 年教师心理研究的进展时提出：教师素质的结构至少应包含职业理想、教育观念、知识水平、教学监控能力以及教学行为和策略。

对于教师的职业理想研究，申继亮等（2008）将管理心理学、组织行为学等相关学科中的"职业承诺"和"组织承诺"概念引入，考查了教师工作满意感与教师职业承诺和组织承诺之间的关系。结果表明，教师工作满意感的 7 个成分与教师职业承诺和组织承诺存在非常显著的相关。

对教师教育观念的研究中，比较深入的是对教育信念的核心要素"教学效能感"的研究。如俞国良（1995）对教学效能感的结构和影响因素及其相关因素（教学监控能力、教学策略、教学行为等）的研究，分析认为教学效能感在结构上可分为一般教学效能感和个人教学效能感，并得出教龄对二者具有不同的影响作用；教学效能感与教学监控能力、教学策略和教学行为之间存在着紧密的联系，并认为它们同为教师素质的核心要素。

教师的知识结构是教师知识研究的热点。20 世纪 90 年代，申继亮、辛涛等（1996）认为教师的知识应由本体性知识、条件性知识和实践性知识构成。近 10 年，申继亮、姚计海（2004）等的研究表明，教师的知识结构应由 4 方面构成：本体性知识、条件性知识、实践性知识和文化知识。这样的发展变化也透视出社会的不断发展，必将对教师提出越来越高的要求。

教学监控能力被沃建中等（1996）称为教师从事教育教学活动的核心能力，是教师素质的核心要素。辛涛、申继亮、林崇德等（1998）详细考察了教师的教学监控能力的结构、发展及其培养方法。他们还探讨了认知的自我指导技术和任务指向性干预手段对教师教学监控能力的影响。

在教师的教学行为研究方面，申继亮、辛涛（1996）认为，一个教师的教学行为应从教学行为的明确性、多样性、任务取向、富有启发性、参与性、及时评估教学效果这 6 个方面来衡量。

教师素质的核心要素也包括教师人格，其在教育实践中对学生的健康成长起到关键的影响作用。我国有关教师人格的研究开始于 20 世纪 80 年代，迄今为止已经取得一些有价值的结论与研究成果。其研究内容主要包括以下 4 个方面：第一，优秀教师的典型人格特征研究（韩进之，黄白，1992）；第二，影响教师人格的因素（年龄和教龄）（郭成等，2005）、学历与职称（韩向前，1989）等因素；第三，教师人格与学生发展的关系研究（刘恩允，杨诚德，2003）；第四，与教师心理健康状况的相关关系（欧朝晖等，2008）。

2. 教师心理健康研究

进入 20 世纪 90 年代以后，随着教师职业的专业化不断提高和增强，以及新课程改革的继续深入开展，从而使教师面临着更多的压力，因此，对教师的心理素质提出了更高的要求。于是，很多研究者开始关注教师的心理健康状况，并展开了较为系统的系列研究。分析、综合相关文献发现，我国有关教师心理健康的相关研究主要包含以下几个方面：教师心理健康标准、教师心理健康现状、影响教师心理健康的因素、教师心理健康与其他因素的关系等（王智等，2010）。

我国有关教师心理健康的标准，现有各种不同的观点。俞国良等认为教师心理健康的标准主要包括对教师角色认同，勤于教育工作，热爱教育工作；有良好和谐的人际关系；能正确地了解自我、体验自我和控制自我；具有教育的独创性；在教育活动和日常生活中，均能重视感受情绪并恰如其分地控制情绪（俞国良，曾盼盼，2001）。而兰卉、吴俊端（2006）等认为，教师心理健康的标准包括热爱教师职业、和谐的人际关系、正确地认识自我、坚韧与自制、有效调节不良情绪、好学与创新。但有关的大部分研究者提出的教师心理健康标准，都是一般人的心理健康标准结合自己的经验和思考，缺乏一定的实证依据。

对教师心理健康现状调查已有文献进行分析，可以看出我国教师心理健康现状不容乐观。相对全面和系统的研究，如国家中小学心理健康教育课题组（王加绵，2000）、王景芝和赵铭锡（2004）的调查研究均表明，我国教师心理问题发生率较高，情况不容乐观。

在关于影响教师心理健康状况的重要因素的研究中，年龄是影响教师心理健康状况的重要因素之一。李宝峰等（2006）的调查结果表明，教师的心理健康水平随年龄的增长而不断提高。但后来有研究者通过对 1994—2005年的文献进行元分析，结果表明，40 岁以上年龄段的教师的心理健康状况显著差于其他年龄段，但 30 岁以下年龄段教师的心理健康状况好于普通人群（张积家，陆爱桃，2008）。性别也是影响教师心理健康状况的因素，女教师的心理健康状况普遍比男教师差。王景芝和赵铭锡（2004）的研究表明，女教师的心理健康水平低于男教师。但也有研究表明，不同性别教师的心理健康水平不存在显著差异（董巍等，2006），其原因还需更进一步的研究。

近 10 年来，我国很多学者深入探索了教师心理健康与其他因素的关系。例如，黄立芳、颜红、陈清刚等（2006）对教师心理健康和教师人格特征进行了研究，结果表明，神经质 N、精神质 P 和掩饰度 L 对心理健康有预测作用。这些相关研究启示我们，在对中小学教师的心理健康进行培养和干预时，应从培养那些能促进教师心理健康的人格因素入手，使教师的心理健康水平能内化为自身的人格特征并稳定下来（王智等，2010）。李志凯（2006）等考察教师心理健康和社会支持的关系，发现客观支持对强迫和敌对有负向的预测作用。邱秀芳等（2007）的研究表明，应对方式对教师自评健康有较好的预测作用，解决问题、求助等成熟的应对方式有助于高校教师良好心理、生理和社会健康状况的发展，而自责、退避、幻想等不成熟的应对则会阻碍其发展。

在此，值得一提的是，近几年我国对教师的评价研究也取得了不少成果。申继亮、孙炳海（2008）提出了教师评价内容体系的"金字塔模型"，它以教师基本素质、职责与表现为主要成分，将教师胜任力评价、教师绩效评价和教师效能评价整合在一起。金字塔模型主要由维度、成分和指标三级体系共同构成，它对量化教师绩效评价、促进教师专业化发展和加强教师培训与提升教师整体素质都具有重要价值，同时，也对建构符合我国当前教师评价实践需要的内容体系具有深远和重要意义。

（六）结合教学改革进行的综合性研究

在长期深入教育实际，密切结合中小学教学改革进行探索的基础上，一些理论工作者对教学理论、学生智能的发展与培养等问题进行了心理学的研究。其中，影响较大的有以下几个方面。

1. 冯忠良的"结构-定向教学实验"

这一成果是在探讨教学及学生的学习与能力、品德本性的基础上，经过10年长期的教学实验，借鉴了国外有关研究成果，如苏联赞柯夫改革小学体制的实验、加里培林学派的控制式教学思想、美国布鲁纳的结构教学观点和加涅的累积学习观等，提出的"结构-定向"教学思想。这种观点认为，教学必须以构造学生能力和品德的心理结构为中心，实施定向培养。其依据3个理论基础（教育系统论观点及经验传递论、学生学习的接受-构造论、能力品德的类化经验论）及5个方面的学习规律（学习的动机、学习的迁移、知识的掌握、技能的形成、行为规范的接受），提出改革教学体制4个方面（教学目标、教材、教学活动与教学成效的考核及评估系统）以加速结构的形成发展，实施定向培养（冯忠良，1992）。

2. 林崇德及其"中小学生心理能力发展与培养"的教学实验

从1978年开始进行该项综合性研究。其中的核心问题是关于教育、教学、学习与学生智力发展、能力发展的关系，尤其是对思维品质的培养进行了系统的探索。10多年来，通过教学实验，已形成颇具中国特色的代表性理论——"学习与发展"理论，并得出了中小学智能发展与培养的一些规律性结论。其基本观点可以概括为5个方面，即学生心理发展规律是教育改革的依据和出发点；培养思维品质是发展智力与培养能力的突破口；语文能力和数学能力是中小学智力与能力的基础；从非智力因素入手来培养学生的智力与能力；融教师队伍建设、教材建设、教法改进为一体，提倡教师参加教育科学研究，以此作为提高其自身素质的重要途径，并使研究工作从能力培养实验走向整体改革实验，由单科教学改革走向整体教学改革。为了有效地实现理论与实践相结合，该研究还建构了学科能力理论体系，如语文能力和数学能力理论体系（林崇德，1999）。

3. 关于"注音识字，提前读写"的语文教改实验

这项研究是20世纪80年代以后展开的，它要求先让学生集中学汉语拼音，以此为工具进行大量阅读，并读写并举，以读带写，以写促读。心理学研究认为，这种方法适合儿童认知发展的特点，符合儿童学习汉字的心理规

律，把识字、阅读、写作三者有机结合，使之整体化、条理化、层次化，有利于提高教学质量，发展学生的智力。

4. 上海市第一师范附属小学的愉快教育研究

上海市第一师范附属小学自 1984 年起，在全国首倡"愉快教育"，这次结合教学实践的综合研究认为，在重视学生认知发展的同时，也应强调情感的发展。愉快教育强调教师创设和谐宽松的教育环境，使学生能主动积极地参与教育过程，通过激发儿童的学习兴趣，让儿童投入学习、努力学习，最后享受学习成长的愉快，从而促使儿童整体素质和个性特长得到发展。研究者还在实践的基础上提炼出愉快教育核心的 4 个要素，即"爱、美、兴趣、创造"，以及"实、广、活、新"的 4 个教学原则（鲁慧茹，2009）。近些年，随着教育现代化的不断推进，愉快教育研究也在进行着深化和进一步的发展。

5. 上海闸北八中的成功教育研究

上海闸北八中从 1987 年秋季开始进行成功教育的试验与研究，他们把培养学生的自信心、意志力作为研究的主要内容。这项研究要求教师在教育、教学过程中创设各种情境，如教学中用"低起点、小步子、快反馈"等，使学习有困难的学生在学习过程中不断取得成功，以改善其被扭曲的自我观念、调动学习积极性。可以说"成功教育"是教育心理学指导素质教育实践的又一范例（赵增辉等，1991）。

6. 卢仲衡的"自学辅导教学实验"

卢仲衡（1998）在研究斯金纳"程序教学"的基础上，比较了班级授课制和个别化教学的特点后，根据中国实际提出了一种自学（辅导）方式。他借鉴"程序教学"编程原理，吸取了优秀教师的教学经验，提出运用"适当步子"、"当时知道结果"等 9 条心理学原则，依据中学代数课本，编写了初中数学自学辅导教材，包括 3 个本子（课本、练习本和测验本）。其根据教学目的、过程和学习的心理特点，制订出自学辅导教学的 7 条原则，将班集体教学与个别教学相结合，实行教师辅导下，学生自学为主，启、读、练、知结合的自学辅导课堂模式。

7. 现代小学数学教学实验

这是在中国科学院心理研究所"儿童数学思维发展"课题组的主持下，

由心理学研究工作者和小学数学教学研究工作者及教师参加的一项协作性的教学实验。他们借鉴皮亚杰关于儿童思维发展规律的理论，以唯物辩证法为指导，在研究儿童"数"、"类"、"乘除"等概念的基础上，系统地探讨了儿童对部分与整体关系概念认识的发展，总结出部分与整体关系认识的 12 项指标。明确提出：以"1"为基础标准，揭示数及数学中对"部分与整体"关系的认识为主线，来重新构建现行小学数学知识结构，以塑造儿童良好的认知结构，促进儿童辩证思维的萌发（张梅玲，张天孝，1993）。至 1981 年，已经进行的 6 轮教学实验取得了良好的教学效果。作为该实验的研究结果，《现代小学数学》教材 1～10 册通过了国家教育委员会中小学教材审定委员会的审查。这套教材在内地影响较大，在香港、澳门地区也有一定的影响。

第三节　发展与教育心理学研究的经验与发展走向

一、研究的经验

自改革开放 30 多年以来，我国发展与教育心理学的研究历程大致可归结为三大阶段：第一通过借鉴、学习和吸收国外发展与教育心理学的优秀成果，以及研究本土心理学的宝贵遗产，来建构和完善我国的发展与教育心理学理论研究；第二，将一些较为完善和成熟的理论应用于我国发展与教育的实践领域中；第三，在研究方法上，更加注重研究方法的跨界比较，研究手段的现代化、技术化及综合化。以下具体谈一谈这些年我国发展与教育心理学研究的经验所得。

（一）建设具有中国特色的发展与教育心理学研究

改革开放以来，发展与教育心理学研究十分重视有中国特色的学术探索。我国老一辈发展心理学家朱智贤（1982）概括了儿童心理发展的四大基本理论问题（先天和后天的关系；内因与外因的关系；教育和发展的关系；年龄特征与个别特点的关系），并作出了科学、精辟的分析和阐述。后来，由他的学生林崇德先生在长期深入教育实践从事教改实验的基础上，结合对美国杜威和苏联赞科夫等国际心理学界有关智力与能力理论的研究，运用辩证唯物主义方法论，科学地分析自己所获得的第一手实验材料，提出了中小学智能发展与培养的理论观点。该理论提到不能将智力和能力绝对分开，智能是人在适应环境的过程中，成功地解决某种问题（或完成任务）且表现出良好适应性的个性心理特征。不管是智力还是能力，其核心成分都是思维，最基本的特征是概括，即概括是智力和能力的首要特点（林崇德，2002）。另外，还有一些教育心理学工作者结合实践提出的中国本土的教学理论。如冯忠良（1992）的结构定向教学理论。该理论认为，教学必须以构造学生能力和品德的心理结构为中心，实施定向培养，其在小学、中学、大学乃至职业教育方面都取得了明显的效果。还有卢家楣（2012）的情感教学心理学理论等，这些理论成果都对建立中国自己的发展与教育心理学理论体系具有重要意义。

　　进入21世纪以后，中国发展与教育心理学家将研究触角伸向了更加广泛的研究领域。其中，产生了许多具有中国特色的研究，如陈云英和王书荃（1995）对儿童汉语语言的研究；贾军朴等（2004）有关中国传统文化对儿童社会性发展影响的研究，中国独生子女的心理发展和教育研究；熊磊和石庆新（2008）等对中国留守儿童的心理发展特点以及教育对策的研究。从我国发展心理学和教育心理学的研究进程可以看出，我们已经从以前的借鉴国外相关理论发展到了今天这样力求本土化、民族化的阶段。这对于中国的发展与教育心理学来说是一个逐渐蜕变的过程，也取得了可喜的成果。

（二）处理好基础研究与应用研究的关系，这是我国发展与教育心理学研究的基本进路

　　对于发展心理学与教育心理学的发展，无论是基础研究还是应用研究，都起着非常重要的影响作用。基础研究回答的是心理发展、教与学相互作用的基本规律，即"是什么"的问题，寻求的是发展心理学与教育心理学所需的描述、预见、干预，特别是解释性的知识；应用研究则侧重于回答现实社会生活和教育实践中心理发展变化的"应该"问题，旨在从发展心理学与教育心理学角度提供解决实际问题的行动建议或指导。基础研究奠定了发展与教育心理学的理论基础，彰显的是学科的学术价值；应用研究维系着学科与

社会现实的联系,凸显着学科在实际中的存在价值或生命力。改革开放以来,发展与教育心理学的这两种类型的研究沿着各自的途径不断发展,基础研究日趋深入,同时应用研究也更加紧扣社会现实和教育问题。

20 世纪 80 年代以来,发展心理学和教育心理学都开始重视各自领域的基础研究。从 20 世纪 90 年代至今,发展心理学和教育心理学的基础研究领域进一步扩大。例如,在发展心理学方面,自然认知研究方面的内容几乎覆盖了从出生到老年各年龄阶段和各方面的心理发展,心理理论、朴素理论等社会认知研究也是发展迅速,研究者不再依赖于国外的研究模式,而是更多地运用我国独特的研究视角和方法,去探讨影响这些心理发展的各种因素和各心理现象之间的关系,并进一步探索各种心理发展背后的机制问题。在教育心理学方面,基础研究主要涉及构建中国教育心理学体系、智力与非智力因素及其对学习的影响,儿童青少年人格发展健全的培养,素质教育的心理学基础,创造力及其培养,美育心理,学与教的理论,学校心理素质教育等领域。

近年来,发展与教育心理学的应用研究越来越强调实效性,紧扣社会和教育中的实际问题。例如,我国发展心理学家把对发展心理的研究和教育工作联系起来,为教育改革提供了心理学依据;研究儿童和青少年的心理健康及其影响因素,为家庭教育、学校教育和自我成长提供一定的建议;对青少年的吸烟、喝酒、攻击性行为等进行了研究,不但探讨其自身的个性等特点,还探索一系列问题行为等的影响因素;桑标和席居哲（2005）等研究者关注生态系统对个体成长的影响,更多地尝试把发展心理学的研究成果作为儿童发展政策制定的科学依据。张大均和胥兴春（2005）的研究主要涉及儿童青少年品德形成和培养、提高学与教的效率、教与学的策略、学科教学、课程教学改革中的心理问题、学校心理健康教育等研究领域

在发展与教育心理学研究的发展中,理论研究与教育现实的关系十分密切。一方面,理论研究所获得的成果,无疑能帮助工作在第一线的人们预见、发现并深入理解实际问题,并为他们所寻求的行动建议或改进措施提供有益的启示;另一方面,来自社会生活和教育现实的大量现象,也能为理论研究提供新的有待解决的课题,积累必要的事实材料。因此,加强理论研究同实际问题的联系,有利于给整个发展与教育心理学学科赢得更多来自社会的物质与精神支持。因此,对于"基础"和"应用"研究,我们不能偏向任何一方,而应同等重视。这两种类型的研究是相互促进、相辅相成的,它们会为

今后发展与教育心理学的健康和持续发展提供坚实的保障。

（三）加强研究方法的改进和提高，这是我国发展与教育心理学研究的有力支撑

近 30 年间，随着现代科学技术和社会的迅速发展，我国的发展与教育心理学研究在方法上也发生了很大的变化，主要表现为以下几个方面：研究方式的跨学科跨文化的特点；研究设计的综合化和复杂化；研究手段和工具的现代化。

首先，研究方式呈现出跨学科、跨领域、跨文化的转变。20 世纪 90 年代之前，我国的发展与教育心理学研究大多局限在本学科内部。但是对个体的心理发展和学与教的问题的相关研究，常常不是发展心理学或教育心理学一门学科所能独立承担和解决的，而若从多个不同学科的角度出发研究个体心理发展和学习教育的规律，将会更加全面和科学地解决研究中遇到的各种问题。这种跨学科的方式有两种不同的水平：一种是发展与教育心理学的研究与心理科学领域内的其他有关分支学科进行合作；另一种是发展与教育心理学研究与心理学领域以外的各种有关学科的协作。以对发展心理学研究中关于老年期智力特征的研究为例，这是一个涉及心理学、哲学、老年学、思维科学、病理学、神经解剖学、生理学等诸多学科的综合性课题，仅靠发展心理学一门学科是很难完成的（林崇德，1998）。

随着发展与教育心理学研究的深入和发展，研究者们越来越重视不同文化背景对个体心理发展和教育的影响。不同文化背景国家或民族之间的跨文化研究方式极大地丰富了发展与教育心理学研究的成果。对于发展与教育心理学的研究者来说，通过跨文化研究，他们也可以相互交流与合作，这对发展与教育心理学的发展也很有帮助。

其次，研究设计的综合化和复杂化。近年来，发展与教育心理学的研究方法上表现出了综合化的特点。具体表现在以下方面：①采用多种方法去研究、探讨特定的心理发展与学习和教育规律。②使用多变量的研究设计。多变量的设计可以揭示个体心理发展各个方面的相互联系、影响个体心理发展的各种因素及其相互作用的机制。③采用综合设计方式。纵向设计和横向设计是两种最基本和常用的设计类型，近些年来，研究者在重视纵向设计的同

时，也尝试将横向和纵向这两种设计形式结合起来，构成所谓的聚合式交叉设计。以发展心理学研究为例，这种设计综合了两种设计的优点，既可以在较短时间内了解各年龄阶段个体心理特点的总体状况，又可以从纵向发展的角度认识个体心理特征随年龄增长而出现的变化和发展，可以探讨社会历史因素对个体心理发展的影响。④定量和定性的综合设计。

最后，研究手段和工具更加现代化。随着科学技术的迅速发展，发展与教育心理学研究的手段和工具也日渐现代化。在目前发展与教育心理学的相关研究中，录音、录像、摄像设备以及各种专门化的研究工具和手段（如视崖装置、眼动仪、多导仪等）得到了大量的运用，特别是计算机的广泛使用，更为发展与教育心理学的研究开辟了广阔的发展途径，从而在很大程度上提高了研究的精度与科学研究水平。计算机在发展与教育心理学研究中承载着重要的功能，主要表现为以下方面：①控制研究过程，如用来呈现刺激、控制其他仪器、对被试的反应进行自动记录等。②利用计算机统计软件如 SPSS、SAS、SEM 和 AMOS 等来处理、分析和研究数据。③模拟心理过程。在实际相关研究中，应用较多的是功能模拟和思维模拟。④作为训练工具。这方面最有代表性的当属计算机辅助学习（Computer aided learning，CAL）和计算机辅助教学（Computer aided instruction，CAI）。当然，除了上述主要的 4 个方面的功能之外，计算机在发展与教育心理学研究中还有很多用途，比如，利用计算机进行大数据的心理测验。

二、发展与教育心理学研究发展的走向

回顾改革开放 30 年以来的发展与教育心理学发展历程，可以发现中国有关发展与教育心理学的研究已经取得了长足和令人可喜的进步。

（一）发展与教育心理学的研究内容将进一步深入和拓展

社会发展与科研水平的不断提高，使发展与教育心理学的未来研究内容和发展方向更加深入和具体。发展心理学研究在今后可能将沿着以下几个方面发展（黄希庭，2008）：第一，认知发展的研究将仍然作为未来主要的研究方向。第二，儿童青少年心理健康促进研究，将会继续成为热点。第三，跨

文化研究的内容和领域将更加广泛。第四,早期经验与脑的发展研究将随着神经科学的兴起而越来越受到关注。第五,对成人期的研究将着重探讨社会生活事件对个人心理发展的作用、成年人心理健康的状况与特点、成年人对压力或者应激事件的应对机制等问题;在对老年期的研究中,发展心理学家将继续着重研究老年人的生理老化及其对心理发展的影响、影响老年人衰退的各种因素、老年人的孤独问题、老年人的心理保健问题等。

当前教育心理学的研究主要包括:第一,对学习心理的进一步拓展研究。教育心理学家会更加关注当今信息社会流行的学习问题,包括网络学习、终身学习、职业学习等。网络学习可视为我们从知识信息社会这一现实出发而作出的一种面对未来的学习选择;终身学习与终身教育、学习型社会的观念相联系,研究者应将精力更多地放在确立学习者主体、尊重学习者意愿、关注学习者需要、形成学习的态度、保持学习的延续、增强学习的信心、提高学习的能力、利用学习的资源、拓展学习的场所等方面。伴随着科学技术和职业活动的复杂化趋势,职业学习也较以往更为复杂。西方近期出现的行动导向学习、社会性学习和组织学习等关于职业学习的理论,为我国探索这种类型的学习内涵提供了一定的帮助。第二,学科教学心理学的研究将受到更多重视。相比以往脱离具体学科而泛泛描述学习规律的教育心理学研究,针对特定领域的学科教学心理学体现了教育心理学研究的情境取向、整合取向,它能够更为确切地反映人们在具体学科领域中的学习和教学规律。因此,研究者今后将会对心理与教育融于一体的学科教学心理学更加青睐。

(二)发展与教育心理学研究将受到多种思潮的影响

近年来,受当代社会思潮和自然科学的影响,一些主流心理学家认为原来心理学所偏爱的真理性、现实性、客观性、因果性和二元性的研究模式束缚了心理学的发展,因而他们主张心理学的后现代转向。该转向充分体现了取向多维、方法多元、立场多重、观点多样的宗旨,并逐渐形成了多个理论潮流,如后现代女权主义心理学运动、心理学的本土化运动、多元文化心理学运动、大众文化心理学运动(王力娟,张大均,2007)等后现代心理学的发展对心理学相关学科,包括发展与教育心理学的影响都很大,可以说在很大程度上预示了发展与教育心理学研究的未来发展趋势——发展与教育心理学研究的后现代转向,具体来说可能会表现出以下一些趋势。

1）理论观点的多元化。后现代主义的影响使人们越来越追求多元，否定一元。因此，今后的研究将不可能再像几十年前那样，仅一种理论流派就可以占统治地位，而将是会出现各种流派竞相登场，并不断相互吸收对方合理内核的局面，即在多元基础上的融合与交汇。

2）研究对象的整体化。我国学者张春兴早在 20 世纪 90 年代就提出了研究对象的"全人化观"。它首先指个体人格的发展应包括身心等多方面，是由整体到分化进行的。其次，要以社会多元化观点培养所有学生的自适性、全面发展，使每个学生均能学到基础知识，具备独立生活的能力。因此，发展与教育心理学研究今后将把每个个体都当作有独特家庭背景、文化背景、教育背景、情感体验、个性特征、生理特征和生活经历的整体的、全面的人来研究。

3）研究情境的生态化。人的心理处于各种不同的关系之中，对心理的研究只描述机体本身是不够的，还必须研究机体与周围环境的关系，特别是与社会义化环境的关系（陈琦，刘儒德，1997），这些正是研究生态化特点的反映。目前，生态化的研究特点已经被大多数心理学家接受，在很多实证心理学研究中，已经非常注意生态化效度的问题，以生态化运动为指导思想的方法被广泛地应用到了心理学的研究中。

4）我国发展与教育心理学应继续坚持这种研究模式，充分考虑研究的生态效应，即尽量在"自然环境"下，创设非参与式研究情景，以探究现实教育教学过程中自然发生的心理行为机制，使发展与教育心理学的理论研究贴近社会生活和教学实践，化解理论与实践脱节的尴尬处境。

5）研究方法的综合化。近些年来，高科技手段（如 FMRI、ERP、PET 等技术）、高复杂性的统计分析方法（如多元回归分析、结构方程模型等）在发展与教育心理学研究中大量被应用，这些现代化研究方法不仅使研究更细致、深入，提高了实验的精确度和科学水平，提高了工作效率，而且能使我们对某些本来难以研究或不可能研究的课题开展研究，为发展与教育心理学开辟了新的研究途径，但若是过分强调数字化和高科技化为唯一标准，认为没有这些装备和方法就不能取得研究的积极成果，这种想法也是片面的。人们发现，科学心理学创立之初所倡导的只有实证主义方法才能使心理学成为科学的想法是行不通的，发展与教育心理学也是如此。因此，将来的研究一定是多种方法的综合，除了原本的量化研究方法，质化研究方法如叙事式、阐释式、建构式、解构式、客观式等方法和策略都将得到肯定。这样综合的研究方法使研究者可以更加全面地去探究人类的心理机制。

（三）面向教育改革是发展与教育心理学研究的新方向

改革开放 30 多年以来，通过很多心理学工作者的不断努力，使我国发展与教育心理学研究取得了许多重要的研究成果。在教育领域的应用发展心理学研究已经有良好的传统。自 1978 年以来的历次教育改革以及素质教育实施过程中，已经有大批发展与教育心理学家参与其中，他们开展了一些卓有成效的发展与教育心理学的应用研究工作：①中国科学院心理研究所刘静和教授领导的"现代小学数学教学实验"研究。在研究儿童数概念、类概念、乘除概念的基础上，系统地探讨了儿童对部分与整体关系的认知发展，总结出部分与整体关系认知的 12 项指标，从而进一步明确提出了重新构建现行教学大纲范围内的小学数学知识结构，以塑造儿童良好认知结构的心理学思想，在此基础上他们编写了《现代小学数学》（1—10 册），影响甚广。②中国科学院心理研究所另一位教授卢仲衡研究员，他提出并运用心理学原则编写自学辅导教材，教材包括课本、练习本和测验本，以便学生自学与练习、教师批改与检查。他依据教学目的、过程和学生的心理发展特点，制定出自学辅导教学的原则，并以这些原则作为教与学的基本方法或指导原则。③华东师范大学邵瑞珍教授的"学与教"的研究。其课题组有选择地对国外某些有重要影响的理论作了比较系统的研究。在此基础上，结合我国中小学实际，开展了一系列促进学生心理发展的"学与教"的应用性研究。④北京师范大学冯忠良教授的"结构化-定向化"教学思想。他认为教育系统中的心理学核心问题是学生能力与品德的心理结构的构建问题，这些心理结构的形成，是依据有目的、有计划的经验传递，按确定的方向和要求（定向）构建起来的。依据结构化-定向化教学思想开展的一系列干预实验，有效促进了学生的心理发展。⑤林崇德教授关于"中小学生心理能力发展与培养"的教学实验。已在全国的 26 个省（自治区、直辖市）设立了 3000 多个实验点，通过 20 多年的实验研究形成了自己的"学习与发展"和"教育与发展"的理论体系，并得出了中小学生智能发展与培养的一些规律性的结论。虽然有上述代表性的应用研究，但是当前对发展与教育心理学的应用研究的重视程度仍有待加强，发展与教育心理学领域的研究者，特别是年轻研究者必须作出更加现实的转向。

中国社会的发展越来越关注心理和心理学，作为发展与教育心理学的专业人员必须面对各种实际问题和现实问题，而不是仅仅满足于对国外理论的修修补补，以及实验室的精密控制。如果我们的工作中不考虑生态效度，不考虑实际需求，对于国家和社会的发展而言，该学科就显得微不足道和无足轻重了。我们总是表现为一个旁观者，而不会成为具有一定社会责任感的担当者。我国的素质教育、心理健康研究、和谐社会的建设、老龄化的心理研究、儿童青少年的发展也面临着许多有"中国特色"的实际问题或与社会热点有关的问题（如独生子女的教养、离异家庭子女的成长、隔代教育、网络成瘾、社会转型期的诚信问题、高考心理、农村留守儿童青少年的教育及心理问题、农民工子女教育），以儿童为对象的广播影视、图书报刊、玩具教具等很多领域都需要发展与教育心理学的应用研究和研究成果的实际应用。总而言之，未来发展与教育心理学的现实转向是十分必要的，因为应用的领域可谓是"广阔天地，大有可为"。

第六章

改革开放以来中国应用心理学研究进展

应用心理学作为心理学中迅速发展的重要学科分支，其发展对于个体和社会而言意义重大。应用心理学主要是研究心理学基本原理在各领域的实际应用，即是运用心理学的原则和理论去解决人们生活和工作中的实际问题。根据研究领域的不同，应用心理学亦有众多的分支，包括学校教育、健康、工业、工程、军事等各领域。新中国成立以来，各领域都有所发展，尤其是近30年来，学校健康心理学、临床与咨询心理学、工业与管理心理学、心理测量学、军事心理学等领域都有长足进展。

第一节　中国应用心理学的研究概况

我国的应用心理学经历了从最初发展到逐步成熟的过程。近30年来，应用心理学涉及的范围非常广泛，不但包含了学校健康心理学、临床与咨询心理学，还包含了工业与管理心理学、心理测量学以及军事心理学等，其总体的特点表现为"应用型"的学术研究。

一、学校健康心理学

我国心理健康问题研究的兴起不仅与临床心理学有关，也与学校心理学的兴起密切相关。学校健康心理学主要的研究对象就是学生和教师，因此其主要方向就是研究在学校或学习环境下，学生和教师的心理与行为的发生发展及其变化规律。我国近 30 年来学校健康心理学的研究经历了以下几个阶段。

（一）介绍与引入阶段

我国学校健康心理学真正开始是在改革开放以后。这个时期的主要特点是介绍和引入国外的学校心理学，以此为师生心理健康教育提供相应的心理学依据。其内容主要涵盖学校心理学的各个方面，不仅包括学科性质、学科任务、学科体系、研究领域，还包括了相应的理论和方法、服务范围以及其课程设置等。在这个阶段中，不但有学者介绍了苏联的高等学校健康心理学的发展概况（贺光，蓝仁侠，1984），而且也有学者介绍了欧美国家的学校健康心理学的学科性质、发展简况和学校健康心理学家的角色功能（陈永胜，1989）。

（二）探索具体问题阶段

随着社会的发展，以及一些校园恶性事件的不断被报道，学者们发现解决学校中学生的实际心理健康问题成为社会的迫切需要（姜旭，韦小满，2009）。20 世纪 90 年代，学校健康心理学围绕学生的心理健康问题开始了具体问题的研究。如有学者尝试了学习不良儿童的评价、鉴别与诊断的研究，也试图去发现学习不良儿童的心理和行为特征表现，并努力寻找相应的教育干预措施（俞国良，罗晓路，1997）。还有学者研究了学校健康心理学从业者所需的基本要素。有学者还从学校健康心理学的工作任务出发，分别就服务对象（学生）和个人发展（自身）的两个方面，分析了学校心理学工作者应具备的素质（荆建华，1995）。

（三）学科体系基本形成阶段

经过 30 多年的积淀和发展，我国的学校健康心理学取得了长足的进步，学科体系也基本形成。应用心理学研究的领域和范围在不断扩展，参与的热情不断上升，研究的从业人数也在不断增多。随着研究课题的横向扩展以及纵向不断深入，当前的研究已经很难由个体独立完成，更多需要的是强调团体的协作，进而当前我国应用心理学研究的理论体系也在日臻完善，出现了一大批的教材和专著（林崇德，辛涛，2015），同时在学校中学校健康心理机构也日趋健全。

二、临床与咨询心理学

我国的临床与咨询心理学始于 20 世纪 30 年代，在 50 年代中叶出现高峰期，在这一阶段，出现了丁瓒、李心天、王景和、钟友斌、龚耀先等一批著名的临床与咨询心理学家，他们使用"综合快速疗法"治疗神经症和心身疾病，在国际和国内有很大的影响。近 30 年来，我国临床与咨询心理学从 20 世纪 80 年代开始，在学术和实践两方面都得到了较好的发展。这一时期，从开始翻译国外著名心理学家尤其是心理学治疗家的著作，到在专业期刊上发表与心理咨询与治疗相关的论著，从引用国外的心理学理论观点到在临床的基础上提出本土的理论观点，从个别心理咨询和门诊的出现，到目前心理咨询和门诊的专业化与普遍化，使得临床与咨询心理学在学术上得到了蓬勃发展。另外，近年来，中国心理学会还成立了心理咨询与治疗相关的各专业委员会，比如，森田疗法应用专业委员会、医学心理学专业委员会等，使临床与咨询心理学在实践方面也得到了理性发展。

进入 21 世纪以来，我国的临床与咨询心理学进入到了职业化和专业化的重要阶段。教育部于 2001 年 3 月签署了《关于加强普通高等学校大学生心理健康教育工作的意见》；同年 9 月，教育部设在天津师范大学的培训基地开始举办每月一期的全国普通高校大学生心理健康教育工作骨干培训班；2002 年，在专业技术资格考试中，卫生部开始设立心理治疗学专业考试；2007 年，中国心理学会常务理事会还通过了《中国心理学会临床与咨询心理学专业机构和专业人员注册标准》以及《中国心理学会临床与咨询心理学工作伦理守则》；2007 年年底，全国有 200 多名专业人员通过专业认证，成了首批中国心理学会注册的督导师和心理师。

三、心理测量学

中国的心理测量学在改革开放后也迎来了发展生机。1978 年，在保定召开的中国心理学会上，一些老专家就主张恢复心理测量工作，并于1979年在武汉举办了第一个全国性的心理测验培训班。在培训班上，除了讲授相应的心理测验与统计的基本原理外，还专门介绍了已经修订的中文比内量表，并组织专家进行韦氏儿童智力量表的修订。1980年，北京师范大学心理系为学生开设了心理测量课程，在国内开创了测量课程的先河。同年，中国心理学会实验心理专业委员会再次在武汉召开了全国心理测验研究协作会议，并作出决定恢复对国外心理测量量表的修订（张厚粲，2000），使心理测量学迎来了第一个繁荣时期。1984年，第5届全国心理学年会成立了心理测验工作委员会，这标志着我国的心理测量学迈入了一个新的高速发展时期。

20世纪90年代初期以后，心理测量学再次进入到了一个快速发展的高峰时期。1989年，国家教育委员会决定将标准化考试逐步在全国推广，并颁发了《高等学校招生全国统一考试标准化实施规划》，由此打开了心理测量在教育领域中应用的新局面（刘海峰，2004）。1990年秋，在无锡中国心理学会心理测量专业委员会召开了首次学术会议。除交流学术论文外，会议上还决定组织力量对心理测量的前沿领域进行研究（程家福等，2001）。它的影响力也扩展到了相关的其他应用心理学领域，例如，在管理心理学中，马金焕（2006）研究分析了心理测验在人员素质测评中的应用。此外，在临床与咨询心理学领域也常常可以看到它的身影。除了研究的领域和内容在不断地深化与扩展外，研究机构和测量标准也日趋完善。

四、工业与组织心理学

工业与组织心理学也称为工业心理学，它是应用心理学领域的重要学科分支。根据我国工业心理学创始与奠基人陈立先生的观点，"我国的工业心理学主要包括：劳动心理学、人事心理学、工程心理学、管理心理学和消费心理学"（徐康，劳汉生，2002）。1980年，中国心理学会筹建了中国的"工业心理学专业委员会"，并明确提出，我国工业心理学主要包含两门学科：管理心理学和工程心理学（黄希庭，2008）。

工业心理学在我国有着相对较长的历史。早在20世纪30年代，在引入国际工业心理学的基础上，陈立（1935）结合我国实际，出版了《工业心理学概观》，这是我国首部工业心理学著作，也由此拉开了中国工业心理学发展的序幕。一直到 20 世纪 60 年代初，我国工业心理学主要侧重于围绕劳动心理技能培训、工作环境和人事测验等方面开展研究。在那个阶段，我国工业心理学科研工作者主要根据国家建设需要，先后开展了有关国计民生方面的重大研究，比如，铁路信号与水电站监控室信息显示，以及飞机驾驶舱的照明、信号、仪表显示等各方面的人-机匹配问题的应用心理学研究，取得了一系列的研究成果。十一届三中全会后，国家将工作重心转到经济建设上，在这种时代背景下，将心理学的相关理论知识直接应用于工业设计和组织管理过程，就成了社会心理科学的迫切需求。因此，我国工业心理学的研究与应用也进入了新的腾飞阶段。

20 世纪 80 年代中期是我国管理心理学开始腾飞的时期。在这个阶段，研究从早期的提高员工积极性已经扩展到了领导的行为与管理决策，与此同时，为了与经济改革的步伐相适应，管理心理学领域也积极开展了一系列的研究课题与项目，主要涉及组织发展与新技术变革。进入 20 世纪 90 年代，在国有企业深化改革的浪潮下，伴随着外资企业的迅猛发展，管理心理学家也紧跟时代步伐，开始研究和探讨跨文化条件下的组织文化心理与战略管理心理。在管理决策模型、CPM 领导理论和管理胜任力模型与测评方法、组织承诺理论以及 ASD（attraction-selection-development）组织发展理论等方面，管理心理学取得了一系列创新成果（沈鹏，郝永泽，2011）。

1989 年，我国成立了人类工效学联合会，并组建了认知工效学专业委员会。此后连续 20 年承担了国家航空航天领域的重点与重大项目，尤其是在新型歼击机、武装直升机与载人飞船座舱等方面，为人机界面的优化设计提供了心理学依据。在工程心理学方面，我国工程心理学者除了继续研究航空工程心理学、照明工程心理学以及环境噪声控制和铁道信号等外，还陆续开展有关工程人体测量，研究体力工作与心理工作负荷、事故与安全、道路交通心理的相关心理因素，以及电视色彩调制、计算机视觉显示终端、人工智能、监控室信息显示等人机界面方面的工程心理学研究，发表了大量有关工程心理学的论文或研究报告，取得了丰硕的成果（朱祖祥，1995）。

五、军事心理学

军事心理学起源于第一次世界大战，它将心理学的理论知识应用于军事活动中，研究在军事活动中个人与群体所出现的心理与行为规律。在当今社会，虽然和平与发展成为世界发展的呼声，但是还有很多地区陷入在战争的漩涡中，国与国之间由于历史原因以及利益原因，还会有军事博弈，在此背景之下，军事心理学仍然会成为各国应用心理学的重要分支。

在经过了"文化大革命"的整个心理学的停滞期后，20世纪80年代中后期，中国的军事心理学才在真正意义上开始发展。1985年，在辽宁本溪召开了中国第一届军事心理学理论研讨会，成为全国及全军性的学术研讨会议，同年成立了中国军事心理学学术研究组织的筹备组，并命名为中国社会心理学军事专业协作组。1986年，作为全国性的中国军事心理学研究协作中心以及中国社会心理学会军事专业委员会正式成立。自1986年开始，学界出版了一大批有关军事心理学的论著，如刘红松的《军事心理学》，欧阳仑、杨瑞卿的《军人心理学》等。同时，在1988年，作为全国第一本军事心理学刊物《军事心理学》也正式出刊发行。

从20世纪90年代初期开始到90年代末，是中国军事心理学的快速发展时期。石家庄军事教育学院、西安政治学院以及西安二炮工程学院等不少军事院校开设了军事心理学课程。同时，军事心理学也从院校、科研单位的理论研究逐渐步深入到部队的实践应用研究，如1993—1996年沈阳军区某部队用了3年时间进行了心理战教育训练试点（马忠，1999）。

从20世纪90年代末期至今是中国军事心理学的繁荣稳定时期。在这一阶段，各行业的专业人员都进入军事心理学领域进行协同研究，拓展了军事心理学研究的新思路，尤其是在对军人进行军事选拔、提高作战效率、开展心理战以及发展军工技术等方面的研究有了一系列长足的进步。在实践方面，苗丹民研究总结了军事心理学的研究领域、特点以及框架（苗丹民，2004）。专业书籍如《军事心理学手册》（苗丹民，王京生，2003）等一大批著作和研究，亦为中国军事心理学的普及奠定了基础。

第二节　近30年来应用心理学研究的重要进展

近30年来，我国的应用心理学在各个分支领域都形成了自己的研究体系，并且都结出了累累硕果。

一、学校健康心理学的主要研究成果

要研究学校心理健康状况，首先需要探寻心理健康的结构和维度，近30年来，许多学者对此一直致力耕耘。

（一）对心理健康结构的探索

台湾学者黄坚厚（1976）认为，衡量个体心理健康应具备4条标准：乐于工作；能与他人和睦共处；对自我具有适度的了解；良好地适应社会。王登峰（1992）也提出衡量心理健康的8条标准：①了解自我，悦纳自我；②接受他人，善于与人相处；③正视现实，接受现实；④热爱生活，乐于工作；⑤能协调与控制情绪，心境良好；⑥人格完整和谐；⑦智力正常；⑧心理行为符合年龄特征。

学校心理健康的研究对象主要是教师和学生。郑红渠和张庆林（2007）探讨了中小学教师的心理健康维度，认为中小学教师的心理健康维度由以下6个方面构成：①挫折应对问题；②职业倦怠；③人格障碍；④身体症状；⑤社会适应问题；⑥人生态度问题。同时，研究还发现，中小学教师的心理健康状态总体良好；但是在职业倦怠与身体症状两个维度上存在着比较突出的问题。王国香等（2003）通过对教师职业倦怠量表的研究，发现教师职业倦怠由3个因子构成：情绪衰竭、去个性化和自我成就感。

在学生的心理健康结构研究中，苏丹和黄希庭（2007）通过对中学生适应取向的心理健康结构进行研究，发现中学生心理健康包括5个维度：①情绪稳定；②考试镇静；③乐于学习；④人际和谐；⑤生活幸福。首先，情绪稳定是中学生心理健康的前提条件，因为中学生正处在心理发展的关键期，他们的情感反应往往如"疾风骤雨"，表现出感性有余而理性不足。与考试镇静相对的是考试焦虑，在当今社会，良好教育的有限性导致竞争日益激烈，考试成为获得优势教育资源的一个重要渠道，对中学生的良好考试应对能力提出了更高的要求，因此，如何克服焦虑是中学生心理健康研究的重要方面；其次，乐于学习反映了中学生对学习的态度及行动；再次，人际和谐也是中学生心理健康结构的重要内容，我们的生活都在一定的群体之中发生和体现，人与人之间的关系是个体成长的环境，在不同的环境之下如何建立和谐的人际关系是中学生健康成长的必修课。此外，生活幸福与否主要反映了个体对自己生活状态的主观评价和自己在生活过程中的主观情感体验。谭和平（2011）在中学生心理健康量表编制的研究中，认为中学生心理健康是指个体的全部心理活动过程处于正常完满的状态。他认为这个状态应包括如下5个维度：认知正常、情感协调、意志健全、个性完整以及适应良好。

（二）心理健康状况与心理问题研究

在中小学心理健康与心理问题的研究方面，我国心理学工作者的研究主要集中在以下方面：多动症、自闭症、攻击行为、说谎以及逃学等问题行为。董奇（1993）对多动症儿童的研究发现，通过直接方式或间接方式，影响多动症儿童发展，为了对多动症儿童进行矫治，心理治疗工作应该从以下3个方面着手：多动症儿童、多动症儿童的家长、多动症儿童的教师，通过这些努力相信会达到好的效果。例如，有研究者对多动症儿童及其家长进行了干预（吴增强等，2011），邹瑾的研究取得了一些成果。

王东莉和马建青（1991）研究探讨了大学生的心理卫生状况，并总结了当代大学生心理健康表现的特点。陈良和张大均（2007）的研究再次探讨了大学生心理健康素质的发展特点。他们通过对6000多名大学生的心理健康素质测查，并对城市和农村、不同专业大学生的心理素质水平进行比较分析，发现在城市与农村、不同专业大学生心理健康素质水平差异显著，但是在年级和性别上差异不显著。李子华（2007）等的研究通过对贫困大学生的心理健康问题进行分析，发现贫困大学生存在以下心理健康问题：人际关系敏感、心理焦虑、自卑及心理负担过重等，即贫困大学生存在双贫现象。罗明春等（2010）则对少数民族大学生的心理健康状况进行了元分析，其结果表明，少数民族学生心理健康水平介于中国青年常模和大学生常模之间，近15年来民族生心理健康水平基本稳定。

在说谎研究方面，吴增强等学者研究了小学儿童在假想的道德两难情景下如何对说谎或说真话进行抉择。其结果表明，随着年龄的不同，小学儿童的说谎理由也出现差异，高年级儿童更多地从诚实、集体或个人等多个方面去陈述说谎或说真话的理由（傅根跃，王玲凤，2006）。另外，史冰和苏彦捷

（2007）的研究也发现，儿童对不同对象的欺骗表现有其相关的社会特点：隐蔽的动作欺骗与意志维度呈显著相关，而外显的动作欺骗则与好胜心维度呈显著相关，另外，说谎和自我概念维度呈显著相关。

（三）特殊群体的心理健康研究

随着经济和社会的发展与变迁，学生的群体也出现了多元化现象，越来越多的特殊群体出现在研究者的视野，比如，独生子女、留守儿童以及网络成瘾儿童等。

李志等（1998）通过对独生子女和非独生子女大学生的学校适应状况进行研究，结果发现，独生子女大学生的学习适应能力与生活期望值相对于非独生子女而言更高；独生子女在就业的途径、方向上表现得更为乐观；不过在研究中也发现，独生子女在经济依赖思想上较非独生子女更重。另外，在研究中发现男生的心理适应状况好于女生；通过职业价值观的比较，发现独生子女与非独生子女趋于一致，两者都重视职业的重要性（李志等，1998）。

留守儿童和流动儿童是改革开放后我国出现的一大社会群体，在 2013年的全国人口普查中已经达到 1 亿。留守儿童主要指农村地区因父母双方或单方长期（半年以上）在外打工而被交由父母或长辈、他人或者无人抚养、教育和管理的儿童,流动儿童则是指跟随父母在打工的地方进行流动的儿童。罗静等（2009）通过对留守儿童产生的背景，概念的界定，以及心理健康、自我意识、人格、情绪、社会支持、社会行为、学业与校园关系、家庭与生活等各方面进行系统总结，概括了在多个学术领域已有研究中宏观呈现与微观分析的"22N"模式，并分析了其存在的问题原因，提出了在目前干预措施实施不利的情况下，如何以保护性因素作为突破口的新进展。此外，研究者还最后从理论研究与实践干预方面提出警示:留守儿童并不都是问题儿童，出现问题的留守儿童是多种因素造成的，并非留守一方面，留守儿童之间存在个体差异，大多数留守儿童自身具有良好的发展与成长的心理资源，因此留守儿童的纵深趋势研究与切实可行的干预模式，必须是以留守儿童本身的心理资源以及社会的发展与需求为背景（罗静等，2009）。儿童网络成瘾也是一个当前青少年教育棘手的问题，雷雳、杨洋和柳铭心（1999）通过探讨青少年的神经质人格、互联网服务偏好与网络成瘾的关系，发现在对网络成瘾的影响因素上，神经质人格与互联网社交、娱乐和信息服务偏好都存在显著的交互作用,却与互联网交易服务偏好不存在显著的交互作用(雷雳等,1999)。

二、临床与咨询心理学的主要研究成果

咨询心理学是研究心理咨询的过程、原则、技巧和方法的心理学分支。我国临床与咨询心理始于 20 世纪 30 年代,丁瓒作为中国首位临床与咨询心理学家,进入了北京协和医院从事临床与咨询心理学工作。20 世纪 50 年代中叶,我国出现了丁瓒、伍正谊、李心天、王景和、钟友斌、龚耀先、许淑莲、陈双双等临床与咨询心理学家,使用"综合快速疗法"治疗神经症和心身疾病,后来因历史原因再次中断。从 20 世纪 80 年代开始,心理咨询与治疗再次恢复,各高校和医院再次成立了心理咨询室和心理咨询中心。在近 30 年中也产出了一系列研究成果。

(一)心理障碍的研究

1. 焦虑障碍

丁锦红等（1995）通过探讨大学生的焦虑情况，发现人际关系、职业期望和校园文化是影响大学生焦虑水平的重要因素，而非大学生的学习压力。杨骏等（1996）的中学生考试焦虑问题的研究，证明了中学生对待考试的态度，会通过引起中学生生理或心理方面的变化而表现出考试焦虑的症状。郭晓薇（2000）探讨了大学生社交焦虑的成因，发现自我评价中的"与人们交谈"和"社会交往"两个维度是大学生社交焦虑成因中的重要环节，同时也发现自我评价与社交技能是造成大学生社交焦虑的重要原因。许又新（1988）通过耻感、神经症和文化的研究，证明了在中国耻感也是社交焦虑的一个重要影响因素。钱铭怡等（2006）也研究了大学生的羞耻感与社会焦虑的关系，结果再次证明了二者之间存在显著的正相关。

另外，王美芳、张燕翎和于景凯等（2012）通过探讨幼儿焦虑与气质、家庭环境的关系，发现幼儿的焦虑与其气质以及家庭环境之间确实存在密切关系，同时也发现家庭的亲密度能够减缓气质对幼儿焦虑的影响。崔明和敖翔（2002）还通过探讨中学生焦虑、抑郁与生活事件和应对方式的关系，发现初三毕业生的焦虑发生率相对较高，并建议学校和家庭不要过分批评和惩

罚学生，同时认为学会正确处理人际关系，以及采取正确的考试应对方式，是减少中学生焦虑发生的重点。孙雨竹和陈刚（2012）也探讨了高三学生高考前考试焦虑状况及其影响因素，结果发现高考生考试焦虑是一个普遍存在的现象，其中，担忧和自卑是考试焦虑的两大影响因素，另外，考试高焦虑者采取的应对方式往往是消极的。

　　针对如何缓解焦虑障碍的问题，不同的研究者有不同的见解，王翔南（2011）的研究认为，对焦虑症患者应采用心理疏导结合松弛训练指令，这种结合治疗比单纯的心理疏导效果好。张玲（2006）等的研究发现，认知行为疗法对焦虑的改善具有较好的效果，认知行为疗法对患者的社会功能、生活满意度以及生活质量均有明显改善。此外，张亚林等学者认为中国的传统文化也对焦虑障碍的改善有良好的效果，他们通过实验探寻中国道家认知疗法对焦虑障碍的疗效，其结果证明道家的认知疗法的确能够有效缓解患者的焦虑症状，虽然与药物治疗相比，效果较慢，但是其远期效果好，他们假设如果道家认知疗法能与药物治疗相结合，有可能会达到更好的疗效。

2. 进食障碍

　　进食障碍常见的主要是神经性厌食症（anorexia nervosa，AN）与神经性贪食症（bulimia nervosa，BN）两大症状。其既有生理的原因，也有心理的原因。张大荣等（1994）通过对进食障碍患者血 DST 及尿 MHPG.SO4 排出量的测定，结果表明，进食障碍的确与人的生理异常有关，主要表现在小丘脑-垂体-轴功能的异常，并认为这种异常的出现可能与异常的进食态度及异常的进食行为密切相关。徐振华、吴光玉和尚莉丽（1994）通过对厌食儿童的心理状况进行调查，发现家长只要与医生或保育人员合作，能对厌食儿童进行抚慰、疏导、鼓励，或通过暗示、转移等方法对厌食儿童进行心理治疗，儿童厌食是能得到改善的。郑日昌（1999）也通过对北京女青少年节食状况及相关问题进行研究，发现不同年龄组的被试在求瘦欲望以及体形不满方面没有显著性差异，但体重正常以及较瘦的被试比过瘦者在求瘦欲望和对体形的方面有更强的不满，其可能原因是身体的病态态度越严重，越可能有节食行为。关丹丹和王建平（2003）调查了北京地区女大学生的进食障碍，结果发现，女大学生的求瘦倾向与不满体形会导致进食障碍，并且大学二年级这一阶段是进食障碍的高发期，因此，高校要做好对大一到大二学生的心理引导，以便有效预防或者减少大学生患进食障碍的可能性。张卫华、张大荣和钱英（2006）分析并探讨了进食障碍患者的心理特点，结果表明，对进食、体重与体形的过度关注，是产生进食障碍的主要原因，当然同时也可能存在其他一些心理原因。章晓云和钱铭怡（2004）通过研究进食障碍的心理干预，认为认知行为疗法、自助技术、自我心理教育以及家庭治疗等几种方法都是行之有效的干预方法。

3. 创伤后应激障碍

创伤后应激障碍（Post-tranmatic Stressed disorder，PTSD）主要是指个人在经历了异乎寻常的、几乎对所有人都会带来明显痛苦的事件后所发生的精神障碍。刘光雄、杨来启和许向东等（2002）探讨了车祸事件后的 PTSD，结果发现车祸事件的 PTSD 与性别及个体的个性心理特征有关。甘景梨、高存支和杨代德等（2004）通过对比 PTSD 的异常心理军人与没有经历过 PTSD 的心理健康军人的 ERP，结果表明，他们之间的 ERP 存在着很大差异，认为 ERP 的变异特点可以作为 PTSD 辅助诊断的一个脑电生理学指标。邱育平、张业祥和王艳珍等（2007）通过爆炸案幸存小学生 PTSD 的调查研究，发现受伤害严重学生的 PTSD 比未受伤害学生的发生率高，因此认为重大灾难的心理危机干预应覆盖所有的相关人群，对 PTSD 患者应加强其心理干预，同时还要尽量减少外界其他不良应激源的干扰。此外，孙宇理和朱莉琪（2009）还总结了地震后儿童 PTSD 的影响因素，主要涉及创伤暴露程度、个性特征、当时的环境因素以及时间因素。张本等（1999）也研究了唐山大地震受害者，这些受害者涉及普通受害者、截瘫者及唐山大地震孤儿。通过回访研究，发现大地震后急性应激反应（acute stress reaction，ASR）和延迟性应激障碍（delay stress disorder，DSD）的患病率高，身心健康水平总体较低。他们还进一步通过唐山大地震远期神经症抽样调查和病因学的分析，发现精神创伤的严重程度与神经症的发生之间存在着密切的相关，因此，在 PTSD 干预中还应该对这些遭受过重大精神创伤的群体或者个体实施相应的神经症防治工作。汪向东、赵丞志和新福尚隆等（1999）通过比对张北尚义地区离震中不同的两个村子村民之间的 PTSD，结果发现初始暴露程度虽高但受灾后社会支持较好的群体 PTSD 的发病率相对较低；震后 9 个月再测，两村 PTSD 发病率分别为 19.8％和 30.3％，总体发病率为 24.4％。这项研究结果表明：初始暴露程度并不是 PTSD 发病的主要原因，其主要原因是能否及时获得社会支持以及灾后的及时干预。张本、王学义和孙贺祥等（2009）也通过对汶川地震中急性应激障碍的检出率及相关因素的调查与分析，发现汶川大地震后ASD发生率高，同时女性ASD的发生率显著高于男性。张宁等（2010）同样研究分析了汶川地震幸存者的PTSD，结果发现，有较高比例的幸存者表现出PTSD，高创伤暴露水平、女性、中年、已婚以及负性情绪被认为是PTSD的主要影响因素。针对震后的PTSD，刘兴华（2008）认为控制感的缺失是发展成为焦虑或者恐惧反应的重要因素，认为单次行为疗法能有效地减缓PTSD。他还介绍分析了PTSD的暴露疗法，该疗法也是实证研究支持最多的心理疗法。

（二）心理咨询与治疗研究

1991年在北京召开了首届全国心理治疗与心理咨询学术会议，该会议涉及了心理咨询和治疗研究的多个方面：心理治疗的基础研究，神经症与情绪障碍的心理治疗研究，心身疾病与生物反馈治疗研究，学校与青少年儿童心理咨询研究，电话咨询、通信咨询的研究，精神患者的康复心理治疗研究，性心理咨询与治疗研究等。在此之后，我国的心理咨询与治疗的研究进入到了一个快速发展的阶段。龚耀先和李庆珠（1996）通过对457个开展心理治疗的单位的调查，发现心理治疗的专业人员运用最多的心理治疗方法，依次为行为疗法、认知疗法、支持疗法、心理分析、森田疗法、生物反馈、催眠暗示疗法、来访者中心疗法以及认识领悟疗法。

1. 心理咨询与治疗的道德规范研究

张燮（1994）认为心理咨询与治疗专业工作者其核心的道德精神应该是对人类尊严的尊重，并在此基础上确保高质量的服务，因此提出了相应的心理咨询与治疗的专业道德规范。侯艳飞和赵静波（2011）则从心理咨询和治疗行业及其相关人员的伦理意识角度出发，认为在心理咨询与治疗行业中，咨询师、参加咨询师培训人员以及应用心理学系学生其邻里判断有一定差异，并且发现心理系学生在多个条目中的判断较差，应引起重视。邓晶和钱铭怡（2011）在1996年则调查分析了咨询师对双重关系伦理行为的情感态度，发现中国咨询师对部分条目的认知态度以及情感态度缺乏一致性，并且中美咨询师对待某些条目的态度存在明显的文化差异。

侯志瑾提出了应就儿童心理选择合适的咨询与治疗方法，并认为游戏治疗、行为矫正、家庭治疗比较适合。易进（1998）认为，心理咨询与治疗中的家庭理论，需要考虑家庭功能模式理论。他指出这种理论模式包含了描述和评价家庭特征所必须考虑的维度，对婚姻以及家庭治疗策略具有一定的指导意义，尤其是对儿童的心理行为治疗提供了较好的思路。王丽（2011）通过探讨儿童心理咨询与治疗的生态模型，认为它改变了传统的以个体为主的治疗模式，它强调将个体置身于家庭、学校和社会等整个生态环境中，这种新的模式对整个心理咨询与治疗具有一定的借鉴意义。陈华（2000）则通过探讨心理咨询中价值干预的问题，指出在心理咨询中应该强调功能干预而非内容干预，并应切实提高咨询人员自身的专业素质，以保证价值干预。

2. 心理咨询与治疗的多元文化研究

刘玉娟和叶浩生（2002）则从多元文化视角探讨了心理咨询与治疗（multicultural counselling and therapy，MCT）。MCL 理论认为在咨询过程中应注意文化的多元性，增强文化的敏感性，以修正传统理论中的文化偏见。孟丽红和张玉亮（2003）也解析了中国传统文化与当代心理治疗之间的联系，认为当代中国的心理治疗急需"本土化"，强调中国当代心理治疗应该汲取传统文化里的人生哲学，以及中医养生术所蕴含的有益元素。闫杰（2008）从文化心理学视野角度探讨了心理咨询与治疗的本土化研究，认为从文化心理学的视角而言，西方的心理咨询与治疗理论无论从咨询动机、咨询效果还是咨询关系上，都不适合东方人的性格与心理问题，因此强调推进我国心理咨询与治疗的本土化，需要从对西方心理咨询和治疗理论中有所扬弃，并进行改造与吸收，加强对从中国古代、近现代心理学思想和哲学思想中挖掘精华来丰富当代心理咨询与治疗的形式与内涵。

3. 心理咨询与治疗的方法及效果研究

国内很多研究者对咨询和治疗的效果也进行了研究和探讨。王建平和王晓蕾（2011）认为，认知行为治疗（cognitive behavioral therapy，CBT）是唯一循证的心理咨询治疗方法，因为它真正遵循和体现了"科学家-实践家"的模式，其效果是可以评价并有证据支持的。曾琪（2009）则从心理咨询效果评估的依据、方法、研究设计以及影响因素 4 个方面探讨了该领域研究的历史及现状。他认为，要想对治疗效果有一个较好的研究，则被试的选择应该有良好的入组标准和排除标准，同时研究应该设立实验组和对照组，在原则上应该采用客观指标来评估治疗效果，或进行盲评，此外还要在同时干预的情形下进行追踪研究。吴任钢、张春改和邓军等（2002）通过将 48 名慢性失眠患者随机分为 4 组，每名患者严格按照诊断与排除标准确认入组，然后分别接受认知行为疗法、安眠药物治疗、安眠药物和认知行为结合治疗以及安慰剂组治疗。治疗疗程共 8 周，记录治疗前后的主观和客观指标，以对比分析认知行为与安眠药物治疗慢性失眠症的效果，发现安眠药物对睡眠改善起效快，并且短期效果好；但药物结合认知行为治疗的远期疗效不如单纯的认知行为治疗；认知行为治疗则对睡眠改善有长期效果，且心理状态也有改善。

不过，国内对心理咨询与治疗过程的联合研究还相对较少，较常见的文献是对二者分别加以研究。江光荣（2005）通过探索分析心理咨询会谈深度的维度模型，认为情感维度（情感的-非情感的）、个人化维度（非个人的-个人的）和时间维度（非此时此刻的-此时此刻的）是其主要的三个维度，它可以用来评估在心理咨询过程中咨询师与来访者之间的咨询过程所达到的深度。江雪华（2007）的研究探讨了个体分析性心理治疗，丰富了分析性心理治疗理论与技术的相关理论。

很多学者认为，就心理咨询与治疗的方法论而言，目前学术界大多采用实证主义，但仅仅采用实证主义的方法是远远不够的。虽然在很多人看来，主观解释性的研究不符合严格科学的定义，但从心理咨询与治疗实效本身而言，主观解释性研究具有非凡的意义。侯志瑾将心理咨询与治疗的研究分成 4 类：常见的有关疗效的研究、治疗组份的研究、来访者变量和治疗师的变量的研究、治疗过程的研究。这 4 类研究基本是遵循传统的实证主义与量化研究范式进行的，更多强调研究结果的概括性。当然不同的研究范式在研究目标、被试以及研究者与被试的各自角色、数据的搜集与处理以及对研究的评判标准和对咨询和治疗的贡献都各有所长。研究者应根据实际需要选择不同的研究方法，在研究中应遵循研究范式的规范，以避免陷入研究的误区而不自知（侯志瑾，2005）。

此外，王超等从心理咨询与治疗中时间的设置问题，探讨了心理咨询与治疗中时间设置的重要性。张日昇、徐洁和张雯（2008）从质性研究的角度，分析了心理咨询及治疗中存在的脱离现实的问题，并认为质性研究可以在一定程度上解决实验研究中心理咨询及治疗研究与现实长期存在的脱节现象。林家兴、王建平和蔺秀云等（2004）的研究则探讨了诊断与评估在心理咨询与治疗中所起的重要作用，强调心理诊断与评估是心理咨询与治疗的基础课，是不可或缺的。张黎黎、林鹏和钱铭怡等（2010）则从专业背景调查了心理咨询与治疗专业人员的临床工作现状，结果发现医学背景和心理学背景的专业人员更适合心理咨询与治疗。陈瑞云、钱铭怡和张黎黎等（2010）也从综合医院心理科、精神病专科医院心理门诊和大学心理咨询中心等探讨了不同机构心理咨询与治疗专业人员的状况及工作特点。徐青、徐莎欠和陈祉妍（2003）则分析了心理咨询与治疗的收费问题。童萍等（2010）通过探讨催眠对心理咨询的易化机制认为，催眠可以易化心理咨询，这个研究为催眠在临床中的运用提供了方法学的参考与理论解释的依据。张婷和张仲明（2011）通过对阻抗的表现形式和测量进行梳理，分析探讨了心理咨询中心理阻抗的表现及诊断方式。

三、心理测量学的研究成果

我国的心理测量学从公元 6 世纪初刘勰的"分心测量"开始至今，尤其是最近 30 年，融合了中西文化，其研究成果也是有目共睹的。

（一）智力测验的发展与完善

智力测验主要分为个体智力测验、团体智力测验两大类。个体智力测验有比内量表（吴天敏于 1982 年完成"中国比内测验"）、韦克斯勒量表（张厚粲于 1981 年完成"韦氏儿童智力量表中国修订本"）；团体智力测验则有陆军测验、瑞文推理测验（张厚粲于 1985 年完成"瑞文推理测验中国城市版的修订"）以及认知能力测验。我国的智力测验是 20 世纪 80 年代初从运用和修订国外的智力测验量表开始的。随后在 1993 年，陈耀东等心理学研究者（1993）通过应用瑞文联合型智力测验，对天津市 423 名聋哑学生的智力进行了研究，了解了我国聋哑学生的智力水平。金瑜（1996）也通过团体儿童智力测验制定了全国城市常模。张厚粲（1997）也对斯-欧氏非言语智力测验进行了相应修订，通过对 SON-R 在我国所得数据资料的分析，证明了该测验具有较好的内部结构以及效标关联效度，考虑到由于文化背景的影响，他们对不适于中国儿童的题目进行了必要的更换与调整。到了 2007 年，他们进一步对中文版韦氏智力测验进行修订，弥补了我国成人智力量表常模老化的不足。这一工作也为我国成人智力测验的研究水平的提高奠定了理论基础（张厚粲，车宏生，2009）。除了修订国外的量表外，我国的心理学工作者也开始编制自己的智力测验量表，傅根跃（1999）通过对杭州市 6～12 岁的 1540 名儿童测验，完成了画人智力测验量表的编制。白珍、崔利军和张涛等（2008）则通过对中国少年智力测验（the Chinese intelligence scals of junior，CJSJ）与韦氏儿童智力测验进行对照分析，发现 CISJ 与韦氏儿童智力测验中国修订版（the Chinese Nechsler intelligence Scale for children C-WICS）智商测验的得分之间的差别无统计学意义，智商分级之间的差别亦无统计学意义，但 CJSJ 与 C-WISC 智商的分离情况之间存在统计学意义差别。储耀辉、张香云和桑文华等（2010）也研究分析了韦氏智力测验在智力残疾评定中的应用，发现在智力残疾评定中，如果辩证地使用智力测验的结果，则有助于为残疾等级的评定提供相应的客观指标，在颅脑外伤者的临床和司法鉴定中具有良好的适用性。

（二）各种能力测验的修订与完善

1989—1992 年，戴忠恒（1994）也进行了一般能力倾向成套测验的引进及其中国试用常模的修订。标准化样组由全国 13 个中等以上城市的 2148 名初二至高三学生构成，男女比例为 1∶1。该测验证明该量表具有良好的信度和结构效度。李德明、刘冒和李贵芸（2001）编制了"基本认知能力测验"，该测验包括数字鉴别、心算、汉字旋转以及数字工作记忆、双字词再认、三位数再认和无意义图形再认等 7 项分测验，并进行了相应的标准化工作。陈社育和余嘉元（2002）则依据现代心理测量理论，研究分析了行政职业能力倾向测验的效度。他们采用科学规范的实证研究方法，通过对行政职业能力倾向测验的效度进行检验，完善了行政职业能力倾向测验量表，为国家公务员录用考试的深化改革提供了较好的选择工具。方俐洛、凌文轻和韩骢（2003）参照日本 GATB1983 年版本的框架，通过对多个分测验进行重新编制，进行了一般能力倾向测验中国城市版的建构及常模的建立，构成一般能力倾向测验的中国版本。郭靖和龚耀先（2004）探讨分析了学习能力倾向测验的现状与思考，并探讨了学习能力倾向测验的现状及未来。骆方及孟庆茂（2005）通过对中学生创造性思维能力自评测验的编制，发现了创造性思维能力的 10 维测评结构。

（三）人格的测验与完善

人格的概念可以从两个方面界定：一方面，它指那些能够解释人们行为的内在"因素"，主要包括"气质"和"人际策略"；另一方面，人格还指一个人显著的人际行为特征，尤其是那些在不同情境下由别人所观察到的外显行为特征（阎巩固，1997）。众所周知，人格测验主要分为两类：自陈量表和投射测验。自陈量表主要有"明尼苏达多项人格调查表"（宋伟珍于 1989 年完成中国版的修订）、"卡特尔 16 种人格因素量表"（戴忠恒与祝蓓里完成中国版的修订）和"艾森克人格问卷"（龚耀先完成中国版的修订）；投射测验常见的有罗夏克墨迹测验和主题统觉测验（戴海崎等，2008）。另外，孔克勤等（1996）还进行了色塔人格测验的试用研究，其研究结果表明，中国版色塔人格测验具有良好的信度和较高的效度。佘凌和孙克勤（2005）遵循克雷佩林连续加算法的基本原则，研究编制了 SK-克雷佩林心理测验，他们充分吸收内田-克雷佩林心理测验的合理之处，并参照其客观化的作业方式和标准化的操作方法，根据中国的本土文化在部分条目上加以改进，编制出了一套科学客观的连续加法运算作业测验量表。梁永红（2008）则通过人格测验正反向题目的时间效应的研究，发现反向题目的引入，可以较好地减少人格测验的反应偏差，并提高了测验的效度，虽然会在一定程度上影响被试作答的心理过程。因此，他们建议在测验编制的过程中，应尽量平衡使用正反向条目。他们提醒在编制的过程中也要尽量注意反向题目的语言要简洁明了，以减少对被试作答的影响。王登峰和崔红（2003）等心理学工作者编制了中国人人格量表（qingnian Zhongguo personality Scale，QZPS），并得出中国人人格的 7 个维度，这 7 个维度包含了 18 个小因素。

（四）神经心理的修订与完善

1986 年，龚耀先完成了 H.R.成人成套神经心理测验的修订。然后在 1988 年，龚耀先等老一辈心理学家就修订了 H.R.幼儿神经心理成套测验。后来程社火等在进行学习困难儿童的神经心理研究时，就用到了修订的 H.R.幼儿神经心理成套测验。郭起浩、张明园和李柔冰等（1996）应用简易痴呆筛查量表（simple screening scale for dementia，BSSD）、简易智力检查表（simple intelligence check tabl，MMSE）、常识记忆注意测验（common sense memory test，IMCT)、长谷川痴呆量表（hasegawa dementia scale，HDS)、Fuld 物体记忆测验（fuld object memory test，FOM)、言语流测验（words flow test，RVR)、积木测验（building test，BD)、数字广度测验（test of digit span，DS)、日常生活功能量表（daily life function scale，ADL）检测畅性 3075 例社区老年人，研究探讨了神经心理测验和轻性阿兹海默症之间的关系。赵洁皓、张振馨和洪霞等（2002）通过分析神经心理测验对阿兹海默症诊断的贡献与误区，认为神经心理测验（neuropsychological test，NPT）可提高对阿兹海默症诊断的准确性，并提出 NPT 适合于我国低文化老人的阿兹海默症调查，而对高文化轻度阿兹海默症的老年人应采用更敏感的测验。赵艳春等（1998）分析了脑损伤患者神经心理测验中的行为问题，认为观察患者在心理测验中的行为表现，比只注重最终得分可获得更多的信息。陈炯和黄金文（1998）通过对 60 例精神分裂症患者 L-N 神经心理测验结果研究分析，结果发现，精神分裂症患者的大脑功能出现损伤，表现在左、右半球功能均受到损害，同时也发现病程越长，大脑功能损害越明显。薛继芳和戴郑生（2002）分析探讨了精神分裂症患者的 HR 神经心理测验结果。郭起浩（1998）则研究了老年人常用的神经心理测验的种类与选择。薛海波、育世富和李春波等（2005）探讨了老年成套神经心理测验的制定和应用，认为按照年龄和文化程度来进行分组的 T 分常模，符合中国老年人的实际情况，因此用于辅助诊断 MCI 以及 AD 时，敏感性与特异性良好。刘园园、王涛和李霞等（2011）对中文版成套神经心理测验的信度和效度进行了研究，发现 NTB 的同质信度、重测信度以及结构效度、效标效度均符合心理测验的要求。此外，她们还研究了阿兹海默症常用的神经心理测验和量表的信度与效度。

（五）测量理论的发展

关于测量的理论，首先要提到的便是经典测验理论（classical test theory，CTT)。针对这一理论，30 年来我国的主要工作是完成心理测验量表的修订与编制，这些在上文中都有所阐述。下面的部分重点来介绍该项目反应理论、概化理论以及认知诊断理论在我国的发展概况。早在 1986 年，漆书青就引进了项目反应理论，同时也分析了经典测验理论的局限，并展望了项目反应理论的前景。后来，李晓铭（1989）系统地介绍了项目反应理论的各种模型。陈立（1991）也对项目反应理论非常感兴趣，并重点讨论了 IRT 的方法论以及科学推论。李黎（1999）进一步分析了项目反应理论在心理测量学中的地位，在他看来，与经典测验理论相比而言，项目反应理论有许多优越性，并坚信它必将取代经典测验理论，并取得心理测量学的领导地位。涂东波等（2011）再次引进了项目反应理论的新进展，尤其关注题组模型及其参数估计。张军（2010）探讨了非参数项目反应理论在维度分析中的运用，认为题组是多维的，首先阅读题的区分能力与一致性最强，因此能有效地聚合成一类；其次是听力题；最后是语法结构题最差。到了2011年，涂东波等人又引入了基于3pLM和GRM的混合模型。武宁强和丁菊仙（2007）的研究也检验了项目反应理论在抑郁量表中的临床测验，发现IRT在抑郁量表的临床测验中能标化不同的测验结果，并能比较各量表的精确度，也能快速有效地筛查抑郁症状以及进行计算机适应测验等。

概化理论认为，任何测量都具有特定的情境，因此研究者应该从测量的情境关系中去具体考察测量工作的实效。杨志明（1993）从测量效度的含义和统计原理两个方面，探讨了概化理论的效度观，并认为概化理论关于测量效度的定义相对于CTT等理论的定义而言更为合理。概化理论为测量效度的计算提供了一种全新的方法，这种方法在实际测量工作中更具有实际价值。刘桔（2003）也对概化理论的基本框架、产生、发展及应用前景进行过详细论述。张敏强等（2010）则探讨了概化理论在英语阅读精确性研究中的应用。他的研究发现，同时增加语篇量与题目量时，测量精度也随之提升，即语篇量与题目量可相互补偿并提升测量的精度。因此，增加阅读中的语篇量或题目量，都可以提高测量的精度。黄巍（2011）将概化理论运用在企业人事测评中。潘海燕、丁元林和万崇华等（2012）将概化理论应用在慢性病生命质量测定量表共性模块评价中，结果发现，慢性病患者生命质量测定量表体系中共性模块具有较好的信度与效度，并且两次调查的反应性比较好。不过他们建议如果要达到较好的信度，实际工作中共性模块选用35个左右的条目比较好。

20世纪90年代，认知诊断理论兴起，它是新一代的测量理论。认知诊断理论是认知心理学与现代测量学的结合。刘声涛、戴海崎和周骏等（2006）从认知诊断的源起、概念、特征，以及认知诊断研究的基础、框架、意义和难点等各个方面作了一个简要而全面的述评。余娜和幸涛（2009）介绍了认知诊断理论的新进展，主要围绕诊断模型的提出、模型诊断性能的评估以及模型诊断结果的报告3个方面展开，进行全面而深入的介绍，认为正是这3

个方面的进展促进了诊断模型理论建设的深入以及应用范围的拓展。涂东波等（2007）则将认知诊断理论运用在了大规模的统一考试改革之中。陈瑾、徐建平和赵微等（2009）探讨了认知诊断理论在教育中的应用。田霖、王桥影和赵晓茫（2010）分析了认知诊断理论与自学考试评价之间的关系，将认知诊断评估理念引入自学考试领域中，并对自学考试的试题命制、试卷组配、成绩反馈等方面提出了建议。

四、工业与组织心理学的主要研究成果

工业心理学是指工业中研究人机系统中人的心理特征、行为规律以及人与机器和环境的相互作用。这方面的研究有着十分重要的现实针对性。

（一）对视觉的研究

张彤等（1986）通过对不同照明光的视觉功能进行比较分析，发现在低亮度的白、红、黄和绿色光照明下，视标的判读效果会随着视标的亮度和大小的变化而变化；6 种照明光的视效差别和视标的亮度与大小有关；在判读视标中，亮度与视标大小互相补偿，因此，在低亮度下，通过增大视标或在小视标时通过提高亮度就能达到同等的视觉效果。张智君和朱祖祥（1995）通过对视觉追踪作业任务下的心理负荷多种变量的探讨，通过对主任务绩效、次任务绩效以及主观"加权负荷"评定、心率变异变化率 4 项指标为基础，建立了"综合加权评估指数"，它是一项较有效的评估指标，在研究中发现其敏感性远高于其他任何单独的评定。沈模卫和朱祖祥（1997）对独体汉字的字形相似性进行了研究，发现"十"与"口"是独体汉字的突出视觉特征的结论。聂爱情、沈模卫和郭春彦等（2006）通过对大学生图形项目记忆与位置来源中提取新/旧效应的分布特征的探讨，结果发现，相对于项目再认，图形位置来源提取激活的大脑区域更多。因此，他们认为实验范式和来源知觉的特性这两者共同调节来源记忆新/旧效应的时空分布特征。

而张彤等（1988）通过对 VDT 不同颜色显示的视觉工效进行比较，结果表明：绿色显示的工效最好，红色与紫红色的工效最差，蓝、黄、白处于这两者中间，但三者间并无显著差异。另外，他们对 VDT 背景色的视觉工

效进行比较研究，发现较高的浅白色背景亮度容易导致视疲劳增加。因此，他们认为 VDT 黑色背景显示的视觉工效优于白色背景。再者，他们还进一步探讨了视觉显示终端的屏面亮度与对比度对视疲劳的影响，结果发现，9：1～11：1 对比度是最佳比值段，这个区间的对比度所引起的视疲劳最轻，而对比度越趋近高低两端，所引起的视疲劳就越产生；此外，不同水平的屏幕亮度也会对视疲劳有不同程度的影响，研究发现对比度小于 7：1 时，其高亮屏所引起的视疲劳程度要比低亮屏所引起的疲劳程度轻；而对比度大于 7：1 时，则高亮屏比低亮屏更易引起视觉疲劳。通过对阴极射线管显示屏的研究，发现 CRT 辨色效果会随着环境照明强度的增加而下降，不过 CRT 色标大小和色标亮度也对人的绝对辨色效果有明显影响。根据此研究结果，许为和朱祖祥（1989）发现了在不同照明条件下以及不同色标大小时的 CRT 现实颜色编码系统。在此之后，朱祖祥（1994）又进一步研究探讨了目标-背景色的配合对彩色 CRT 工效的影响。结果发现，彩色 CRT 显示屏的背景色是以深色为好的趋势，而目标色则以浅色为好的趋势。目标色与背景色彩的恰当配合，可以显著提高信息的传递绩效。白目标-黑背景、黄目标-黑背景和绿目标-黑背景等对比度较大的目标-背景配合，其显示工效最佳。许百华和傅亚强（2001）还通过对液晶显示器上字符辨认效果与观察角度、字符大小关系的探讨，结果发现，液晶显示器上字符大小与观察角度之间有着显著的交互作用。他们进一步研究了低色温低强度光照射条件下的液晶显示颜色编码，结果表明，在色温为 3100k 的低强度背景光照射的条件下，当色标面积为 1mm×1mm～2mm×2mm 时，其编码色数目仅限于 3～4 种（许百华，傅亚强，2003）。朱月龙（1996）在研究飞机座舱带式刻度显示的工效学中发现：如果数值处于大范围中，则数字与刻度带结合的显示方式要明显优于刻度带显示；而在刻度带显示中，刻度带运动指针固定的显示形式要明显优于刻度带固定指针运动的显示形式。此外，在数字与刻度带结合的显示方式中存在交互作用，主要表现在数字显示的位置和刻度带的数位递增方向这两个因素间。

（二）对听觉的研究

国内对听觉的工效学研究始于 20 世纪 80 年代末，最初源于对军用飞机的驾驶舱告警系统的应用。刘宝善、武国斌和郭小朝等（1995）通过对战斗机汉语合成话音告警用语设计参数的测定分析，在视听高负荷条件下，分别用 4 种不同语声——男高音、男中音、女高音、女中音的战斗机汉语合成话音告警用语，发现了战斗机汉语合成语音告警用语的较优设计参数。葛列众和王义强（1996）通过对多重听觉告警信号呈现方法的探讨，发现在多重听觉信号呈现条件下，与叠加法相比，采用分离法作为多重听觉信号的呈现方法，有助于对告警话音的语言理解。张彤（1997）也探讨了对飞机座舱语音告警信号的语速，结果表明，言语告警信号的适宜语速为 0.25s/字（或 4 字/s），其下限为＞0.20s/字（或＞5 字/s），上限为 0.30s/字（或 3.33 字/s）。张彤、郑锡宁和朱祖祥等（1997）对飞机驾驶舱三级告警的研究发现，在警告、注意和提示三级告警方面，视觉告警方式是相对最优的方式，它优于采用视听双显的方式，也优于纯听觉告警方式。

李清水、方志刚和沈模卫等（2001）进一步探讨了听觉界面的声音适用，她认为听觉界面作为一种辅助或者是替换通道，本身就是一种对视觉界面的改进。沈模卫、白金华和陈硕（2003）通过研究耳标在小屏幕界面设计中的应用，来向用户提供计算机客体、操作或者交互信息的非言语听觉信号的技术支持。崔艳青及沈模卫、白金华和陈硕（2003）还研究了语音超文本界面设计中的工效学问题。虽然在超文本系统的输入中按键仍然是主流的运用方式，不过语音输入逐渐受到了各个研究者的高度重视。沈模卫、丁海杰和白金华等（2005）进一步探讨了语音超链接在非言语相关标记中的呈现方式，结果发现尾字标记在语音超文本设计中是适宜的非言语相关标记方式。

（三）对颜色的研究

孔燕、葛列众和王勇军（1999）在黑白背景下，对 4 种颜色突显工效进行了比较研究，结果显示颜色作为突显类型在视觉搜索中的作用，会受到视觉材料呈现的背景因素的影响。在白背景下，颜色作为突显类型是不合适的；而在黑背景下，颜色突显就会明显提高视觉搜索的绩效。陈硕和沈模卫（2003）研究了颜色的恒常理论及其模型。张积家和陈栩茜（2005）通过对大学生的颜色词分类进行研究，探索出基本颜色词的语义空间有两个基本纬度：彩色-非彩色；冷色-暖色。不同专业的大学生虽具有专业特点，但对颜色词分类基本一致。沈模卫、叶颖华和高涛（2006）还研究了颜色特征加工任务间的注意瞬脱，研究结果表明，对颜色特征的觉察就可产生注意瞬脱效应，并且其大小及时程和经典的采用字母识别任务的研究相当。

（四）对照明的研究

朱祖祥和许跃进（1982）探讨了照明性质对辨认色标的影响，结果显示白光下的辨色效果优于色光下的效果。在红、橙、黄、绿 4 种单色光中进行比较，红光的辨色效果最差。此外，在白光下高色温白光的辨色效果优于低色温白光的辨色效果。他们还对比了 11 种色标的辨认难度差异，发现红、橙、橙黄、紫 4 种色标的效果最好，白与黄、黑与深蓝则最差，最容易互相混淆。金文雄和朱祖祥（1986）探讨了在强背景光照射下的绿、红、橙 3 种颜色灯的亮度对辨认信号的影响，结果发现，500 尼特绿色灯光信号以及 1000 尼特以上的红色与橙色灯光信号都能达到很好的辨认效果。后来葛列众和朱祖祥（1987）又研究了照明水平、亮度对比与视标大小对视觉功能的影响，结果表明，视觉作业水平的提高，依赖于视标大小、对比度以及背景照度这 3 个变量，以及这三者相互间的关系；当视觉作业水平一定时，三者之间存在着两两对应的代偿关系。许宗惠等（1988）研究了在不同色光照明后，对比相同白光色貌的色位移——相继颜色，发现与适应色类同的色光，就会引起相同的白光色貌，因为对色光适应的人眼把白光看成了该适应色的补色。杨公侠、陈伟民和黄德明等（1984）探讨了在以线光谱为特征的光源在各种适应亮度下对视敏度的影响。他们发现视敏度随着亮度的增加而增加，不过当达到一定亮度后，视敏度的增加就趋于饱和；同时以线光谱为特征的光源在同等亮度下，视敏度大于以连续光谱为特征的白炽灯；但高压钠灯与高压汞灯在各种亮度下的视敏度差异却不显著。林正大和林正行（1990）通过对织机挡车工的研究发现，照度分布能影响织布车间挡车工的操作，因此他建议对挡车工考核时，应根据不同车位的照度分布来进行次分布的修正，也可以通过改善织造车间的照明来减少次分布，同时除了考虑总照度，还应考虑照度在各个车位织机的分布情况。

（五）对人-计算机界面设计的研究

高鹏翔（1992）探讨了人-计算机界面的设计方法，提出了人-计算机界面信息交换的原则，并认为人-计算机界面的设计应强调人的行为特性的集成。葛列众和王义强（1996）也介绍了计算机的自适应界面，它是人-计算机界面设计的一种新思路。所谓计算机的自适应界面，是指赋予人-计算机界面新的适应功能,在用户使用过程中,使计算机界面系统能改变自身的性能和特点,来适应用户的特定操作要求。吴昌旭和张侃(2001)研究了人-计算机界面可用性的评价方法,提出了3类方法:一是诊断型方法;二是基于理论模型的方法;三是可用性测试。沈模卫、白金华和陈硕等(2003)经过人-计算机界面设计的眼动时空特性的研究后发现,驻留时间、对象大小和对象间距均是视线追踪的人-计算机界面设计的主要参数。李宝峰、宋笔峰和薛红军等(2006)研究探讨了基于人的差错分析的人机界面及其设计方法。沈昉和张智君(2002)通过虚拟网络环境设计中的心理学分析,探寻在虚拟网络环境中,如何合理呈现信息,恰当布置浏览环境以及科学设计导航方式。这对于提高虚拟环境的沉浸度,减少迷路现象,具有重要的现实意义。

五、管理心理学

管理心理学是应用心理学的重要分支学科。它主要是研究在工作环境中个人、群体与组织的心理和行为规律的科学。这一领域近30年来比较突出的研究成果,主要有以下几个方面。

(一)员工的激励问题

如何激励员工更好地工作,是历来管理心理学的研究重点。近30年来的研究越来越重视这一领域的研究。况志华和张洪卫(1997)对国有企业员工的需要状态进行了梳理,并将企业的需要分为6个层次,其中生存、安全与发展的需要是最主要的3个层次。李德忠和王重名(2004)通过薪酬对于员工激励重要性的探讨,认为基于核心员工激励的薪酬体系设计会影响核心员工的公平知觉;而且薪酬体系变革对于公司的经营绩效存在显著影响。刘长江对国内民众的职业兴趣结构进行研究,发现与霍兰德的职业兴趣结构没有较好地匹配与吻合,这表明职业兴趣应该进行中国本土化的深入探讨。

目标设置对人的行为也有较强的引领作用,其工作领域就是探究目标取向对工作绩效的影响。金杨华(2005)的研究证明了目标取向对绩效的确具有显著的预测作用。自赫兹伯格提出了双因素理论后,满意度与工作绩效之间的关系也成为管理心理学关注与研究的热点。刘晓燕的研究发现,职业延迟满足、职业承诺与工作满意度之间呈现出显著的正相关。冯冬冬、陆昌勤和萧爱玲（2008）的研究则探讨了工作不安全感、工作幸福感与工作绩效之间的关系，她的研究结果显示，在当今的中国社会，工作不安全感是影响工作幸福感和工作绩效的重要压力源。李明等（2011）研究了工作疏离感，他们认为产生工作疏离感的原因有以下3个方面：个人因素、工作特征以及领导因素。因此，为了防止工作疏离感，也应该从员工个体、领导以及组织这3个层面加以应对。

（二）群体研究

群体是人类存在的一种形式。在当今社会，个人很难去完成一项巨大的任务，大多都需要群体和组织合作。因此，了解和掌握群体与组织的心理行为规律意义非凡。

1. 群体的沟通和交流

一个群体想要更好地运作，则群体成员之间的交流与沟通就显得非常重要，近年来提出的团队心智模型是群体沟通与交流研究的热点模型，团队共享心智模型能使团队更有效地运作，并提高成员的满意度和效能感。吴欣和吴志明（2005）通过对团队共享心智模型的影响因素的探讨，发现团队成员如果沟通越好，团队共享心智的可能就越容易形成。金杨华、王重鸣和杨正宇（2006）的研究也探讨了虚拟团队的认同式共享心理模型以及分布式共享心理模型，其结果发现，认同式与分布式这两种共享心理模型都与团队效能之间呈现出显著的正相关。周明建等（2005）的研究通过对组织中的社会交换探讨，发现间接交换是员工与组织之间、上司与下属之间交换的主要部分。

2. 群体凝聚力

群体的凝聚力即为群体的向心力，它能把群体成员团结起来朝着共同的目标而努力奋斗。严进和王重鸣（2000）的研究表明，群体合作会受到群体成员价值取向的影响。选择合作价值取向的成员会产生更多的合作行为。杨玉洁和龙君伟（2008）编制了适合中国人用的员工知识分享行为问卷量表，该量表由3个因素构成：分享质量、协同精神以及躬行表现。林绚晖、卞冉和朱睿等（2008）探讨了团队人格组成、团队过程对团队有效性的影响，结果发现，团队过程是团队人格组成与团队有效性的中介。王重鸣和邓靖松（2007）的研究通过对团队中信任形成的映像决策机制的探讨，发现团队成员的信任决策是一种映像决策，同时表现出拒绝阈限。在团队成员建立信任的过程中，能力和诚信影响理想映像和现实映像的加工，他们之间的差距容易导致团队不信任的产生；团队成员在工作任务中，对二者进行相容性检验，并且作出相应的信任决策判断，这种检验起到了中介作用，并形成了团队信任的映像决策机制。

3．群体冲突

群体成员由于个体的差异性，难免会有冲突。如果了解产生冲突的心理机制就会为化解冲突提供相应的突破口。张良久和周晓东（2006）研究了高层管理团队的冲突，他们从冲突的结果与对象两个维度，构建了 6 种类型的高层管理团队冲突。谢科范、陈云和董芹芹（2007）的研究分析了不同类型的企业高管团队冲突，发现不同类型的企业其特色不一样：国有企业冲突呈现出官僚特色；而民营企业冲突带有泛家族特色；合资企业冲突更凸显了文化差异特色。陈曦、马剑虹和时勘（2007）的研究则从组织分配公平观的影响因素方面进行探讨，并提出不公平阈限的概念，认为个人为了公平，可以舍弃最高限度的个人利益。其研究揭示，个体的工作绩效、工作能力都能对不公平阈限有影响且达到显著性差异，并据此提出了分配公平的 3 项原则：绩效原则、能力原则以及互惠原则。

4．群体决策

管理决策也一直都是各领域研究的热点，而心理学界更侧重于决策过程中的心理行为研究。对群体的管理决策的研究主要偏重探讨不同情景下的决策模式、权力结构以及参与体制，尤其重视对决策技能的开发和利用。

王重鸣（1992）通过对比分析专家与新手的决策知识获取及结构，发现专家的决策知识呈网络结构，而新手的知识结构呈链状。马剑虹（1997）的研究也探讨了组织决策的影响力分布，并提出了组织决策的阶段层次理论。他认为决策过程分为两个阶段：首先形成决策问题的目标；其次是决策的层次结构。与此相对应的是，组织也是一个层次结构。基于此，在组织决策中，应该根据组织层次结构这一特征，发挥组织各层次的作用。周劲波和王重鸣（2005）研究了基于价值特征的决策模型，其研究结果认为价值特征的决策选择策略具有良好的成本-收益比，因为其权重是最大的。郑全全、朱华燕和胡凌雁等（2001）的研究探讨了群体决策过程中的信息取样偏差。陈伟娜、凌文辁和李锐（2009）的研究探讨了决策嵌陷现象及其相关研究，结果表明，影响决策嵌陷的因素主要有计划因素、心理因素、社会因素和结构因素4个方面。

（三）组织研究

1. 组织承诺和组织文化研究

组织承诺主要是指个体对组织的认同并参与其中的强度，它有别于个人与组织签订的工作任务以及职业角色方面的合同，它是一种"心理合同"或"心理契约"。凌文辁、张志灿和方俐洛（2001）探讨了影响组织承诺的因素，并揭示了5种组织承诺类型以及各自的影响因素。陈加州、方文辁和凌俐洛（2003）的研究探讨了企业员工心理契约的结构维度，认为心理契约的组织责任是由现实责任与发展责任两个因素构成。刘小平和王重鸣（2004）探讨了不同类型企业员工对组织承诺概念的理解，并对组织承诺的影响因素以及其在不同企业的重要性作了相应分析。

组织文化也称为企业文化，是由价值观、信念、处事方式等组成的特有文化形式。俞文钊（1987）通过对成功企业的心理评价指标来进行研究，发现在成功企业中，职工具有的共同心理感受是：方向感、信任感、成就感、温暖感以及实惠感等。此外，他还和其他研究者一起对持续学习的组织文化进行了探讨，并自编了相应的调查问卷，最后确定了影响持续学习组织文化的10个因素（俞文钊等，2002）。

2. 对于领导及领导行为的研究

1987年，凌文辁等学者就探讨了PM领导行为评价量表的建构问题，认为领导行为评价有3个维度：组织目标达成、团体维系以及个人品德。李艳华和凌文辁（2006）介绍引进了"新领导理论"，该理论认为领导既是一个过程，也是管理某个问题的提出以及到该问题整个过程解决的人。詹延遵、凌文辁和方俐洛（2006）系统介绍了"诚信领导理论"，该理论更强调领导者的积极心理能力与高度发展的组织情境的结合。刘燕和王重鸣（2007）则探讨了内隐领导理论的影响因素、结构及其研究效度。孙利平、凌文辁和方俐洛

（2010）的研究通过对公平感在德行领导与员工敬业度之间的影响研究，发现下属的公平感在德行领导与下属的敬业度之间起了部分中介作用，即德行领导会通过公平感部分影响下属的敬业度，下属产生公平感则是领导者能否实施德行领导的一个重要价值体现。

六、军事心理学的主要研究成果

军事心理学是从普通心理学中分化和发展起来的。所涉及的基本问题与研究过程和其他心理学分支所涉及的内容相似，其差异仅仅在于其是在军事环境中对军事对象实施的。因此，近 30 年来，我国军事心理学的主要研究成果也主要有人事心理学（有关人事上的选拔、分类、任命）、学习心理学（训练等）等方面。

（一）军事人员心理选拔

军事人员心理选拔通常包括选拔与分类两个步骤。选拔通常是指基本资格的认定，即从候选者中挑选出具有一定文化素质、道德水平（通常是指没有劣迹）、智能水平、心理健康状况较好的个体进入部队，然后再对这部分群体进行进一步分类和安置，最终达到人-岗匹配，人尽其用的目标（肖玮，2011）。苗丹民、罗正学和刘旭峰等（2004）分析探讨了年轻飞行员胜任特征评价模型，他们采用多级估量模糊集（measured multistage fuzzy sets，MFS）评判技术编制"优秀初级军官心理品质调查表"，对 175 名飞行员和 2539 名其他军兵种军官进行调查，为年轻飞行员胜任特征评价模型的建立提供了理论依据和技术支持。他们还对初级军官心理选拔的预测性进行了分析研究，通过建立院校学员胜任特征及初级军官评价模型，探讨初级军官心理选拔检测系统的预测性。该研究为我军初级军官心理选拔提供了实用工具，为提高心理选拔预测准确性提供了科学依据（苗丹民等 2006）。林艳、武圣君和史衍峰等（2008）研究分析了征兵用语词推理测验的年级当量，最后发现根据征兵选拔的划界分数，目前的语词测验年级当量相当于四年级水平，测验的整体难度偏低，需要进一步修订。肖玮（2007）研制分析了征兵用数字搜索测验，最后发现缺失不同数字对题目难度有影响；划界分数为 197s 正确应答 27 题以上；该测验的内部一致性系数 a 为 0.864；预测符合率为 95.7%。

（二）军事人因学

军事"人因工程学"是人因工程学在军事领域的具体应用，它以系统论、控制论、信息论为基本指导思想。从人、机、环境组成的军事系统整体高度出发，把人作为军事系统的部件，研究探讨人与军事系统其他要素间的相互关系和相互作用，通过对从事军事活动的人的失误分析，预计以及探讨解决和防止人的失误对策，以提高军事系统的可靠性、安全性和综合性能（李景文，高桂清，1999）。由于这一领域比较新，所以对此的研究还较少。

（三）特殊军事环境与军人心理

武国城、伊丽和赫学勤等（2004）研究编制了军人心理适应性量表，该量表可供基层官兵使用。肖蓉等（2005）进行了驻岛礁军人心理健康状况与应对方式的研究，他们采用症状自评量表（SCL-90）和简易应对方式问卷，对236名驻岛礁军人进行调查，分析他们的心理健康状况、应对方式特点及其影响因素，最后发现，驻岛礁军人心理健康状况明显低于地方人群和军队总体水平，消极应对方式是影响他们心理健康水平的重要因素。熊群和严鸿（2005）研究分析了高强度训练环境与军人心理适应能力的培养，他们认为高强度训练环境对军人心理的冲击力明显高于普通训练，因而对军人心理素质提出了更高的要求，有针对性地加强军人心理适应能力的训练，对鼓舞士气，提高战斗力，具有十分重要的意义。艾英伟等（2009）的研究分析了信息化作战条件下军人身体适应能力需求，从几个方面阐述了如何提高军人的身体适应能力。

（四）军队领导与组织

军队领导与组织的研究很多都集中在军队凝聚力、士气和荣誉感的研究上。唐杰和王道伟（2007）研究探讨了如何提高基层士官的凝聚力，他们认为尊重是增强凝聚力的感情纽带；胆识是增强凝聚力的心理基础；廉洁是增强凝聚力的品质要求；相容是增强凝聚力的人际要素；诚信是增强凝聚力的根本保证。梁宇红和金志成（2007）研究分析了军队士气的相关内容，总结了军队士气研究的几个方面：定义、影响因素、测量对降低战场应激反应的作用，并提出培育士气的思考和建议。黄山等（2007）研究分析了如何提升士官军人的荣誉感，从价值观、奖惩机制、教学观念等 5 个方面对此问题进行了回答。

（五）军队临床心理

军队临床心理学主要关注军人的心理健康问题与疗法，早在 1994 年，王焕林就系统描述了我军精神疾病发病的结构、特点和主要原因。甘景梨等（2004）进行了军人 PSTD 与适应障碍患者 ERP 的对照研究，最后发现 ERP 的变异特点可能对鉴别军人 PTSD 和适应障碍（AD）有参考意义。廖雅琴和胡彦（2005）分析探讨了我国军人心理健康研究的现状与展望，他们就军人心理健康特征、军人心理健康机制以及现状研究中存在的不足及展望等 3 个方面进行了分析与探讨。冯正直和黛珍（2008）进行了中国军人心理健康状况的元分析，深入探讨了军人的心理健康状态，最后发现非军事应激条件下军人的心理健康水平与军人常模差不多；军事应激条件下军人的心理健康水平在应激前高于军人常模，应激中低于军人常模，应激后与军人常模差不多。任忠文等（2009）对云南某部队 2557 名官兵心理健康状况及影响因素进行了分析研究，最后发现云南高原军人心理健康状况较差。

（六）心理战

在现代战争中，心理作战是直接反映和实现国家根本利益的一种最高战略，是一种相对独立的作战样式，直接关系到高技术局部战争的进程或成败。许和震（2000）认为，现代心理战的作用不仅是局部的，而且是全局性的。心理战和反心理战的斗争，是关系到社会稳定、经济发展、战争胜负及国家安全的重要战线。现代心理战已成为大战略的重要组成部分，要从大战略的维度思考和运筹心理战。需要从国家或军队级的层次上统一对心理战作一定位。蒋杰（1998）提出，心理战效应的主要过程包括 6 个方面：引起注意、产生印象、逐步理解、动摇意志、增进情感和付诸行动。心理战 6 个效应过程相互联系，共同构成了心理战完整的效应过程。苗丹民、罗正学和刘旭峰等（2006）研究分析了心理战信息损伤的概念，通过"非典"流行期间信息损伤的调查，界定了信息损伤的概念，总结了信息损伤的特点，分析了信息损伤的影响因素，提出了未来信息损伤的研究方向。严进和刘晓虹（2004）开展了心理战防御机制实验研究，发现色彩背景可诱导主题内涵转化、负面信息框架易诱导冒险决策的心理现象，并在此基础上初步建立了心理防御理论框架，为心理战、心理防御的研究和实际应用搭建了技术平台，对如何全面开展心理战防御提出了合理性解释。

第三节　成就、经验与发展趋势

一、学校心理学的主要发展

（一）学校心理学研究进一步发展

虽然学校心理学从引入至今不足 50 年，但学校心理学逐渐贴近我国的实际，从引进国外心理学理论转向更注重实际教育效果，逐步建立和建构了覆盖面广、针对性强、特色鲜明的心理健康教育网络体系。

在 20 世纪 80 年代学校健康心理学逐渐在一些学校相继出现，其主要导向是"问题模式"，也即主要是以解决小部分学生出现的心理问题为目标的研究模式。20 世纪 90 年代中期，学者们逐渐将解决少部分人的"问题模式"理念转变为面向全体学生的"发展模式"，研究重心转向面向全体学生，提升心理素质；新千年后则转向"心智自觉，健全人格"的积极心理健康教育研究模式。理念的更新引领了研究的方向，学校心理学研究将更进一步关注如何促进全体学生心理健康素质的提升，以提高人才培养的质量。

（二）学校心理学服务范围进一步扩大

近年来，学校心理学的服务范围有扩大的趋势，从最初以解决部分学生的心理问题，逐渐过渡到面向大多数学生的成长困惑，再到新千年后面向全体师生的挖掘潜能，健全人格。其工作的内容也由以往的心理咨询、心理预防与心理卫生转向与教师和学生所有相关的能提升其素养以及幸福度的方面。

这些趋势主要表现在 3 个方面：从为整个学校的学生服务，到为更大年龄范围的人群服务，最后关心整个社会的福祉（黄希庭，2008）。

二、临床与咨询心理学的发展

（一）加速我国临床与咨询心理学的"本土化"进程

要实现此进程，首先心理咨询和治疗者工作者自身应本土化。其次是应加速心理测量的本土化，并改革高校心理学专业的课程设置，普及大中小学校的心理健康教育，另外，还需将传统文化心理思想与现代心理咨询形式相结合。付艳芬等（2010）调查了我国当前心理咨询与治疗理论的现状，发现当前临床与咨询心理学的大部分理论来源于国外，而本土化的理论不足 6%。

（二）催生我国临床与咨询心理学的"职业化"趋势

临床与咨询心理学的"职业化"不仅仅是介绍和研究临床与咨询中所需要的理论知识和技巧知识，还包括相应的伦理道德。我国的临床与咨询心理学的伦理研究从 2007 年第一部专业伦理规范《中国心理学会临床与咨询心理学工作伦理守则》颁布后，开始进入到系统的研究中。今后的研究不仅要涉及对国外专业伦理研究成果的介绍、专业伦理的教育，还会涉及伦理决策和特殊情境下的专业伦理等各方面的问题。

预计未来的研究将更加强调系统论的观点，并整合心理咨询和治疗机构，将二者视为情境或组织系统中的一个子系统，侧重探讨其他情境或组织子系统的影响因素，以及系统的外环境因素对职业化的影响；同时，还会更多地重视社会的变迁与发展对心理咨询和治疗系统的影响，如大数据时代的网络心理咨询、重大灾害后的心理援助、突发性、传染性疾病患者提供心理咨询服务时的伦理问题，都将成为未来职业化研究的热点。

三、工业与组织心理学的发展

随着心理学的研究成果日益成为商业、管理方面的重要知识保证和理论依据，工业与管理心理学也成为应用心理学的热点。可以说工业心理学已经在工业领域发挥着举足轻重的作用，如何更好地发挥它的作用，对我国的经济社会而言，意义非凡。

（一）更加深入地开展工业心理学的"本土化"研究

工业心理学源自西方世界，由于历史文化的差异，如果照搬西方的理论方法势必得出不符合我国实际情况的结论，早在1995年，有的研究者就提出了工业心理学的本土化问题（朱祖祥，1995）。将工业心理学植根于我国厚重的文化土壤之上，采用能切实符合我国工业与管理的心理与行为概念、理论及方法，对于我国的工业与组织心理学乃至其他应用心理学都有着非凡的重要性。其方法是以我国的社会历史文化为依托，研究中国人历史文化培育出的人格与行为规律等，以民族文化的工业组织问题为中心，以西方工业组织心理学的合理成分为参照，进行中国人自己的工业组织心理研究，编制符合中国国情的心理量表，使心理学成为中国工业组织文化的有机部分，这是繁荣我国心理学发展的必然趋势。

当前的本土化研究热点主要集中在工作场所、消费者心理、领导的行为与艺术、组织公民行为等方面。在引用其他国家的新兴理论的同时，更关注在我国工业心理领域的实际情况。

（二）工业心理学要加大人才的培养力度

任何学科的发展都离不开专业人才，因此，必须加大人才的培养力度。从文献中我们可以看出，大部分的工业心理学家都集中在浙江大学，我们期盼这样的基地会越来越多，从事工业心理学研究的人会越来越多。

（三）加强与其他专业的合作

当今时代，单一学科已经很难完成某一课题的研究，工业心理学应该吸取神经科学、脑科学等学科的先进理论与技术，与其他学科相互借鉴、相互融合，不断分化或综合，拓宽和深化工业心理学的研究范围，使工业心理学进入更为广阔的领域,更为准确而全面地解释在工业活动中的心理活动规律。

四、军事心理学的发展

（一）挖掘我国军事心理学的思想精髓

心理战给人的印象似乎是地地道道的舶来品。但实际上，在中国古代几千年博大精深的文化中，蕴藏着丰富且宝贵的军事心理思想。早在 1985 年，林建超就分析探讨了《孙子兵法》中的军事心理学思想，分析、揭示了当时战争条件下人们从事军事活动的一些心理现象，提出了在作战中利用心理影响的一些主张，其中某些见解对指导当时的战争起了重要作用。后来，苗枫林的《中国古代心战》是颇具代表性的对中国古代军事心理思想的总结。自古以来，我国都有着非常丰富的军事心理学思想，我们应该充分挖掘和利用好这个宝藏。

（二）创新我国军事心理学的研究方法和实践技术

一个国家的军事心理学只有立足于本国国情和军情，并且不断探索新的研究方法和实践技术，才能更有生命力。沈安定等（2001）研究分析了军事心理学研究方法的发展及改进，他从定量与定性分析、军事现场的实际研究等几个方面提出了我国军事心理学研究方法的改进意见。倪合良、蒋清江和卢青山（2009）研究探讨了军事心理学研究发展的创新理念，从研究思路、研究层次、研究方法、研究标准和合作视野 5 个方面为我国军事心理学的创新问题提供了解决之道。

第七章
我国台湾、香港地区心理学的发展

台湾、香港地区是新中国不可分割的一部分，台湾、香港地区心理学的发展也自然应该是新中国心理学发展的重要组成部分。基于历史的原因，台湾、香港地区的心理学与中国内地心理学的发展有一定的差异性、特殊性，但是也面临着不少共同性、普遍性的专业化发展任务。梳理和总结台湾、香港地区心理学的发展特点、流变及走向，对于进一步繁荣祖国的心理学事业具有一定的学术发展意义。

第一节　台湾地区心理学发展的历程及特点

一、台湾地区心理学发展的历程

台湾地区的心理学自发展至今已有 80 多年的历史。早在 1928 年，饭诏龙远等教授就来到当时的"台北帝国大学"（今台湾大学）任教，并成立了台湾的首个心理学研究室，招收了首批心理学专业的学生。彼时的心理学研究室在完成日常的教学任务之余，还从事着心理学科研工作，研究课题多集中于"民族心理学"范畴，以对台湾山地原住居民的智力、形状知觉、行为特性、惩罚制度等方面的研究为主。这些研究成果多载于《台北帝国大学哲学科研究报告》。可惜的是，经分析之后发现，这些研究工作绝大多数都是在日本帝国主义反动政府的授意之下，为配合其对我国的侵略需要所服务的。这一尴尬的局面一直持续到 1945 年日本帝国主义投降之后，日本籍教学人员和学生被悉数遣送回国才算彻底结束。此时的国民党政府接收了"台北帝国大学"，将其改名为台湾大学，并于 1949 年在该校原有的心理学研究室的基础上创设了心理学系。自此，我国台湾地区的心理学发展初具雏形。

　　大体而言，台湾地区心理学的发展可划分为 4 个阶段：第一阶段为 1945—1960 年。这一时期的台湾心理学只是初具规模，主要工作都在台湾大学的心理学系进行。此时的心理学系可谓人才济济，其创办者苏芗雨教授就是 1954 年所出版的台湾地区第一本中文编写的心理学教科书——《心理学原理》的作者；而另一位在该系工作的陈大齐教授则是北京大学心理学实验室的首创者，也是中国最早的心理学大学丛书——《心理学大纲》的编著者。这些早已留名于中国心理学历史的人物为传播心理学知识，培育更多高素质的心理学人才，作出了不可磨灭的积极贡献。第二阶段始于 1961 年，历时 20 年。在这一时期，台湾大学所培养的首批留学生已经返回台湾，他们除了从事专业培训工作之外，还以培养心理学专业研究人员为宗旨，设立了心理学科研中心——心理学研究所，这标志着对台湾第二代心理学家的培养已经趋于成熟。第三阶段是台湾心理学发展的成长阶段（1980—1999）。此时，台湾的心理学发展已然经由前两个阶段的奠基过程而具有了相当坚实的基础，再也不是"绿阁深藏人不识"的小众学术研究。这一时期的主要标志为：①心理学的教学和研究机构迅速增加，水平亦不断提高。台湾地区首个指导与培训心理学博士学位的机构——台湾大学心理学研究所博士班，就是在这时成立的。②心理学专业人员的增加。自 1981 年起，在国外获得硕士及博士学位后返回台湾工作的心理学者人数呈逐年增长之势；与此同时，台湾地区的各大专业院校自身所培养出的人才也呈几何式增长。③心理学研究领域开始扩增，所研究的领域再也不局限于单纯的认识范围，而是向着更为实证的方向延伸。④开展了更多的心理学学术专题研讨会议，特别是出现了具有跨学科整合意义的会议，即由社会学、人类学、教育学等多学科研究人员与心理学家一起参加，共同探索某一专题的研讨会。⑤心理科学知识日益普及。这一结果也与社会各界对心理学知识需要的日益增长相适应。⑥心理学的专业出版社，如中国行为科学社、大洋出版社、张老师月刊社等先后出现。此外，不少以出版心理学系列丛书为主要业务的图书公司也相继开业。第四阶段自 2000 年开始至今。台湾心理学在经历了并不算漫长的成长与发展过程之后，也产生了一些新的问题，这些问题已经逐渐引起台湾心理学界的注意。例如，对心理学理论与实践两方面科研成果的质量审核问题等。众所周知，在科研工作中的检查、审核与回顾，对于端正未来研究方向，建立自身的知识体系是十分有益的。

二、台湾地区心理学的基本情况

1）实验心理学与心理测验。实验心理学是台湾地区心理学研究的重中之重。自 1949 年起，台湾心理学家郑发育等就开始研究深度知觉，随后又开展了以中国语文为对象的一系列研究活动。此外，刘英茂教授自 20 世纪 60 年代回到台湾大学心理学系任教之后，就以新行为论为基础，开始研究学习与记忆现象。自此，实验心理学成了当时台湾心理学研究最重要的分支领域，为日后其他分支学科的研究奠定了良好基础。而彼时由于台湾地区社会发展的需要，军队系统及教育部门需要补充大量专业人员。人员的选拔、配置和安排成为当时社会的一个综合性问题，因此心理测验应运而生，也得到了相应发展。

2）人格与社会心理学。杨国枢、文崇一、李亦园等教授在 1969 年携手合作，开展了一定规模的人格与社会心理学研究。所涉及的基本问题有家庭影响、自我、焦虑、认知方式、归因与控制点、价值与态度、需要与动机、认知失调、个人现代性、中国人的适应性等方面。这些问题可以说涵盖了人格与社会心理学的大部分领域，所研究的结果具有一定的社会现实意义，因而一直受到各方的关注。

3）其他领域。中国人心理学也是台湾心理学家很感兴趣的问题。以杨国枢教授为代表的台湾心理学家对这一问题的研究取得了相当丰硕的成果。有趣的是，香港心理学家几乎同时开展了对这一问题的研究。与香港相比，台湾地区的心理学研究条件更为优越，其拥有的心理学学科及专业人员人数远超香港，高水平的专业素质也为台湾地区心理学的发展提供了坚实的基础和更为便利的条件。

三、台湾地区心理学的主要机构

台湾地区对心理学的研究主要分布于台湾大学、政治大学、台湾师范大

学、中正大学、辅仁大学等 10 余所大学的相关心理学科系之中，在实验心理
学、教育心理学、辅导与临床心理学、心理测验、人格与社会心理学等领域
中都具有较强的实力。

（一）台湾大学心理学系

台湾大学心理学系自成立之日起，至今已有近 70 年的历史，它是台湾最
早的心理学教学与科研机构。截止到 2014 年年底，该系已培养出 92 名博士
生。台湾大学的心理学系主要的教研工作侧重于实验、认知及发展心理学，
临床与咨询心理学，性格、社会与工商心理学，以及生物心理学等方面。目
前，该系共有专任教授 22 人（含名誉教授 5 人，合聘教授 5 人）；副教授 10
人（含合聘副教授 3 人）；助理教授 9 人（含合聘助理教授 3 人）；兼任教授
12 人；兼任副教授 4 人；兼任助理教授 6 人；实务部教师 13 人，是台湾地
区师资最为雄厚的心理学专业科系之一。

（二）辅仁大学心理系

辅仁大学心理学系可溯源于北平辅仁大学的教育学系及心理学系（1929
年）。在台湾复校后，辅仁大学于 1972 年设立教育心理学系；1978 年改名为
应用心理学系，并进一步调整课程，兼顾了心理学的实践应用；最终于 2000
年更名为心理学系。该系为台湾私立大学中唯一同时拥有硕士和博士班的心
理学系。从课程设置来看，辅仁大学的心理学系不仅开设了相当扎实的专业
基础课程，还设立了许多应用型课程，以贴合学生在心理学各个不同领域（如
工商心理学、辅导咨商、认知心理学、文化表达等领域）所发展的需求。选
修课程更是花样繁多，大致有组织心理学、人事心理学、精神与文化、记忆
心理学、情绪与认知、计量方法、戏剧治疗等，满足学生的多方面需求。在
教育教学方面，辅仁大学心理学系重视理论与实践相结合，强调实地参与。
在本科阶段，使学生了解心理学所必备的基础学科知识，并对基础学科如何
广泛应用于个人、群体、组织与社会有所涉猎；而在硕士阶段，则致力于培
养相关领域的专业心理学工作者；到了博士阶段，则进一步培养能够具有研
究、专业与社会实践的科研或社会人才。

辅仁大学心理系的共同理念与宗旨：①立足本土、多元发展，尊重多元

价值。即强调以本土的日常生活经验为基础的心理学研究,信奉互相刺激、多元发展的价值观和行动观,鼓励创意的思考与解决问题。②自主学习,发展学习社群。即强调学生自主学习的重要性,积极推动互为主体的教与学关系,营造能够凝聚学习社群的自由学风,以活泼的讨论与反思过程来催化学习的发生。③人文关怀与社会实践。即强调心理学知识的人文关怀倾向,使学生在学习与自我发展的同时,反省知识与人之间的关系,进而建立自我与社会实践的意识。

(三)台湾师范大学教育心理系

除台湾大学心理学系之外,台湾地区较早从事心理学研究的还有台湾师范大学。1946年,该校就在教育系建立了心理实验室,并于1968年正式成立了教育心理学系。迄今校友以逾千人,分布于海内外。台湾师范大学的心理学硕士班创立于1979年,是台湾最早创立的教育心理与辅导研究所。博士班创立于1987年,硕博士班毕业生的平均就业率高达100%,博士班的毕业学生多任教于各大专院校,具有突出成就。

(四)学会组织

1)心理学会。心理学会创建于1964年,现有会员60余人。该学会每年举办一次年会,以研究与讨论学术论文为主。学会会刊为《中华心理学刊》。此外,学会内还设有奖励基金,如"苏芗雨教授心理学位论文奖"、"残障者心理复健基金"等。作为台湾知名的心理学学术组织,心理学会还不定期举办一些学术会议,如1981年8月所举办的国际文化比较心理学会与国际心理学家协会第一届亚洲区联合会,以及1983年12月所举办的社会变迁中的犯罪问题及其对策研讨会等。

2)测验学会。测验学会于1921年创立于南京,并于1951年在台湾复会。该学会以修订、编制和普及各种心理测验为主要工作,致力于在台湾的教育、医疗、工商企业等领域推广应用心理测验,具有较大的影响。目前,学会拥有会员40余人,拥有自己的出版刊物,其中,《测验年刊》以刊登心理测验与统计方法的学术论文为主;而《测验与辅导》(双月刊)则多刊登中小学在推广心理测验与辅导方面的论文。

3）心理卫生协会。心理卫生协会于 1936 年在南京创立，1955 年在台湾复会。该协会的核心任务是对心理卫生知识的普及，协会共有 40 多名会员，职业涉及医务人员、社会工作者以及心理学家等各个领域。协会的创刊刊物为《心理卫生通讯》，该刊于 1984 年更名为《中华心理卫生学刊》，在刊登心理卫生相关论文的同时，还负责心理卫生工作信息的交流。该协会在台湾地区影响甚广，除了举办各种心理卫生研讨会之外，还参加了对台湾地区精神卫生法草案的修订。

四、台湾地区心理学发展的特点

台湾地区心理学的发展，可以说大致经历了以下 3 个阶段。

第一阶段：实用性科学研究。在早期的科研工作中，台湾心理学家多以解决现实中的实际问题为主，并不重视对理论的研究及文献回顾。譬如，当时的临床心理学家们常以某些特定的群体为对象，进行对社区中精神病患病率的调查，以及对其心理健康程度的调查等，均反映了当时这些面向实际问题的研究工作所特有的弊端。

第二阶段：移植性科学研究。这一工作主要是探讨和验证西方心理学中已有的问题，多为重复西方心理学家们已经做过的工作。鉴于此，移植性研究虽然也以台湾本地人作为研究对象，但由于只是简单地套用已有结果，缺乏对当地社会、文化及历史等具体情况和特殊因素的分析，故而十分容易出现象牙塔式的学术弊端。最典型的例子便是，台湾心理学界早期在引进、编译和运用心理测验时所反映出的这种明显的机械性移植现象。

第三阶段：心理学的中国化研究。台湾心理学者在科研工作中以往鉴来，广泛运用本地实际材料，设计本土化的实验工具，并倾向于以本地人为研究对象来进行实证研究。这种本土化的研究日益增多，成为台湾心理学界近年来科研工作的亮点。影响力较为广泛的有林清山、张春兴等学者所进行的对儿童汉语学习能力的研究工作；刘英茂、郑昭明、黄荣村等学者对中国文字的阅读、理解和语言运用的研究，以杨国枢教授为代表的对中国人现代及传统性格的研究等。值得强调的是，目前台湾心理学家在实证性研究的基础上，也开始日益重视对心理学理论的研究，并陆续提出了一些具有价值的理论，这是许多学者不断总结前人经验，为自己所做的工作注入新活力的结果。譬如，刘英茂教授通过系统化的实验，提出了工具性学习中也含有经典条件化历程的成分，即经典条件化历程可被视为类化作用的一个特例的理论(1963)。这一理论之于经典条件化历程和工具性学习是两种截然不同的基本学习历程，这一公认理论而言有很大不同，极具研究价值。而杨国枢教授经过了长期对人格心理学的实证研究，也针对中国人的性格极其现代化的问题提出了一套精细理论，这一理论在对中国人性格的研究领域中，也是很有价值的。此外，高尚仁教授（香港大学心理学系主任、台湾政治大学心理学研究所客座教授）多年来以中国固有文化以及传统艺术为研究对象，进行了大量实证性研究，并著有《中国语文的心理与研究》(1982)、《书法心理学》(1986) 等一系列专著；还主持了国画的心理实验研究课题。在发展心理学领域内，雷霆和程小危（1984）所进行的对台湾青少年道德发展的研究，以及柯永河（1982，1983）在心理卫生方面的研究，也都试图在理论方面有所创造和发展。

第二节 香港地区心理学的发展

一、香港地区心理学的发展历程

香港地区心理学的发展大致经历了以下 3 个阶段。①酝酿期（1966 年以前），这一时期香港地区的心理学研究主要进行了两项工作：一是在香港大学等大专院校的相关系科及专业开设心理学课程；二是以香港心理卫生协会（1954）的成立为标志，开展了一系列心理卫生知识的普及研究活动。②发展期（1967—1987），这一时期的里程碑事件是 1967 年香港大学心理学系的成立。次年，香港心理学会也随之成立，以此为契机，心理学终于开始在香港地区真正发展起来。此时的香港心理学界不仅已经着手培养了自己的教学与研究后备力量，一系列具有较高水平的研究也相继开展，这些活动使得香港心理学界呈现出一派欣欣向荣之景，研究的一系列结果也得到了香港学术界的认可，并被社会所接受。③创新期（1988 年以后），1988 年，香港大学心理学系主办了"迈向中国本土心理学的新纪元：认同与肯定"研讨会，这一事件标志着香港心理学的发展终于趋于成熟，将会在未来开拓本土化的创新之路。

二、香港地区心理学研究的基本情况

香港地区的心理学研究主要集中在香港大学、香港中文大学等大专院校的心理学相关系科。从研究领域而言，则在临床心理学、中国人心理学等方面具有较为深入和成熟的研究水平。

1）临床心理学。临床心理学可谓是香港心理学研究的发端。早在 1969 年，香港大学心理学系、香港心理学会和一些政府部门人士就组织成了一个非正式的研究小组，这一小组的主要任务是对香港地区的心理服务机构进行全面调查，并根据本地区已经培养的人才，来预测政府在将来对专业人员的需求。当时的调查结果显示，在香港地区心理学的专业人才最为匮乏。因而，自1971年起，香港政府便制订了临床心理学研究生的培养计划，要求每两年招生一次。1973 年，首批 5 人毕业，开始为社会提供服务，临床心理学的研究局面也由此打开。

2）中国人心理学。自 20 世纪 70 年代中期，香港心理学家就将当代中国人的独特心理与行为作为对象加以探讨和研究，包括中国人的"面子"，"仁、义、忠、孝"，"缘分"，"怨"，"报恩与复仇"及"自我"等东方文化所培育出的特殊心理行为。如今，随着研究的不断深入，"中国人心理学"（或称"心理学本土化"和"中国人的本土心理学"）的研究逐渐成为香港地区心理学界的主流研究方向，从现有成果来看，还有进一步深化的可能。

3）其他学术研究。由于政治、历史、地理、经济及文化等因素的综合作用，香港本身就可以被视为一个跨文化交互作用的自然实验室。因此，香港心理学家也策略性地将研究重点定位于一些独特的领域。譬如，高度城市化、过度拥挤以及生活快节奏对行为的影响，殖民地、移民、文化交叉与认同等因素所带来的心理后果，双语环境对儿童社会化的影响等。这些领域都带有独特的地域性特征，非常适合香港的心理学家进行研究，而其中一些研究工作已获得了可喜的成果。例如，1979—1984 年 Bond 等进行的文化集体主义研究；同年 Ho 等对汉语心理学的研究；1981 年高尚仁对中国语文心理学的研究；以及 1981 年 Dawson 等所进行的亚洲跨文化心理学研究等。也是因为这一原因，中国香港心理学界与中国内地、中国台湾、菲律宾、美国、英国均保持着十分密切的联系。

三、香港地区心理学的主要机构

香港只有香港大学和香港中文大学将心理学当作主修课程实行，要成为这两个大学的心理学研究生，就必须具备相关大学学历。不仅有学位要求，本科时期所修课程的数量和类型也有一定要求。而要满足上述条件，唯有去这两所大学的心理学系就读。尽管为了帮助为达要求的学生也能够继续接受专业辅导，香港大学为其颁发了一种心理学课证书，使得未修满心理学课程的大学毕业生能够获得攻读研究生的资格，但这两所学校毫无疑问仍是香港热爱心理学的学子心中的圣殿。

（一）香港大学

香港大学文学系于 1939 年第一次在教学计划安排了心理学课程。9 年后，哲学系也开设了心理学课程，并于 1952 年扩充为普通心理学、差异心理学和社会心理学三门课程（后改为实验心理学、心理学的一般、心理学的哲学方法三门课程）。我国著名心理学家曹日昌先生在 1948 年获英国剑桥大学博士学位后，成为香港大学公开招聘的首位全日制心理学教师。1967 年，香港大学心理学系成立，并于 1970 年培养出了第一批毕业生。1987 年，香港大学心理学系所开设的必修和选修课程就有 20 余门之多，涉及的领域之广，令人赞叹，其中还包括了一些与其历史背景有关的独特领域，譬如"语言及双语制心理学"等。

（二）香港中文大学

香港中文大学是由 3 所书院（崇基学院、新亚书院和联合学院）合并而成的联合大学，于 1963 年正式成立，又于 1986 年兴建了第四所书院——逸夫书院。心理学起初只是作为其他系科，特别是社会学科的一门选修课。直至 1982 年，心理学教研组才被确认具备了建系的条件。心理学系成立之后，还为此聘任了教授级的系主任，首任系主任是台湾大学的刘英茂教授。如今，香港中文大学的心理学系课程范围十分广泛，除本科生课程之外，还开设了两门研究生课程，即哲学硕士学位课程和临床心理学社会科学硕士课程，并设有 5 个专科研究中心，分别为评估培训中心、认知与脑研究中心、发展心理学中心、禅武医心智健康研究中心和临床中心。此外，它和香港大学心理系的关系也非常密切。

（三）其他学会

香港心理学会成立于 1978 年 2 月，几年之间会员已经从最初的 40 人发展至 200 人左右。香港心理学会起初完全是依附在香港大学心理系内开展工作。后来，随着香港大学心理学系毕业生的加入，以及心理学本身涉及的社会领域大幅增长，学会会员不断增加，其活动范围也随之扩大。自此，除在大学工作的会员之外，还有不少在政府部门和公益机构工作，或者私人开业的会员加入其中。1982 年年初，学会建立了临床心理学分会，会员的身份更加多元。鉴于此，心理学会依照英国心理学会的组织原则，设置了多种级别的会员形式以鉴别其专业资质。目前，所设置的正式会员包含 4 个级别，分别为毕业生会员、会员、资深会员和名誉会员。此外，对于长期从事与心理学相关职业，或者对心理学感兴趣的人，还可申请成为附属会员。

香港心理学会的工作主要是促进各会员之间的联系，并对香港心理学家的私人开业活动进行相关指导。它每年都会主持召开学术年会和一些科学会议，届时便请一些当地专家或海外访问学者进行专题讲座，反响甚好。学会会刊《香港心理学会通报》为半年刊，所载的文章大都是论述香港心理学的理论和实践相关问题的。此外，学会还致力于维持心理学在香港学术界的专业水平，帮助香港政府及其他机构审定心理学家的专业资质及工作性质。经过学会多年的努力，香港心理学家已经充分意识到维护道德与专业标准的必要性。

第三节　台湾、香港地区心理学发展的重要成就

从传播时间上而言，心理学知识在台湾、香港地区较内地出现得早，在 20 世纪 20 年代左右已有传播之势。但若说将心理学作为一门真正的学科来

进行发展，两地的时间则比内地相对晚些。

一、心理学的国际化发展比较早

一个地区的学术发展，特别是社会科学学科的发展，总是容易受到各种外因的影响。而一门新兴学科的发展又很自然会受到已成熟的相关学科以及发达地区同类学科的影响。台湾和香港地区的心理学发展正是上述理论的最好证据。其一，由于特定的历史地理环境及政治影响，台湾和香港地区虽植根于中国传统文化，但还是不可避免地受到了西方文化的影响，甚至可以说，在某些方面已有外来文化取代了我国传统文化地位的事实。以香港为例，西方文明的触角早已深入民众的日常生活，潜移默化地改变了他们的心理及行为，这已是不争的事实。如今的香港，高度的现代化和城市化的发展带动着文化以及学术的飞速发展，学者们作为这一文化的受益者，其思维方式自然也受到影响。而中国台湾则由于日本多年的占据以及美国的强势干涉，使得西方文化从未远离台湾民众，再加上台湾心理学界的从业人员大多在海外接受过西式教育，使其对西方文化的推崇更甚。可以说在台湾和香港地区心理学的发展过程中，二者几乎受到了相同的外力影响。这些政治、经济、历史、西方文化等因素的不断冲击，为台湾和香港地区的心理学事业带来了无可比拟的契机，同时也设置了一定的障碍。幸而如今两地的心理学家们终于走出瓶颈，意识到心理学的本土化研究才是心理学研究应该持有的态度和方向，首先应该做的就是对移植性科学研究的矫正，将西方文化对本土心理学的影响，使得本土化的工具与西方先进的心理学理论相融合，如此才能进一步推动台湾和香港地区心理学的国际化发展，使得两地的心理学在世界心理学之林占据其应有的位置。

二、心理学的应用化水平比较高

注重实用性科学研究是台湾和香港地区心理学发展的一个显著特点。台湾的心理学工作者在早期的科研工作中就以解决现实中的实际问题为主，甚至忽略了对理论的研究。而香港自1969年意识到临床心理学人才匮乏的现状之后，更是制订了一系列人才培养计划，为心理学应用于社会开辟了道路。

目前，香港的临床心理学家占据了应用心理学家的大多数。大约有 60 名临床心理学家受雇于各个高校的心理咨询机构、社会康复服务机构、医院和诊所（精神病诊所和普通诊所）以及政府部门（包括医疗保健、社会福利、警务以及心理矫正服务等）。受雇部门的多样性也反映了临床心理学家正在香港社会中扮演着越来越重要的角色。与内地的临床心理学领域相比，香港大多数临床心理学家拥有硕士学位，其中大部分是由本地培养的。而其今后的发展不仅部分取决于政府是否会增加对临床心理学的财政支持并着力改善"助人"机构，还取决于政府对聘用心理学家而非其他专业人员这一必要性的认识。临床心理服务由注重治疗转向注重预防的趋势已然能够预见，因此，香港心理学应用化的当务之急就是对心理测验人才的培养和心理测验功能的宣传。

三、对心理学本土化作出了较早的探索

曲曲折折数十年，台湾和香港地区的心理学发展几乎不约而同地走到了同一条道路上——心理学本土化。并且，由于本土化所特有的独到视角和显而易见的社会意义，使其数十年经久不衰，依然保持着强劲的生命力，我们可以预见，它还将作为台湾、香港地区心理学的主流趋势一直延续下去。

台湾和香港地区开展心理学本土化研究的第一人是杨国枢。他在 1982 年发表的《心理学研究的中国化：层次与方向》一文中，就详细阐述了心理学研究中国化的重要性。文章分为 4 个部分，分别为重新验证国外的研究发现，研究国人的重要与特有现象，修改与创立概念理论，以及改变旧方法与设计新方法。之后，为了使更多的人能够明确认识本土心理学以及心理学的本土化研究，杨国枢又提出了"本土性契合"概念。"本土性契合"是指特定的文化性和生物性因素不仅会影响当地民众（被研究者）的心理及行为，还会影响当地心理学者（研究者）所提出的问题、理论与方法。如此一来，研究者的研究活动及其所使用的知识体系可以并且应该在被研究者的心理与行为之间形成一种契合状态。这样一种本地研究者的思想观念与被研究者的心理行为之间的密切契合，就是"本土性契合"。杨国枢将本土性契合视作衡量本土心理学和心理学本土化研究的标准，他认为"我们所说的本土心理学，重点即在使心理学研究能够达到本土契合的标准"。

同年，"中央研究院"民族学研究所举办了"社会及行为科学研究的中国

化"研讨会，进一步推动了本土化研究的发展。其中叶启政的《从中国社会学既有性格论社会学研究中国化的方向与问题》以及瞿海源的《问卷调查法在国内运用之检讨》等文章相继发表，犹如一针强心剂，标志着心理学本土化研究序幕的正式拉开，心理学的本土化由此成为 20 世纪 80 年代以后台湾心理学者的主要研究内容以及台湾心理学日后发展的重要走向。

也许是由于相似的历史背景和文化传统，心理学的本土化很快也在香港引起反响。香港中文大学身先士卒，率先于 1983 年在社会科学院和新亚书院举办了"现代化与中国化科际研讨会"，当时来自香港、台湾和大陆的学者们齐聚一堂，共同讨论了社会及行为科学研究的本土化问题，这次研讨会对心理学本土化研究的进一步发展具有相当积极的意义。会后，香港和台湾各出版了一本论文集，分别是由乔健主编的《现代化与中国化研讨会论文选编》（1984），以及由李亦园、杨国枢和文崇一主编的《现代化与中国化论集》（1985）。

1988 年，香港大学心理学系主办了"迈向中国本土心理学的新纪元：认同与肯定"研讨会，在这次研讨会上，来自中国和美国的学者回顾了之前在心理学本土化方面的成果，总结了过去的经验，进一步认同了中国心理学有本土化的必要，讨论了今后心理学本土化的方向，确定了只有本土化才能使中国心理学成为属于中国人自己的学科。会后，高尚仁和杨中芳主编并出版了《中国人·中国心》（1991）文集，分为 3 卷，分别为"传统篇"、"人格与社会篇"及"发展与教学篇"。

台湾大学心理学系于 1989 年冬天举办了首届"中国人的心理与行为科际研讨会"，会后由杨国枢和黄光国整理并出版了《中国人的心理与行为》（1989）一书。1992 年，"中央研究院"民族学研究所作为主办方，主持召开了第二届"中国人的心理与行为科际学术研讨会"，会后，杨国枢和余安邦整理并出版了《中国人的心理与行为：理念及方法篇》（1992）和《中国人的心理与行为：文化、教化及病理篇》（1992）两本推动了台湾地区心理学本土化研究发展的著作。

除学术会议和学术交流之外，台湾和香港地区的心理学本土化研究也在中国人的自我、人格、社会行为等方面取得了可喜成就。自 1985 年起，为了促进心理学的本土化研究，以台湾大学心理学系为主的心理学家及心理学研究生等 20 余人，就组成了"本土心理学研究小组"，专门进行心理学本土化的相关研究。1991 年，台湾大学心理学系以进一步推广有关中国人的心理与行为的教学研究工作为宗旨，正式成立了"本土心理学研究室"。该研究室于1993年出版了《本土心理学研究》杂志，该刊为半年刊，也是第一本刊登中国心理学本土化研究的专门性刊物。《本土心理学研究》对理解中国人心理及行为本土化研究的观念理论，探讨研究时所使用的方法策略，发表本土化研究的相关成果经验，都有着举足轻重的作用。此外，在心理学的本土化研究领域，港台心理学家也拥有一定的影响力。除杨国枢以外，杨中芳也为心理学的本土化研究竭尽心力。由于目前心理学的本土化研究还尚未形成明确的方法体系，她率先指出滥用自评式"评定量表"所带来的弊病，提出"必须脱离将量表作为唯一测量工具的困境"，并坚持使用因素分析法和测验法等客观性较强的方法，这些创新的举措为心理学本土化研究的深入发展起到了相当积极的作用。

诚然，作为兼具社会科学和自然科学双重性质的科学，心理学学科的特殊性就注定了它必须要根植于自己文化的土壤中才能够健康发展，创立适合本土文化的心理学是我国心理学发展的必然结局，也是这一学科发展的自然选择。台湾和香港地区的心理学本土化研究经过一系列挫折，终于超越浅薄，走向全面，并逐渐稳定下来，形成了自己的特色，不再戴着西式眼镜来看待中国自己的问题。这说明两地的心理学家在对心理学本土化实质的理解和把握方面已经开始变得清晰和统一。

第八章

中国有影响的心理学研究基地

心理学的学术基地是心理学发展及学科创新的基本单位和主体。在我国，心理学学术基地的创建和发展关系到我国心理学科的发展和繁荣。自 1917 年陈大齐在北京大学创建了中国近代第一个心理学实验室起，中国心理学学科基地的建设至今已走过了近百年的发展历程。中国心理学的研究机构从无到有，数量从少到多，规模从小到大，不但为我国心理学科的发展提供了平台，也培养了大量的心理学人才。本章所举的是中国（除港、澳、台地区）相对有影响的心理学研究基地。

第一节　中国心理学研究基地发展概述

早在 20 世纪初期，中国近代心理学在"西学东渐"的历史背景下，就有许多人赶赴欧洲和美国学习教育学和心理学，他们也因此接触到了当时世界上最先进、最流行的心理学流派（冯特的实验心理学、机能主义心理学派等）。几年之后，这些年轻的爱国人士纷纷获得了国外著名大学的心理学硕士或博士学位，归国之后他们感叹于当时中国心理学科的贫瘠和落后，纷纷投身于心理学的创建和教学事业当中，建立了多所心理学实验室和心理学研究单位，使得我国的心理学科基地建设取得了初步的繁荣和发展。1917 年，陈大齐在北京大学创建了中国近代的第一个心理学实验室，由此开创了我国心理学科建设的新纪元。1920年，南京高等师范学校创建了近代中国第一个心理学系，随后并入东南大学。中央大学成立后，东南大学的心理学并入中央大学，并成立了教育心理系和心理系，为当时心理学的工作者提供了良好的科研和教学场所。至抗日战争前夕，全国已经有近20所高校创建了心理学研究机构，最著名的有8所，分别是1920年南京高等师范教育科所设立的心理系；1924年上海大夏大学在文科所设立的哲学心理系；1926年清华大学创立的教育心理系；1926年北京大学建立的心理系；1927年中央大学设立的心理系和教育心理组；1929年燕京大学文学院设立的心理系；1929年辅仁大学教育学院所建立的心理系；1933年北京师范大学在教育系中设立的教育心理组。而在1937年，由于抗日战争的爆发，中国大多数心理学研究机构（如北京大学）仓促迁到了四川、云南等地，不少心理学研究单位被迫停办（如燕京大学），只有极个别的教会大学（如辅仁大学）还保留着原有的研究机构，继续开展科研和教学工作。战争之殇蔓延至学术领域，导致心理学科走向了发展的低谷期。一直到抗日战争结束之后，一些大学才逐渐恢复了心理学系和心理组的研究工作。

　　1949年新中国成立后，我国心理学科也进入了学习和改造时期（1949—1956）。这一时期我国心理学的第一件大事就是中国科学院心理研究所的设立。自1950年中国科学院成立不久，中国科学院心理研究所便开始筹建。1951年12月，中国科学院心理研究所正式成立，任命曹日昌为所长。1953年心理研究所改称为心理研究室。1952年，全国高等院校进行了较大规模的院系调整，清华大学和燕京大学两所高校的原心理学部都被并入北京大学的哲学系，成立了当时国内唯一的一个心理学专业。同年，南京大学设立心理系。1956年，南京大学的心理学力量并入中国科学院心理研究室，并扩展为心理研究所。自此，各高等师范院校也先后成立了自己的心理学教研室。在学习和改造阶段，我国各个心理学研究机构致力于学习和研究马列主义哲学、巴甫洛夫高级神经学说及苏联心理学，纷纷聘请苏联专家来我国进行讲学。全国各大心理学研究单位可以说成了巴甫洛夫学说和苏联心理学的研究基地。

　　1957年，我国心理学工作者对前期的教学和研究工作进行了总结和反思，认识到科研工作要密切联系实际，并开展了一系列对心理学如何联系实际，为经济建设服务问题的讨论。在劳动心理、工程心理、医学心理和教育心理等领域取得了一定成绩，同时推动了应用心理学的发展。但是，在当时的心理学界也出现了"左"倾思潮：由于对于基础研究工作重要性的过度忽视，以至于出现了强拆实验室的现象，毁坏了新中国成立前期基地建设的部分成果。更不幸的是，出现了 1958 年由北京师范大学引领的"批判心理学的资产阶级方向"运动，这可以说是对前期心理学研究工作的彻底抹杀。好在 1959年党中央及时纠正了这一批判运动，进一步明确了心理学研究的方向是理论联系实际，把重点放在解决实际问题方面，同时也不能忽视对基本理论问题的研究。按照这一方针，在 1959 年 9 月，中国科学院心理研究所开始与全国17 个省（自治区、直辖市）的 20 所高等师范院校的心理学研究单位开展了心理学研究的大规模协作，开展了儿童心理、劳动教育、语文教学心理和数学教学心理等方面的研究。1960 年 9 月，中国科学院心理研究所开始与全国17 个省（自治区、直辖市）的 20 所高等师范院校进行了第二次协作，并把研究领域从教育心理拓展到医学心理、劳动心理及脑电生理机制的研究上。这两项协作运动加强了各个心理学教学单位之间的学术联系，推动了心理学应用研究的发展。随着 1963—1972 年"科学技术发展规划"（1962）的制定和实施，心理学发展在之后的两年呈现出初步繁荣的景象。在学术基地建设方面，北京大学、北京师范大学、华东师范大学和南京师范学院等高校纷纷开设了心理学专业，培养了一大批心理学专业人员。1965 年，中国科学院心理研究所的研究人员增加至 170 余人，并建设了感知觉实验室、思维实验室、记忆实验室、脑电实验室等一些水平较高的实验室，配备了当时比较先进的设备。

1966 年"文化大革命"开始，心理学在当时遭受全盘否定。前期建设起来的科研和教学单位遭到破坏。1970 年 7 月，凝聚着无数心理学工作者心血的中国科学院心理研究所被撤销；各师范院校、大专院校对心理学的教学和科研活动被停止；实验室被拆毁；实验仪器被砸烂；心理学图书资料被禁甚至烧毁。心理学科单位所遭受的重创使得许多心理学工作者失去了科研和教学的场所，他们之中有人被迫改行；有人被长期下放劳动；有人惨遭造反者的迫害。因为以上的种种暴行，我国各心理学学术基地的建设停滞了整整 10年，使得我国心理学和国外心理学之间的差距被严重拉大。

"文化大革命"结束之后，我国实行了改革开放的政策。随着经济社会建设的日新月异，我国的心理学也逐步走上了恢复建设的道路，中国的心理学在专业教学和学科建设方面也得到了空前提升。1978 年 8 月，北京平谷县召开了全国心理学科规划座谈会，旨在全面恢复我国心理学的研究和教学工作，这次会议扭转了我国心理学在"文化大革命"期间被迫停顿的境地，是中国心理学发展史上的一个重要转折点。同年，北京大学率先成立了心理系并招收了第一批本科生；随后华东师范大学（1979）、杭州大学（1980）及北京师范大学（1981）先后成立心理学系，成为当时最早拥有心理学系的 4 所学校。1980 年 7 月，中国心理研究所由以前的 4 个研究室扩建为 6 个，包括心理学基本理论研究室、发展心理研究室、生理心理和病理心理研究室、感知觉研究室、工程心理研究室和情报研究室。可以说，20 世纪 90 年代是我国心理学术基地建设的大繁荣时期。首先是 1986 年，华南师范大学成立心理学系；1988 年，西南师范大学（现西南大学）也成立了心理学研究所；江西师范大学于 1991 年成立了心理技术应用研究所；华中师范大学在 1993 年成立心理学系。同年，中国政法大学的犯罪心理学研究中心也宣告成立；1994年，西南师范大学、东北师范大学、吉林大学、上海师范大学、湖南师范大学纷纷成立了心理学系；1997 年，南京师范大学和陕西师范大学的心理学系也先后成立；1999 年，福建师范大学成立心理学系。此外，在 20 世纪 90 年代中期，杭州大学、北京师范大学和华东师范大学的心理学专业被批准成为"国家理科基础科学研究和教学人才培训基地"。西南师范大学的普通心理学专业获得博士学位授予权，并很快建立了心理学博士后科研流动站。辽宁师范大学于 1998 年建立了心理发展与教育研究中心，并获得发展与教育心理学的博士学位授予权。

随着科技部制定的《全国基础研究"十五"计划和 2015 年远景规划》的推行和实施，心理学被确定为 18 个优先发展的基础学科之一，党和国家对心理学的发展重视程度越来越高，人民群众对心理学的需要程度也日益增加。因此，我国的心理学科建设也进入了快速发展阶段。2000 年，心理学被国务院学位委员会确定为国家一级学科。北京师范大学建立了"认知科学与学习"教育部重点实验室。天津师范大学的心理与行为研究中心被批准成为"教育部人文社科重点研究基地"。北京师范大学、华南师范大学、浙江大学被批准获得心理学一级学科博士学位授予权。西南师范大学的发展与教育心理学学科获得博士学位授予权。首都师范大学、西北师范大学和山东师范大学先后成立心理学系。第四军医大学建成军事医学心理学全军医学重点实验室。2001年，北京师范大学心理学院宣告成立；中山大学心理学系于同年复系；北京大学脑科学和认知科学中心也在彼时成立；同时，华南师范大学心理应用研究中心建设成了"教育部人文社科重点研究基地"；由教育部批准，北京师范大学、北京大学、华东师范大学、浙江大学和东南大学联合组建的"脑科学与认知科学网上合作研究中心"也宣告成立。2002 年，北京大学、华东师范大学、西南师范大学的基础心理学科，北京师范大学和华南师范大学的发展与教育心理学科，以及浙江大学的应用心理学科被批准为国家重点学科；西南师范大学被批准获得心理学一级学科博士学位的授予权；东南大学的儿童发展与学习科学教育部重点实验室成立；西南师范大学建立了心理学院；南开大学社会心理学系宣告成立；浙江大学、华南师范大学建立了心理学博士后科研流动站。同年，中国科学院心理研究所开展了中国科学院知识创新工程的试点，这给研究所的发展既带来了机遇挑战，也使其面临着挑战。在二、三期的创新工程中，中国科学院承担了多项国家重点基础研究的发展规划（"973"）项目、国家自然科学基金重点项目和国家高技术研究发展计划（"863"）项目，取得了一批重要的科研成果，并培养了大量的优秀人才。2004年，北京师范大学的认知神经科学与学习研究所成立；全国高等学校心理健康教育数据分析中心在北京航空航天大学建成；西南大学的西南民族教育与心理研究中心建成为"教育部人文社科重点研究基地"，同时成立了认知与人格教育部重点实验室；华中师范大学成立了心理学院；北京师范大学的认知神经科学与学习国家重点实验室获得科技部批准。2006 年，第四军医大学建成了全国征兵心理检测技术中心；天津师范大学成立了心理与行为研究院。2007 年，北京师范大学心理学一级学科被批准为国家重点学科；天津师范大学的发展与教育心理学科被批准为国家重点学科。2008 年，北京师范大学的脑成像中心成立；华东师范大学的心理与认知科学学院成立；江西师范大学的心理学院以及陕西师范大学的心理学院也相继宣布成立。

截止到 2008 年，我国高校的心理学专业已发展至 260 余个；拥有心理学硕士点的单位 107 个，包括了近 180 个专业；拥有心理学博士点单位 28 个。在学科建设方面，我国高校有 7 个心理学院系含有国家重点学科，其中北京师范大学的心理学为国家一级重点学科；北京大学、华东师范大学、西南大学的基础心理学为国家重点学科；华南师范大学、天津师范大学的发展与教育心理学为国家重点学科；浙江大学的应用心理学为国家重点学科。在实验室建设方面，北京师范大学于 2000 年率先建立了"认知科学与学习"教育部重点实验室，该实验室于 2005 年发展成为"认知神经科学与学习"国家重点实验室；2002 年，东南大学建立了"儿童发展与学习科学"教育部重点实验室；2005 年，西南大学建立了"认知与人格"教育部重点实验室。此外，我国还建立了 4 个心理类的教育部人文社科重点研究基地，分别是北京师范大学发展心理研究所（1999）、天津师范大学心理与行为研究中心（2000）、华南师范大学心理应用研究中心（2001）以及西南大学西南民族教育与心理研究中心（2004）。

第二节 中国有影响的学术基地

一、北京大学心理系

北京大学是中国最早传播心理学的学府，早在 1900 年就开设了心理学课程。北京大学的心理学系按综合大学规格进行了全面的学科建制，从事着多方面的研究，提供高质量的综合性高等教育，涵盖了心理学的各个主要方向，是中国最著名的心理学院系。北京大学心理系的创立和发展得益于蔡元培先生的贡献，蔡元培先生曾在德国师从科学心理学之父冯特。在他的倡导下，北京大学于 1917 年创立了心理实验室，这是中国现代科学心理学的开端。1918 年，蔡元培开创并主持北京大学研究所，任命陈大齐为心理学主任教员。1920—1925 年，陈大齐、陶孟和、刘廷芳等学者相继出版了多部心理学论著，向广大学生和群众讲授心理学知识，为北京大学心理学不断发展、走向社会以及推动社会进步作出了重要贡献。1926 年 11 月 19 日，北京大学成立心理系，陈大齐担任系主任。虽然起步时的规模并不大，但当时北京大学的心理系已积累了相对雄厚的学术功底。建系后，其课程设置、仪器和图书都比以前有所进步，北京大学的心理学此时已经初具规模。1931 年，实验室迁入理学院，有了更大的教室、办公室、仪器室、实验室、暗室等。1927 年，奉系军阀下令取消北京大学，将其与另外 8 所高校合并成京师大学校，心理学系被归于哲学系。1936 年，北京大学教育系的心理学组开设了普通心理学、心理学实验、社会心理学、教育心理学、应用心理学、学习心理学、情绪心理学、现代心理学、儿童心理学、精神卫生等课程。1937 年，抗日救亡时期，教育部宣布将北京大学、清华大学、南开大学联合在长沙和西安两地设立临时大学。10 月 2 日，北京大学的原哲学系和教育学系（其中含心理学专业）、清华大学的哲学系和心理学系、南开大学的哲教系合并，组成了"哲学心理教育学系"。抗日战争胜利后，国立西南联合大学于 1936 年正式解散。1946—1949 年，心理学仍然设在哲学系内，课程设置情况基本同国立西南联合大学时期一致。

1949 年以后，中国的心理学迎来了新的发展阶段。1952 年，清华大学理学院的心理学系、燕京大学原文学院的心理系等机构经过院系调整合并到北京大学的哲学系心理学专业，清华大学的原心理系教授孙国华任专业主任一职。调整后的北京大学心理学专业还成立了普通心理学教研室和心理学实验教研室，基本确立了当时北京大学心理学的整体格局。北京大学的心理学专业进入相对快速发展时期。在这一时期，我国心理学界开展了学习马列主义哲学、巴甫洛夫学说以及苏联心理学的学习，并形成热潮，提出了在马列主义的指导下，在巴甫洛夫学说的基础上改造心理学的口号，具有相当鲜明的时代特色。北京大学于 1954 年 7 月 31 日制订了心理学专业的五年计划。这是北京大学心理学专业中所制订的最为系统和详细的计划，为日后心理学的发展起到了重要的作用。

"文化大革命"期间北京大学的心理学专业跌入低谷，在 1966 年北京大学心理学专业就停止招生，并于 1975 年被迫解散。1977 年，北京大学原心理系教师自发回到了哲学楼，心理实验室开始逐渐恢复业务，建立北京大学心理系的条件也基本成熟。1977 年 12 月 27 日，北京大学向教育部提交了《关于在北京大学建立心理系的请示报告》。五人筹备小组也于同年建立，决定自 1978 年秋天起开始建系并招生。同时，实验室恢复运行，教学计划也开始着手准备。北京大学恢复心理学，是心理学界也是北京大学的一件大事。作为新中国首建的心理学系，其本身不仅成为一个综合性大学所必不可少的组成部分，而且开始在心理学界发挥出其独特作用，从此，中国的心理学事业翻开了新的一页。

近年来，北京大学心理系一直紧扣国家战略与社会需求，开展着心理学研究和教学工作，为培养基础与应用心理学的高级人才奠定了坚实的基础，为我国心理学事业的发展作出了卓越贡献。2001 年 11 月，王登峰等相关中国人人格结构论文的发表，创新提出了中国人的"大七"人格结构。2005 年，中国科学院研究生院和生物物理研究所认知科学重点实验室教授、北京大学心理学兼职教授陈霖提出的拓扑知觉理论，在 *Visual Cognition* 上开展了专题讨论，拓扑性质知觉理论获得世界声誉。这是自 1949 年以来首位中国心理学家在知觉理论方面取得的重大成就。

北京大学的心理系现在是一级学科博士学位授予权单位，可授予理学学士、硕士、博士学位，并设有博士后流动站，每年招收 40 余名本科生，70 余名硕士生和 10 余名博士生。其"基础心理学"为国家重点学科，现有教授 11 人，副教授 14 人，讲师 9 人（包括"长江学者"特聘教授、国家杰出青年基金获得者 2 人，北京大学百人计划 2 人，新世纪优秀人才支持计划 2 人，"973"课题组长 3 人，国务院学科评议组成员 1 人，自然科学基金委员会重大研究计划专家组成员 1 人）。

二、中国科学院心理研究所

中国科学院心理研究所作为我国唯一的国家级心理学综合性研究机构，是国务院学位委员会批准的基础心理学、发展与教育心理学和应用心理学专业的博士和硕士学位授予单位，并设有心理学博士后流动站。其前身是创建于 1929 年的"中央研究院"心理研究所。

"中央研究院"成立于 1928 年，当时北京大学校长蔡元培担任第一任院长。1929 年 5 月，"中央研究院"心理研究所在北平成立，唐钺任所长。该所偏重理科，主要进行生理心理方面的研究，主要研究动物学习和神经解剖。"中央研究院"心理研究所是我国第一所专门从事心理学研究的机构，该所办有《心理学副刊》，是当时国内心理学领域的权威报刊。1933 年 3 月，"中央研究院"心理研究所迁往上海，蔡元培聘任汪敬熙为所长。1934 年又迁至南京。1935 年，"中央研究院"心理研究所与清华大学心理系合作，增设了工业心理学研究。1937 年，抗日战争爆发，"中央研究院"心理研究所开始了漫长的迁徙之旅，先经湖南南岳至广西阳朔，再由广西桂林到贵州贵阳，直到 1940 年迁至桂林南雁山村才稍为安定，开始恢复研究工作，主要研究胚胎行为发展问题。1944 年，"中央研究院"心理研究所再迁至重庆北碚。直到 1945 年抗日战争胜利，于次年 9 月迁回上海。1948 年后，继续抗日战争期间所作的胚胎行为发展和两栖类蝌蚪脊髓机制的研究，并恢复了战前所作的哺乳类动物的行为与神经系统的研究。1949 年，上海解放，"中央研究院"心理研究所停办，研究所人员并入"中央研究院"医学研究所。"中央研究院"心理研究所曾先后出版心理学专刊 10 期，丛刊两卷。此外，"中央研究院"心理研究所的论文多在中国生理学杂志和美国生理学及神经学杂志上刊载。

"中央研究院"心理研究所的研究工作20多年来虽然遭到战火的影响，但仍奠定了中国生理心理学和工业心理学的基础，并对新中国科学院心理研究所的建立产生了影响。

1949年，中华人民共和国成立。中国科学院正式组建。1950年，在郭沫若院长和丁瓒先生的支持下中国科学院心理研究所开始筹建，并成立了心理研究所筹备处。同年8月，中国心理学会筹备委员会成立，挂靠在中国科学院心理研究所筹备处。

1951年3月2日，政务院批准成立了中国科学院心理研究所，任命曹日昌为所长，12月7日，中国科学院心理研究所正式成立。建所前后，其成员开展了对中小学奖励与惩罚的研究，搜集了国内儿童身心发展的常模资料，进行了托儿所调查、儿童身心发展因素研究以及心理学名词编译工作等。1953年，中国科学院心理研究所更名为中国科学院心理研究室，曹日昌任室主任，丁瓒任副主任。1955年，中国科学院心理研究所设立动物、感知、思维、个性4个研究组，进行知觉心理研究；并根据巴甫洛夫学说进行动物行为（条件反射）研究、两种信号系统和神经类型研究。1956年，中国科学院心理研究室扩大，将南京大学心理系并入其中，恢复原所名"中国科学院心理研究所"，潘菽任所长，曹日昌、丁瓒任副所长，同时成立了学术委员会。1957年，中国科学院心理研究所开始展开对劳动心理学的研究。

1958年，中国科学院心理研究所调整了研究方向，将原来的4个研究组改成联系教育、劳动和医疗实际的3个研究组，分别进行教育心理、劳动心理、航空心理、医学心理方面的应用研究，同时也开展了对生理机制的研究和动物心理的研究，从而推动了应用心理学的发展。1961年，心理研究所将3个研究组又扩大成4个，分别为教育心理研究室、医学心理研究室、劳动心理和航空心理研究室、脑电和脑模拟研究室。1963年，中国科学院心理研究所增加了在心理过程记忆、思维方面的研究。

1966年后，中国科学院心理研究所经历了10年的浩劫，并于1968年全面停止科研工作，全所人员被下放至湖北干校。1970年，中国科学院心理研究所被撤销。直到1972年，其科研人员才从干校回京，在临时实验室中逐步开展儿童心理的发展、视觉、听觉、记忆、航空工程心理、人工智能、病理心理和生理心理等方面的研究，还增加了对心理学基本理论问题的研究。

1977年6月，国务院作出了"恢复心理研究所是很必要"的批示。至此，中国科学院心理研究所正式恢复，潘菽出任所长，徐联仓任副所长，科研工作回到了正轨。彼时的中国科学院心理研究所是全国唯一的心理学研究机构，起着团结全国心理学界的作用，担负着恢复组建中国心理学会的工作。

1978年8月，中国科学院心理研究所主持并在北京平谷召开了全国心理学学科的规划座谈会，来自全国各地的代表在会上拟订了规划草案。规划草案除前言外，共分4部分：①外国心理学概况；②奋斗目标；③研究项目；④实现规划的措施。在研究项目中又分为心理学基本理论、感觉与知觉、思维与记忆、心理发展、教育心理、工程心理、生理心理、医学心理研究等8个方面。这是一个比较详细和全面的心理学学科发展规划，在实质上促进了中国心理科学事业的恢复和发展。

1980年7月，中国科学院心理研究所将"文化大革命"前的4个研究室扩建为6个，包括发展心理研究室、感知觉研究室、心理学基本理论研究室、工程心理研究室、生理心理和病理心理研究室、情报研究室。1983年，中国科学院心理研究所领导班子换届，徐联仓任所长，荆其诚任副所长，潘菽为名誉所长。1985年以后，中国科学院心理研究所陆续开展科技开发工作，先后建立了3个技术开发实体，分别为心理学函授大学、心理学书店和塞克洛新技术公司（赵莉如，1996）。1986年，中国科学院心理研究所确定了6个研究室和14个研究方向。1987年，中国科学院心理研究所领导班子换届，匡培梓任所长，刘善循任副所长。同年，中国科学院心理研究所所在的朝阳区北沙滩的新建大楼竣工，并于次年正式迁往新所址。1992年，匡培梓任所长，凌文辁任副所长，1993年，张侃任副所长。1995年，张侃任所长。1997年，杨玉芳任所长，隋南、赵国胜任副所长。

2002年，中国科学院心理研究所进入中国科学院知识创新工程试点，这给研究所的发展带来了新的机遇和挑战。在二、三期创新工程中，研究所不断调整着自身的科技布局，凝练学科目标，明确主攻方向，承担了多项国家重点基础研究发展规划（"973"）项目、国家高技术研究发展计划（"863"）项目、国家自然科学基金重点项目，取得了一批重要科研成果，并培养了大量的优秀人才。

2004年8月，中国心理学会受到国际心理科学联合会的委托，在北京主办了第28届国际心理学大会。这是100余年来国际心理学大会首次在发展中国家召开。荆其诚先生任大会主席，张侃任大会秘书长。中国科学院心理研究所的众多人员参加了大会的筹备及会务工作。来自78个国家的6000余名代表出席，大会取得了圆满成功。

2006 年，中国科学院心理研究所领导换届，张侃任所长，傅小兰、张建新、李安林任副所长。中国科学院心理研究所现设有心理健康重点研究室、发展与教育心理学研究室、认知与实验心理学研究室、社会与经济行为研究中心、行为遗传学研究中心。中国科学院心理研究所作为中国心理学会的挂靠单位，主持学会的日常事务，并与学会合办《心理学报》，同时主办《心理科学进展》，发行至国内外。2008 年 7 月 21—25 日，在第 29 届国际心理学大会上，张侃教授当选为国际心理科学联合会的副主席。张侃教授的当选是继荆其诚教授和张厚粲教授之后，我国心理学家第三次在国际心理科学联合会担任副主席一职。现任所长为傅小兰教授。

中国科学院心理研究所作为我国最具权威的心理学研究基地，从诞生之初就肩负着发展中国心理科学的伟大使命。"中央研究院"心理研究所主要的研究工作多半属于神经生理及大脑解剖学范围，新中国成立前的"中央研究院"心理研究所是生理心理学和工业心理学的研究基地。然而，当时的心理学工作很少有创造性的研究成果，因为当时的国民党反动派对科学并不重视，心理学工作者在艰苦的条件下，还要受到资产阶级观点和方法的不良影响。直到 1951 年中国科学院心理研究所成立之后，在曹日昌、潘菽等老一辈心理学家的共同努力下，中国科学院心理研究所才开始走在全国心理学研究的最前沿，引领了中国心理学前进的方向。在苏联心理学和巴甫洛夫学说的影响下，中国科学院心理研究所开展了许多理论论证和实验性的工作，在阐明心理活动的规律和其生理机制的研究方面取得了很大的进展。

"文化大革命"之后，中国科学院心理研究所承担着团结全国心理学界的历史作用，担负着恢复组建中国心理学会的工作。改革开放之后，中国科学院心理研究所不仅把国外最先进的心理学研究引入国内，且带领着中国心理学迈出国门，走向世界。1990 年以来，中国科学院心理研究所在国内外有影响的刊物上共发表文章 900 多篇，出版著作 100 多本；获得中国科学院自然科学二等奖 2 项，院科技进步二等奖 1 项，其他省部级科技进步二等奖 3 项和实用新型专利 2 项；在 SCI 和 SSCI 期刊上发表的论文数量和引用次数也呈逐年上升趋势；争取项目和科研经费的能力不断提高。在基础研究方面，中国科学院心理研究所的研究人员在国际上首次揭示了应激诱发行为的生物学机制，获得中国科学院自然科学奖二等奖；在国内开创了对自然汉语理解的人工智能研究，获中国科学院科技进步二等奖；自适应产生式学习系统达到国际先进水平，获中国科学院自然科学奖二等奖；在国际上首创无运动二级 CNV 研究模式，首先观察到解脱波（extrication wave）与二级 CNV。在应用研究方面，中国科学院心理研究所研究人员对儿童数学思维发展进行了研究，为我国教育部门的决策及儿童教育实践提供了理论指导；并以此为依据，编订了我国九年义务教育试用教材，该教材推广至美国、英国、新加坡等国，获得中国科学院科技进步一等奖；中国科学院心理研究所在国内最早开始了对航空心理学的研究，为我国自行设计"运七"飞机的座舱提供了可行、可靠的依据，HB5520-80 飞机座舱红光照明技术解决了国产飞机的夜航照明问题，获得国家科技进步三等奖；中国科学院心理研究所应用心理学方面的研究人员，对中日合资企业的组织行为学研究获得中国科学院科技进步二等奖。此外，中国科学院心理研究所的研究人员依据自己的科研成果，主持制定了国家相关法律和标准，如《中华人民共和国广告法》和《中华人民共和国心理咨询师国家职业标准》；中国科学院心理研究所在颜色视觉领域的研究方面积累深厚，共获 10 多项部级以上成果奖项，在国家事务中发挥了重要作用。

在实验室建设方面，2010 年，中国科学院心理研究所进行结构调整和优化，将原有的研究单元整合为 3 个研究室，即认知与发展心理学研究室、健康与遗传心理学研究室、社会与工程心理学研究室。认知与发展心理学研究室以行为和认知神经科学为平台，主要研究人类基础和高级心理过程的行为和神经机制，以及认知的发展、成熟和衰退过程，以期在重大科学前沿问题上取得高质量的研究成果，为转化型研究提供深厚的理论基础，把基础研究的成果推广成为满足国计民生需求且适合中国国情的应用研究，为国家战略决策提供科学依据。健康与遗传心理学研究室基于"生物-心理-社会"的模式，从分子、神经网络、脑功能到个体与社会行为水平，来探索心理、认知、行为、遗传与健康的相互作用规律及机制，阐明了中国人心理健康状态的群体分布和变化规律，建立了心理疾患的基础数据库和数据分析平台，为心理疾病的预防、早期诊断和治疗提供了科学依据，有针对性地开发了心理危机干预与心理健康促进的方法和技术，为我国公共心理健康服务和国家政策制定提供了理论与技术支持，已经成为我国心理健康领域具有引领性的创新研究和应用基地。社会与工程心理学研究室坚持为我国国民社会经济服务，侧重于如何将心理学理论应用到我国国民社会经济的发展中去，并提出要使用切合实际的新理论和研究方法，进行一流的心理理论研究与应用心理研究。其主要方向包括组织行为与人力资源管理、社会心理与复杂系统安全、经济行为与决策、工程心理与人机工程、文化和社会认知等方面。

三、北京师范大学心理学院

北京师范大学心理学院成立于 2001 年，是我国首个成立的心理学院，拥有强大的综合实力，在全国各高校心理学科排名中稳居首位，在国际心理学界也具有一定的影响力。

北京师范大学的前身是北京高等师范学校。1920 年，张耀翔在哥伦比亚大学获得心理学硕士学位，他回国后被北京高等师范学校聘任为教授，兼任教育研究科主任，讲授普通心理学、儿童心理学实验心理学和教育心理学，并协助建立了继北京大学心理学实验室之后的又一个心理学实验室。1923 年，北京高等师范学校更名为北京师范大学，张耀翔担任教育研究科主任，并任教长达 8 年之久。1927 年，陈大齐、朱希亮、孙国华、陈雪屏、潘渊、蔡乐生等著名心理学家先后来到北京师范大学讲授心理学。1933 年，北京师范大学在"学则"规定教育系的课程分设教育心理组，其课程包括心理学、儿童及青年心理、教育心理、教育和心理测验、学科心理、社会心理、动物心理、变态心理、实验心理、生理心理等。1936 年，比较心理学家蔡乐生先生来到北京师范大学讲授高等实验心理、动物心理、学科心理等课程。"七七事变"后，北京沦陷，北京师范大学转移到西北的大后方去，并于 1946 年 7 月在北京复校。

1952 年，由于全国高校院系调整，中国人民大学的教育学教研室、辅仁大学的心理系与北京师范大学的教育学系合并，成立了心理学教研室。由于这个原因，辅仁大学心理学的历史和传统在北京师范大学得到了传承。辅仁大学在 1929 年创办了心理学系，首任系主任为葛尔慈，葛尔慈的老师是实验心理学创始人冯特的学生——德国心理学家林德渥斯基。辅仁大学的心理学深受德国实验心理学的影响，非常注重对学生实验和测量能力的培训，同时要求学生阅读心理学原著。实验室里设备也很齐全，冯特实验室里的仪器，当时这里的实验室几乎都有。在抗日战争期间，许多高校南迁，辅仁大学成为北京唯一的心理学人才培养基地。例如，我国著名心理测量学家林传鼎就于 1944 年在辅仁大学获得了心理学硕士学位，并留校任教，为我国心理测验和情绪研究的发展作出了突出贡献，而他所取得的成果与其在辅仁大学所接受的心理学专业训练是密不可分的。

　　1952 年，整合之后的北京师范大学成立了心理学教研室，它不仅传承了辅仁大学实验心理学的传统，而且当时著名的心理学家如中国人民大学的彭飞、章志光，辅仁大学的林传鼎、张厚粲、谢思骏等都聚集到了北京师范大学，为北京师范大学心理学日后的发展和腾飞打下了坚实的基础。1952—1959年，毕业于北京师范大学教育系的部分学生踏上了心理学的研究道路，他们中间有国内知名的教育心理学家冯忠良、陈琦教授，研究心理学史的李汉松教授，以及目前仍活跃在教学与研究领域的认知心理学家彭聃龄教授等人。

　　1960 年，北京师范大学教育系下设心理学专业，实行本科 5 年制，并于同年成立了普通心理学和儿童心理学教研室，负责人分别为彭飞和朱智贤。从这一年开始，连续 6 年招生，此间还招收过一届硕士研究生。此阶段的心理学专业课程的设置已经与现在相差无几，其中医学心理学、儿童心理学和教育心理学等课程还分别为学生提供了到安定医院、幼儿园与小学见习或实习的机会。许多课的课时都比较长，比如普通心理学上 3 学期，儿童心理学上 2 学期。有些课还由擅长该领域的多位名师共同执教。这些原因使得课程的质量很高，为学生打下了坚实的专业基础。但因"文化革命"运动，只有前面 3 届本科生顺利毕业。这些毕业生成为"文化大革命"之后我国心理学界的中坚力量，如郭德俊、林崇德、张必隐、孟庆茂、郑日昌、程正方、刘华山等。

　　"文化大革命"期间，心理学专业受到了严重的摧残和打击，濒于解体，所有研究和教学工作都被迫停止。直到"文化大革命"结束后的 1978 年，心理学专业才恢复招生。心理学当时虽然还隶属于教育系，但已经开始招收理科生，并由 5 年制本科改为 4 年制。1978 级和 1979 级毕业生中涌现出大量优秀的心理学工作者，他们治学严谨、开拓进取，为北京师范大学乃至全国心理学的发展都作出了重要贡献。目前，活跃在学术界的许燕、邹泓、陈英和、刘力、董奇、车宏生、舒华、金盛华、阎巩固等中青年学者都是这两届毕业的优秀学生。心理教研室的老师们为学生开设了丰富而优质的专业课。许多专业课都为学生提供了大量的见习和实验操作的机会。同时，20 世纪 80年代以后，北京师范大学还邀请了一些美国专家为学生开课。20 世纪 70 年代末 80 年代初，许多外校的老师都曾到北京师范大学任教，如北京大学心理系的邵郊、沈政老师，首都师范大学心理系的林传鼎以及中国科学院心理研究所的荆其诚。1981 年年初，北京师范大学正式成立心理学系，由彭飞担任首届系主任。此后，张厚粲、彭聃龄、舒华、车宏生、郭德俊教授等先后担任系主任。同年，北京师范大学获得了发展心理学博士学位的授予权，朱智贤教授开始招收博士生。1983 年，张厚粲教授率先开设认知心理学课程，并与彭聃龄老师等共同组成了中国语言文字研究课题组，从而开启了汉语认知研究的先河。1985 年，北京师范大学建立了基础心理学博士学位点，导师为张厚粲教授，并成立了北京师范大学心理测量与咨询中心，张厚粲教授兼任中心主任。同年，在朱智贤教授的倡议下，北京师范大学成立了儿童心理研究所（1987 年更名为发展心理研究所），朱智贤教授担任第一任所长。此外，朱智贤教授也在这一年创办了《心理发展与教育》刊物，该刊物于 1994 年被评为中文期刊心理与教育类核心刊物。1987 年，张厚粲教授申请获得了北京师范大学心理学第一个国家自然科学基金课题"汉语认知理解研究"。1990 年，北京师范大学获得教育心理学的博士学位授予权，导师为冯忠良教授。1994 年，心理系开始招收应用心理学专业的本科生。1996 年，北京师范大学的心理学专业被教育部批准为"国家理科基础科学研究与教学人才培养基地"。1997 年，北京师范大学成立了心理健康与教育研究所，董奇教授担任所长。2000 年，张厚粲当选为国际心理学联合会副主席。2000 年 5 月，在北京师范大学心理系团总支、学生会的倡议下，北京市团委确定每年 5 月 25 日为"北京大学生心理健康日"，并于 2004 年升级为"全国大学生心理健康节"。

2001 年，北京师范大学心理学院宣告成立，下设心理学系、脑与认知科学研究所、教育心理与心理健康研究所、发展心理研究所、心理测量与评价研究所、人力资源开发与管理心理研究所。2003 年，林崇德的《多元智力与思维结构》一文在国际权威理论心理学杂志 *Theory&Psychology* 上发表，他在这篇文章中提出了著名的智力"三棱结构"理论。2006 年，科技部批准由董奇和林崇德主持"中国儿童青少年心理发育指标的调查"的全国协作项目。

北京师范大学心理学院自改革开放以来，在对外交流方面一直非常活跃。他们与美国、英国、澳大利亚、加拿大、意大利、日本、荷兰、芬兰等国家以及中国香港、中国台湾等地区的科研机构建立了广泛而深入的联系，合作研究和学术交流十分频繁。

在教学与人才培养方面，北京师范大学心理学院的心理学专业是国家理科基础科学研究与教学人才培养基地（1996 年批准），并建立了北京市级的心理学基础实验教学中心（2000 年批准）；拥有心理学博士后流动站（1999 年批准）、心理学一级学科博士学位授权点（2000 年批准），其内含有基础心理学、发展与教育心理学和应用心理学3个博士点。在科研和学术发展方面，北京师范大学的心理学是国家重点一级学科（2007年批准）；心理学院的发展心理研究所是全国人文社会科学重点研究基地（1999年批准）；认知科学与学习教育部重点实验室（2000年批准）、教育部脑科学与认知科学网上合作研究中心（2001年批准）、应用实验心理北京市重点实验室（2001年批准）等也以心理学院为学术依托。同时，他们还利用北京师范大学"211工程"的建设经费，建立了学习与教学心理实验室、早期心理发展实验室（1997年批准）、心理测量与评价实验室（2000年批准）、人力资源实验室（2002年批准）、心理危机干预实验室（2003年批准）等校级重点实验室。

张耀翔、彭飞、朱智贤、张厚粲、林崇德等对于北京师范大学心理学科的建立和发展起到了极其重大的推动作用，对中国心理科学的建立、发展与普及作出了重要贡献。

四、浙江大学心理与行为科学学院

浙江大学心理与行为科学学院创建于1980年，是我国高等院校中最早设立的心理学系之一，其历史可追溯到19世纪20年代末的浙江大学原心理学系。1930年，黄翼先生回国后，在浙江大学讲授儿童、教育、实验和变态心理学课程，并筹建心理实验室，为浙江大学心理学科的发展奠定了前期基础。1933年，郭任远担任浙江大学校长，在此期间，他独创了全新研究胚胎行为的方法，完成了平生同时也是世界生物心理学史上最重要的研究成果——鸡胚发育的研究结论：即便动物一出生即会的行为，也不能说是"本能"，因为这一行为早在胚胎期就已开始发展了，这一结论在国内外心理学界轰动一时。1939年，著名工业心理学家陈立来到浙江大学，担任心理学教授，将工业心理学引入浙江大学。此后，他一直在浙江大学任教，为浙江大学心理学的繁荣和发展作出了杰出贡献。1946年抗日战争结束之后，浙江大学迁回杭州办学，并设立了心理学教研组。全国院系大调整时，心理学教研组合并为浙江师范学院的心理学教研组。1978年，杭州大学教育系设立了心理学专业。1980年，杭州大学设立了心理学系。1998年，原浙江大学、杭州大学、浙江农业大学和浙江医科大学4所高校合并后，心理学系正式更名为浙江大学心理与行为科学学院。

浙江大学心理与行为科学系以应用心理学特别是工业心理学为特色，是国内心理学领域具有重要影响力的教学科研机构。1980 年，被教育部批准为全国第一批心理学硕士点和博士点单位；1986 年，《外国心理学》改名为《应用心理学》，由浙江省心理学会、杭州大学主办；1988 年，工业心理学专业被列为国家重点学科；1989 年，浙江大学被批准建立了国家工业心理学专业实验室；1993 年被教育部批准成为全国第一批国家理科人才培养与教学基地；1995 年，浙江大学被正式列入国家"211 工程"重点建设规划；1998 年设立了应用心理学研究所与认知和发展心理学研究所；2000 年，教育部批准浙江大学作为心理学一级学科博士点；2001 年，经教育部重新评估，应用心理学专业被定为国家重点学科点；2003 年，浙江大学被批准建立了博士后流动站。

浙江大学工业心理学的发展得益于陈立先生的不懈努力。作为我国最早从事工业心理研究的心理学家，他花费了毕生精力来研究工业心理和培养工业心理人才。在科研方面，陈立先生曾在剑桥大学、德国柏林大学心理研究所和英国工业研究所从事研究工作，并于 1935 年回国担任清华大学和"中央研究院"心理研究所的工业心理研究员。在此期间，陈立先生撰写出版了我国第一部工业心理学专著——《工业心理学概观》，该书系统地论述了工业心理学的基本问题和原理，从组织层面分析了工业心理学的应用领域及理论发展方向，成为我国工业心理学乃至应用心理学理论发展的重要里程碑。陈立先生还曾经在北京、上海、江苏等地的工厂调查劳动环境对生产的影响，试图改善工人劳动条件，并设计了一套纺织工操作的测验。此外，他还在杭州开展了对事故分析、细砂工培训、操作分析、工艺流程、视觉疲劳等方面的研究，发表了《细砂工培训中的几个心理学问题》（1956）等论文。陈立在组织管理心理学的理论思想及其应用方面也有许多创新成果，他在 1983 年出版的《工业心理学简述》一书中，系统论述了管理心理学、工程心理学和劳动心理学的基本原理及其在社会主义四个现代化中的重要作用、理论意义、发展趋势、研究潜力及应用前景。他还对人机系统设计中的习惯与革新、企业改革中的目标管理、期望与激励等方面的心理机制作出了透彻的论述。特别是在企业组织的改革与发展这一领域，陈立先后在《企业组织的发展与改革》（1983）、《行动研究》（1984）、《经济体制改革中的组织发展研究》（1988）和《改革开放中企业的新秩序观》（1991）等一系列文章中，深入浅出地论述了其理论原理，明确提出了组织改革与发展的方法学和具体实施策略。

在人才培养方面，陈立先生积极从事工业心理学的研究和推广，培养了一大批工业心理学专业人才。尤其是改革开放之后，作为该学科的领路人，陈立先生以强烈的责任感和事业心，积极投入到我国首个工业心理学专业的建设与发展工作之中。1990 年，工业心理学实验室被国家计划委员会①批准为国家重点开放实验室。陈立在工业心理学方面的一系列工作，对这一学科的开拓和发展起到了重要作用。

近年来，随着浙江大学应用心理学的不断发展，也涌现出了大批工业心理学方面的专业人才，尤其是在工程心理学、人力资源管理学、组织行为学、人类工效学、航空工程心理学以及人与计算机智能交互学等方面均有突出成果。例如，朱祖祥所主持的"飞机座舱显示控制、照明与综合告警人机工效研究"，获得 1995 年中国航空工业总公司科技进步二等奖；专长于工业心理学、组织行为学和人力资源管理学研究的王重鸣教授在这些领域发表文章百余篇，还担任了《国际管理发展杂志》（英文）和《应用心理学》（中文）的副主编等。

五、华东师范大学心理与认知科学学院

华东师范大学的心理学科创建于 1951 年，曾开办全国第一个心理学的研究生班（1956），之后成为国内最早的 4 个心理学系之一（1979）。目前，拥有国内第一批博士授予学科（发展心理学，1981）和国家重点学科（基础心理学，2001）、心理学理科基地（1997）、博士后流动站（1999）、一级学科博士学位授予点（2003），并获得上海市一流学科（B 类）和上海市重点学科（2012）称号。学院下设两系两所（分别为心理学系和应用心理学系，以及发展与教育心理学研究所和认知神经科学研究所）。近年来，脑功能基因组学上海市重点实验室也加入该学院。

在科研工作方面，华东师范大学已形成多层面的互动研究体系。以 4 个二级学科（基础心理学、应用心理学、发展与教育心理学、认知神经科学等）为支撑点，从"脑-认知-行为-社会"多层面探讨了认知过程与认知发展的生理和心理机制。近 10 年来，承担国家级和省部级研究课题近 200 项，获得各类课题经费近 3000 万元，出版了学术著作 186 部，发表核心期刊论文近 3000 篇，获省部级以上科研成果奖 28 项。在国际顶尖专业期刊上发表了诸多科研

---

①现为国家发展和改革委员会。

成果，如学习与记忆的神经机制、情绪认知、认知能力评估等。在著名学术期刊 *Neuron*（2010）的特邀综述中，该校被列为国际教育神经科学研究的重要机构之一。该院教师曾任 3 项"973"子课题的负责人，1 项国家自然科学基金重大项目子课题的负责人。

在教学工作方面，华东师范大学已形成"强基础、重能力"的人才培养模式。作为教育部的首批心理学特色专业（2007），学院拥有 2 个国家教学团队（理科基地、实验心理学），5 门国家精品课程（发展心理学、实验心理学、教育心理学、心理学导论、异常心理学）和 1 门国家精品视频课程（学习心理学）。近年来，获得国家级教学成果二等奖 2 项，全国百篇优博论文奖 1 项及提名奖 1 项。其培养的优秀人才已成为众多心理学研究重镇的领军人物；另有数 10 位毕业生在国外心理学教学研究机构拥有教授职位。

在社会服务方面，该校坚持"科研服务社会"的理念，为政府部门提供决策咨询，编制了"上海市儿童发展十一五规划"（桑标：首席专家），并制定了上海市心理咨询师的职业资格标准、培训大纲、考核方案和题库（吴庆麟：首席专家），参与了高级干部培训工作。自 2009 年以来，受上海市委组织部的委托，华东师范大学承担了上海市局级干部高级选学研修班的"干部心理素质和心理健康"专题培训任务（5 期，共 650 人），受到了中组部的肯定和上海市委组织部的表彰。华东师范大学秉持"积极服务社会"的理念，在汶川地震发生之后，学院组建了心理援助队，先后三次赴德阳、绵竹等灾区，对中小学教师进行灾后心理疏导（5000 人次）；作为上海市心理咨询师职业资格培训最重要的阵地，举办了相关培训 21 期（4000 余人）；其在信用卡催收策略、手机用户体验、管理与自我管理中的积极思维作用等方面的研究成果被交通银行、东方航空、三星电子等著名企业应用，被证明能够显著提升企业效益。此外，华东师范大学还承办了由中国科学技术协会主管、中国心理学会主办的《心理科学》学术期刊和由教育部主管、华东师范大学主办的《大众心理学》杂志，有力地推动了我国心理学的学术繁荣和科学普及。

六、西南大学心理学院

西南大学心理学院起源于 20 世纪 50 年代所建立的西南师范学院教育系的心理学教研室；在 1986 年建设心理学专业；1988 年独立为心理科学研究

所，并于 1994 年改建为西南师范大学心理学系；2003 年学科调整时设立了心理学院。2005 年 7 月，西南大学成立，在原西南师范大学心理学院的基础上设立了西南大学心理学院。在该校心理学专业的建设和发展过程中，大批知名学者呕心沥血，作出了重大贡献。叶麟、何其恺、张增杰、刘兆吉等一批心理学家都曾执教于此。

1986 年，在黄希庭教授的带领下，西南师范学院获得了普通心理学硕士点，并同时设立了心理学本科专业。心理学研究所在 1988 年成立之初只有黄希庭教授和 3 名年轻的科研人员组成。在没有必要的办公设备、实验仪器、图书资料和缺乏办所经费的情况下，黄希庭教授带领全所教职员工克服了重重困难，取得了一个又一个的突破，同时也迎来了快速发展的重大机遇。1993 年，研究所获得普通心理学博士点，并在 1994 年设立了西南师范大学心理学系，由黄希庭教授担任系主任。1998 年，西南师范大学成功获得"心理学博士后科研流动站"。2000 年发展与教育心理学学科获得博士点，由张庆林担任导师。2001 年，学科建设取得了突破性进展，成功申报了基础心理学的国家级重点学科。2002 年，心理学获得一级学科博士授予权点。2005 年，李红教授成功申报了"认知与人格教育部重点实验室"。2010 年，西南大学/重庆市公安局"现场心理学研究中心"落户西南大学心理学院。目前，西南大学心理学院已经拥有脑电实验室、行为实验室、眼动实验室、fMRI 实验室等。

七、华南师范大学心理学院

华南师范大学的心理学科由早年留学于日本东京帝国大学的老一辈心理学家阮镜清（1905－1993）教授创建于 20 世纪的 50 年代初期。在他的带领下，涌现出了肖前瑛、沈家鲜、许尚侠等一批优秀的心理学家。他们在实验心理教育心理、发展心理等多个领域开展了大量的研究工作，取得了丰硕成果，对国内外心理学界均产生了重要影响。1984 年，经国家教育委员会批准，在原教育系内设置了心理学专业，开始招收心理学专业的本科生，1985 年 12 月，经广东省高等教育局批准，成立了心理学系。1999 年 12 月，心理学系与学校原教育学系、教育科学研究所等合并，组建了教育科学学院，下辖与学科相关的二级机构，包括人力资源研究所、心理系、应用心理系和心理应用研究中心。2012 年 7 月，心理学科从原教育科学学院独立出来，成立了心理学院。现在的心理学院包括心理系、应用心理系、心理应用研究中心、人力资源管理与心理测评系等二级机构。1984 年，教育心理学获批博士学位的授予权。1986 年，教育心理学获批首批广东省重点学科。1997 年，通过国家立项成为华南师范大学"211 工程"3 个第一层次重点建设的学科之一。1999 年被确定成为广东省 15 个第一层次重点建设的学科之一，并获批设立了广东省特聘教授岗位。2001 年，获批心理学一级学科博士学位的授予权，同年，其心理应用研究中心获批"教育部人文社会科学重点研究基地"（省部共建）。2002 年，发展与教育心理学获批国家重点学科。2003 年，心理学获批博士后科研流动站。2003 年，心理学本科专业被评为广东省第一批名牌专业。2006 年，心理学科获批广东省一级学科重点学科。2008 年，获批"国家理科基础科学研究和人才培养基地"。2009 年，其心理学实验中心获批"国家级实验教学示范中心"（全国心理学界第一个示范中心）。2010 年，心理健康与认知科学实验室获批"广东省重点实验室"。2012 年，心理学一级学科获批广东省第一层次建设攀峰重点学科。华南师范大学心理学科在教育部组织的全国高校学科评估中，在 2009 和 2011 年连续两届排名全国第三（第一、第二名均分别为北京师范大学、北京大学）。现已形成由国内著名学者领头，知名学者为中坚力量，在学术界崭露头角的年轻学者为后备军的梯队式结构，拥有了一支实力雄厚、梯队整齐、具有高度协作精神、生机勃发的学科队伍。

目前，学院和学科的科研方向主要集中在 4 个方面：心理健康与危机干预研究、学习认知与脑科学研究、语言认知与发展研究以及心理统计与测评研究。2009 年教育部基础教育司在广东省召开了"全国中小学心理健康教育工作现场研讨会"，对本学科在指导广东省中小学心理健康教育工作中所形成的"广东模式"给予了充分的肯定与高度评价。2010 年，本学科作为唯一单位，承担了教育部中小学心理健康教育骨干教师培训的首批"国培计划"，面向全国各省市培训中小学心理健康教育的骨干教师。目前，该培训已举办了 4 期，对全国中小学心理健康教育工作的开展起到了重大的推进作用。此外，学校还开展了广州市社会心理服务体系的构建工作，为建设幸福广东作出贡献。为了响应中共广州市委提出的建设幸福广州的目标，学科带头人莫雷教授向广州地区的心理学工作者发出了"心理志愿服务倡议书"，希望广大专家和学者都能行动起来，为增进社会和谐、建设幸福广州贡献自己的力量。2011 年，与广州市委宣传部合作建立了"幸福广州心理服务与辅导基地"，在广州市的多个街道建立了"幸福聊天室",以促进幸福广州的建设为目标,开展了心理学社会服务与研究工作,此举受到了媒体的广泛关注和社会各界的一致好评。

八、天津师范大学心理与行为学院

天津师范大学的心理与行为研究院是在 2000 年教育部人文社会科学百所重点研究的基地——"天津师范大学心理与行为研究中心"的基础上,经教育部批准更名的,是教育部人文社会科学百所重点研究基地之一(全国仅有 2 个心理学重点研究基地),是一个集基础研究与应用研究为一体、面向全国开放的心理学研究实体。研究院下设 7 个研究所,分别为基础心理研究所、人格与社会心理研究所、临床心理研究所、发展心理研究所、认知神经科学研究所、人力资源研究所、学习与记忆研究所和《心理与行为研究》编辑部。研究院院长由白学军教授担任。北京大学、北京师范大学、中国科学院心理研究所、华东师范大学、陕西师范大学、中国人民大学、东北师范大学、南开大学、中南大学、吉林大学等单位的 10 余位博士生导师都曾在或正在该院做兼职研究人员。

九、南京师范大学心理学院

南京师范大学心理学院筹建于 2011 年 10 月,正式成立于 2012 年 9 月 28 日。现设有 1 个系、3 个研究所和 1 个实验中心:心理学系、基础心理学研究所、应用心理学研究所、发展与教育心理学研究所和心理学实验中心。全院共有教职工 36 人,其中教授 9 人、副教授 10 人,国家"新世纪百千万人才工程"入选者 1 名,享受国务院特殊津贴者 1 名,江苏省"333 高层次人才培养工程"入选者 3 人,并有在读本科生和研究生 530 人,在站博士后 4 人。

学院现拥有江苏省一级重点学科心理学、心理学博士后流动站、心理学一级学科硕士学位授权点、心理学一级学科博士学位授权点;建有江苏省心理学实验教学示范中心;应用心理学本科专业是江苏省的重点和特色专业。经过最近 10 年的快速发展,南京师范大学心理学科在学科建设、人才培养、科学研究、合作交流、社会服务等各方面都取得了突出成就，培育了心理学史和理论心理学研究、学习与教学心理学、德育心理学、认知神经科学、心理测量和人员测评、心理咨询与治疗等在国内有较大影响的 6 个学科方向，并初步形成了"理论研究-实验研究-实践应用"有机结合的学科体系。目前，南京师范大学已经成为江苏省心理学基础和应用研究的领军力量，在国内心理学界产生了一定影响。

十、陕西师范大学心理学院

陕西师范大学心理学院起源于 1945 年国立西北大学文学院的教育系，在 20 世纪 50 年代，陕西师范大学原校长刘泽如教授正式创建了心理学教研室。1978 年 4 月，心理学的教学与专业建设工作同陕西师范大学的教育系及教育科学研究所一并恢复。1981 年，学校获得基础心理学硕士学位的授予权，是国内最早的心理学硕士学位授权点之一。1986 年，学校正式开设了心理学本科专业，面向全国招生。随后成立了教育科学学院，1997 年，学院下设心理学系。2002 年，增设了应用心理学本科专业。2003 年，获得基础心理学博士学位的授予权。近 10 年来，陕西师范大学的心理学科与专业建设取得了长足发展。2006 年，获得心理学科一级硕士学位授予权。2007 年，获批建立心理学博士后科研流动站。2007 年，获批建立陕西省行为与认知神经科学重点实验室。2008 年 12 月，学校学科调整，成立了心理学院。2010 年，获得心理学一级博士学位授予权。2012 年，航空航天心理学自主设置二级学科硕士学位点与博士学位点获得国务院学位办备案。

经过陕西师范大学心理学人 10 年的奋力拼搏，心理学科建设已经进入一个崭新的发展时期，在 2012 年的学科评估中，该校心理学科在全国心理学科中并列第九名，是全校唯一进入前 10 名的学科。10 年来，学院坚持科学研究的引领地位，大力提高科研水平。学院在科学研究方面从 10 年以前的研究领域较为单一、特色不够鲜明、优势不够突出，发展到如今在航空航天心理等应用认知与人因工程研究领域形成了鲜明的特色与优势；同时，在教师职业健康心理与测评，情绪、人格与社会行为及其神经生理基础，认知与语言认知及其神经机制，社会认知发展与心理辅导，学习心理与理论心理学，儿童青少年人格等领域也取得了卓越成就。学院承担的国家教育部重大攻关课

题、国家社会科学基金项目、国家自然科学基金项目以及全国教育科学规划
项目等省部级项目的数量逐年增加，科研总经费从 10 年前的年均 50 万元左
右发展到目前的年均 300 万元以上。在科研成果产出方面，在 SCI 与 SSCI
收录的国际学术期刊、《心理学报》等国内权威期刊上发表论文数量取得重大
突破，尤其是在国际期刊发表的论文在数量与质量上发生了根本性变化，从
10 年前的零实现了目前每年在国际期刊发表论文 20 篇左右，并先后在
Psychological Science、*Biological Psychology* 等国际顶级心理学期刊上发表了
多篇高水平的优秀学术论文。专著出版也取得了显著成绩，近 10 年来，陕西
师范大学获得省部级以上科研成果奖励 30 余项。其中"中国航线飞行员心理
选拔系统研究"获得第六届中国高等学校科学研究优秀成果（人文社会科学）
二等奖，该研究成果已经被国内多家著名航空公司在飞行员选拔、训练及驾
驶规范性评估等方面推广应用。并且，在教师的职业心理健康、中小学生的
人格发展与道德教育、中小学生的学习与心理辅导等方面所取得的成果，也
广泛服务于基础教育与教师教育当中，均取得了良好的社会影响。

第九章

中国有影响的心理学者

新中国自 1949 年以来迈入了现代心理学的发展时期。虽然因为历史原因，心理学发展的道路比较曲折。但是，经过我国心理学科几代人的持续创新积累，特别是近 30 多年来的奋力拼搏，中国的心理学科建设发展事业已经进入一个崭新的时期。科学研究是"站在前人肩膀上开辟未来的过程"。"后之视今，亦犹今之视昔。"回顾我国心理学科前辈学者的贡献，认识中国现代心理学研究崛起、成长、曲折与奋起的历程，是正确认识科学研究发展现状和未来走向的基础。只有"前续传统，后启来者"，才能使学术薪火相传、代代不息。

第一节　新中国成立前有影响的老一辈心理学者

中国心理科学第一阶段的发展虽经历战火，却生命力顽强，在动荡的近30 年中取得了大量的研究成果。这一时期的心理学者都是受到新文化运动的"民主与科学"思想促动的优秀留学生，他们在心理学的"西学东渐"中"战功卓著"。不仅介绍、翻译、写出了大量有价值和影响力的心理学论著及文章，同时也对心理学的本土化作出了卓越贡献。其中，比较著名的有20 多位。

陈大齐

陈大齐（1886—1983），1886 年 8 月出生，浙江海盐人。1901 年，进入浙江大学前身浙江求是大学堂学习。1903 年留学日本，入仙台第二高等学校，后入读日本东京帝国大学文科哲学门，专攻心理学，获文学学士学位，于 1912 年毕业。回国后，1912 年任浙江高等学校校长，兼浙江私立法政专门学校教授。1913 年春任北京政法专门学校预科教授。1914 年起任北京大学心理学教授。陈大齐于 1917 年在北京大学创建了我国第一个心理学实验室，对我国早期心理学工作具有开创性的影响。1918 年，其著作《心理学大纲》由商务印书馆出版，是中国第一本大学心理学教科书。1921 年秋，陈大齐赴德国柏林大学研究西洋哲学，翌年冬回北京大学哲学系任系主任。1927 年任北京大学教务长。1929 年 9 月，国民政府正式任命蔡元培为北京大学校长，未到任前由陈大齐代校长，在北京大学任教、任职长达 16 年。陈大齐共出版专著 20 余种，有关心理学方面的主要著述除《心理学大纲》外，还有《现代心理学》、《民族心理学的意义》、《哲学概论》、《迷信与心理》、《孟子性善说与荀子性恶说的比较研究》、《荀子研究》，翻译有《审判心理学大意》、《儿童心理学》等。还系统介绍了当时西方心理学的主要领域，如普通心理学、生理心理学、实验心理学、变态心理学、差异心理学、儿童心理学、动物心理学、民族心理学等。他在理论心理和实验心理上的开拓，是中国现代心理科学建立的基础之一。1983 年病逝于台湾。

艾伟

艾伟（1890—1955），原名华泳，生于 1890 年。1921 年考入哥伦比亚师范学院，获得了教育硕士学位。在此期间，进行了大量的汉字心理研究，范围广泛，包括字形字量研究、音义分析、汉字简化、识字测量、词汇研究等，并于 1923 年进入华盛顿大学，获得哲学博士学位。1925 年，回国后先后担任了东南大学心理学教授和上海大夏大学的心理学教授兼高师科主任。1926年，开始了对中学学科，尤其是语文学科在心理学方面的研究，出版了《国文教学心理学》一书。1927 年，就任中央大学的教育系主任，积极开展了教育和心理测验，创办了"天才小学"，并首创了教育心理学研究所，开办了心理实验班。从 1925 年起，经过了 30 年的努力，编制了中小学各年级及各学科测验、小学儿童能力测验以及智力测验，是中国编制该类测验的第一人。

艾伟的学术贡献在于对汉字问题、国语问题、英语阅读心理问题的研究。他的汉字研究始于 1923 年，集 25 年成果于专著《汉字研究》中。这些问题的实验研究，对提高汉字的学习效能，推动汉字的简化以及由直排改为横排等问题均产生了巨大的推动作用，同时开启了我国心理学科实验研究的先河，也为心理学的中国化作出了重要贡献。他是我国现代教育心理学的主要开拓者，毕生进行了大量心理学实验，并获得了符合汉语特点的教学规律，推动了我国汉字教学的现代化、科学化与标准化的发展。注重测量、统计和调查等研究方法在教学研究中的应用，使我国教育心理学的研究方法由思辨转向实证。同时，艾伟也十分注重研究我国现实中的教育问题，坚持做到理论联系实际，以促进教育心理学的中国化。

唐钺

唐钺（1891—1987），字擘黄，原名柏丸，是中国现代心理学的开创者之一，也是基础心理学的奠基人之一。专长于实验心理学和心理学史。1914 年，进入美国康奈尔大学学习心理学和哲学，师从著名心理学家铁钦纳。毕业后在美国哈佛大学研究院的心理学系继续深造，1920 年获得哲学博士学位，是我国最早留美并获得哲学（心理学）博士学位的两位学者之一，也是首位获得世界著名学府哈佛大学哲学（心理学）博士学位的学者。他于 1921 年回国，中华人民共和国成立之后，在清华大学心理系担任教授。1952 年转至北京大学哲学系，担任心理学教授。唐钺还曾兼任中国心理学会北京市分会理事长，中国心理学会编辑委员会委员，后任理事、副理事长以及《心理学报》的编委和全国政协委员。

唐钺一贯重视心理学的自然科学基础研究。新中国成立前，他就曾多次发表有关白鼠生理心理学实验研究的论文（1931、1934、1937），同时，他还对弗洛伊德主义泛性论的唯心史观作出了批判，对铁钦纳的存在主义问题发表了多篇重要论文。他主张以辩证唯物论与历史唯物论来发现和认识心理活动的法则，反对用哲学来代替心理学研究，重视对心理学唯心主义思想的分析与评论。

廖世承

廖世承（1892—1970），字茂如，生于 1892 年。1912 年，考入北京清华学校（今清华大学前身）高等科。1915 年，公费赴美国勃朗大学攻读教育学和心理学，先后获得学士学位、硕士学位、哲学博士学位。1919 年，回国后担任南京高等师范学校的教育科教授，不仅编写了我国最早的中等和高等师范学校的教科书，积极参加教育改革运动，倡议中小学改革为"六三三"学制，还十分重视对教育心理学的研究。他与陈鹤琴共同编写了我国最早的智力测验专著——《智力测验法》，积极介绍并引进了国外的标准测验，同时自编了心理测验三类——智力测验、教育测验和品行量表。1924 年编写了我国第一本《教育心理学》教科书。1925 年，他们又合编出版了《测验概要》，奠定了我国中小学教育测验的基础。此外，他还十分关注心理测验在学校教育、职业指导、种族比较等领域的运用与推广。

1927 年，廖世承来到上海光华大学担任副校长兼教育系主任，在这里兢兢业业地工作了 10 年。抗日战争爆发后一年，国立师范学院正式成立，廖世承担任院长，1951 年任华东师范大学副校长，后又任上海第一师范学院院长、上海师范学院院长等职。

陈鹤琴

陈鹤琴（1892—1982）是中国现代心理学早期的开创者之一，也是中国儿童教育家、儿童心理学家、中国儿童心理学的开拓者和奠基者，被誉为"中国的福禄贝尔"（车文博，2006）。

陈鹤琴 1892 年生于浙江省上虞县百官镇。1914 年从清华学堂毕业，于1917—1919 年在美国哥伦比亚大学深造，先后师从克伯屈、孟禄、桑代克、伍特沃克，并获得硕士学位。1919 年回国后，先后担任南京高等师范学校教授和东南大学教授兼教务主任。1923 年，创办了南京市鼓楼幼儿园，用于研究儿童心理学和儿童教育学的实验基地。1927 年，又在南京建立教学实验区，作为推广小学教育的试验点。1927—1928 年，担任中华教育社理事长。在抗日战争时期任教于上海沪江大学和江西幼儿师范专科学校。新中国成立后，继续在南京师范学院教育系任心理学教授。

陈鹤琴在国外深受杜威的实用主义哲学和机能主义心理学思想的影响，在他回国之后的 60 余年的教学生涯中，不仅在大学从教，还长期奋斗在儿童教育改革的第一线。他在个案心理研究、儿童心理研究、心理测验研究等诸方面都有着开拓性的贡献。1925 年，陈鹤琴根据教育研究中积累的资料，参考了西方的儿童心理学著作，写成了《儿童心理之研究》（上、下），该书由商务印书馆出版，是我国儿童心理学的一部具有开拓性和奠基性意义的著作。同时，他根据自己的实验和经验写了《家庭教育》一书，该书理论联系实际，极具实用价值。他还是我国心理测验早期的积极传播者和本土化的开拓者之一。1931 年，与艾伟、陆志伟、萧孝嵘等共同建立了中国测验学会，并于 1932 年创办了《测验》杂志，为推动我国测量学理论与实践的发展作出了开创性的贡献。

张耀翔

张耀翔（1893—1965），1893 年生于湖北省汉口市。1913 年考入北京清华学堂。1915 年毕业后，被保送赴美留学。先后在麻省安麦斯大学、哥伦比亚大学修习实验心理学和心理测验，获得该校的心理学硕士学位。1920 年回国后，担任北京高等师范学校教授兼教育研究科（研究生院）主任，同时还担任普通心理学、儿童心理学、实验和教育心理学的教授，并自编讲义。1928 年之后，曾在大夏大学、暨南大学、光华大学任教。新中国成立后，出任复旦大学教授。在院系调整后于华东师大任教，并于 1955 年担任该校的教育系主任，并兼任中国心理学会理事以及中国科学院心理研究所的特约研究员。

张耀翔是中华心理学会的首任会长，创办了我国第一本心理学刊物——《心理》。这一杂志是我国心理科学建设的标志性事件。同时，他还是中国民意测验的开创者以及中国心理学史研究的拓荒者。他于 1940 年所发表的《中国心理学发展史略》，是我国最早的、较为系统而全面的论述中国心理学发展历史的重要论文，也是我国最早从事如青年情绪问题、商业心理问题等社会心理学研究的学者。其在普通心理学方面的研究成就主要反映在《感觉心理》和《情绪心理》两本著作中。

汪敬熙

　　汪敬熙（1893—1968），字缉斋，生于 1893 年，是我国现代生理心理学的奠基人。1919 年毕业于北京大学经济学系。1920 年被选派到美国约翰霍普金斯大学学习心理学与生理学。1923 年，汪敬熙获得了该校的哲学博士学位，他的论文《白鼠发情周期与自发活动之间的关系》是最早用数字证明卵巢内分泌对于行为影响的文章。1924 年回国，担任河南中州大学心理学教授，后任中山大学心理学教授，并创办心理学系，同时还创立了心理学研究所以及中国第一个神经生理学研究实验室。1931 年，汪敬熙到北京大学任心理学研究教授，在北京创建了心理学实验室，开展了关于皮肤电反射的研究。

　　1934 年，"中央研究院"院长蔡元培聘任汪敬熙为心理研究所所长，该所就是如今中国科学院心理研究所的前身。1935 年，汪敬熙与清华心理系合作增设了工业心理学研究，聘任陈立为研究员。1932—1936 年，为了扩大心理学研究的影响，汪敬熙还出版了心理学专刊 10 期，丛刊 2 卷 5 期，专门用来发表该所从事动物学习和神经生理方面的实验研究报告和论文。这一时期的各项研究工作奠定了中国神经生理学和生理心理学的研究基础，对未来中国科学院心理研究所的办所方向产生了深远的影响。1944 年，出版了学术代表作《行为之生理的分析》，这是他对于自己 20 多年的实验研究结果的评述，他对于各种动物的研究都是为了对动物行为进行生理的分析，也企图找出一些心理现象的生理基础。可以说，他充分地利用生理学知识方法来分析动物行为，从而建立了生理心理学。1948 年，汪敬熙因其在内分泌对行为影响的研究、中枢神经动作电势以及中枢神经发展各时期对行为影响的研究领域的重大突破，而当选为"中央研究院"的首届院士（鲁子惠，2001）。

陆志韦

　　陆志韦（1894—1970），1894 年生于浙江省吴兴县。1915 年获得保送美国留学的资格，前往美国芝加哥大学主攻研究心理和行为现象产生机制的生理心理学，获得芝加哥大学哲学博士学位。1920 年回国后，陆志韦先后担任南京高等师范学校和东南大学的心理学教授。时年，与陈鹤琴在南京高等师范学校主持并开办了我国第一个心理学系。1921 年，中国最早的心理学学术团体——中华心理学会宣布成立，陆志韦被选为该会的研究组主任。1927年，在燕京大学担任文学院心理学系教授，兼心理学系主任。20世纪20—30年代，在中国心理学界有"南潘北陆"之说，"南潘"指的是时任南京中央大学理学院心理学系教授兼系主任的潘菽，"北陆"就是陆志韦，我国现代不少有所成就的心理学家都出自他们二位门下。

1937年1月，中国心理学会成立，陆志韦被推选为主席，中国心理学会的前身就是中华心理学会（1921），同时他还兼任了该会会刊《中国心理学报》的主编，该刊以促进实验研究为基础的科学心理学的发展为目标。1937年以后，陆志韦将兴趣转向了语言学，致力于汉语音韵学与汉字改革的研究工作。1924年，陆志韦编撰了《社会心理学新论》一书，这是我国学者首次对社会心理学方面的研究进行评述，影响深远。在1924年和1936年，陆志韦曾先后两次修订比纳-西蒙智力测验，极大地推动了测验在我国的实践应用。此外，陆志韦还主持了中国儿童无限制联想测验的研究，这一研究不仅推动了联想测验在我国的发展，还对跨文化语言学业有相当重要的意义。陆志韦在教育心理学、普通心理学领域的贡献，主要是翻译了桑代克的《教育心理学概论》一书。1935年，为了推进学校心理教学工作的开展，陆志韦编撰了专供高级中学和师范学生使用的《心理学：新学制高级中学教科书》一书。在普通心理学方面，陆志韦翻译了美国心理学家亨德所著的《普通心理学》一书。

郭一岑

郭一岑（1894—1977），生于1894年，笔名柯一岑、郭鸿立，江西省宜春市万载县人。1916年毕业于北京文汇大学，1922—1928年留学德国，师从格式塔学派代表人物苛勒。1923—1928年在蒂宾根大学学习心理学，获哲学博士学位。回国后历任南京中央大学、上海暨南大学、贵阳医学院、蓝田国立师范学院和广州中山大学教授，《东方杂志》教育栏主编。中华人民共和国成立后，历任中山大学和北京师范大学教授、中国心理学会理事、《心理学报》编委等职。郭一岑主张心理学的辩证唯物主义方法论，强调心理学应以具有特殊性的人类本身作为研究的对象。1934年编译巴甫洛夫、科尔尼洛夫和别赫捷列夫的论文，以题名《苏俄新兴心理学》出版，这是中国介绍苏联心理学较早的一本译著。1937年出版的《现代心理学概述》，是我国较早用马克思主义哲学指导研究心理学和心理学史的著作。其主要著作有《遗觉之研究》（1930）、《内分泌研究对于心理学的关系》（1930）、《生理的欲望》（1935）、《批评詹姆斯的自然主义》（1959）、《从人的心理实质看心理学的科学性质》（1959）、《论心理学中的自然主义——格式塔学派的物理主义》（1962）。

高觉敷

高觉敷（1896—1991），又名高卓，1896年生于浙江省温州市。1918—1923年在北京高等师范学校和香港大学教育系学习，毕业后在上海暨南学校师范科教授心理学和生物学。1926年起，高觉敷受聘于商务印书馆编辑所，担任哲学心理学编辑和哲学心理学组组长。1930年，他协助唐钺等合编《教育大辞书》。1933年，转任广东襄勤大学，担任教育系主任和中山大学教育研究所的心理学部主任。1940年，就任国立蓝田师范学院的教育系主任。新中国成立后，高觉敷出任南京师范学院副院长、南京师范大学心理学教授以及心理学史研究室主任。1978年后，还兼任中国心理学会副理事长、国务院学位委员会会长、《中国大百科全书》（心理学卷）编委会副主任、心理学史分支主编，以及江苏省政协副主席等职。

高觉敷先生的心理学学术生涯始于对麦独孤心理学思想的研究，1926—1932年由对麦独孤的目的心理学研究转向华生的行为主义；进一步由华生的行为主义转向格式塔心理学研究。新中国成立后，高觉敷先生翻译了大量具有巨大学术价值的西方心理学著作，为西方心理学思想和理论在中国的传播作出了巨大贡献。他翻译的主要著作有扬琴巴尔的《社会心理学》，弗洛伊德的《精神分析引论》、《精神分析五讲》、《精神分析引论新编》、《快乐心理学》，华生的《情绪的实验研究》，勒温的《拓扑心理学原理》，波林的《实验心理学史》，卡夫卡的《儿童心理学新论》，伦敦的《苏联心理学简史》，苛勒的《格式塔心理学之片面观》、《格式塔心理学》。他可以说是我国翻译弗洛伊德著作的第一人，于1925年将弗洛伊德的《精神分析五讲》（1910）翻译为《心之分析的起源及发展》。新中国成立之后，高觉敷编著并讲授了《心理学史》（包括中国、西方和苏联），是我国心理学史学科的开创者。"文化大革命"结束后，高觉敷受教育部的委托，组织专家和学者领衔编写了《西方心理学的新发展》、《西方近代心理学史》、《中国心理学史》三本高校文科教材，这使得我国的心理学史学科从无到有，并初步奠定了我国心理学史的学科体系（叶浩生，1992），被誉为"西方心理学的中国翻译者"和"东西方心理学的架桥人"。

潘菽

潘菽（1897—1988），生于 1897 年。原名有年，字水有年。1920 年，自北京大学哲学系毕业后留学美国，就读于加利福尼亚大学，主修教育学。后转入印第安纳大学，改学心理学。于 1923 年毕业后，又转入芝加哥大学深造，在 1926 年获得博士学位。1927 年回国，以心理学副教授的身份受聘于第四中山大学（中央大学，现为南京大学），在 20 世纪 50 年代中期以前，潘菽先生一直工作于此。1949 年起，潘菽先后担任南京大学教务长、校务委员会主席、校长等职，并于 1955 年被选为中国科学院生物学部委员和中国心理学会理事长。1956 年中国科学院心理研究所成立后，潘菽长期担任所长。潘菽先生的主要兼职有：全国政协常务委员、九三学社中央副主席、中国社会心理学会顾问、中国心理学会名誉理事长、《中国大百科全书》总编委会委员、《中国大百科全书》（心理学卷）编委会主任兼理论心理学分支主编。

潘菽先生是中国现代心理学的重要奠基人之一，也是新中国成立后我国心理学事业的主要领导者，被誉为"中国现代理论心理学的泰斗"。他奋斗在心理学的工作战线上 60 余载，新中国成立后，成为中国心理学界的主要领导者。他的探索和研究对中国心理学的发展有着极为重要的影响。

萧孝嵘

萧孝嵘（1897—1963），生于 1897 年。1919 年，萧孝嵘从上海圣约翰大学毕业后回湖南任教，并于 1926 年就学于美国哥伦比亚大学，次年获得硕士学位，随后赴德国柏林大学研究格式塔心理学。1928 年 8 月，萧孝嵘返回美国，就读于加利福尼亚大学伯克利分校，主攻儿童心理发展，于 1930 年获得该校的心理学哲学博士学位。获得博士学位后，萧孝嵘还赴英国、法国、德国等国的心理研究所进行了博士后的相关心理学研究工作。1931 年，归国出任国立中央大学心理学教授，后来又担任心理系主任、心理学研究所所长。1933 年，当选为中国测验协会（1931 年建立）的常务理事，并担任该年年会主席。抗日战争胜利后，中国测验学会迁回南京，会址设在国立中央大学心理学内，萧孝嵘一度主持学会会务。1935 年，与丁瓒等人在南京发起"成立中国心理卫生协会"的活动，开展关于精神健康和儿童心理指导方面的工作。次年，中国心理卫生协会在南京正式成立。1936 年，同北京、上海、南京等地的 34 位心理学者一起，正式发起组织中国心理学会。次年 1 月 24 日，中国心理学会在南京正式成立，萧孝嵘当选为 7 位理事之一。抗日战争期间，萧孝嵘积极致力于心理学的实际应用。针对抗日战争后方的政治、经济和民心的实际情况，对"心理建设"和"人事心理"进行了研究。1945—1946 年著有《人事心理问题》、《心理建设之科学基础》等书。新中国成立以后，萧孝嵘兼任复旦大学心理学教授和教育系主任。1952 年，担任华东师范大学心理学教授，同时还担任上海市心理学会副理事长。1963 年，萧孝嵘先生在上海去世（张人骏，朱永新，1986）。

刘泽如

刘泽如（1897—1986），1897 年出生于河北省束鹿县。1915 年考入省立保定第二师范学校。1922 年春只身来到北京，他写信给北京大学校长蔡元培先生，蔡元培先生遂决定安排他在北京大学国学门工作。在北京大学的 10 年间，他满腔热情地追求真理，并于 1932 年 8 月加入了中国共产党。入党后他离开了北京大学，历任华北劳动教育者联盟的组织部长，中共河北束鹿等三县区区委书记，以及中共山东省委组织部部长等职务。刘泽如对于心理学理论研究有着浓厚的兴趣，他在 1938 年撰写了《行为研究举例》一文，连续发表在 1939 年第 2 期和第 3 期的《理论与现实》杂志上。随后又撰写了《神经生理的矛盾运动和意识反映的矛盾过程》等重要论文。西安解放后，刘泽如以军代表的身份接管了陕西省立师范专科学校。1952 年，西北大学师范学院独立建制，更名为西安师范学院，刘泽如担任院党委书记兼院长。1960 年，西安师范学院与陕西师范学院合并成为陕西师范大学，刘泽如担任校党委书记兼校长。他数十年如一日,坚持从事以马列主义理论为指导的心理学、教育学的研究工作。其学术专著有《刘泽如心理学文选》、《心理学基本理论问题研究》(陕西人民出版社,1985)、《刘泽如教育文选》(陕西师范大学出版社,1993)。20世纪50年代初,在国内学习"苏联心理学"和"用巴甫洛夫学说改造心理学"的过程中,刘泽如教授对于这两项学习采取了批判的态度,提出了自己不同的看法。

郭任远

郭任远(1898—1970),字陶夫。1916年,郭任远考入复旦大学。1918年肄业赴美就学,在加利福尼亚大学攻读心理学,受到他的老师、著名心理学家托尔曼的赏识。1921年,郭任远发表了重要论文《取消心理学上的本能说》,该文批评了麦独孤的观点,连行为主义的创始人华生在看完之后都受到了触动。在此之后,又在美国连续发表了一系列反对本能,主张废除心理遗传的文章,由于这些极端机械主义的主张,他被称为"超华生"主义者。1923年,郭任远回国,担任上海复旦大学教授和副校长。在此期间,他创办了心理学系(1925),筹建了心理学院。1933—1936年,郭任远出任浙江大学校长。1936年赴美讲学。1946年定居香港,开始总结自己一生在心理学理论探索上的体会,并著有《行为发展之动力形成论》。

郭任远于1970年在香港病逝,美国的《比较与生理心理学》杂志于1972年刊载了悼念他的专文——《郭任远:激进的科学哲学家和革新的实验家》,称其对美国乃至世界的心理学作出了巨大贡献。能够获得如此殊荣的中国心理学家是绝无仅有的。郭任远作为行为主义在中国的代表,对行为主义在中国的发展和传播可谓功不可没。他的反本能心理学观点影响巨大,在一般的心理学史和教科书上,只要提到反本能运动都会引用郭任远的观点和文献(钱益民,2005)。

孙国华

孙国华(1902—1958),生于1902年。1914—1923年在北京清华学堂求学,后赴美留学。1925—1926年在芝加哥大学生理系求学。1927—1928年先后又在俄亥俄州立大学教育学院求学。1928 年年底回国，历任清华大学、北京大学、东北大学、北京师范大学等校的心理学教授。新中国成立后，孙国华担任清华大学心理系主任、教授；北京大学哲学系副主任、心理专业主任及该校校务委员。同时，还担任了中国科学院心理研究所发生发展心理学组的负责人和研究员，中国心理学会理事，《心理学报》的常务编委，直至 1958 年病逝。孙国华十分重视比较心理学，以及对心理发生与进化问题的研究，1926 年，他在美国生理学杂志上发表了《鸟类瞳孔反射》等两篇动物心理学论文，受到国内外学者的重视。他在 1930 年所发表的《新生儿行为研究》一文，是儿童心理学的一篇重要论文，被列为俄亥俄州立大学丛书。新中国成立后，孙国华领导北京大学心理专业的教师们从事巴甫洛夫学说的研究工作，并在该校建立了第一个动物条件反射实验室。

陈立

陈立（1902—2004），生于 1902 年，字卓如，是我国工业心理学的创始人。陈立于 1928 年获得上海沪江大学理学学士学位。1930 年公费留学英国，在伦敦大学的教育学院跟随斯皮尔曼攻读心理学，1933 年获得了伦敦大学理科心理学博士学位。此后，又先后在英国剑桥大学、英国工业研究所、德国柏林大学心理研究所从事研究工作。1935 年，陈立回国，受"中央研究院"心理研究所和清华大学的聘请担任工业心理学的研究员。与周先庚合作，并在清华大学建立疲劳实验室，研究几个工种的疲劳问题。1939 年起，陈立担任浙江大学心理学教授。新中国成立后历任中国心理学会副理事长、国际心理科学联合会中国代表。此外，他还曾任杭州大学校长、浙江省政协副主席等职。

陈立是我国最早从事工业心理学研究的心理学家，他所著的《工业心理学概观》（1935）一书，是我国最早的工业心理学专著，开创了我国工业心理学研究的先河。1948 年，陈立在美国《发展心理学》杂志上发表了一篇重要论文——《一套测验在不同教育水平的因素分析》，对其老师斯皮尔曼的 G 因素观点提出了质疑，引发了国际心理学界的高度重视。20 世纪 80 年代以后，年近 80 岁的陈立仍以极大的热情投入到我国心理学和工业心理学的建设发展中。他参考了国外学科分化的情况，将中国的工业心理学分为劳动心理学、组织行为学、消费心理学、人事心理学、人体工程学 5 个方面，并于 1982 年出版了全国统编教材《工业管理心理学》。由他所创办的旨在沟通中外心理学研究信息的《外国心理学》杂志，也就是今天的《应用心理学》杂志。2000 年，陈立获得了中国心理学会终身成就奖、中国人类工效学终身成就奖。

周先庚

周先庚（1903—1996），生于 1903 年，专长于实验心理学、普通心理学、工业心理学的研究。1925 年，留学于美国斯坦福大学，1930 年获得哲学博士学位。其后在伦敦、布鲁塞尔和柏林考察研究一年。于 1931 年回国，担任清华大学心理系实验心理学教授、心理系主任等职。1947—1948 年，周先庚曾到美国斯坦福大学、耶鲁大学及纽约、三藩市考察研究一年。1952 年，在北京大学哲学系心理专业任教授，同时也是《中国大百科全书》（心理学卷）的编委。

周先庚的工作范围很广，发表论文数量众多，包括汉字心理、工业心理、心理学实验仪器、教学心理、心理测验，甚至在心理学史、社会心理学和运动心理学方面都做过不少研究。在汉字心理研究领域，周先庚主要进行对汉字横直排的实验研究，成果均发表在美国的《实验心理学》杂志上。他还分析了汉字的完形结构，提出了汉字分析的三要素，即位置、方向及时间联系，为日后的相关实验研究打下了基础。1931—1937 年，从事识字教学的研究，曾受中华平民教育促进会的委托，在河北定县主持了年龄与学习能力关系的研究，得到一条 7～70 岁被试的识字能力曲线，当时心理学界称之为"周先庚曲线"（王树茂，1997）。1935 年起，周先庚与陈立合作进行了一系列中国最早的工业心理调查研究。1936 年，与陈汉标合写了《中国工业心理学之兴起》，该书收录了半个多世纪以前我国早期工业心理学的发展史，是极其珍贵的史料。

黄翼

黄翼（1903—1944），生于 1903 年，专长于儿童心理学和实验心理学。早年就读于北京清华学堂，1925 年赴美留学，先后在斯坦福大学、耶鲁大学专修心理学，师从格赛尔学习儿童心理学。又曾在斯密士学院格式塔学派的考夫卡教授门下深造，从事对心理学的实验研究，获得了斯坦福大学的硕士学位以及耶鲁大学的哲学博士学位。1930年回国，担任浙江大学心理学教授，成为当时浙江大学最年轻的教授，并一直在这里工作直至病逝。黄翼的教学科研工作涉及儿童心理学、实验心理学、教育心理学、变态心理学等多个学科门类。他长期坚持实验工作，在儿童心理学和实验心理学方面均取得了显著成果。黄翼曾经重复皮亚杰的一些实验，在他的博士论文《儿童对奇异现象的解释》中，对皮亚杰的儿童物理因果思想有所更正。黄翼还针对知觉外物的体积重量问题进行了一系列的实验研究，见解独到，为中外学者所公认。其主要著作有《神仙故事与儿童心理》（1936）、《儿童绘画之心理》（1938）、《儿童心理学》（1942）。

阮镜清

阮镜清（1905—1995），生于1905年，专长于教育心理学。1927年考入中山大学，1932年留学日本东京帝国大学，专攻教育心理学，并对儿童心理学和社会心理学进行探讨。1937年回国，先后担任广东襄勤大学教育学院、广东教育学院、广东文理学院教育系教授。自1946年起，阮镜清出任中山大学师范学院教授，并在新中国成立后历任广州外国语学院教授和副院长，华南师范学院教育系教授和系主任等职。同时，还兼任《中国大百科全书》（心理学卷）编委会委员、中国社会心理学会常务理事、广东省教育学会副理事长、广东省心理学会理事长等职。

阮镜清在中国教育的土地上辛勤耕耘了50年，获得了许多有价值的学术成果。早在1932年，他就在《教育论坛》上发表了《心理现象的发生问题》一文，试图用唯物辩证法的规律来阐述人的心理问题，这也是我国心理学者自觉运用辩证唯物论去探讨心理学问题公开发表的第一篇论文。阮镜清对学习心理有着较为深入的研究，他早期曾经对小学生语文阅读进行实验研究，写有《默读速率与理解关系之实验》一文，并翻译了美国桑代克的《人类的学习》。在1943年出版的《学习心理学》一书中，他也试图用辩证唯物论的观点，批判性地论述美国机械主义的学习理论。1944年，他在另一本专著《性格类型学概观》中，批判地介绍了心理学中关于性格类型方面的重要学派，并提出要研究人的性格,应该以辩证唯物主义和历史唯物主义作为指导进行。后来,阮镜清又致力于从教育实践和心理发展的关系中来研究青少年学生学习质量的提高和智能开发的问题。另外,他对民族心理学也进行了不少有意义的研究。

朱智贤

朱智贤(1908—1991),生于 1908 年,字愚伯。1908 年出生于江苏省赣榆县,1930 年被保送入南京国立中央大学教育系。1936 年赴日本东京帝国大学留学。抗日战争爆发后回国,先后任江苏教育学院、四川教育学院、中山大学教授。1947 年夏,朱智贤到香港担任达德学院教授兼教务长和中业学院院长。1949 年 10 月担任出版总署编审局处长,后又任人民教育出版社副总编辑。1951 年,朱智贤出任北京师范大学教授,讲授普通心理学和儿童心理学,后又担任儿童心理教研室主任,并兼任《心理学报》编委和《心理学译报》副主编。1956 年,参与制定我国科学技术发展愿景规划的工作。1958 年起,在"左"的路线的影响下,北京师范大学开展了批判心理学运动,朱智贤被定为"资产阶级知识分子",直到 1961 年心理学恢复名誉。1962 年,朱智贤出版了《儿童心理学》专著,这本书受到国内外学者的高度评价,对于培养我国儿童心理学的专业人才具有重要意义。20 世纪 60 年代初,在儿童思维和语言发展方面做了大量的研究工作。1978 年,心理学走出"文化大革命"的阴影,北京师范大学建立心理系后,担任系学术委员会主任兼系副主任。1978 年起,又任中国心理学会常务理事。1979 年,中国教育学会成立,任副会长,并在 1978—1984 年主持了中国心理学会发展与教育心理学专业委员会的工作。此外,他还兼任了中国科学院心理学研究所学术委员以及《心理发展与教育》杂志主编等职。朱智贤在新中国成立后几十年来,开创发展了我国发展心理学的事业,为我国发展心理学的进步打下了坚实的基础(车文博,1999)。

丁瓒

丁瓒(1910—1968),生于 1910 年,字慰慈,江苏南通人。1932 年,考入南京国立中央大学的心理学专业,毕业后进入北平私立协和医学院脑系科做研究生，后留校担任助教。与此同时，他还在北平第一卫生事务所等处创办了心理卫生咨询中心，开始了其心理卫生的门诊工作。抗日战争爆发后，丁瓒参加中国红十字救护队，投身于救护伤员的工作中。在这期间，丁瓒到各地组织并主讲了心理卫生方面的知识。1945 年，重庆印书馆出版了丁瓒所著的《心理卫生论丛》，其中收入了他的论文和演讲共 13 篇，全部都是关于心理卫生方面的。抗日争战胜利之后，丁瓒回到南京，在中央卫生实验院工作。这段时间，丁瓒编著了《青年心理修养》一书，该书于 1946 年出版，是我国最早专门论述青少年心理问题的著述。1947 年，丁瓒被选送到美国芝加哥大学的心理学系做访问学者并进行短期进修，还受邀到纽约、华盛顿、伦敦、巴黎、日内瓦等地进行参观访问。1948 年 8 月，丁瓒还参加了国际心理卫生大会。

新中国成立后，丁瓒担任了中苏友好协会副秘书长、对外联络部部长、世界科协中国理事等职。1949 年 8 月，丁瓒协助郭沫若等筹建中国科学院，开展了大量的组织工作，如拟订中国科学院组织大纲、起草各项规章制度、组织接收北平研究院等。同年 11 月，中国科学院正式成立，丁瓒担任党组副书记，并历任办公厅副主任、心理研究所副所长、计划局副局长、中国心理学会秘书长、《心理科学通讯》主编等职。

曹日昌

曹日昌（1911—1969），1911 年生于河北束鹿县，1929—1935 年分别就读于北平师范大学和清华大学心理系。1935 年，从清华大学毕业，经周先庚介绍，开始从事成人学习的心理学研究。在这期间，他对桑代克的学习心理学说进行了详细的分析和评论，并发表了《桑代克学习心理的分析研究》一文。他在文中批评了桑代克的理论，提出研究要结合实际生活应用的观点。1945 年，赴英国剑桥大学留学，毕业后先到香港大学任教。又于 1950 年至中国科学院工作，担任中国科学院办公厅副主任、计划局联络局副局长、中国科学院心理研究所所长、《心理学报》主编、中国心理学会副理事长（第一、二届）等职（赵莉如，2001）。

曹日昌在求学期间致力于心算问题和白鼠颜色感觉的实验研究。1934 年，他总结了我国有关珠算教学的文献资料，发表了《二十年来国人对于珠算的研究述要》一文。他还撰写了《珠算教学研究》一书，在该书中试图改革传统的珠算教学法，此举开创了将心算、笔算、珠算结合实验教学的先声。1936—1937年，曹日昌做了许多心理测验方面的研究，发表了《定县平校毕业生再测验统计报告》、《试用鲍德斯迷津测验初步报告等研究报告》等文章。1939年起，开始提倡将辩证唯物主义作为研究和建立新心理学的方法，并用辩证法则解释心理现象和心理学的发展，同期撰写了《新心理学方法的建立》、《心理现象中的辩证法则》和《心理学的辩证法的发展》等文章。1948—1950年，开始从事关于分配与集中学习的实验研究，对学习和记忆中的时间间隔问题作出了系统而详尽的探索，是我国早期有关学习和记忆实验研究的典范。20世纪50年代末，关注于学习和记忆的生理机制研究，发表了《关于心理的生理机制和大脑机制的研究综述》一文，总结了当时国际上关于人脑和心理的生理机制研究的基本情况。这一时期的曹日昌还进行了有关图形再认的研究。20世纪60年代之后，曹日昌在以前做的关于图形记忆再认实验的基础上，开始研究时间间隔对触觉和动觉定位的影响。曹日昌是我国最初运用信息加工理论来研究记忆的开创者，1963—1965年，他发表了一系列实验报告，但后因"文化大革命"的破坏导致研究中断。1965年，曹日昌亲自翻译了艾宾浩斯的经典著作《记忆》一书，在译序中归纳了艾宾浩斯的贡献。由他负责主编的《普通心理学》教材影响了国内几代人。

杨清

杨清（1915—1983），1915年出生，陕西府谷人。1936年在榆林中学毕业后，先后就读于辅仁大学、燕京大学和西南联合大学。在此期间，曾获文科檀香山奖学金和学士学位。接着又考入重庆中央大学研究生院学习。1943年毕业并获心理学硕士学位。先后在四川白沙女子师范学院、南昌中正大学、重庆大学、西北大学和东北师范大学任心理学讲师、副教授、教授。通晓英语、俄语、德语、法语等多门外语。

在1957年的"反右"斗争中，杨清被错划为"右派"，撤销一切职务和职称。"文化大革命"期间，上山下乡接受劳动改造，后调回东北师范大学。1979年，吉林省省委决定撤销对杨清的错误决定，恢复其政治名誉和教授职称。是年春，回到东北师范大学。年近古稀的杨清不顾身体多病，将全部精力用于教学和科学研究上，出版了书籍《现代西方心理学主要派别》和《心理学概论》，其中《现代西方心理学主要派别》作为一部全面、系统、深入、科学地评述西方心理学各流派研究成果的著作，刊行后在国内心理学界产生了重大影响。在生命最后的岁月中，杨清还主编了《简明心理学词典》，并组织翻译了安德森的《认知心理学》一书，将西方心理学的新思潮介绍给国内的读者。先后任中国心理学理事、吉林省心理学会理事长、长春市心理学会理事长及《心理学报》编委、《中国大百科全书》（心理学）编委、《心理学史》副主编、长春市政协常委、民盟吉林省委员会委员、宣传部副部长、民盟东北师范大学支部主任委员等，是长春市第一、第二、第三届人民代表。

章益

章益（1901—1986），生于 1901 年，字友三，安徽滁县人。早年就读于上海圣约翰大学附属中学。1922 年毕业于上海复旦大学，成绩列当年文科毕业生第二名，获金质奖章。至 1924 年，在复旦大学附中任英文教员。1922年毕业于复旦大学文科，获金质奖章。后留学美国，在华盛顿州立大学攻读教育学和心理学，获硕士学位及博士学位。回国后，历任复旦大学教育系主任、校长，安徽大学文学院院长，上海劳动大学教育系主任，复旦大学校长等职。1952 年调任山东师范大学。1980 年当选中国心理学会理事和山东名誉理事长。

章益后期主要从事普通心理学和心理学史的教学及研究工作。其专著及论文有《心理学讲话》、《心理学的回顾与前瞻》、《略论冯特创建心理学实验室以来心理学的研究方法》等。章益在文学方面也有较高的造诣，曾翻译莎士比亚的《亨利六世》、司各特的《中洛辛郡的心脏》等世界文学名著。晚年完成了最后一部译著《人心中的宇宙》。

卢濬

卢濬（1916—2009），1916 年生于云南沪西。1940 年在国立西南联合大学教育系毕业。1947—1949 年获教育部公费留学瑞士，在洛桑大学随皮亚杰学习儿童心理学两年，在巴黎大学学习半年。新中国成立后，回国任教。历任昆明师范学院教育工会主席，科研委员会副主任委员，院务委员会常委、副教务长，教育学科教研室主任、副院长，改革委员会副主任、教务长，学术委员会主任委员等职。1980年4月—1983年9月，任昆明师范学院院长，兼任学院学位评定委员会主席、学术委员会主任等职，1984年被聘为云南师范大学校友会名誉会长。曾担任云南省教育学会副会长，云南省教授、副教授职称评审委员会副主任，云南省高等教育学会副会长，中国心理学会皮亚杰研究小组负责人。卢濬专长于"皮亚杰学派"的研究，合译有《皮亚杰著作精华》、《发展心理学》、《教育心理学》。长期从事心理学教学工作，其研究专长是儿童心理学，是国内研究皮亚杰的专家。参加翻译出版过多部心理学教材。

陈孝禅

陈孝禅（1908—1995），生于1908年。1930年，考入厦门大学，次年转中山大学教育系。获文学学士学位。随即考入中山大学研究院教育研究所，1937年获教育硕士学位。毕业后，历任中山大学师范学院教育系讲师、副教授，讲授"教育心理学"、"教育统计学"。1940年，受聘湖南蓝田国立师范学院教育系任副教授，同时为广东儿童教养院主编各科儿童教科书。1943年，任国立桂林师范学院教育系教授，因参加学潮被校方解聘。1945年9月，受聘于重庆国立社会教育学院教育系，任教授，曾参与许德珩发起的爱国民主运动。1947年9月，由川返粤，任中山大学师范教育学院教育系教授，撰写的《普通心理学》讲义，深受学生欢迎。

1950年，赴湖南大学任文教学院教育系任教。在他的主持下，创建了湖南大学高级神经活动实验室，在国内同行中的影响很大。1953年，中南地区院系调整，改任湖南师范学院筹备委员兼教育系主任、教授。1957年，被错划为"右派"，撤销系主任之职。"文化大革命"期间进一步受到迫害，被下放到湖南师范学院平江农场劳动4年。十一届三中全会后，错案得到平反。他更加专心致力于教学和科研，在心理学研究方面取得了一系列重要成果。1981年，科学出版社出版了由他主编的《英汉心理学词汇》。1983年，湖南人民出版社出版了由他编写的36万字的《普通心理学》，产生了广泛的影响，已作为师范院校心理学专业教科书，并获湖南省高校"六五"期间科研成果二等奖，还译有《皮亚杰学说及其发展》、《美国军人心理学》等书。他是《中国大百科全书》（心理学卷）的编辑委员，并著有《心理教育问题引论》。1984年当选为民进湖南省委第一届主任委员、民进中央委员，1988年当选为民进湖南省委名誉主委，是第一届、第四届湖南省政协委员，第五届、第六届湖南省政协副主席。

林传鼎

林传鼎（1913—1996），1913年生于福建省闽侯县。1938年毕业于清华大学心理学系。1944年获辅仁大学硕士学位，1949年获比利时卢万大学博士学位。回国后任辅仁大学心理系主任、教授。现任北京师范学院心理学教授、教育科学研究所名誉所长，兼任中国社会心理学会副会长。他专长于心理测验与情绪研究。在开拓和发展中国心理测验的研究工作方面有很多成果。林传鼎于20世纪40年代初期与王征葵合著《心理测验增注目录》，编入了3575个心理与教育测验，是当时较完备的心理测验工具书。他还对中国古代唐宋至清朝34位历史人物通过历史评估与心理测量的方法，进行了心理特质的心智图研究。他重视中国古代心理学思想的研究，发表论文《我国古代心理测验方法试探》（1980）。在情绪研究方面，于20世纪40年代中期制作中国人表情模式的演示材料，得出64种表情模式。又通过对500例出生1~10天婴儿哺乳前后动作反应的实验观察，提出了情绪在其发展中是泛化过程与分化过程的对立统一的论点。发表的论文主要有《情绪的发生与发展》（1963）、《社会心理学中的情绪问题》（1982）等，专著有《智力开发的心理学问题》（1985）。

彭飞

彭飞（1914—1991），1914年生于河北滦县。1941年毕业于中国大学法律系。曾在华北联合大学政治学院、华北大学政治学院任教。新中国成立后，历任中国人民大学教师，北京师范大学教育系主任、心理系主任，中国心理学会第一、二届副理事长，从事北京市心理学的理论教学和研究。撰有论文《马克思主义经典作家论活动与意识的关系》、《学习马克思主义关于意识起源的论述》，主编了《心理学》。1937 年加入中国共产党，从事地下工作。先后在解放区华北联台大学、华北大学任职。新中国成立后，任中国人民大学心理学教员（率先按苏联心理学体系编写讲义授课）。1952 年，调任北京师范大学心理学教授兼教育系主任。受教育部委托聘请苏联心理学家授课。组办大学教师心理学进修班和研究生班，在推动以马克思主义思想为指导，学习苏联心理学上作出贡献。1981 年，创建心理系并首任系主任。曾兼任中国心理学和北京心理学分会副理事长，发展心理和教育心理基本理论专业委员会副主任等职。专长于心理学基本理论的研究，曾为培养研究生编写讲义，讲授《马克思主义经典著作选读》和《理论心理学》。论文有《人的心理实质》、《关于心理形式和心理内容的关系》、《关于物质与意识的关系的几个问题》、《马克思主义经典作家论活动和意识的关系》、《个性心理学中的几个基本理论问题》等。编著有《中国心理学史》（合编，1985），中等师范学校《心理学》课本（主编）等。

吴江霖

吴江霖（1914—1995），1914 年出生，福建泉州人。1939 年获中山大学教育硕士学位。1948 年获美国赛拉丘斯大学哲学博士学位。新中国成立后，历任中山大学教授、教育系主任、副教务长，中国科学院心理研究所研究员，广州师范学院教授、教育科学研究所所长，中国社会心理学会第一届副会长，广东省社会心理学会第一届会长。专于社会心理学，撰有《试论马克思主义教育心理学的基本观点》、《马克思主义社会心理学的展望》等论文。吴江霖是著名的社会心理学家，出版有《社会心理学》、《心理学概论》等著作。

胡寄南

胡寄南（1905—1989），生于 1905 年，上海人。1925 年毕业于复旦大学心理学系。1931 年获美国俄亥俄州立大学硕士学位，1934 年获美国芝加哥大学心理学博士学位。回国后，先后任浙江大学副教授，暨南大学教授、教务长，中央大学兼职教授，复旦大学教授兼生物系主任等职。新中国成立后，先在复旦大学任职。1951 年始，除一度任中央教育科学研究院研究员外，一直任华东师范大学教授，为普通心理学博士点负责人和导师。此外，曾任中国心理学会理事、上海市心理学会副理事长，中国社会心理学会副会长，上海市社会心理学会会长，中国思维科学学会筹备组成员，上海市思维科学学会理事长，中国心理卫生协会理事，中国和上海气功科学研究会顾问，上海市人工智能学会顾问，上海市科学技术协会委员，是《心理学报》编委，《心理科学通讯》顾问，《中国大百科全书》（社会心理学卷）主编，《英汉大词典》心理学词目编译负责人，华东师范大学心理学系普通心理学教研室主任，心理学实验室及条件反射实验室主任。学林出版社出版了《胡寄南心理学文选》。校译的书籍有英国梅森的《自然科学史》、奥地利薛定谔的《生命是什么》，以及《西方心理学家文选》、《荣格分析心理学》、《阿林勒个人心理学》、《生理心理学》等 10 余部。

左任侠

左任侠（1907—1997），出生于 1907 年，武汉人。1922 年，毕业于武昌国立高等师范学校英语系，1925 年赴法国留学，攻读心理学，1923 年获蒙伯列大学博士学位。曾在巴黎大学、伦敦大学、柏林大学从事短期的博士后研究。回国后曾在河南大学、暨南大学、复旦大学、沪江大学、光华大学、上海医学院等校任教。新中国成立后，担任华东师范大学心理学教授、心理系学术委员会主任、校学术委员会副主任。曾兼任上海市心理学会第 3～5 届理事长、《心理科学通讯》主编。长期从事心理学教学工作，在教育心理学、心理统计和测量、发展心理学方面都有很深的造诣。20 世纪 50 年代就开始向国内介绍皮亚杰学说，编辑了数十万字的皮亚杰心理学论文选，把对皮亚杰理论的探讨与实验研究相结合。开展关于儿童思维发展的实验研究，发表了《小学儿童的因果推理》等研究报告。早在 1932 年就出版了《中国教育中的测量方法》（法文版），编写的《教育与心理统计学》（1982），被国家教育部定为高等院校通用教材。主要著作还有《智力是什么？》、《略论皮亚杰理论对教育的影响》等。他对皮亚杰的心理学理论有深入的研究。早在 20 世纪 30 年代，他就注意到当时处于形成初期的皮亚杰理论，20 世纪五六十年代著文向国内介绍皮亚杰学说，并以其理论为指导，进行思维发展的实验研究。左任侠在数理统计与心理测量方面造诣颇深。20 世纪 80 年代的《教育心理统计》一书几经修改、充实，成为教育心理测量学领域的代表性著作。

谢循初

谢循初（1895—1984），出生于 1895 年，当涂县人，1915 年考入南京金陵大学。在美国伊利诺伊大学留学。翌年，转入芝加哥大学攻读心理学，获得硕士学位。回国后任武昌国立师范大学教授，先后任北京师范大学和北京大学教授，上海国立暨南大学教育学院院长兼私立光华大学教育系主任。新中国成立后，谢循初任上海复旦大学教授、华东师范大学教授、上海市心理学会理事长，长期从事心理学研究和教学工作，是国内著名的心理学专家。著有《心理学史》《心理学纲要》《心理学》，译著有《现代心理学派别》等。

张述祖

张述祖（1913—2009），生于 1913 年，山西省保德县人。1934—1938 年在北平师范大学教育系心理学组学习，毕业后任师范学校教育学科教师 3 年，1941 年考入中央大学研究（生）院教育心理学部，兼任研究助理，1944 年获硕士学位。新中国成立前历任湖北师范学院教育系讲师、副教授，中正大学教育系副教授。新中国成立后任湖南大学、河北天津师范学院（今天津师范大学前身）、河北大学教育系副教授，1979 年升任教授。他一向主授普通心理学，也讲授过教育心理学、发展心理学、教育统计学、现代心理学史等课。张述祖教授曾任《心理学译报》常务编委、《心理科学通讯》编委，现任《心理学报》编委、中国心理学会常务理事、中国心理学会普通心理学及实验心理学专业委员会副主委。他曾参加《西方近代心理学史》（人民教育出版社，1982）的编写工作，并担任该书的副主编。他曾翻译和参加翻译几种俄文和英文的心理学著作，与沈德立合作《基础心理学》一书。曾任《心理学译报》、《心理学报》、《心理学通讯》编委，《中国大百科全书》（心理学卷）编委兼社会心理学分支副主编。专长于理论和实验研究，重要论著有《论神秘思想——神秘逻辑》、《词在儿童概括认识中的作用》、《心理学与形式逻辑在思维研究上的分界》等多篇。曾参与艾伟主编的《教育心理学大观》（编译和最后整理工作）。著作有《西方近代心理学史》（合著，副主编）、《基础心理学》（合著），后者获国家级图书奖。

刘恩久

刘恩久（1920—1990），出生于 1920 年，先后就读于沈阳培英英文专科学校、日本长崎高等商业学校、北京大学、华北大学政治学院，先后执教于东北师范大学、四平师范学院、南京师范学院、南京师范大学。还曾任南京师范大学心理学史研究室副主任、华夏教育图书馆馆长，兼任南开大学社会学客座教授、中国心理学会基本理论专业委员会会员、国际跨文化心理学会会员、国际人类关系实验培训学会终身荣誉会员。刘恩久长期从事西方心理学史、西方哲学史的教学与研究，1980 年 10 月他调入南京师范学院，协助高觉敷先生从事学术工作。主编有《心理学简史》（1983）、《西方社会心理学简史》（1988）、《西方心理学发展的新阶段》（1992）和《感情心理学的历史发展》（1993）；曾担任《中国大百科全书》（心理学卷）、《心理学史》（1985）、《西方心理学的新发展》（1989）和《西方社会心理学发展史》（1991）等著作和教材的副主编；编著有《西方现代哲学与心理学》（2002）；主译有黎黑的《心理学史——心理学思想的主要趋势》（1990）等；先后在《心理学报》、《心理学科学通讯》、《心理学探新》等学术刊物上发表《库恩的范式论及其在心理学革命上的有效性》、《德国心理学的现状》、《康德在意识论领域中的涉猎》等 30 多篇论文，是国务院特殊津贴享受者。

第二节　新中国成立后有影响的心理学者

新中国心理学历经曲折反复。改革开放后，中国心理学获得重新发展，并在这一发展道路上走得更顺利、更强壮。这离不开辛勤耕耘的心理学工作者们，他们立足于本领域，放眼国际，为中国心理科学的发展作出了不可磨灭的贡献。

荆其诚

荆其诚（1926—2008），1926 年出生于沈阳。1947 年获得辅仁大学学士学位，1950 年获得硕士学位，随即便进入中国科学院心理研究所工作。荆其诚曾任中国科学院心理研究所副所长（1983—1987）、北京大学教授、中国光学会颜色技术委员会副主任、第四届中国心理学会理事长、中国儿童发展中心主任、中国人类工效学标准化技术委员会颜色技术委员会主任、《中国大百科》（心理学卷）主编、澳大利亚拉特罗布大学荣誉访问者、美国行为科学高级研究中心研究员、中国科学院心理研究所研究员、中国科技委员、国务院学位委员会学科评议组成员、美国芝加哥大学卢斯研究员、伊利诺伊大学兼职教授、学术委员会主任、全国政协科技委员会委员、历任世界心理科学联合会执行委员会委员副主席等职。

荆其诚长期从事有关视觉功能、距离和大小知觉、颜色测量等方面的研究，提出了知觉宏观理论，共发表 60 多篇具有学术价值的论文。1979 年，荆其诚出版了《色度学》，这是我国第一部有关颜色科学的专著。此外，他有关照明的研究成果已在国家制订的照明标准中被采用。

荆其诚对西方心理学体系也有极为深入的研究，20 世纪 50 年代，他就对冯特的构造主义心理学和行为主义心理学进行过评述，探讨了心理学与自然科学结合所取得的进步。此外，他不仅组织领导了国内的心理科学研究，并且出访美国、英国、德国、泰国、澳大利亚、新加坡等国家，多次参加制订国际学术交流项目以及合作计划，对促进中国心理学界和世界各国的学术交流作出了贡献，也为中国心理学走向世界作出了贡献。

在对我国心理学发展史研究领域的贡献方面，荆其诚与王甦和林仲贤两位教授一起合作主编了一部总结了新中国成立 40 年来心理学发展的鸿篇巨制——《中国心理科学》。曾三次获中国科学院科技进步三等奖和中国科学院优秀博士生导师奖，并且还获得了中国心理学会终身成就奖。

徐联仓

徐联仓（1927—2015），生于 1927 年，浙江省海宁县人，是我国最早从事管理心理学研究的专家之一。他在 1947—1949 年就读于南开大学哲学教育系。1949—1951 年就读于清华大学心理学系，毕业后被分配至中国科学院心理研究所工作。1958—1962 年，徐联仓留学苏联，获得苏联教育科学院心理研究所副博士学位。1962 年回国后，担任助理研究员和研究室副主任。1978 年升任副研究员兼副所长，后任所长兼任中国心理学会秘书长、国际应用心理学会执委、中国社会心理学会副会长、《心理学报》主编、《中国大百科全书》（心理学卷）编委等职。

徐联仓强调心理学要为实践服务。从 20 世纪 50 年代起，就从事工业心理学研究，曾为冶金系统做过事故分析的研究。20 世纪 60 年代初期，曾在苏联电视机工厂研究了产品质量以及应用信息论研究人的模式识别问题。20 世纪 60 年代中期，又开始从事工程心理学研究。20 世纪 70 年代末，转而从事工效学研究，并于 1980 年去澳大利亚的新南威尔士大学讲授工效学，20 世纪 80 年代，着重于领导素质评价以及组织开发方面的管理心理学研究。1979 年以来，积极开展工业与组织心理学研究。侧重以组织开发为中心的行动研究，研发了可衡量具体管理措施有效性的工具，并在石油、煤炭、航空、铁路、医疗等行业系统及若干城市的企业得以验证，发现了经济绩效与人的管理之间的因果性联系。

徐联仓是我国工程心理学和人类工效学的开拓者，管理心理学的奠基者。新中国成立初期，他率先开展了对安全事故分析和操作合理化的研究工作，在苏联学习和工作期间，他首先将信息论应用于生产线的废品分析，创造性地提出了新的理论观点和研究方法。回国后，他又结合信息论分析了刺激与反应的相容性问题。20 世纪 60 年代，他参加了研究火箭亚轨道飞行失重状态下生物的生理、心理变化特征的工作，组织完成了激光生物效应等国防任务。曾获得中国科学院科技进步三等奖；1991 年获得教育委员会科技进步三等奖；1993 年获得中国科学院科技进步二等奖及中国轻工业科技进步二等奖；1998 年获得中国心理学会终身成就奖。他在建立我国人类工效学标准方面取得了显著成绩，这些创造性工作对发展我国工程心理学和人类工效学发挥了重要作用（张人骏，朱永新，1986）。

朱祖祥

朱祖祥（1927—1996），1927 年生于浙江东阳。1948 年考入浙江大学教育系，于 1952 年毕业。毕业后，朱祖祥一直从事工程心理学和工效学的相关教学与研究工作。历任杭州大学心理学系主任、国务院学位委员会学科评议组成员、工业心理学国家重点学科和国家专业实验室负责人、国家技术监督局全国人类工效学标准化技委会副主任、工业心理学专业委员会主任、中国心理学会副理事长、中国人类工效学会副理事长及名誉理事长、认知工效学专业委员会主任、中国劳动保护科学技术学会常务理事及顾问、浙江省心理学会理事长和浙江省心理卫生协会副理事长、中国心理学会工业心理学专业委员会第一及第二届副主任、浙江省心理学会第四及第五届副理事长、中国人类工效学会名誉理事长暨认知工效学专业委员会主任、中国心理学会副理事长暨工业心理学专业委员会主任、浙江省心理学会理事长、《应用心理学》杂志副主编等职。

朱祖祥的主要研究领域是工程心理学和人类工效学。负责主持了"六五"、"七五"、"八五"和"九五"期间的航空人机工效重点研究课题和多项国家自然科学基金课题。其中，"飞机座舱照明工程心理学研究"获得1986年浙江省科技进步一等奖、国家科技进步三等奖；"飞机座舱显示控制、照明与综合告警人机工效研究"获得1995年中国航空工业总公司科技进步二等奖，并多次获得浙江省自然科学优秀论文进步二等奖。代表性著作有《工程心理学》（获得1995年国家教育委员会高校优秀教材一等奖）。由于朱祖祥教授的教学和研究成果丰硕，他在1991年被国家教育委员会和人事部授予"全国优秀教师"的称号，并于2001年获得中国心理学会"心理学终身成就奖"。

林仲贤

林仲贤（1931—2005），1931年生于广东恩平。1951年考入清华大学攻读心理学，1955年毕业于北京大学心理学专业，后进入中国科学院心理研究所工作。历任中国科学院心理研究所学术委员会副主任、认知心理研究室主任、中国心理学会理事长（第六届，1993—1997）、中国科学院心理研究所研究员及博士生导师、中国科学技术协会第五届全国委员会委员、中国心理学会常务理事、《心理学报》主编。2006年当选为中国心理学会会士。他还曾担任美国纽约科学院院士、中国科学技术协会全国委员，以及亚非心理学会执委等职。

林仲贤曾从事航空心理学、高山生理心理学、儿童发展心理学、知觉心理学、记忆心理学、认知发展及颜色标准化的研究工作，尤其是在彩色电视以及中国人肤色测量等方面作出了开创性的贡献。林仲贤曾在国内外学术刊物上发表论文220余篇，著作11部。先后获得院、部级科技成果奖9项。其中，《预防和克服飞行错觉的实验研究》（1965）获得国防部科技成果三等奖和中国科学院重大成果奖，《中国人肤色色度的测定》（1978）获得中国科学院重大科技成果奖，《常见物体记忆色及宽容度的研究》（1979）获得中国科学院科技成果三等奖，《彩色肤色卡和反射彩色测试图的研制》（1983）获得广电部标准成果奖，《摄影用标准灰板、色板》（1983）获得文化部科技成果三等奖，《摄影用常见典型景物模拟色板》（1985）获得文化部科技成果三等奖，《专题地图色谱》（1988）获得中国科学院科技进步成果二等奖，《标准彩色测试图》（1990）获得国家技术监督局科技进步二等奖，《颜色心理学研究》（1995）获得中国科学院科技进步成果三等奖。

林仲贤为推动我国心理学事业的发展作出了重要贡献。他于 1987 年荣获中国科学技术协会先进工作者称号。1992 年，获得国务院所颁发的政府特殊津贴及证书。2004 年获得了中国心理学会终身成就奖。

王甦

王甦（1931—2003），生于 1931 年，江苏六合人。1950 年考入北京师范大学，1951 年赴苏联留学，1957 年于列宁格勒大学（今圣彼得堡大学）的心理学专业毕业。同年，回国后在北京大学任教，担任北京大学心理学系教授及博士生导师。王甦曾任中国心理学会理事长（第五届，1989—1993）、普通心理学和实验心理学专业委员会主任、亚非心理学联合主席，以及全国政协第八、第九届委员。1980—1981 年，王甦曾在美国佛罗里达州立大学的心理学系短期工作。1991 年 7—10 月在美国密歇根大学心理学系进行短期工作，1995—1996 年又成为该校的高级访问学者。同时，还担任《心理学报》的副主编，《心理科学通讯》、《应用心理学》编委等职。

王甦长期从事普通心理学和认知心理学的教学与研究。他的研究工作主要涉及触觉、空间知觉、选择性主义机制及短时记忆组织。王甦教授早期对触觉有很深入的研究，20 世纪 80 年代以后，他的研究主要集中在认知心理学的三个领域，即知觉、注意和记忆。后来，他的研究重点又转移到选择性注意中的负启动、返回抑制的机制，以及短时记忆的组织方面。著有教材《认知心理学》，该书获得了国家教育委员会高校优秀教材一等奖，极大地促进了认知心理学在我国的传播。2000 年，王甦合作主编《中国心理科学》，获得了国家图书提名奖。2001 年，王甦荣获北京大学教学成果奖。2003 年，荣获中国心理学会终身成就奖。

匡培梓

匡培梓（1932—2012），1932 年生，江苏无锡人。1953 年毕业于南京大学心理系，同年到中国科学院心理研究所担任研究实习员。1957—1961 年，在苏联科学院高级神经活动和神经生理研究所学习，获得生物学副博士学位。1961—1986 年，先后担任心理所助理研究员、副研究员、研究员、研究室副主任和主任等职。1987—1994 年担任中国科学院心理研究所所长。1980 年起，担任中国心理学会生理心理学专业委员会主任，并于 1989 年当选为中国心理学会副理事长。在此期间，还曾担任了《心理学报》和《心理学动态》等学术期刊的主编。1992 年以及 1997 年被任命为国务院学位委员会第三届、第四届心理学科评议组成员及召集人。1997 年和 2003 年，匡培梓被聘为人事部全国博士后流动站管理委员会专家组成员。1988 年和 1993 年，其当选为全国第七届和第八届人大代表，1998 年当选为全国政协委员。

匡培梓主要从事医学和生物心理学方面的研究，20 世纪 50 年代中期至60 年代中期，她主要开展了对儿童高级神经活动类型和年龄特征及儿童脑发育不全的研究。1964—1965 年，她参与了全国地方性甲状腺肿及地方性克丁病的研究计划，制定了伴有听力障碍克丁病患者的智障临床分级，探讨了碘盐的预防效果（河北省承德地区）。20 世纪 70 年代之后，她主要开展学习记忆的动物模型及其脑机制研究，系统探讨了边缘系统在学习记忆中的作用，特别是海马在学习记忆中的电活动以及神经介质的活动规律，揭示了海马在记忆不同阶段所起的重要作用和乙酰胆碱、5-羟色胺及脑啡肽等神经介质的调节机制。这些科学发现对国内学习记忆研究的发展方向起到了相当重要的引领作用。在开展心理学基础研究的同时，她还与临床有关单位合作，积极开展心理学应用研究。特别是一系列针对药物对中枢神经系统功能影响的研究，为临床应用提供了重要的科学依据。匡培梓在国内外杂志上共发表研究报告和论文 40 余篇，还主编了国内第一本《生理心理学》专著。匡培梓在基础研究工作中曾获得 1977 年中国科学院重大成果奖，在应用研究工作中获得三项解放军总后勤部全军科技成果二等奖。鉴于匡培梓在科研方面的突出成就，1991 年享受国务院政府特殊津贴专家称号。1998 年和 2008 年先后获得"中国科学院优秀教师"和"中国科学院研究生院杰出贡献教师"荣誉称号。

沈德立

沈德立（1934—2013），1934 年出生，湖南长沙人。1956 年毕业于河北天津师范学院（今天津师范大学前身）教育系。1961—1962 年在北京大学进修实验心理学，之后长期在河北大学和天津师范大学任教。沈德立曾任天津师范大学副校长（1991—1996）和中国心理学会第六、七届副理事长（1993—2001）。1986 年晋升为教授，1990 年被国务院学位委员会批准成为博士生导师。2003 年，沈德立被国务院学位委员会批准为心理学一级学科博士点负责人。2006 年被教育部批准为发展与教育心理学国家重点学科带头人，并被天津师范大学聘为资深教授。

沈德立的主要研究方向是发展与教育心理学。他也是我国实验儿童心理学研究的先驱者。由他主持研制第一代和第二代国产心理学仪器，促使了中国心理学研究手段的现代化。他所创建的中国第一个现代化的儿童心理实验室，开辟了我国实验儿童心理学新的研究领域。譬如，对学生阅读汉语的眼动过程的研究，为提高中国学生阅读水平提供了理论性指导；对左右脑协调开发的研究，为中央制定国家性脑科学研究规划提供了重要的咨询建议；对高效率学习的心理机制的研究，为减轻学生学习负担提出了许多可操作性建议。同时，也引进了一批具有国际先进水平的大型心理学仪器设备。

沈德立是中国当代青少年和大学生心理健康教育工作的开拓者。他主持制定了符合中国社会文化特点、具有自主知识产权、为当前高校所急需的"中国大学生心理健康测评系统"。2004 年，该系统对全国高校 30 万新生进行了心理普查，为建立学生心理健康档案奠定了重要基础。此外，他根据国家需要，于 2001—2006 年主办了 10 期培训班，为我国 334 所普通高校培训了 660 名大学生心理健康教育的师资队伍。沈德立也为中国当代心理科学的发展培养了一大批中青年心理学专业人才。他与张述祖教授统编国家教材，用时 5 年编著了《基础心理学》一书。全书共 62 万字，获得"国家级优秀教材奖"。先后承担了国家"六五"、"七五"、"八五"、"九五"、"十五"、"十一五"的重点科研项目和重大攻关课题；出版专著、教材 18 部，丛书 7 套，发表论文

70 余篇。2001 年，国家人事部和教育部授予沈德立"全国模范教师"称号。2004 年授予沈德立中国心理学会"终身成就奖"。

孙昌识

孙昌识（1929—2013），1929 年出生于沈阳。1948 年考入辅仁大学心理系，1952 年毕业，并留校工作，后经院系调整到北京师范大学教育系工作。1958 年 10 月，他调入陕西师范学院任教，担任陕西师范大学教育系及心理系副教授、教授等职。曾任中国心理学会发展专业委员会委员、教育心理研究会常务理事、中国教育学会发展心理、西安心理学会副理事长等职。近年来，北京师范大学心理学院网页将他与夫人姚平子老师一并列为北京师范大学在国内学术界的"杰出代表"和"杰出校友之一"。

孙昌识主要讲授普通心理学、认知心理学、教育心理学、数学教学心理学等课程，专长于认知心理学、发展心理学、教育心理学、心理统计测量等学术领域。他长期从事儿童数学认知结构发展与教育的实验研究，在国内学术界很有影响。在中国心理学界的权威刊物《心理学报》、《心理发展与教育》、《心理科学》等杂志上发表了多篇学术论文。主要著作有《儿童数学认知结构的发展与教育》（人民教育出版社，2005）和《中国儿童青少年数学能力发展与教育》。翻译出版有《心理逻辑学》、《数学概念和程序的获得》等书。承担了国家教育科学"六五"、"七五"和"八五"研究项目课题的科研任务。自 20 世纪 80 年代初期以来，孙昌识耗费了 30 多年的研究心血和理论创新智慧积累，在儿童数学认知结构发展与教育的实验研究这一领域开创了国内外心理学研究独一无二的"特殊的研究范式"。

欧阳仑

欧阳仑（1931—2012），生于 1931 年，祖籍山东泰安。1955 年，欧阳仑毕业于天津河北师范学院（今天津师范大学前身）教育系。1956 年奉命调至陕西师范大学任教至今。曾任中国心理学会常务理事、《心理科学》杂志编委、西北五省心理学联合会会长、陕西省心理学会理事长、陕西省心理健康教育委员会专家指导组组长、西安市心理健康教育委员会专家指导组组长等职。

欧阳仑是国务院突出贡献特殊津贴获得者，于 1991 年和 2001 年两次获得国家级高校心理学教学成果优秀质量奖。他长期从事心理学的教学和研究，辛勤耕耘，严谨治学，成果显著。他在陕西师范大学先后教授本科生和研究生普通心理学、管理心理学、社会心理学、心理学理论体系研究，曾在《心理科学》、《心理学报》、《中国社会医学》等刊物上发表学术论文 60 多篇，公开出版的专著、教材有《中国人的性格》、《普通心理学》、《新编普通心理学》、《管理心理学》、《军人心理学》、《军队管理心理学》、《武警心理学》、《列车乘务员与旅客心理》、《运动员心理训练》、《心理顾问》、《社会心理学》等 40 多部。

杨永明

杨永明（1930—2004），1930 年出生于陕西省洛南县。陕西师范大学教育科学学院教授，硕士生导师。1951 年 11 月—1955 年 2 月在西北大学师范学院教育系和西安师范学院教育系学习，1955 年 3 月毕业后留校任教，1956 年 9 月—1958 年 7 月在华东师范大学心理学研究生班学习，1959 年—1995 年先后在西安师范学院，陕西师范大学图书馆、政治教育系和教育系工作，历任助教、讲师、副教授、教授。曾担任教育系副主任、心理学教研室主任，1984 年任硕士生导师，1991 年被加拿大中华学院聘请为兼职教授。他所编著的国内第一本《人事心理学》、《信访心理学》出版后，《光明日报》、《陕西日报》等 10 多家新闻媒体给予了高度评价。他编著和主编了《青年心理学概论》、《人格心理学》、《人生十大论纲》、《人生十大心理矛盾》、《人生十大心理规律》、《人事心理学》、《信访心理学》等 16 部著作和教材，发表了《西方人格心理学的根本特点》等 50 多篇颇有价值的学术论文，1989 年日本心理学会邀请其前往做庄子心理学思想的报告，1992 年俄罗斯国家科学院邀请参加国际心理学研讨会。杨永明老师曾多届当选为中国心理学会理事、中国心理学会基本理论与心理学史专业委员会副主任、中国社会心理学研究会理事、陕西省心理学会理事长和名誉理事长、陕西省科学技术协会委员、陕西省社会科学联合会理事。1993 获得国务院突出贡献专家津贴。

第三节　台湾、香港地区的心理学者

苏芗雨

苏芗雨（1902—1986），名维霖，新竹人。台湾心理学研究的开拓者，台湾大学总图书馆和心理学系的奠基人。1922 年，苏芗雨留学北京大学预科。1924 年，进入北京大学本科哲学系，并于 1928 年毕业，在校师承李大钊、李石曾、蔡元培、陈大齐等多位先生。1935 年，苏芗雨留学日本，就读于东京帝国大学（研究生院），1937 年，他在中日战争爆发后离开日本。并在国民党中央宣传部进行对日宣传工作。1945 年，他随国民政府人员回台，任行政长官公署参议。1946 年，行政长官公署改组为省政府，在堂兄苏维梁和亲信范寿康的帮助下，苏芗雨被任聘为台湾大学哲学系教授，主持哲学系心理学研究室工作。1949 年，傅斯年校长上任后，心理学研究室脱离哲学系，成立了心理学系，他也由此做了台湾大学心理学系的创系主任兼图书馆馆长。

杨国枢

杨国枢（1933—　　），出生于山东省青岛市的一个农村，中学未毕业即迁至台湾。1958 年毕业于台湾大学心理学系，其后赴美国留学，1969 年获得了伊利诺伊大学的文学硕士学位，后获哲学博士学位。杨国枢在台湾大学担任过心理学系（所）助教、讲师、副教授、教授，并曾兼任系主任，并于 1997 年荣誉退休。1998 年获选为"中央研究院"（Academia Sinica）院士。他曾任台湾心理学会理事长、国际生命线协会"中华民国"总会理事长、"中央研究院"副院长、香港中文大学心理学组高级讲师兼主任、亚洲社会心理学会理事长、台湾心理卫生协会理事长等职。现任中原大学心理学系及心理科学研究中心的讲座教授。在学术上，杨国枢致力于发展人格与社会心理学方面的研究，尤其专注于本土心理学研究。他常批评时政，强调要发挥知识分子的影响力。20 世纪 70 年代，杨国枢曾担任《大学》杂志的主编；1989 年还担任了澄社创社的社长。

张春兴

张春兴（1927—），山东昌乐人。在台湾师范大学获得教育学士和硕士学位，并于美国夏威夷大学获得教育心理学硕士学位及美国俄勒冈大学哲学博士学位，还曾在美国哥伦比亚大学进行研究。张春兴曾任台湾师范大学教育心理学讲师、副教授、教授兼系主任、美国普渡大学客座教授、心理学会理事长等职。现任台湾师范大学教育心理与辅导学系（所）教授、博士生导师、北京师范大学客座教授、山东师范大学客座教授、吉林大学客座教授、心理学会理事、教育部学术审议委员会委员。其著作有《心理学原理》、《教育心理学——三化取向的理论与实践》、《世纪心理学丛书》（主编，共 22 册）、《现代心理学——现代人研究自身问题的科学》（获 1991 年度优良图书、优良著作两项金鼎奖及同年度嘉新学术奖）、《中国儿童行为的发展》（与杨国枢合著）、《教学的心理基础》等书。

刘英茂

刘英茂（1930—），1930 年生于台湾台南。是台湾大学心理学系第一届毕业生，后留美，获得伊利诺伊大学哲学博士学位。20 世纪 60 年代初期，担任台湾大学心理学系教授，从事学习与记忆的相关研究，并提出工具性学习中也包含了经典条件化历程的成分，以及经典条件化历程可视为类化作用的一个特例等理论。此后，他开展了对中国语文行为的研究。1975 年，与台湾心理学家庄仲仁和王守珍合著了《常用中文词的出现次数》一书，为书刊编写、汉字的学习及研究提供了依据。在中国语文的知觉研究方面，通过实验提出了短文及图书写作的基本原则。1980 年，提出了语文研究的掩蔽方法，将理解与核对两种历程分开，并依此方法进一步对中文句字的理解和阅读进行探讨，最后提出了理论模式，来说明句子理解的历程。1982 年，刘英茂发表了论文《中文字句的理解与阅读》，内容包括：①阅读的个别差异来源；②阅读的发展过程；③阅读的训练方法等。主要专著包括《实验心理学》（1972）、《普通心理学》（1977）、《基本心理历程》（1978）、《基本学习历程》（1978）、《认知与记忆》（1978）等。

余德慧

余德慧（1951—2012），生于台湾屏东县潮州镇。专长于临床心理学，长期关注现象心理学、临床咨询、宗教现象学、宗教疗愈等领域的研究。曾任台湾大学心理研究所、东华大学及慈济大学教授，是《张老师月刊》的创办人之一。毕业于台湾大学临床心理学专业，获博士学位。1987 年，他赴美国加利福尼亚柏克莱大学进行博士后研究。1989 年返国，任教于台湾大学心理研究所。1995 年，任教于东华大学族群关系与文化研究所。1996 年起，他积极参与花莲光复乡社区的营造工作。1997 年起在花莲慈济医院安宁病房担任义工。2002 年还担任了东华大学咨商与辅导学系主任。2006 年 8 月，余德慧自东华大学退休，转任于慈济大学宗教与文化研究所（今更名为宗教与人文研究所）。

高尚仁

高尚仁（1942—），祖籍陕西米脂县。香港大学心理学系讲座教授及前系主任，现任香港大学社会工作与社会行政系荣誉教授以及台湾辅仁大学讲座教授和博士生导师。高尚仁长期致力于书法心理学的相关研究，关注书法对身心健康的影响，是书法心理学及笔记心理学的创始人，对香港、台湾的心理学发展有极大贡献。他所开发的书法心理治疗系统已经获得欧盟、美国和中国等的多项专利。此外，他还担任多种国际学刊的编委，发表了中英文著作 30 多本，在 *Nature* 等著名国际期刊发表论文达 300 余篇。

杨中芳

杨中芳（1952—），出生于天津。1966 年毕业于台湾大学心理学系，1972 年获得美国芝加哥大学心理学系社会心理学专业的哲学博士学位。其后，杨中芳分别于耶鲁大学和不列颠哥伦比亚大学进行了博士后的研究工作。之后则先后任教于西雅图华盛顿大学、洛杉矶南加州大学、香港中文大学、台湾中正大学和阳明大学及香港大学。杨中芳多年来从事社会心理学的相关研究工作，特别致力于研究中国人的自我及人际关系。至今已出版多部专著，包括《如何研究中国人》、《如何理解中国人》，以及《中国人的人际关系、情感及信任》等代表性著作和论文数十篇。近年来，她潜心探索中国传统文化的核心部分，即"中庸"的思想对中国人心理与行为的影响。另外，她还是华人本土心理学研究基金会的主要成员，以及华人本土心理研究基金（香港）的主持人。

第十章

回顾与前瞻：迈向国际化、应用化的新阶段

　　国际化和应用化是当今国际心理学的两个主要发展趋势。国际全球化不仅塑造着世界经济和文化模式的变化，也影响着高等教育的发展进程与方向。应用化为世界各国的高等教育机构和体系带来了许多令人振奋的机会。与此同时，挑战和风险也不可避免地存在于复杂的国际化环境中。

第一节　心理学国际化的必然性

　　对国际化的理解，宋文红和朱月娥（2002）将其概括为 5 种观点：国际交流说、人才培养说、发展趋势说、客观规律说、社会职能说。国际化是指国家、社会的政治、经济、文化活动以及社会生活等方面的交流合作已经跨越了国界，出现了在国际范围内的物质精神资源的共享，在不同的国家和地区之间产生了跨越地理意义的更为广泛的联系。

一、全球化带来了心理学国际化

　　新的科技革命把人类带入了一个新的时代，即知识经济的时代。知识经济时代的特征不仅是知识成为发展经济的主要要素，而且带来了经济的全球

化和社会的各种变革。而最大的变革，是人们价值观的变化。知识经济使人们看到了人的价值、知识的价值。知识经济使人们认识到，人不是简单地创造资本的机器，而是社会的主人，又是自然的一员。人的发展、人类的发展是第一位的。人的创造、经济的发展，归根到底是为了人类自身的发展。

知识经济时代也对心理学有了进一步的认识。心理学的本质是研究人的心理现象的科学。心理学确实离不开政治和经济的发展，离不开社会的发展。但心理学不是消极地适应社会政治和经济的发展，要促进社会的进步和发展，而最终的目的是促进人类自身的发展。科学技术的发展带来了经济全球化，同时也影响到文化的国际化和心理学的国际化。但是，文化的国际化不是文化的全球一体化，它不同于经济的全球化，而是说文化教育也必然会受到全球化的影响，主要是指文化教育的国际交流与融合。当然，其中充满着矛盾与冲突。人类的生存与幸福已经越来越紧密地同全球性的经济、政治、社会及环境问题联系在一起。没有哪个国家能在自我封闭中健康的发展。几乎所有的事件都已被纳入全球范围，全球事件就是本土事件。我们共同面临着许多问题，这些问题也是全球化趋势引起的，具体如下：①迅捷的电信传媒；②对传统伦理道德、宗教的挑战；③相互依存的国家经济；④发达的交通运输；⑤爆炸的人口增长；⑥日益严峻的环境问题；⑦战争的威胁；⑧犯罪与暴力的泛滥；⑨水资源的匮乏危机；⑩城市化的进程。这些问题对我们产生了非常大的心理影响，影响到我们生活的方方面面，比如，个体与集体的社会认同，控制与选择以及生活的意义等。全世界的心理学家正面临着这种挑战，新的形势要求必须加强心理学的国际合作与交流，解决共同的问题。不少心理学家与组织纷纷做出了回应。Fowler（1996）提出"国际心理学"的术语，旨在加强国际合作，解决国际性的问题。美国心理学会还开展了一系列有关国际心理学的计划，包括成立专门的心理学委员会，出版国际心理学的书籍与杂志。《美国心理学家》还开辟出国际心理学的专栏。此外，还成立了许多相关组织，如国际心理学家委员会、国际心理科学家联合会、国际心理学会、国际跨文化心理学会和国际应用心理学会等。这表明心理学国际化的趋势越来越突出。心理学在研究方法的取向以及对研究内容的界定方面正在发生相应的变化。

马赛拉（1998）提出了建立"全球心理学"的观点。他把"全球心理学"描述为"运用多文化、多部门、多学科、多民族的知识和手段，来对全球性事件引起的个体与群体的心理变化加以描述，评价及理解"。马赛拉特别强调要打破研究中的文化霸权主义，尤其是针对西方文化。他认为在全球性事件的影响下，过多地关注某一种文化是片面的，应该关注所有的文化，所有面临的问题。单一的文化、单一的理论及研究方法已不足以解决越来越多的国际化问题。全球心理学应该具有以下特点。

1）关注全球社会化的进程。全球性的事件正在产生世界范围的社会影响，并造成了新的社会进程，这种社会化是全球性的。一句话，全球社会化取代了本土社会化。任何一个民族、国家都无法避免这种无孔不入的影响。而且随着电信传媒技术的进一步发展，这种影响将更加显著。比如，国际互联网络，一打开计算机，便进入一个崭新的世界，可以在最短的时间内了解大量的外部信息。在这种情况下，世界事件无疑成了本土事件，因为它就在眼前发生。这对人的心理行为以及社会化的成长进程产生了不可估量的影响。这需要心理学来关注。

2）打破种族与文化偏见。全世界有超过 5000 种民族文化，每一种文化都应当是平等的。而且现代社会呈现出多民族、多文化的特点，没有哪一种文化可以自称是所谓的主流文化。传统的西方文化已经没有任何理由成为世界的主导。整个世界趋向多元化，心理学也应走综合研究的道路。

3）发展本土心理学。每一种文化都有其独特的心理生活，所以有必要去关注本土文化的影响。本土心理学的研究是整个心理学发展不可缺少的，但是本土心理学并不是心理学研究的最终目的。心理学要取得学科上的统一性，必须超越本土心理学，片面强调本土心理学的研究，很可能重蹈传统西方心理学的覆辙，各自为政，破坏心理学的统一性。

4）以问题为中心。这是全球心理学的本质特征。传统西方心理学之所以离现实越来越远，其根源就在于以研究方法为中心，过分注重研究方法的选择与操作，让心理学背上沉重的包袱，始终处于如何对研究对象取舍的艰难选择冲突中。西方心理学家总是以科学的研究方法为标准，来衡量对象的可研究性。以研究问题为中心的实质，就是首先考虑研究问题的真实性，然后再选择合适的方法去研究。让研究方法服从于研究对象，而不是让研究对象服从于研究方法。现代社会已经不再是一极化的世界，社会生活的各个方面都呈现出多样化的特点。心理学的理论建设也是如此。心理学应该告别以研究方法为界限的单一理论体系时代。人类的心理生活不是一幅简单的画面，任何单一的理论全面解释这幅画面都是不可能的。例如，斯金纳的强化理论，把一切行为都归于强化，并由此认为一个社会进步的要义在于，设计一个能够生存、发展的文化体系，以取得良性的强化，以此影响社会成员的行为规范。斯金纳幻想用强化的方法建立一个美好的乌托邦，显示了他在复杂社会现实面前的幼稚。同样，班杜拉无视社会现实的复杂性与多元性，试图用"自我效能"的群体效应起到改变落后社会现实的作用，这显然是不可能实现的。心理学家的任务不是为了体系而建立体系，而是为了解决现实问题。

二、心理学国际化的重要性

（一）走向国际化是心理学的发展趋势

1990 年，荆其诚出版了《现代心理学发展趋势》一书，"试图对某些变化进行一定的概括，找出变化的前因后果，并尝试把有关领域的主要内容连贯起来"（荆其诚，1990）。他在该书第一章中首次明确地列出了一个专题——"心理学的前途"，认为心理学的未来势必是一种跨学科领域的合作，心理学将是对人类最大的科学挑战。"这一战役把过去许多没有联系的科学汇聚到一起，其中有脑科学、计算机科学、心理学、语言学、人类学、习性学、遗传学、神经生理学、社会生物学和哲学。"10 年后，他在《国际心理学》一书中继续进行了这一工作。该书一开篇就直接提出："心理学在许多方面都是国际性的，包括它的历史、在许多国家中的存在——在发展中国家和工业化国家，以及对未来的期望。"（荆其诚，2000）21 世纪伊始，全球化进程更加深入，地球正在变成一个统一体。思想的传播也不再受到地域的限制，"科学无国界"逐渐成为现实。心理学的发展也受到重大影响，强调各地社会、文化、历史因素的本土心理学、文化心理学开始兴起，对主流心理学发起了挑战。心理学不仅面临着学科的分散化，还面临着地理和文化方面的分散化。荆其诚也认为"真正的科学心理学必须考虑到世界各地的研究"，但他紧接着就开始进行反问："但是问题是，不同文化集体间的行为差异能大到必须建立一个完全新的心理科学的地步吗？"在他看来，不同国家（包括众多发展中国家）的心理学不断发展，将更多研究成果加入到心理学的大家庭中，跨文化的研究最终将与主流心理学联合，二者将共同提出更强有力的普遍适用的理论。他多次引用塞格尔的话来证明自己的观点："跨文化心理学的消灭之时即其成功之日。当心理学的全部领域成为真正国际化和文化兼容时，换言之，当它成为真正的人类行为的科学时，跨文化心理学就达到了它的目的，而成为多余的了。"（Segall et al., 1998）至此，荆其诚正式完成了他关于心理学未来的判断——心理学的未来必将是一种国际的心理学，即"在可见到的将来，随着全球化的进程和国际交往的增多，将会看到行为和意识研究的更多的交汇，国际心理学也会有较少的差异而有更多的共同性"（荆其诚，2000）。2002年，他在展望心理学的未来时说："然而在不远的将来，随着全球化的进程以及信息的迅速交换，在行为和意识的研究上将会有更多的聚合。我们将看到更多的共性而不是差异，尽管仍有差异，真正意义的普遍的国际心理学将会到来。"（阿迪拉，2008）心理学已经发展成为一个非常丰富的学科，研究者更倾向于采用多样化的观点来解决存在的问题，而不是固守一种理论或体系。

（二）心理学的本土化是国际心理学的必由之路

中国心理学研究的国际化，是一个关系到中国心理学研究为国际心理学所接受并确立其在国际心理学地位的问题。"民族的才是世界的"，这是一条颠扑不破的真理。因此，中国心理学研究国际化就是要能更好地促进中国心理学研究的本土化，并积极参与国际心理学交流。为此，中国心理学研究除了要注意国际心理学研究的方法、模式和成果表达方式之外，更要关注本土化的研究。如果中国心理学研究在形式上不能与国际心理学研究接轨，它就成了中国心理学与国际心理学交流的一个障碍，如果没有自己本土化的特色，也就失去了独立于世界民族的资格。中国心理学只有在遵循国际心理学形式的本土化研究中解决了世界 1/4 人口的中国人的心理问题，在国际心理学中的地位才也会得到确立。因此，如果不能采用国际心理学研究的标准或形式，也会延缓中国心理学在国际心理学中的地位确立，降低其对国际心理学的影响和作用。只有汲取了国际化的心理学研究规则，才能更好地与国际心理学交流，并通过比较更好地了解心理学研究的历史、现状和未来发展趋势，也才能更好地启发我们做好心理学本土化研究，建设和发展中国心理学，解决中国人的心理问题。

第二节　中国心理学国际化面临的挑战

一、中国心理学所面临的挑战与矛盾

有学者从国际视野出发，审视了中国心理学发展所面临的挑战，认为中国的改革开放已经极大地刺激了中国的经济增长，但是中国的传统文化也遭遇了现代化与全球化的挑战。怎样处理好心理学的国际性与本土化之间的矛盾，是中国心理学所面临的重要课题。"中国的改革开放和现代化给中国的经济和社会带来了巨大变化。一方面是中国古代的传统和价值观；另一方面是现代化的全球性文化，二者之间的冲突引出了大量的社会和心理问题，等待社会科学家去研究。"（荆其诚，张航，2005）心理学应该正视所面临的现实挑战，切实地使心理学服务于社会，向国外心理学学习，去研究一个占世界人口 1/5、正在经历着快速社会变革的民族的心理学。他列举了多个方面的具体问题，如独生子女教育、老龄化、道德教育、教育心理研究、心理健康及犯罪行为等，指出这些问题都是当代中国心理学界所承担的重要任务。"中国心理学家面临的主要问题是，如何处理中国心理学所面对的艰巨任务与他们所能得到的极少资源间存在的矛盾。"（傅小兰，2006）

二、心理学两种研究取向的竞争

结合当时国内外心理学界关于科学与人文两种心理学取向的思想，有学者对现代心理学发展概况的界定，认为从整体来看，"现代心理学可分为两大阵营。一个是机械主义阵营，人被看成是被动的机体；另一个是强调人的能动作用的阵营"（荆其诚，1982）。所谓的"机械主义阵营"（准确地说应该是"科学主义"）并无褒贬之意，它以研究心理的生理机能为主要研究对象，沿袭行为主义的路线，以动物实验为探讨人的心理活动的途径，以实验方法作为普遍接受的方法，其根源可以追溯到更古老的联想主义哲学。另一阵营是"人本心理学集团"（准确地说应该是"人文主义"），包括社会、临床、咨询等心理学家，他们的工作都联系到人的社会性，用调查、观察以及实验来建立自己的理论。这一批人之间的意见分歧，是一个人数众多的松散集团。人文心理学家也是必需的，他们更多地为社会实际需要服务，与第一个阵营的心理学家是互补的关系。

三、全球一体化决定着心理学的国际化

人类进入 21 世纪，随着交通工具和通信技术的飞速发展，人员、物资和信息的广泛交流，世界的任何一部分都不能离开其他部分而单独存在。任何重要国际事务都不是一个国家所能决定的，联合国和国际组织正在起着越来越大的作用。同样，思想的传播不再会受到地域的限制，科学无国界在今天真正成了现实。这种变化，也给心理学的发展带来了国际化的诉求，其具体表现如下。

首先，科学的发展依赖于一个国家的经济发展水平，在自然科学方面尤其如此，因为自然科学的基础研究和应用研究都需要大量的经济投入。心理学的发展更依赖于国家经济的发展。当一个国家的经济欠发达时，注意力通常被放在更重要的发展工业、商业和农业问题上，以此来改善人们的基本生活条件。当人们的基本生活需要得到满足以后，才能对心理学给予更多的投入。在一些第三世界国家中，如中国和印度，心理学虽然起步较早，但与其他工业化国家相比仍然发展缓慢。这就是一些发达国家的心理学发展得较快的原因。近年来，全球经济迅速发展，第三世界国家，特别是一些亚洲国家的经济也发展起来了。这些国家的心理学家增多，他们更注意对与人们生活有关的应用问题的研究，取得了很大的成效。这是对国际心理学很大的贡献。值得注意的是，一些发达国家已经注意到这种情况了。2004 年，美国心理学会代表大会通过了一个决议，号召其会员注意国际心理学的贡献。世界上 60%以上的心理学家居住在美国本土以外，"他们创造出适合于他们各自社会人民需要的心理学观点、方法和实践手段。他们提供的材料适合于发展一个更完整的符合人民需要的心理学"。可见，全球化历程已经敲响了心理学国际化的大门。

其次，多元文化对心理学提出了跨文化研究的新课题。正像我们在前文中所描述的，科学的心理学发源于西方，心理学一直受西方国家特别是美国的时代精神的影响，因此西方心理学特别是美国心理学，被称为主流心理学。其他国家的心理学家在进行心理学实践的时候，发现主流心理学对心理活动的许多描述并不完全适用于其他文化的人群。例如，许多所谓标准测验，其

常模通常是为美国中产阶级儿童制定的，测验的内容围绕着西方文化编制，把它们应用到不同文化的儿童身上是很难做到公平的。很多学者对这种现象进行了反思，认为要对人类的行为进行全面的研究，不应该只研究少数西方发达国家的人群，而必须在全世界范围内进行观察。于是跨文化心理学应运而生，以研究种族和文化对人类行为的影响。确切地说，它是对不同文化集体的成员的研究，以期能够了解不同群体行为的异同。"文化特殊性"（emic）和"文化普遍性"（etic）是跨文化研究的两种方法。文化特殊性方法是用对某一特定文化成员有意义的概念来描述行为，考虑到这一文化成员本身的价值观以及他们所熟悉的事物。文化普遍性方法是将一个文化中的行为与另一种文化或多数文化中的行为做比较，试图找出所有文化都适用的有效原则，并确定比较不同文化中人类行为的理论框架。在跨文化心理学的研究中，如果能找到行为的文化差异的原因，就可以预测在一定文化条件下行为的发生和变化，而且有可能发现适合更大范围人群的规律。世界上任何科学规律都是有条件的，只是一个规律的适用范围可大可小，科学在于试图找到适用范围最广的规律，才是强有力的规律。

再次，科学发展的规律推动着心理学国际化的进程。科学发展的规律表明，它的发展总是长江后浪推前浪，是在创新与继承的不断转换过程中前进的。研究中产生新的科学发现，旧的科学规律必定得到修正或被否定，而代之以新的、更正确的规律。同时，社会文化所造成的人们之间的心理与行为差异也不是绝对的，随着时代和环境的变迁，社会文化也在发展，人的行为也会发生变化。因此，某项研究的结果可能一个时期是适用的，换一个历史时期可能就不完全适用了。所以，跨文化心理学研究的选题必然会与时俱进，不会停留在某一段的历史之上。比如，我国的文化心理研究不能停留在研究封建孝道和国人的面子等问题上，而要投身到解决当代普遍性的社会心理和心理健康等问题方面。正如库恩所说，科学是在一个重大科学范式的指导下，通过积累而最后爆发一场革命的过程。这是一场破旧创新、循环上升的过程。

最后，跨文化心理学的产生使心理学不仅面临着学科的分散化，还面临着地理的和文化方面的分散化。确实，真正的科学心理学必须考虑到世界各地的研究。我们必须承认跨文化研究对于心理学的发展是非常重要的。随着第三世界国家经济的发展，更多的心理学研究成果，不管是局部适用的还是普遍适用的，都将加入到世界心理学大家庭里去，从而摆脱欧洲和美洲心理学研究的局限性。

总之，世界不同部分的心理学家可以发展自己的理论，提出更强有力的普遍适用的理论，使之发展成为新的主流心理学。原来的主流心理学会变成支流，而融入新的主流心理学。前面已经提到，发展中国家的心理学偏重于解决与本国有关的社会问题。我们会看到这方面的研究将增多，并可能随着全球化扩展到解决更广大范围的社会问题。目前，心理学的国际学术交流日益增多。国际心理科学联合会每4年召开一次国际心理学大会，国际应用心理学会也每4年召开一次大会，还有许多国际性会议经常召开，提供了心理学的交流场所，增进了不同国家心理学家的相互了解。英语正成为国际交流的语言工具，更多的非英语国家的心理学家能用英语进行学术交流。2004年在第28届国际心理学大会上，不算中国代表，北美和欧洲以外的代表占总人数一半以上，而且他们都远道而来出席会议。非英语国家也出版了更多的英语刊物，如德国出版的 *European Psychologist*，日本出版的 *Psychologia*，中国香港出版的中英文双语刊物《华人心理学报》等。欧美国家的心理学刊物和这些新刊物都有不同国家的心理学家投稿。这是世界全球化给心理学带来的直接影响。世界的全球化不仅对心理学的国际化产生了影响，对其他学科也是如此。

第三节 中国心理学研究的专业化与应用化问题

改革开放以来，我国心理学科学研究事业进入了快速发展的黄金时期。但是，蓬勃发展中的中国心理学依然面临着不少问题，旧的问题远远没有解决，新的困境在不断产生。这些新旧问题和困境日益成为我国心理学未来迈上新的发展层次的瓶颈性因素。这些瓶颈性因素主要表现在以下方面。

一、与发达国家的心理学发展水平差距还较大

改革开放30多年来是我国现代心理学发展史上少有的黄金时代，取得了国际公认的进步。但是，我国仍然是世界上心理学发展落后的国家（黄希庭，2008），尤其是与以美国为代表的发达国家的心理学研究相比存在较大差距

（美国有 30 多万心理学工作者，日本和英国各有 5 万，而我国还不及以色列的 1 万名心理学会员人数）。从学科发展的专业人才队伍的数量上来讲，国内心理学专业工作者的人数与拥有 13 亿人口大国并不相称。我国平均每 13 万人口中，才有一位心理学工作者，按人口比率来说居于世界末位。目前，"世界发达国家每百万人口中心理学家数量为 550，发展中国家每百万人口中的心理学人员为 4.2"。我国每百万人口中的心理学工作者仅有 2.4 人，还不及多数发展中国家心理学工作者人数的一半。与发达国家相比，我们则更为落后，美国人口只有我们的 1/6，却有心理学工作者约 20 万人，人口比率是我们的 130 倍。全世界目前有心理学家 50 多万人，日本和英国各有 5 万人，而我国的心理学会员人数还不及仅有 1 万人左右的以色列。近年来，联合国教科文组织也提出，应该在每 6000~7500 名中小学生中，至少有 1 位心理学专业工作者为师生服务。如果按照这一标准要求，我国仅中小学便需要有 3 万名专业工作者。"当然，各国有自己的国情，但是从这个悬殊的差异中我们可以体会到，我国心理学工作的规模确实是比较小的。"从心理学事业发展的结构内容来看，我国的心理学依然是小学科、边缘学科和轻型学科，而西方国家的心理学早在半个世纪以前便成为一门大学科、热门学科和重型学科，如美国大学现有 1000 多个心理学系。服务于健康领域的心理学专业人员占 52%，高等教育有 15%，商业和政府机构有 12%，中小学教育机构有 19%，私人独立执业人员达到 8%。而我国服务于健康领域的心理学专业人员明显不足。多年来，尽管我国广大的心理学工作者已经重视到了社会应用问题，然而应用研究、开发研究一直停留在低层次水平上，心理学的应用型专业人力资源的数量少，远远不能适应中国社会主义市场经济建设和人民群众日益增长的迫切需要。国内大学心理学毕业生长期以来就业困难，全国高校心理学教学与研究人员多处于饱和状态。这需要我们继续努力推进心理学的改革进程，更好地提高服务于我国经济社会发展的能力水平。

二、关注和回应社会经济文化建设发展的重大理论与实践问题的研究成果偏少

多年来，我国心理学界缺乏面向社会现实、结合分支学科的深层理论研

究,尽管最近在研究中国社会和谐、地震心理救援方面的理论问题有所开拓。但是,近30年来存在着轻宏观大理论与实践中小理论研究的格局,并没有较大的改观,而紧密结合社会实际、分支学科的心理学元理论的研究也很少。我国心理学对国家政策的影响力,远远无法与经济学、政治学等学科相提并论,甚至与教育学、社会学也不能相比。这同中国的社会历史条件有一定的关系,亦同我们心理学研究者自身的素质需要进一步提高有很大关系。心理学研究的原创性不足,学理深度也不够,自然会影响到心理学研究的业绩和效度,限制心理学研究在国家社会发展中理应发挥的功能。西方以实证主义为基础的研究传统对中国内地心理学发展的影响一直深远,心理学实证研究所存在着的"小、散、轻、薄"式的追随型重复性研究的问题难以改观。特别是近20年来,中国的主流研究明显地出现了对理论探讨的轻视与"非理论化"的倾向,对"理论的兴趣却降低到最低程度"(周晓虹,2007)。因此,国内心理学的理论研究成果虽然引人瞩目,中国心理学史和本土心理学方面不无原创性成果,但是总体上说还是综述性、评述性的东西较多,独到性、创新性、原创性的研究成果较少。

另外,我国心理学作为一门小学科,其发展需要建立在比较科学的理论体系和深厚的基础理论之上。由于目前关注的学者仍比较少,研究力量薄弱,所占资源相对稀缺,在面对理论心理学的重大理论或元理论问题时难免会产生简单化等"先天不足"。随着心理学研究的拓展,许多新兴思想和理论引起了中国心理学界更多的关注,却忽视了对基本问题的深层研究论证,不同观点的理性争鸣和交流也非常不够。国内理论研究学理深度的缺失,其根本原因在于心理学哲学研究的滞后及错位。因此,要提升我国心理学基础研究的原创性,还要进一步解放思想,更新观念,不能只停留在对西方心理学理论的验证上,而应当充满自信,面向世界心理科学前沿,选择重点,实现跨越,进而带动中国心理学的整体发展,形成有中国特色的心理学。

三、心理学专业化和职业化的发展改革仍缺少许多基础性工作

近年来,我国心理学的发展正面临着一个从学术化向职业化转变的重要

问题。职业化是心理学改革发展的必由之路，也是心理学走向繁荣的一个重要标志。目前，心理学工作者绝对数量严重稀缺和就业人数的相对过剩，既有社会发展的因素，也有本学科人才培养定位因素的影响。有调查表明，目前心理学专业课程设置存在许多不适应社会需求和专业训练质量不高的问题，尤其是在专业基础知识和基本专业技能方面表现得尤为突出。从社会分工、职业分类的角度来看，专业化是指一群人经过专门教育或训练具有较高深的和独特的专门知识和技术，并按照一定标准所进行的职业活动。所谓职业化，是基于特殊的理论知识、教育和训练获得技能，应用这种技能通过考试保证技能的掌握；有职业行为规范，为公众利益服务，有一个职业组织。心理学的职业化要求对心理学从业者选拔的专业化，在具有专业理论知识的基础上，经过高品质的培训，具有较高级资格认证；要求心理学从业者遵循法律、法规和伦理法规的规范；要求心理学机构化。心理学的职业化越来越强调心理学从业者的专业培养和管理的专业化。随着心理学各分支领域中心理学从业者的教育培训及职业化的增长，心理学职业化的发展，职业心理学突破了传统的特定的心理技术和应用领域，而与理解人类行为有关的更广阔的心理问题相关联。目前，越来越多的心理学家不再局限于学术研究，开始注重在各种实践领域中的应用，心理学逐渐走上了职业化的道路。美国心理学会在博尔德召开临床教育与培训代表大会，会议上提出了应用型心理学家的培养模式，即博尔德模式。其目标是培养出集研究能力和高水平的实践能力于一身的心理学家。随着心理学的发展，许多高校开始向以心理学应用为职业定向的学生授予心理学博士学位。这种培养模式，更多地强调学生的实际操作技能。此后，在长期的实践中，对心理学理论研究的作用重新认识，使心理学人才的培养模式再次发生了改变，1990 年美国临床教育与培训会议又主张采用博尔德模式。目前，多数大学还是采用博尔德模式对学生进行培养，授予心理学博士毕业生哲学博士。国家心理协会培训模式正在形成，为博士培养增加高品质的培训机会；同时，在博士的培养课程中，也越来越重视高品质定量方法的培训和实践。培养模式的不断完善和严格的培训标准，保证了心理学从业者的专业素质，提高了就业者的水平，保证了心理学职业领域的专业性。在近 50 年里，许多国家都越来越强调心理学的应用性和实践性，而学术研究领域服务的队伍比例逐渐减小。20 世纪末期，心理学作为一门职业，有了实质性的发展和扩充。大量心理学家在各种实践领域中供职，60%的心理学专业工作者服务于各级政府机关、商业企业界、医疗卫生、教育部门、法院和军队，成为有职业背景的实践工作者。心理学的未来将依赖于职业心理学的发展。

改革开放以来，我国心理学的专业化事业有了长足的进步。中国心理学科是建立在中国古代深厚的传统文化和丰富的心理学思想基础之上的，是在西学东渐的推动下，在西方近代学科发展的冲击下，在中国对经世之学的渴求和不断引进的过程中移植而来的。中国心理学在近现代中国的形成和发展，从一门学科的角度映射了这一西学东渐和中西文化碰撞、融合的独特历史过程。作为西学东渐中引进产物的心理学科，是作为"格物学科"被引进的。只有在"文理兼顾"的视野下对待心理学的研究，才能不断提高心理学科为社会服务，尤其是满足国家和社会发展重大需要的能力，才能真正实现心理学的价值。随着我国社会经济水平的不断提高，对心理学科提出了越来越高的需求：建设和谐社会，需要心理和谐；让人们有尊严的生活，离不开提高人们的主观幸福感，等等。只有为社会提供更多的服务，社会才会承认心理学的价值。心理学有多大发展，归根结底，取决于其研究成果为社会生活提供帮助和服务的数量和质量。我们都知道理论要与实际相结合，理论要解决现实问题。但是，究竟怎样实现二者之间的结合，怎样解决现实问题，这就需要参照国外的成功经验和国内的实际需要。中国心理学的发展，是在学习西方和苏联的基础上形成和发展壮大起来的，现在仍然面临着发展中的不足，特别是宏观实践问题和微观实践问题均比较多，大的实际问题和小的实际问题均普遍存在。

有学者指出：心理学界所面临的一个重大问题就是其社会角色定位不清晰。"由于心理学这一术语本身涵盖的范围太广，且缺乏明确的社会指向性，所以为了迎合社会的需要，很多心理学研究领域，包括美国在内也存在着模糊问题"（Bray，2010），于是，很多心理学研究领域开始放弃对"心理学"这一名词的使用，转而用"认知科学"、"发展科学"、"神经科学"等名词代替。还有一些领域虽然大量运用了心理学原理，从其名称中却很难看出它与心理学之间的关联，如"行为经济学"。与此同时，临床心理学家和咨询心理学家跟普通的心理健康工作者争夺工作岗位。因此，在社会大众看来，心理学家与社会工作者相差无几，其博士阶段所受到的独特训练和所具备的独特专业优势因而无从显现。管理咨询心理学家和工业组织心理学家甚至不叫心理学家，而被称作商业和组织顾问。心理学的实践应用由于没有凸显其独一无二的优势，因此缺乏社会竞争力。美国心理学会前任主席Bray（2010）在

American Psychologist（2010）上发表了文章《未来心理学的实践与科学》，提出美国当前的两个工作重点：第一，成立特别工作组。为了凸显心理学家在国家发展领域中的独特地位和所具有的独特专业优势，美国心理学会决定成立一个首席特别小组，该小组的主要职责是帮助美国心理学会的成员满足实践应用的需要，并且拓展未来的心理学应用方向。第二，召开峰会。美国心理学会在 2009 年 5 月召开了关于心理学应用前景的主席峰会。为了广泛听取来自心理学界外部的声音，这次峰会总共召集了 150 位分别来自商界、服务界、经济学界、保险界、医学界和政界的思想领袖，并听取他们的意见，集思广益，博采众长。特别工作组和峰会的与会专家对心理学职业改革给出了一些良好的建议。这些建议涵盖经济可行性、职能评估、心理学模型在基础卫生保健领域的运用等 7 个方面：①为心理健康工作者争取与其他健康工作者同等的合理报酬；②确保心理学家包含在医疗保险的覆盖范围内，完善治疗指导方针和职能评估系统；③完善对心理健康服务效果的评估机制；④加强对心理学家的再教育，确保将心理学家纳入到以患者为中心的家庭医疗模式（Patient-Centend Medical Home，PCMH）中；⑤开创用于研究健康促进、疾病预防和慢性病管理的新工具；⑥健全应用心理学家的职业准入机制；⑦加强对心理学社会效应的宣传力度等。美国人富裕，很重视心理学，专业队伍强大，但其心理学的应用之路也不平坦。美国人平均每天收入 130 美元，而世界上有 30 亿人口，每天只依靠不到 2 美元来生活。美国的医疗卫生占到了 GDP 的 17%，用于心理健康的服务费占到了 GDP 的 1%。这说明心理学的"应用热"困扰仍是世界性的普遍性问题。中国心理学实现既要与国际心理学接轨，又要为中国当前的社会发展服务，为中国人民谋福祉，则需要全国心理学工作者长期不懈的努力。

目前，中国心理学的发展尽管面临着诸多问题和困境，但毕竟是在前进道路上所遇到的困难及挑战。面对当前西方理论心理学研究呈现出的概念演绎和体系建构，发展到追求问题中心和采取多元方法的良性趋势，我们尚需要保持谨慎乐观的态度。说"谨慎乐观"，是因为我们中国心理学发展的整体水平与西方相比有好几代的时间差，在学科整体研究实力不足的大背景下欲寻求理论心理学的跨越式发展，其难度是可想而知的。这不是一代两代学者所能解决得了的问题。另外，中国心理学发展的最大困难是如何从目前跟进式实证研究的主流格局中解放出来，在科学标准的指引下，走一条综合创造的发展道路。需要在揭示心理学研究科学化、实证化的基础上，加强理论建设和教育工作，实现实证与理论、实践技术化三者的融合对接目标。改变单纯停留在浅层次实证研究的现状，实现心理学研究的整体化、一般科学化，以新科学理论再造心理学。只有这样不断尽力缩小与西方心理学之间的差距，才能使我国的心理学研究走向世界，跨入先进国家的行列。

参 考 文 献

阿迪拉.2008.心理学的未来.张航，禤宇明译.北京：商务印书馆.

艾英伟，闫子龙，严志忠.2009.信息化作战条件下军人身体适应能力需求研究.体育科技文献通报，17（9）：123-124.

白珍，崔利军，张涛，等.2008.中国少年智力测验与韦氏儿童智力测验对照分析.中国全科医学，11（4A）：592-593.

鲍利克，等.2001.国际心理学手册（上）.张厚粲，等译.上海：华东师范大学出版社.

鲍利克，等.2002.国际心理学手册（下）.张厚粲，等译.上海：华东师范大学出版社.

北京师大教育系心理学教研室.1958.心理学批判集.北京：高等教育出版社.

曹传怵，沈晔.1963a.在速视条件下儿童辨认汉字字形的试探性研究——Ⅰ.字体大小照明条件和呈现及反应方式对辨认时间的影响.心理学报，（3）：203-213.

曹传怵，沈晔.1963b.在速示条件下儿童辨认汉字字形的试探性研究——Ⅱ.字形结构的若干因素对字形辨认的影响.心理学报，（4）：271-279.

曹传怵，沈晔.1963c.在速示条件下儿童辨认汉字字形的试探性研究——Ⅲ.中枢因素对字形辨认的影响.心理学报，（4）：280-286.

曹日昌.1959.关于心理学研究的几个问题.心理学报，（1）：1-6.

曹日昌.1965.关于心理学的基本观点.心理学报，（2）：101-105.

常丽，杜建政.2007.IAT 范式下自尊内隐性的再证明.心理学探新，27（1）：61-64.

车文博.1999a.中国理论心理学三十年//王甦，等.中国心理科学：长春：吉林教育出版社.

车文博.1999b.20 世纪西方心理学大师述评丛书.武汉：湖北教育出版社.

车文博.2003.人本主义心理学.杭州：浙江教育出版社.

车文博.2005.透视西方心理学.北京：北京师范大学出版社.

车文博.2007.西方心理学思想史.长沙：湖南教育出版社.

车文博.2008.中外心理学思想比较史.上海：上海教育出版社.

车文博.2010.车文博文集（第九卷）.北京：首都师范大学出版社.

车文博，郭占基.1979.三十年中国心理学基本理论的研究.心理学报，（3）：267-280.

陈宝国，彭聃龄.2001.汉字识别中形音义激活时间进程的研究（Ⅰ）.心理学报，33（1）：1-6.

陈宝国，王立新，彭聃龄.2003.汉字识别中形音义激活时间进程的研究（Ⅱ）.心理学报，35（5）：576-581.

陈彩琦，付桂芳，金志成.2003.注意水平对视觉工作记忆客体表征的影响.心理学报，35（5）：591-597.

陈富国，李伟明.1988.心理测量学中的统计研究方向及其地位.心理学报，（2）：201-204.

陈帼眉.1959.对心理学的对象任务和方法的几点看法.心理学报，（2）：89-95.

陈红，赵艳丽，高笑，等.2009.我国高校对心理咨询与治疗人才的培养现状调查，32（3）：697-699.

陈华.2000.心理咨询中价值干预的有关问题.内蒙古师大学报，29（2）：108-111.

陈会昌.1986.中小学生爱劳动观念的发展.黑龙江教育科学通讯，（6）：21-29.

陈会昌.1987.中小学生爱祖国观念的发展.心理发展与教育，（1）：10-18.

陈会昌，Sanson A.1997.中国和澳大利亚父母报告的儿童社会性发展.心理科学，20（6）：490-493.

陈会昌，陈松.2003.中小学生对自身品德发展现状及影响因素的评价.教育理论与实践，23（1）：53-57.

陈会昌，张东，张慕蕴，等.1990.离异家庭子女的社会性发展特点.心理发展与教育，（3）：173-177.

陈加州，凌文辁，方俐洛.2003.企业员工心理契约的结构维度.心理学报，35（3）：404-410.

陈瑾，徐建平，赵微.2009.认知诊断理论及其在教育中的应用.教育测量与评价，（2）：20-22.

陈炯，黄金文.1998.60例精神分裂症患者 L-N 神经心理测验结果分析.健康心理学杂志，6（2）：190-191.

陈俊，贺晓玲，林静选.2008.结果的接近性和不同等级分界线对反事实思维的影响.心理科学，31（5）：1058-1062.

陈科文.1985.关于独生子女合群性的初步研究.心理学报，（3）：264-270.

陈立.1935.工业心理学概观.上海：商务印书馆.

陈立.1991.项目反应理论初评.心理科学，（1）：1-5.

陈良，张大均.2007.大学生心理健康素质的发展特点.西南大学学报，33（4）：129-132.

陈琳，桑标，王振.2007.小学儿童情绪认知发展研究.心理科学，30（3）：758-762.

陈霖.2005.知觉组织：把颠倒的特征捆绑问题再颠倒回来.生物物理学报，（21）：9.

陈沛霖，茅于燕.1965.小学生对算术典型应用题掌握过程的某些特点.心理学报，（3）：215-222.

陈琦，刘儒德.1997.当代教育心理学.北京：北京师范大学出版社.

陈庆飞，雷怡，李红.2010.不同概念范畴和特征类别对儿童归纳推理多样性效应的影响.心理学报，42（2）：241-250.

陈瑞云，钱铭怡，张黎黎，等.2010.不同机构心理咨询与治疗专业人员状况及工作特点调查.中国临床心理学杂志，18（5）：667-670.

陈劭夫.1985.恒河猴和鸽子对空间构型的辨别和初级抽象概括的比较实验研究.心理学报，（2）：193-201.

陈社育，余嘉元.2002.行政职业能力倾向测验效度的研究报告.心理科学，25（3）：325-327.

陈水平，胡竹菁，郑洁.2009.复合命题推理能力相关影响因素的实证研究.心理科学，32（4）：808-811.

陈硕，沈模卫.2003.颜色恒常理论及模型探索.心理科学，26（2）：215-218.

陈松，陈会昌.2002.我国儿童与青少年品德心理研究综述.南平师专学报，21（1）：19-24.

陈素芬，王甦，周建中.2002.重复线索化和靶子注意定向对返回抑制的影响.心理学报，34（6）：561-566.

陈伟娜，凌文辁，李锐.2009.决策嵌陷现象及其相关研究.统计与决策，（13）：40-42.

陈曦，马剑虹，时勘.2007.绩效、能力、职位对组织分配公平观的影响.心理学报，39（5）：901-908.

陈向阳，戴吉.2007.初中生元认知阅读策略训练效应的实验研究.心理科学，30（5）：1099-1103.

陈栩茜，张积家.2005.句子背景下缺失音素的中文听觉词理解的音、义激活进程（Ⅰ）.心理学报，37（5）：575-581.

陈学诗，郑毅，崔永华.2006.早期干预对独生子女气质培养作用的初步评估.中国心理卫生杂志，20（10）：695-703.

陈衍，白学军.2012.内源性注意定向对老年人返回抑制的调节作用.中国老年学杂志，32（17）：3741-3744.

陈英和.1994.关于婴儿期概念发生的研究方法.心理发展与教育，（3）：21-24.

陈英和，李琳，尹称心.2006.幼儿加减法运算中的策略发展特点.心理科学，29（3）：532-535.

陈英和，王明治.2006.工作记忆广度对儿童算术认知策略的影响.心理发展与教育，（2）：29-35.

陈永明.2005.心智活动的探索.北京：北京师范大学出版社.

陈永明，彭瑞祥.1985.汉语语义记忆提取的初步研究.心理学报，（2）：162-169.

陈永胜.1989.美国的学校心理学.心理学报，（4）：404-411.

陈云英，王书荃.1995.儿童汉语语言学习障碍的概念与评估框架.心理发展与教育，（1）：30-34.

陈仲庚.1963.《左传》中的病理心理学思想.心理学报，（2）：156-164.

程家福，王仁富，武恒.2001.简论我国心理测量的历史、现状与趋势.合肥工业大学学报，15（S1）：102-105.

程灶火，龚耀先，解亚宁.1992.学习困难儿童的神经心理研究.心理学报，（3）：297-304.

池瑾，王耘.1999.婴儿社会性参照能力发展研究的进展.心理发展与教育，（2）：53-57.

储耀辉，张香云，桑文华，等.2010.韦氏智力测验在智力残疾评定中的应用.中国健康心理学杂志，18（7）：813-815.

崔明，敖翔.2002.中学生焦虑、抑郁与生活事件和应对方式研究.中国临床心理学杂志，10（2）：124-125.

崔艳青，沈模卫，苏辉.2003.语音超文本界面设计中的工效学问题.人类工效学，9（2）：48-50.

戴海崎，张峰，陈雪枫.2008.心理与教育测量.广东：暨南大学出版社.

戴婕，苏彦捷.2006.5~9岁儿童对心理过程差异的理解.心理科学，29（2）：301-304.

戴忠恒.1994.一般能力倾向成套测验简介及其中国试用常模的修订.心理科学，17（1）：16-20.

邓赐平，桑标，缪小春.2005.幼儿心理理论发展的一般认知基础——不同心理理论任务表现的特异性与一致性.心理科学，25（5）：531-534.

邓赐平，桑标.2003.不同任务情境对幼儿心理理论表现的影响.心理科学，26（2）：272-275.

邓赐平，左志宏，李其维，等.2007.数学学习困难儿童的编码加工特点：基于 PASS

理论的研究.心理科学，30（4）：830-833.

邓晶，钱铭怡.2011.咨询师对双重关系伦理行为的情感态度.中国心理卫生杂志，25（12）：897-903.

邓晓红，张德玄，周晓林.2008.注意瞬脱的暂时性失控理论.心理科学，31（3）：751-753.

邓晓红，周晓林.2006.注意瞬脱神经机制的研究.心理科学，29（2）：508-510.

丁锦红，崔巍，王贺胜.1995.大学生焦虑情况初步研究.中国心理卫生杂志，9（4）：152-153.

丁瓒.1958.医学心理学要更有效地为精神病防治工作服务.中华神经精神科杂志，（4）：80-83.

丁瓒.1960.论心理学对象及其科学性质.心理学报，（1）：7-12.

丁祖荫.1964.儿童图画认识能力的发展.心理学报，（2）：161-169.

董奇，陶沙，李蓓蕾，等.2000.爬行经验与母婴依恋行为特点关系的研究.北京师范大学学报（社会科学版），（2）：75-80.

董奇，张红川，陶沙.1999.出生季节与婴儿爬行动作的发展.心理发展与教育，（1）：8-12.

董奇，张华，曾琦，等.2001.爬行经验与婴儿空间认知能力的发展.心理科学，24（2）：129-131.

董奇.1993.论儿童多动症的几个问题.北京师范大学学报，（1）：1-8.

董巍，封冰，宋晓霞.2006.教师心理健康状况及其与成就动机的关系.中国临床心理学杂志，14（1）：66-67.

董妍.2009.透视思维结构揭示智力实质——评著名心理学家林崇德教授的力作《我的心理学观》.心理科学，32（2）：490-491.

杜峰，张侃，葛列众.2004.刺激持续时间对注意瞬脱影响的实验分离现象.心理学报，36（2）：145-153.

杜晓新.1992.15～17岁少年元记忆实验研究.心理科学，（4）：17-23.

恩格斯.1971.反杜林论.北京：人民出版社.

方富熹，方格，M.凯勒，等.2002.东西方儿童对友谊关系中的道德推理发展的跨文化研究.心理学报，34（1）：67-73.

方格，方富熹.1991.4.5~7.5岁儿童对年龄认知发展的实验研究.心理学报，（1）：1-9.

方格，冯刚，方富熹，等.1994.学前儿童对短时时距的区分及其认知策略.心理科学，17（1）：3-9.

方俐洛，凌文辁，韩骏.2003.一般能力倾向测验中国城市版的建构及常模的建立.心理科学，26（1）：133-135.

方至，沈晔，王书鑫.1979.普通话听力估计.心理学报，（3）：304-312.

冯冬冬，陆昌勤，萧爱玲.2008.工作不安全感与幸福感、绩效的关系：自我效能感的作用.心理学报，40（4）：448-455.

冯正直，黛琴.2008.中国军人心理健康状况的元分析.心理学报，40（3）：358-367.

冯忠良.1992.结构一定向教学实验研究总结.北京师范大学学报（社会科学版），（5）：95-112.

付艳芬，黄希庭，尹可丽，等.2010.从心理学文献看我国心理咨询与治疗理论的现状.心理科学，33（2）：439-442.

付艳芬，黄希庭，尹可丽，等.2010.从心理学文献看我国心理咨询与治疗理论现状.心理科学，33（2）：439-442.

傅根跃.1999.画人智力测验的编制——杭州市常模.心理科学，22（5）：465-466.

傅根跃，王玲凤.2006.假想的道德两难情境下小学儿童对说谎或说真话的抉择.心理科学，29（5）：1049-1052.

傅莉，苏彦捷.2006.儿童心理状态推理中的观点偏差.心理学报，38（3）：349-355.

甘景梨，高存友，杨代德，等.2004.军人心理创伤后应激障碍患者与健康军人事件相关电位的对照研究.中国健康心理学杂志，12（4）：244-246.

甘景梨，胡兴焕，李晓琼，等.2004.军人心理创伤后应激障碍与适应障碍患者事件相关电位的对照研究.中国民康医学杂志，16（7）：436-440.

甘媛源，余弃元.2009.心理测量理论的新进展：潜在分类模型.中国考试，（3）：3-8.

高觉敷.2009.中国心理学史.北京：人民教育出版社：423，426，431.

高琨，邹泓.2001.处境不利儿童的友谊关系研究.心理发展与教育，（3）：52-55.

高培霞，刘惠军，丁妮，等.2010.青少年对情绪性图片加工的脑电反应特征.心理学报，42（3）：342-351.

高鹏程，黄敏儿.2008.高焦虑特质的注意偏向特点.心理学报，40（3）：307-318.

高鹏翔.1992.人-计算机界面设计方法的研究.系统工程理论与实践，（2）：70-72.

葛列众，王义强.1996.计算机的自适应界面人-计算机界面设计的新思路.人类工效学，2（3）：50-52.

葛列众，郑锡宁，朱祖祥，等.1996.多重听觉告警信号呈现方法的工效学研究.人类工效学，2（1）：28-30.

葛列众，朱祖祥.1987.照明水平、亮度对比和和视标大小对视觉功能的影响.心理学报，（3）：270-281.

葛铭人.1966.这是研究心理学的科学方法和正确方向吗？——向心理学家请教一个问题.心理科学通讯，（1）：27-32.

耿海燕，钱栋.2007.记忆的源检测研究及应用.北京大学学报（自然科学版），43（5）：716-722.

耿海燕，朱滢.2001.STROOP 效应及其反转：无意识和意识知觉.心理科学，24（5）：553-556.

龚耀先.1963a.联想实验及其临床应用（Ⅰ）.心理学报，（2）：130-136.

龚耀先.1963b.神经衰弱患者皮层过程障碍的脑电图与临床的研究.心理学报，（1）：65-74.

龚耀先，李庆珠.1996.我国临床心理学工作现状调查与展望.中国临床心理学杂志，4（1）：1-9.

龚耀先.1986.H.R.成人成套神经心理测验在我国的修订.心理学报，（4）：433-442.

龚耀先，谢亚宁.1988.我国修订的 HR 幼儿神经心理成套测验.心理学报，（3）：312-319.

顾蓓晔.1997.对独生子女自我中心问题的异质分析.心理科学，20（3）：226-229.

关丹丹，王建平.2003.北京女大学生进食障碍调查分析.中国心理卫生杂志，17（10）：672，665.

郭本禹.2009.中国心理学经典人物及其研究.合肥：安徽人民出版社.

郭成，阴山燕，张冀.2005.中国近二十年来教师人格研究述评.心理科学，28（4）：937-940.

郭春彦，朱滢，丁锦红，等.2003.不同加工与记忆编码关系的 ERP 研究.心理学报，35（2）：150-156

郭春彦，朱滢，丁锦红，等.2004.记忆编码与特异性效应之间关系的 ERP 研究.心理学报，36（4）：455-463.

郭德俊，黄敏儿，马庆霞.2000.科技人员创造动机与创造力的研究.应用心理学，6（2）：8-13.

郭德俊，田宝，陈艳玲，等.2000.情绪调节教学模式的理论建构.北京师范大学学报（人文社会科学版），（5）：115-122.

郭德俊，田宝，陈艳玲，等.2000.情绪调节教学模式的理论建构.北京师范大学学报（社会科学版），（5）：115-122.

郭靖，龚耀先.2004.学习能力倾向测验的现状与思考.心理科学，（5）：1233-1235.

郭力平.2001.认知与情绪相互关系的实验研究——刺激的局部知觉特征改变对再认成份的影响.心理科学，24（3）：290-293.

郭力平，杨治良.1998.内隐和外显记忆的发展研究.心理科学，（4）：319-323.

郭起浩.1998.老年人常用的神经心理测验的种类与选择.中原精神医学学刊，4（3）：186-187.

郭起浩，张明园，李柔冰，等.1996.神经心理测验和轻性痴呆.中国临床心理学杂志，4（3）：132-134.

郭桃梅，彭聃龄.2003.非熟练中-英双语者的第二语言的语义通达机制.心理学报，35（1）：23-28.

郭晓薇.2000.大学生社交焦虑成因的研究.心理学探新，（1）：55-58.

郭秀艳，杨治良，周颖.2003.意识-无意识成分贡献的权衡现象——非文字再认条件下.心理学报，35（4）：441-446.

郭秀艳，杨治良.2002.内隐学习的研究历程.心理发展与教育，17（3）：85-90.

郭一岑.1959.关于心理学的科学性质的问题.心理学报，（2）：65-75.

哈维ＣＢ，朱曼殊，康清镳，等.1985.中国儿童和加拿大儿童的空间概念.心理科学通讯，（3）.

韩进之，黄白.1992.我国关于教师心理的研究.心理发展与教育，（4）：36-42.

韩向前.1989.我国中小学校教师人格特征研究.心理学探新，（3）：18-22.

韩盈盈，赵俊华.2013.注意捕获对注意瞬脱的消弱作用.心理科学，36（2）：301-305.

何海瑛，张剑，朱滢.2001.注意分散对虚假再认的影响.心理学报，33（1）：17-23.

何其慨，周励秋，徐秀嫦.1962.学前儿童因果思维发展的初步实验研究.心理学报，（2）：136-150.

何媛媛，袁加锦，伍泽莲，等.2008.正性情绪刺激效价强度的变化对外倾个体注意的调制作用.心理学报，40（11）：1158-1164.

贺光，蓝仁侠.1984.苏联对高等学校心理学的研究.黑龙江高教研究，（2）：120-122.

赫葆源，马谋超，陈永明，等.1979.中国人眼光谱相对视亮度函数的研究.心理学报，（1）：39-46.

侯艳飞，赵静波.2011.心理咨询和治疗行业相关人员的伦理意识.中国健康心理学杂志，25（12）：904-909.

侯志瑾.1996.儿童心理咨询与治疗的发展与现状.首都师范大学学报，（4）：126-132.

侯志瑾.2005.心理咨询与治疗的研究——做什么和怎么做.中国心理卫生杂志，19（1）：65-67.

胡平，孟昭兰.2003.城市婴儿依恋类型分析及判别函数的建立.心理学报，35（2）：201-208.

胡清芬，林崇德.2004.9～16岁儿童因果判断过程中经验信息与共变信息的作用.心理发展与教育，（1）：12-17.

胡清芬，林崇德.2006.其它可能原因的呈现方式在因果判断中的作用.心理科学，29（3）：654-657.

胡卫平，刘少静，贾小娟.2010.中学生信息加工速度与科学创造力、智力的关系.心理科学，（6）：1417-1421.

胡卫平.2004.中英青少年科学创造力培养的比较研究.外国中小学教育，（4）：33-37.

胡象明，陈萌.2008.简论美国公共政策制定中的心理分析.中国行政管理，（7）：57-61.

胡一本，岳笑红.1965.默读、朗读和表情朗读对儿童识记诗歌的影响.心理学报，（3）：206-211.

黄娟娟，李洪曾，宋慧彷，等.1990.独生子女内部差异及其相关因素初探.心理发展与教育，（2）：97-100.

黄立芳，颜红，陈清刚，等.2006.高三教师心理健康水平与人格特征的相关研究.中国行为医学科学，15（8）：732-733.

黄琳，周成林.2014.击剑运动员返回抑制能力及抑制特征线索化的事件相关电位研究.中国运动医学杂志，33（3）：208-213.

黄山，汪潇潇.2007.提升士官军人荣誉感的对策思考.西安政治学院学报，20（6）：94-95.

黄珊，陈小萍.2006.当代中国心理咨询与治疗本土化的途径.牡丹江师范学院学报，（6）：121-123.

黄巍.2011.概化理论在企业人事测评中的应用.现代商业，（2）：190-191.

黄希庭.1994.未来时间的心理结构.心理学报，26（2）：121-127.

黄希庭.2008.中国高校哲学社会科学发展报告（心理学卷）.桂林：广西师范大学出版社：3，311-312，315-316，339-341.

黄希庭，邓麟，张永红.2004.回溯式时间记忆特点的实验研究.心理与行为研究，2（4）：561-566.

黄希庭，郭秀艳，朱磊，等.2006.应当关注时间心理无意识的研究.心理科学，29（3）：514-519.

黄希庭，李伯约，张志杰.2003.时间认知分段综合模型的探讨.西南师范大学学报（人文社会科学版），29（2）：5-9.

黄希庭，梁建春.2002.内隐时间表征的实验研究.心理学报，34（3）：235-241.

黄希庭，王树茂，朱滢.1966.学前儿童这样背诵古典诗文是"有益的"吗？.心理学报，（2）：130-136.

黄希庭，张进辅，张蜀林.1988.我国大学生需要结构的调查.心理科学通讯，（2）：7-12.

黄希庭，张增杰.1979.5 至 8 岁儿童时间知觉的实验研究.心理学报，（2）：166-174.

霍涌泉，刘娜.2009.新中国心理学六十年的发展与变革.河北学刊，29（5）：7-12.

I.Pollack，李美格.1965.英国实验心理学概况.心理科学通讯，（1）：48.

纪林芹，张文新，Kevin Jones，等.2004.中小学生身体、言语和间接欺负的性别差异——中国与英国的跨文化比较.山东师范大学学报（人文社会科学版），49（3）：21-24.

贾海艳，方平.2004.青少年情绪调节策略和父母教养方式的关系.心理科学，27（5）：1095-1099.

贾军朴，郑毅，刘寰忠，等.2004.早期干预对独生子女健全人格发展的对照研究.中国心理卫生杂志，18（4）：233-236.

江光荣.2005.心理咨询的理论与实务.北京：高等教育出版社.

江雪华.2007.个体分析性心理治疗的过程研究——叙事分析与复杂性探索.华南师范大学.

姜涛，方格.1997a.小学儿童对习俗时间的时距判断.心理学报，29（2）：152-159.

姜涛，方格.1997b.小学儿童对习俗时间的周期性特点的认知.心理科学，20（5）：431-435，480.

姜涛，彭聃龄.1999.汉语儿童的语音意识特点及阅读能力高低读者的差异.心理学报，31（1）：60-68.

姜旭，韦小满.2009.中国学校心理学家角色的缺失和需求.中国特殊教育，（8）：90-96.

焦书兰，荆其诚，喻柏林.1979.视场的亮度变化对视觉对比感受性的影响.心理学报，（1）：47-54.

金美贞.2005.初中不同阅读能力学生的阅读眼动特点比较.浙江师范大学学报（自然科学版），28（4）：465-468.

金文雄，朱祖祥.1986.强背景光照射下，绿、红、橙三种颜色灯的亮度对辨认信号的影响.应用心理学，（2）：28-31.

金杨华，王重鸣，杨正宁.2006.虚拟团队共享心理模型与团队效能的关系.心理学报，38（2）：288-296.

金杨华.2005.目标取向和工作经验对绩效的效应.心理学报，37（1）：136-141.

金瑜.1996.团体儿童智力测验（GITC）全国城市常模的制订.心理科学，19（3）：144-149.

金志成，陈骐.2003.一般性注意资源限制对返回抑制的影响.心理学报，35（2）：163-171.

金志成，张雅旭.1995.归类任务中负启动效应与分心物特性抑制的实验研究.心理学报，27（4）：344-349.

荆建华.1995.学校心理学工作者素质探析.河南教育学院学报（哲学社会科学版），（4）：36-40.

荆其诚，焦书兰.1983.我国的感觉和知觉的研究.心理科学通讯，（1）：7-14，64.

荆其诚，彭瑞祥，方芸秋，等.1963a.对象在不同仰俯角度的大小判断.心理学报，（3）：175-185.

荆其诚，彭瑞祥，方芸秋.1963b.距离、观察姿势对大小知觉的影响.心理学报，（1）：20-30.

荆其诚，叶绚.1957.运动知觉阈限的实验研究.心理学报，1（2）：158-164.

荆其诚，张航.2005.时代精神与当代心理学.心理科学进展，13（2）：129-138.

荆其诚，张增慧，喻柏林，等.1980.双积分球目视色度计.科学通报，（1）：43-46.

荆其诚.1982.心理学发展的道路.心理科学通讯，19（4）：7-10，64.

荆其诚.2001.中国心理学会80年.北京：人民教育出版社.

卡西尔.1985.人论.甘阳译.上海：上海译文出版社.

柯永河.1982.一项心理卫生定义与其涵义.中华心理学刊，（1）：9-22.

孔克勤，陈明杰，蔡飙，等.1996.色塔人格测验试用研究.心理科学，19（3）：134-138.

孔燕，葛列众，王勇军.1999.黑白背景下4种颜色突显工效的比较研究.人类工效学，5（4）：12-14.

寇彧.1997.青少年道德判断发展及其与家庭亲密度的关系.心理发展与教育，（3）：46-50.

况志华，张洪卫.1997.国有企业职工需要结构及其态势研究.心理学报，29（1）：75-81.

兰卉，吴俊端.2006.浅议教师心理健康的标准和对策.广西医科大学学报，（1）：365-366.

雷雳.1998.学习不良少年对父母评价的认知.心理学报，30（1）：64-69.

雷雳，杨洋，柳铭心.1999.青少年神经质人格、互联网服务偏好与网络成瘾的关系.心理学报，38（1）：375-381.

黎红雷.2001.人性假设与人类社会的管理之道.中国社会科学，（2）：66-73.

李宝峰.2005.高中骨干教师心理健康状况调查研究.新乡师范高等专科学校学报，19（4）：139-141.

李宝峰，宋笔锋，薛红军.2006.基于人的差错分析的人机界面设计方法.人类工效学，12（1）：54-56.

李蓓蕾, 陶沙, 董奇, 等.2001.8~10 个月婴儿社会情绪行为特点的研究.心理发展与教育, (1): 18-23.

李波, 钱铭怡, 马长燕.2005.大学生羞耻感对社会焦虑影响的纵向研究.中国临床心理学杂志, 13 (2): 156-158.

李伯约.2000.从时间知觉到时间心理学的研究.西南师范大学学报 (人文社会科学版), 26 (6): 118-122.

李彩娜.2000.聋童与听力正常儿童内隐社会认知的比较研究.中国特殊教育, (1): 35-39.

李崇培, 李心天, 等.1958.神经衰弱的快速治疗.中华神经精神科杂志, 4 (5): 219-230.

李春花, 王大华, 陈翠玲, 等.2008.老年人的依恋特点.心理科学进展, 16 (1): 77-83.

李德明, 刘昌, 李贵芸.2001."基本认知能力测验"的编制及标准化工作.心理学报, 33 (5): 453-460.

李德忠, 王重名.2004.核心员工激励: 战略性薪酬思路.人类工效学, 10 (2): 67-69.

李红.1992.场依存性对中学生绘画欣赏的影响.心理科学. (5): 60-62.

李红.1997.2.5~6 岁儿童的传递性关系推理研究.心理科学, 20 (5): 471-472.

李红等.2004.儿童青少年审美心理的发展及美育对策研究.重庆: 西南师范大学出版社.

李慧, 陈英和, 王园园, 等.2007.离异家庭儿童的心理适应阶段探析.中国教育学刊, (6): 17-20.

李佳, 苏彦捷.2005.纳西族和汉族儿童情绪理解能力的发展.心理科学.28 (5): 1131-1134.

李家治, 赫葆源, 马谋超.1962.闪光信号的频率选择实验研究.心理学报, (4): 305-313.

李景杰.1989.元认知 10~15 岁少年儿童记忆监控能力的实验研究.心理学报, (1): 86-94.

李景文, 高桂清.1999.建立"军事人因工程学的思考".科学前沿, (5): 41.

李静, 卢家楣.2007.不同情绪调节方式对记忆的影响.心理学报, 39 (6): 1084-1092.

李黎.1999.项目反应理论在心理测量学中的地位.绍兴文理学院学报, 19 (3): 114-117.

李良炎, 鲁邦林.2003.初中造型结构化教学对学生造型能力发展影响的实验研究.西南师范大学学报 (人文社会科学版), 29 (3): 93-97.

李明, 凌文辁.2011.工作疏离感及其应对策略.中国人力资源开发, (7): 54-65.

李清水, 方志刚, 沈模卫, 等.2001.听觉界面的声音使用.人类工效学, 7 (4): 41-44.

李庆安, 吴国宏.2006.聚焦思维结构的智力理论——林崇德的智力理论述评.心理科学,

29（1）：216-220.

李荣宝，彭聃龄，郭桃梅.2003.汉英语义通达过程的事件相关电位研究.心理学报，35（3）：309-316.

李荣宝，彭聃龄.1999.双语者的语义表征.现代外语，（3）：255-272.

李淑艳.1995.超常儿童和常态儿童之间人格特征的比较研究.心理科学，18（3）：184-186.

李文馥，徐凡，郗慧媛.1989.3~7 岁儿童空间表象发展研究——并与 8~13 岁儿童空间表象特点比较.心理学报，（4）：419-427.

李晓铭.1989.项目反应理论的形成与基本理论假设.心理发展与教育，（1）：25-31.

李晓文.1990.关于儿童反省自我意识发展的研究.心理科学通讯，（3）：33-38.

李晓文.1993a.儿童自我意识发展机制初探.心理科学，16（4）：193-197.

李晓文.1993b.关于 8~13 岁儿童自我意识发展的一项实验研究.心理科学，16（1）：15-21.

李心天.1963.心理治疗在慢性精神分裂症中的应用.心理学报，（1）：55-64.

李艳华，凌文辁.2006.问题领导理论介绍.理论探讨，（1）：119-120.

李燕平，郭德俊.2000.激发课堂学习动机的模式——TARGET 模式.首都师范大学学报（社会科学版），（5）：112-116.

李燕燕，桑标.2006.亲子互动中游戏参与方式情感交流和儿童心理理论的关系.心理发展与教育，（1）：7-12.

李永瑞，梁承谋，张厚粲.2005.不同运动项目高水平运动员注意能力特征研究.体育科学，25（3）：19-21.

李志，吴绍琪，张旭东.1998.独生子女与非独生子女大学生学校生活适应状况的比较研究.青年研究，（4）：31-36.

李志凯.2006.濮阳市 241 名小学教师心理健康与社会支持的问卷调查.中国临床康复，10（26）：154-155.

李子华.2007.贫困大学生心理健康问题与教育策略.中国高教研究，（1）：77-78.

梁福成.1993.不同个性特点儿童的听觉认知事件相关电位的实验研究.心理发展与教育，（4）：1-7.

梁海梅，郭德俊，张贵良.1998.成就目标对青少年成就动机和学业成就影响的研究.心理科学，21（5）：332-335.

梁丽，郭成，张大均.2008.教学心理学发展的动因及其走向.西华师范大学学报（哲学社会科学版），（3）：73-77.

梁永红，杨业兵，佟洋.2008.人格测验正反向题目的时间效应.中国健康心理学杂志，16（7）：825-826.

梁宇红，金志成.2007.军队士气研究述评.心理科学，30（1）：128-130.

廖雅琴，胡彦.2005.我国军人心理健康研究的现状与展望.第三军医大学学报，27（20）：2090-2092.

列宁.1995.怎样组织竞赛.列宁选集第3卷.北京：人民出版社.

林崇德，辛自强.2010.发展心理学的现实转向.心理发展与教育，（1）：1-8.

林崇德.1980.学龄前儿童数概念与运算能力发展.北京师范大学学报，（2）：67-77.

林崇德.1981.小学儿童数概念与运算能力.心理学报，（3）：289-298.

林崇德.1983.小学儿童运算思维灵活性发展的研究发展的研究.心理学报，（4）：419-428.

林崇德.1984.自编应用题在培养小学儿童思维能力中的作用.心理科学通讯，（1）：14-21.

林崇德.2005.试论发展心理学与教育心理学研究中的十大关系.心理发展与教育，（1）：1-6.

林崇德.2007.智力研究新进展与我的智力观.宁波大学学报（教育科学版），29（6）：1-5.

林国彬，龚文合.1989.恒河猴对数多少概念的高次抽象判断.心理学报，（3）：299-305.

林家兴，王建平，蔺秀云，等.2004.诊断与评估在心理治疗与咨询中的意义与作用.中国心理卫生杂志，18（9）：667-670.

林绚晖，卞冉，朱睿，等.2008.团队人格组成、团队过程对团队有效性的作用.心理学报，40（4）：437-447.

林艳，武圣君，史衍峰，等.2008.征兵用语词推理测验的年级当量.第四军医大学学报，29（1）：64-66.

林正大，林正行.1990.照度分布对织机挡车工操作技能影响的初探.心理科学通讯，（1）：51-52.

林仲贤，彭瑞祥，孙秀如，等.1979a.中国人肤色光谱反射特性及肤色板.心理学报，（1）：32-38.

林仲贤，彭瑞祥，孙秀如，等.1979b.中国成人肤色色度的测定.科学通报，（10）：475-477.

凌文辁，陈龙，王登.1987.CPM领导行为评价量表的建构.心理学报，（2）：199-207.

凌文辁，张志灿，方俐洛.2001.影响组织承诺的因素探讨.心理学报，33（3）：259-263.

刘宝善，武国城，郭小朝，等.1995.战斗机汉语合成话音告警用语设计参数的设定.

人类工效学，1（1）：24-27.

刘春雷，王敏，张庆林.2009.创造性思维的脑机制.心理科学进展，17（1）：106-111.

刘电芝.1997.学习策略（一）.学科教育，（1）：34-36.

刘电芝，黄希庭.2002.学习策略概述.教育研究，（2）：78-82.

刘电芝，黄希庭.2008.简算策略教学提高小学四年级儿童的计算水平及延迟效应.心理学报，40（1）：47-53.

刘恩允，杨诚德.2003.教师人格对学生影响的相关性研究.山东师范大学学报（人文社会科学版），48（5）：103-107.

刘范.1957.关于狗的大脑两半球交互影响的一些事实.心理学报，1（2）：176-183.

刘光雄，杨来启，许向东，等.2002.车祸事件后创伤后应激障碍的研究.中国心理卫生杂志，16（1）：18-20.

刘海峰.2004.传统文化与两岸大学招考改革.高等教育研究，25（2）：80-85.

刘金花，张文娴，唐人洁.1993.婴儿自我认知发生的研究.心理科学，16（6）：355-358.

刘桔.2003.概化理论研究及应用前景.心理科学，26（3）：433-437.

刘淼.2003.作文教学研究述评.学科教育，（7）：24-27.

刘淼，张必隐.2000.作文前计划的时间因素对前计划效应的影响.心理学报，32（1）：70-74.

刘明，邓赐平，桑标.2002.幼儿心理理论与社会行为发展关系的初步研究.心理发展与教育，（2）：39-43.

刘儒德.1997.CAI 下小学低年级学生的学习控制水平与元认知监控水平的关系.心理学报，29（2）：166-171.

刘声涛，戴海崎，周骏.2006.新一代测验理论——认知诊断理论的源起与特征.心理学探新，26（4）：73-77.

刘伟，张必隐.2000.汉字的心理贮存和认知历程.北京师范大学学报（人文社会科学版），（5）：91-95.

刘霞，赵景欣，申继亮.2013.歧视知觉对城市流动儿童幸福感的影响：中介机制及归属需要的调节作用.心理学报，45（5）：568-584.

刘小平，王重鸣.2004.不同文化下企业员工组织承诺概念的调查研究.科技管理研究，（3）：85-90.

刘小禹，刘军.2012.团队情绪氛围对团队创新绩效的影响机制.心理学报，44（4）：546-557.

刘晓燕，郝春东，陈建芷，等.2007.组织职业生涯管理对职业承诺和工作满意度的影

响——职业延迟满足的中介作用分析.心理学报，39（4）：715-722

刘兴华.2008.地震致创伤后应激障碍的单次行为疗法介绍和简评.中国心理卫生杂志，22（12）：934-936.

刘兴华.2009.创伤后应激障碍（PTSD）暴露疗法.中国临床心理学杂志，17（4）：518-520.

刘幸娟，张阳，张明.2011.听觉障碍人群检测任务基于位置的返回抑制（英文）.心理科学，34（3）：558-564.

刘燕，王重鸣.2007.内隐领导理论：影响因素、结构及其研究效度.人类工效学，13（1）：53-55.

刘玉娟，叶浩生.2002.多元文化的心理咨询与治疗理论刍议.心理学探新，22（2）：18-22.

刘园园，王涛，李霞，等.2011.中文版成套神经心理测验的信度和效度研究.中华临床医师杂志，5（5）：1339-1345.

刘圆圆，肖世福.2011.阿尔茨海默病常用神经心理测验和量表的信度和效度研究.研究进展，8（9）：11-14.

刘泽如.1985.必须彻底批判巴甫洛夫的神经通路说——给李养林学者的信（摘要）.心理学基本理论研究.西安：陕西人民出版社.

刘兆吉.1982.《乐记》中的心理学思想研究.西南师范大学学报（人文社会科学版），（1）：21-28.

刘正奎，程黎，施建农.2007.创造力与注意模式之间的关系.心理科学，30（2）：387-390.

卢家楣.1999.以情优教.上海师范大学学报（哲学社会科学版），28（10）：88-92.

卢家楣.2001.对中学教学中教师运用情感因素的现状调查.心理发展与教育，（2）：55-58.

卢家楣.2012.情感教学心理学研究.心理科学，35（3）：522-529.

卢家楣，刘伟，贺雯.2002.情绪状态对学生创造性的影响.心理学报，34（4）：381-386.

卢家楣，刘伟，贺雯.2007.课堂教学的情感目标测评.心理科学，30（6）：1453-1456.

卢家楣，卢盛华，贺雯，等.2003.绿、白两种颜色书写纸对学生心理影响的对比研究.心理科学，26（6）：1000-1003.

卢于道.1957.巴甫洛夫所谓外显现象的客观观察与实验.自然辩证法研究通讯，（1）：37-38.

卢仲衡.1998.三十三年自学辅导教学研究的回顾与展望.教育研究，（10）：14-20.

鲁慧茹.2009.在研究与实践中发展愉快教育.上海教育，（9）：47-48.

鲁忠义,熊伟.2003.汉语句子阅读理解中的语境效应.心理学报,35(6):726-733.

陆芳,陈国鹏.2007.学龄前儿童情绪调节策略的发展研究.心理科学,30(5):1202-1205.

陆芳,陈国鹏.2009.幼儿情绪调节策略与气质的相关研究.心理科学,32(2):417-419.

罗劲.2004.顿悟的大脑机制.心理学报,36(2):219-234.

罗静,王薇,高文斌.2009.中国留守儿童研究述评.心理科学进展,17(5):990-995.

罗鸣春,黄希庭,严进洪,等.2010.中国少数民族大学生心理健康状况的元分析.心理科学,33(4):779-784.

罗胜德,李德明,孙丽华.1979a.记忆与学习的脑化学研究(Ⅰ)——海马内注射胰蛋白酶与核糖核酸酶对大白鼠暗箱回避模式记忆的影响.心理学报(复刊号),(1):65-76.

罗胜德,李德明,孙丽华.1979b.记忆与学习的脑化学研究(Ⅱ)——海马内注射胰蛋白酶与核糖核酸酶对大白鼠暗箱回避模式记忆的影响.心理学报,(3):337-341.

罗琬华,曾敏,李凌.2003.关于返回抑制的一项ERP研究.心理科学,26(3):562-563.

罗跃嘉,Parasuraman R.2001.早期ERP效应与视觉注意空间等级的脑调节机制.心理学报,33(5):385-389.

罗跃嘉,魏景汉,翁旭初,等.2001.汉字视听再认的ERP效应与记忆提取脑机制.心理学报,33(6):489-494.

罗峥,郭德俊.2000.ARCS动机设计模型在中学语文课堂教学中的效度分析.首都师范大学学报(社会科学版),(5):106-111.

骆方,孟庆茂.2005.中学生创造性思维能力自评测验的编制.心理发展与教育,(4):94-98.

吕创,牛青云,张学民.2014.焦虑个体对负性刺激的注意偏向特点.中国心理卫生杂志,28(3):208-214.

吕锋,杨天一,陈廷楼,等.1995.独生子女与非独生子女亲子关系调查.中国心理卫生杂志,9(4):180.

吕静,何剑.1989.儿童相差概念形成过程的实验研究.心理科学,(6):7-11,64.

马剑虹.1997.组织决策的影响力分布.心理学报,29(1):82-90.

马金焕.2006.心理测验在人员素质测评中的应用.商场现代化,(4):216.

马忠.1999.中国军事心理学研究回顾与展望.西安政治学院学报,12(2):18-23.

毛伟宾,杨治良,王林松,等.2008.非熟练中-英双语者跨语言的错误记忆通道效应.心理学报,30(3):274-282.

茅于燕.1959.六岁儿童入学问题的心理学研究.心理学报,(6):357-375.

孟丽红，张玉亮.2003.浅谈中国传统文化与当代心理治疗，11（5）：347-348.

孟莉.2005.关于心理咨询与治疗科学研究的思考.中国心理卫生杂志，19（1）：64-65.

孟迎芳，郭春彦.2006.内隐记忆和外显记忆的脑机制分离：面孔再认的 ERP 研究.心理学报，38（1）：15-21.

孟迎芳.2012.内隐与外显记忆编码阶段脑机制的重叠与分离.心理学报，44（1）：30-39.

苗丹民.2004.军事心理学及军事心理学研究.第四军医大学学报，25（22）：2017-2020.

苗丹民，罗正学，刘旭峰，等.2004.年轻飞行员胜任特征评价模型.中华航空航天医学杂志，15（1）：30-34.

苗丹民，罗正学，刘旭峰，等.2006.初级军官心理选拔的预测性.心理学报，38（2）：308-316.

苗丹民，王京生.2003.军事心理学手册.北京：中国轻工业出版社.

苗丹民，朱霞.2006.心理战信息损伤的概念与研究.心理科学进展，14（2）：190-192.

缪小春.2001.近二十年来的中国发展心理学.心理科学，24（1）：71-77.

莫雷.1986.关于短时记忆编码方式的实验研究.心理学报，（2）：166-173.

莫雷.1990.小学六年级学生语文阅读能力结构的因素分析研究.心理科学，（1）：17-22.

倪合良，蒋清江，卢青山.2009.军事心理学研究发展的创新理念.国防科技，30（5）：68-71.

聂爱情，沈模卫，郭春彦，等.2006.汉字项目再认和位置来源提取神经机制的分离.应用心理学，12（4）：361-367.

欧朝晖，潘孝富，黄慧霖.2008.高校人际气氛及其与教师心理健康状况的关系.中国心理卫生杂志，22（5）：341-343.

潘海燕，丁元林，万崇华，等.2012.概化理论在慢性病生命质量测定量表共性模块评价中的应用.现代预防医学，39（12）：2927-2931.

潘菽.1985.略论心理学的科学体系.中国社会科学，4：135-142.

潘菽，陈大柔.1959.十年来中国心理学的发展.心理学报，（4）：191-203.

潘菽.1959a.关于心理学的性质的意见——和郭一岑先生商榷.心理学报，（3）：133-136.

潘菽.1959b.谈心理学的对象问题.心理学报，（4）：227-233.

潘菽.1960.心理学必须为社会主义建设服务.心理学报，（1）：1-6.

潘菽.1979.面临着新时期的我国心理学.心理学报，（1）：1-9.

潘菽.1980.论心理学基本理论问题的研究.心理学报，（1）：1-8.

彭聃龄，刘松林.1993.汉语句子理解中语义分析与句法分析的关系.心理学报，（2）：

132-139.

彭聃龄，王春茂.1997.汉字加工的基本单元：来自笔画数效应和部件数效应的证据.心理学报，29（1）：8-16.

彭聃龄.1958."人的心理的实质"批判.北京师范大学学报（社会科学），（4）：7-10.

彭红，梁卫兰，张致祥，等.2007.汉语阅读障碍高危儿童的早期筛选.心理发展与教育，（3）：89-92.

彭华茂，申继亮，王大华.2004.工作记忆容量和加工速度在归纳推理能力老化中的作用.心理科学，27（3）：536-539.

彭家欣，杨奇伟，罗跃嘉.2013.不同特质焦虑水平的选择性注意偏向.心理学报，45（10）：1085-1093.

彭瑞祥，林仲贤.1964.暗室条件下刺激大小、亮度和背景对距离判断的影响.心理学报，（1）：9-19.

彭瑞祥,孙秀如,林仲贤.1980a.彩色电视记忆肤色宽容度的实验研究.心理学报,（2）：189-194.

彭瑞祥，孙秀如，林仲贤，等.1980b.彩色片常见物体记忆色及宽容度的研究.心理学报，（4）：415-423.

彭新武，等.2006.管理哲学导论.北京：中国人民大学出版社.

漆书青.1986.一种与经典测验理论有别的方法——项目反应理论评介.江西师范大学学报，（4）：31-37.

钱铭怡，刘桂臻，肖广兰.1999.北京、宁夏两地青少年父母教养方式的比较研究.中国心理卫生杂志，13（1）：39-41.

钱铭怡，王慈欣，刘兴华.2006.社交焦虑个体对于不同威胁信息的注意偏向.心理科学，29（6）：1296-1299.

钱文，万云英.1991.文章主题句和寓言规则的掌握对阅读理解的影响.心理发展与教育，（4）：1-5.

钱信忠.1989.独生子女教育.中国心理卫生杂志，3（3）：97-103.

邱江，罗跃嘉，吴真真，等.2006.再探猜谜作业中"顿悟"的ERP效应.心理学报，38（4）：507-51.

邱江，张庆林.2005.有关条件推理中概率效应的实验研究.心理科学，28（3）：554-557.

邱江，张庆林，陈安涛，等.2006.关于条件推理的ERP研究.心理学报，38（1）：7-14.

邱秀芳，张卫，姚杜鹃.2007.高校教师的心理健康、应对方式及其关系研究.华南师范大学学报（社会科学版），（3）：123-128.

邱育平，张业祥，王艳琴，等.2007.江西省万载县芳林小学爆炸案幸存小学生心理创伤后应激障碍调查.中国健康心理学杂志，15（1）：77-78.

任仁眉，卢明义，木文伟，等.1984a.恒河猴在繁殖笼内的等级结构.心理学报，（1）：95-102.

任仁眉，卢明义，木文伟，等.1984b.恒河猴自由取食时利手的观察.心理学报，（3）：307-311.

任秀菊，孙倩.2009.人格测验在常用领域中应用现状述评.中国教师，（S1）：141-142.

任忠文，石梅初，杨静.2009.云南某部2557名官兵心理健康状况及影响因素研究.中国健康心理学杂志，17（5）：556-557.

阮镜清.1963.青少年自我意识的发展与集体主义教育.学术研究，（1）：79-83.

桑标，缪小春，邓赐平，等.2002.超常与普及儿童元记忆知识发展的实验研究.心理科学，25（4）：406-409.

桑标，席居哲.2005.家庭生态系统对儿童心理健康发展影响机制的研究.心理发展与教育，（1）：80-86.

山本登志哉，张日昇.1997.一岁半到二岁半婴儿交涉行为与交换性行为的形成——中日婴幼儿"所有"行为的结构及其发展研究之一.心理科学，20（4）：318-323.

山本登志哉，张日昇，片成男.1999.中日幼儿"所有"关系的跨文化研究.心理学报，31（2）：200-208.

陕西师范大学教育系心理学教研室.1979.中国心理学三十年.心理学报，（3）：255-266.

邵枫，林文娟，王玮雯，等.2003.情绪应激对不同脑区 c-fos 表达的影响.心理学报，35（5）：685-689.

邵景进，刘浩强.2005.我国小学生品德发展关键期研究的评述与展望.心理科学，28（2）：412-415.

佘凌，孔克勤.2005.SK——克雷佩林心理测验——一种客观性人格测验的研究和编制.心理科学，28（6）：1452-1455.

申继亮，陈勃，王大华.2000.成人期基本认知能力的发展状况研究.心理学报，32（1）：54-58.

申继亮，孙炳海.2008.教师评价内容体系之重建.华东师范大学学报（教育科学版），26（2）：38-43.

申继亮，王大华，彭华茂，等.2003.基本心理能力老化的中介变量.心理学报，35（6）：802-809.

申继亮，辛涛.1996.关于教师教学监控能力的培养研究.北京师范大学学报（人文社会科学版），（1）：37-45.

申继亮，姚计海.2004.心理学视野中的教师专业化发展.教育心理学进展，（1）：33-39.

申继亮，张金颖，佟雁，等.2003.老年人与成年子女间社会支持与老年人自尊的关系.中国心理卫生杂志，17（11）：749.

沈德灿.1982.我国心理学家为什么重视心理学的历史与理论的研究？.1982年4月9日在美国密执安大学"人类生长与发展中心"介绍中国心理学的报告会上的发言.心理科学通讯，（2）：33-35.

沈定安，兰学文.2001.军人心理学研究方法的发展及改进.军队政工理论研究，2（3）：86-88.

沈昉，张智君.2002.虚拟环境和 WWW 设计中的心理学研究.心理科学，10（3）：315-321.

沈模卫，白金华，陈硕，等.2003.耳标在小屏幕界面设计中的应用.应用心理学，9（2）：35-40.

沈模卫，丁海杰，白金华，等.2005.语音超链接非言语相关标记呈现方式的研究.心理科学，28（3）：514-517.

沈模卫，冯成志，苏辉.2003.用于人-计算机界面设计的眼动时空特性研究.16（4）：304-307.

沈模卫，叶颖华，高涛.2006.颜色特征加工任务间的注意瞬脱研究.应用心理学，12（1）：3-9.

沈模卫，朱祖祥.1997.独体汉字的字形相似性研究.心理科学，20（5）：401-405.

沈鹏，郝永泽.2011.管理心理学在我国的发展历程及现状分析.吉林省教育学院学报，27（5）：85-86.

沈汪兵，刘昌，王永娟.2010.艺术创造力的脑神经生理基础.心理科学进展，18（10）：1520-1528.

沈晓红，吕静.1989.小学学习不良学生和正常学生的认知特点.应用心理学，4（4）：46-53.

施建农，徐凡.1997.超常与常态儿童的兴趣、动机与创造性思维的比较研究.心理学报，29（3）：271-277.

石东方，张厚粲，舒华.1999.动词信息在汉语句子加工早期的作用.心理学报，31（1）：28-35.

史冰，苏彦捷.2007.儿童面对不同对象的欺骗表现及其相关的社会性特点.心理学报，39（1）：111-117.

舒华，毕雪梅，武宁宁.2003.声旁部分信息在儿童学习和记忆汉字中的作用.心理学报，35（1）：9-16.

舒华，张厚粲.1987.成年熟练读者的汉字读音加工过程.心理学报，（3）：282-290.

宋凤宁，宋歌，余贤君，等.2000.中学生阅读动机与阅读时间、阅读成绩的关系研究.心理科学，23（1）：84-87.

宋维真.1959.从辨别反应潜伏期的波动曲拔来看神经衰弱患者大脑皮层动力过程的某些特点.心理学报，（5）：317-328.

宋文红，朱月娥.2002.21世纪中国高等教育国际化的思考.高等理科教育，（4）：1-4.

苏丹，黄希庭.2007.中学生适应取向的心理健康结构初探.心理科学，30（6）：1290-1294.

苏林雁，李雪荣，唐效兰.1993.独生子女行为及情绪特点的研究.中国心理卫生杂志，7（1）：19.

苏林雁，李雪荣，唐效兰.1994.独生子女行为及情绪特点的研究.中国心理卫生杂志，7（1）：18-19.

苏彦捷，任仁眉，戚汉君，等.1992.繁殖群中婴幼川金丝猴社会关系发展的个案研究.心理学报，（1）：66-72.

苏彦捷，俞涛，傅莉，等.2005.2~5岁儿童愿望理解能力的发展.心理发展与教育，（4）：1-6.

孙宝志，韩民堂.1986.大学生的需要结构与变化规律的研究.心理科学通讯，（6）：35-37.

孙利平，凌文辁，方俐洛.2010.公平感在德行领导与员工敬业度之间的中介作用.科技管理研究，（6）：167-169.

孙向红，吴昌旭，张亮，等.2011.工程心理学作用、地位和进展.中国科学院院刊，26（6）：650-660.

孙宇理，朱莉琪.2009.地震后儿童创伤后应激障碍的影响因素.中国健康心理学杂志，23（4）：270-274.

孙雨竹，陈刚.2012.学生高考前考试焦虑状况及其影响因素研究.中国健康心理学杂志，20（6）：867-868.

唐杰，王道伟.2007.增强军队基层主官凝聚力探要.南京政治学院学报，23：98-99.

唐钺.1959.略谈心理学的研究对象.心理学报，（4）：234-236.

陶国泰.1994.独生子女的心理卫生.中国心理卫生杂志，8（1）：38-41.

陶沙，董奇，王雁平.1999.爬行经验对婴儿迂回行为发展的影响.心理学报，31（1）：

69-75.

陶维东，孙弘进，闫京江，等.2008.自我和物体为参照系的心理旋转分离：内旋效应. 心理学报，40（1）：14-24.

田霖，王桥影，赵晓茫.2010.认知诊断理论与自学考试评价.中国考试，（9）：27-32.

铁铮，王栋，陈耀东，等.1993.应用瑞文联合型智力测验（CRT）对天津市 423 名聋 哑学生的智力研究//全国第七届心理学学术会议文摘选集：131

童萍，吴承红.2010.催眠易化心理咨询的机制初探.中国社会医学杂志，27（3）： 157-158.

涂东波，蔡艳，戴海琦，等.2011.项目反应理论新进展：基于 3pLM 和 GRM 的混合 模型.心理科学，34（5）：1189-1194.

涂东波，漆书青.2007.认知诊断与大规模统一考试的改革.教育与考试，（1）：38-41.

涂燊，王婷，余彩云，等.2010.单词产生任务中汉字认知加工的神经机制.心理科学， 33（3）：681-683.

万明钢.1991.汉、藏、东乡族 9~12 岁儿童汉语被动句理解水平的跨文化比较研究.心 理科学，（4）：15-20.

汪向东，赵丞志，新福尚隆，等.1999.地震后创伤性应激障碍的发生率及影响因素. 中国心理卫生杂志，13（1）：28-30.

王爱平，舒华.2008.阅读材料的呈现方式对儿童阅读活动的影响.心理科学，31（2）： 438-440.

王爱平，张厚粲.2002.在汉字加工中间隔效应对重复知盲效应的影响.心理科学，25 （6）：645-648.

王爱平，张厚粲.2005.汉字加工中呈现速率对重复知盲效应的影响.心理科学，28（4）： 809-811.

王才康.1991.主观参考框架在心理旋转中的作用.心理学报，（4）：395-403.

王超，李英，孙春云.2004.心理咨询与治疗中时间设置问题讨论.中国心理卫生杂志， 18（1）：67-70.

王大华，申继亮.2005.老年人的日常环境控制感特点及其与主观幸福感的关系.中国 老年学杂志，25（10）：1145-1147.

王大华，佟雁，周丽清，等.2004.亲子支持对老年人主观幸福感的影响机制.心理学 报，36（1）：78-82.

王道行.1959.关于心理学的对象、任务和科学性质.科学与教学，（4）：25-28.

王登峰，崔红.2003.中国人人格量表（QZPS）的编制过程与初步结果.心理学报，

35（1）：127-136.

王东莉，马建青.1992.影响大学生学习的心理卫生因素.上海高教研究，（3）：90-93.

王国香，刘长江，伍新春.2003.教师职业倦怠量表的修编.心理发展与教育，（3）：82-86.

王极盛，幸代高，孙长华，等.1979.某些心理因素在针刺麻醉临床原理中的地位和作用.心理学报（复刊号），（1）：88-97.

王加绵.2000.辽宁省中小学教师心理健康状况的检测报告.辽宁教育，29（9）：23-24.

王建平，王晓菁.2011.从认知行为治疗的发展看心理治疗的疗效评估.中国心理卫生杂志，25（12）：933-936.

王景和.1961.心理治疗在慢性病综合快速治疗中的作用.心理学报，（1）：44-50.

王景芝，赵铭锡.2004.中小学教师及幼儿教师心理健康现状的调查分析.中国临床心理学杂志，12（3）：306-308.

王敬欣，贾丽萍，白学军，等.2013.返回抑制过程中情绪面孔加工优先：ERPs研究.心理学报，45（1）：1-10.

王敬欣，贾丽萍，黄培培，等.2014.情绪场景图片的注意偏向：眼动研究.心理科学，37（6）：1291-1295.

王敬欣，田静，贾丽萍，等.2012.负性信息自动捕获注意：来自返回抑制的证据.中国特殊教育，（4）：93-96.

王力娟，张大均.2007.当代教育心理学研究的多元取向及发展趋势.中国教育学刊，（2）：11-14.

王立新，陈宝国，彭聃龄.2005.家中游戏情境对父婴交流行为的影响.心理科学，28（4）：830-832.

王丽.2011.儿童心理咨询与治疗的生态模型.社会心理科学，26（10）：104-108.

王莉，陈会昌.1998.2岁儿童在压力情境中的情绪调节策略.心理学报，30（3）：289-297.

王美芳，张燕翎，于景凯，等.2012.幼儿焦虑与气质、家庭环境的关系.中国临床心理学杂志，20（3）：371-373.

王明治，陈英和.2006.工作记忆中央执行对儿童算术认知策略的影响.心理发展与教育，（4）：24-28.

王乃怡，曹木秀.1979.普通话听力估计的损伤阈.心理学报，（3）：313-318.

王启康.1999.格心致本——理论心理学研究及其发展道路.武汉：华中师范大学出版社.

王树茂.1997.怀念我的导师周先庚教授.心理科学，21（2）：188-189.

王甦.1963.手部肌肉工作对形重错觉的影响.心理学报，（2）：81-87.

王甦.1979.触摸方式与触觉长度知觉.心理学报，（1）：55-64.

王甦，等.1999.中国心理科学.长春：吉林教育出版社：7，51.

王甦，方俐洛.1964.刺激的绝对大小对视觉长度比例辨别的影响.心理科学通讯，（2）：53-59.

王甦，任仁眉.1961.人类意识的起源和发展.心理学报，（2）：75-87.

王甦，张铭.1990.曲线两端点的触觉辨别.心理学报，（2）：135-140.

王穗苹，莫雷.2001.篇章阅读理解中背景信息的通达.心理学报，33（4）：312-319.

王文新.1960.六岁儿童入学的初步实验.心理学报，（3）：162-171.

王翔南.2011.松弛训练法治疗焦虑症的临床疗效.中国健康心理学杂志，19（10）：1194-1195.

王兴华，王大华，申继亮.2006.社会支持对老年人抑郁情绪的影响研究.中国临床心理学杂志，14（1）：73-90.

王益文，张文新.2002.3～6岁儿童"心理理论"的发展.心理发展与教育，（1）：11-15.

王永丽，俞国良.2003.学习不良儿童的心理行为问题.心理科学进展，11（6）：675-679.

王永丽，俞国良，林崇德.2005.学习不良儿童心理健康的特点研究.心理科学，28（4）：797-800.

王勇慧，周晓林，王玉凤，等.2005.两种亚型ADHD儿童在停止信号任务中的反应抑制.心理学报，37（2）：178-188.

王勇慧，周晓林，王玉凤.2006.两种亚型ADHD儿童的促进和抑制加工.心理科学，29（2）：349-353.

王玉改，王甦.1999.任务难度对基于位置返回抑制时间进程的影响.心理科学，22（3）：205-208.

王振宏，刘萍.2000.动机因素、学习策略、智力水平对学生学业成就的影响.心理学报，32（1）：65-69.

王振宏，姚昭.2012.情绪名词的具体性效应：来自ERP的证据.心理学报，44（2）：154-165.

王振勇，黄希庭.1996.时序信息加工机制及其通道效应的实验研究.心理学报，28（4）：345-351.

王智，李西营，张大均.2010.中国近20年教师心理健康研究述评.心理科学，33（2）：380-383.

王重鸣.1992.专家与新手决策知识的获取与结构分析.心理科学，（5）：1-10.

王重鸣，邓靖松.2007.团队中信任形成的映象决策机制.心理学报，39（2）：321-327.

沃建中，陈婉茹，刘扬，等.2010.创造能力不同学生的分类加工过程差异的眼动特点.心理学报，42（2）：251-261.

沃建中，李琪，田宏杰.2006.不同推理水平儿童在图形推理任务中的眼动研究.心理发展与教育，（3）：6-10.

沃建中，林崇德，陈浩莺，等.2003.小学生图形推理策略个体差异.心理发展与教育，（2）：1-8.

沃建中，申继亮，林崇德.1996.提高教师课堂教学能力方法的实验研究.心理科学，19（6）：340-344.

邬勤娥，匡培梓.1979.动物在学习时海马与皮层的电活动变化.心理学报，（3）：326-330.

吴昌旭，张侃.2001.人-计算机界面可用性评价方法.心理科学，24（6）：727-728.

吴丹灵，刘电芝.2006.儿童计算的元认知监测及其对策略选择的影响.心理科学，29（2）：354-357.

吴江霖，刘静和，卢仲衡，等.1957.儿童第一和第二信号系统的相互动力传达的实验研究.心理学报，1（2）：117-133.

吴杰，朱少毅，赵虎.2011.韦氏智力测验简式在颅脑外伤患者中的应用研究.汕头大学医学院学报，24（2）：88-90.

吴任钢，张春改，邓军，等.2002.认知行为与安眠药物治疗慢性失眠症临床习惯对比分析.中国心理卫生杂志，16（10）：677-680.

吴思娜，舒华.2007.发展性阅读障碍亚类型的研究.中国特殊教育，（4）：28-34.

吴文婕，张莉，冯廷勇，等.2008.热执行功能对儿童标准窗口任务测试的影响.心理学报，40（3）：319-326.

吴瑕，张明.2011.注意瞬脱中 Lag-1 节省现象的加工机制.心理科学进展，19（11）：1595-1604.

吴欣，吴志明.2005.团队共享心智模型的影响因素与效果.心理学报，37（4）：542-549.

吴燕，隋光远，曹晓华.2007.内源性注意和外源性注意的 ERP 研究.心理科学进展，15（1）：71-77.

吴增强，马珍珍，杜亚松.2011.基于学校的儿童注意缺陷多动障碍综合干预.心理科学，34（4）：974-980.

吴振云，孙长华，吴志平，等.1995.青年人和老年人的元记忆与记忆能力关系的比较研究.心理学报，27（3）：302-310.

武国城，伊丽，郝学琴，等.2004.军人心理适应性量表的编制.第四军医大学学报，

25（22）：2024-2026.

武宁强，丁菊仙.2007.项目反应理论用于抑郁量表的临床测验.中国心理卫生杂志，21（7）：459-460.

夏镇夷.1963.精神病的病理心理问题.神经精神科杂志，（7）：169.

肖蓉，张小远，冯现刚，等.2005.驻岛礁军人心理健康状况与应对方式研究.中国公共卫生，21（1）：17-18.

肖玮，苗丹民，贡晶晶.2007.征兵用数字搜索测验的研制.心理科学，30（1）：139-141.

肖玮.2011.军事人员心理选拔研究的不足与展望.医学争鸣，2（1）：3-6.

谢科范，陈云，董芹芹.2007.不同类型企业高层管理团队的冲突分析.科技进步与对策，24（12）：194-196.

辛涛，林崇德，申继亮，等.1999.认知的自我指导技术对教师教学监控能力的影响.心理科学，22（1）：5-9.

辛涛，林崇德.1996.教师心理研究的回顾与前瞻.心理发展与教育，（4）：47-51.

辛涛，申继亮，林崇德，等.1998.教师教学监控能力的结构：一个验证性的研究.心理学报，30（3）：281-288.

辛涛，申继亮，林崇德，等.2000.任务指向型干预手段对教师教学监控能力的影响.心理科学，23（2）：129-132.

辛自强，陈诗芳，俞国良.1999.小学学习不良儿童家庭功能研究.心理发展与教育，（1）：22-26.

辛自强，俞国良.1999.学习不良的界定与操作化定义.心理学动态，7（2）：52-57.

辛自强.2004.问题解决中图式与策略的关系：来自表征复杂性模型的说明.心理科学，27（6）：1344-1348.

辛自强.2005.问题解决中图式的建构：一项应用题分类研究.心理发展与教育，（1）：69-73.

熊磊，石庆新.2008.农村留守儿童的心理问题与教育对策.教育探索，（6）：1132-133.

熊群，严鸿.2005.高强度训练环境与军人心理适应能力的培养.武警医学院学报，14（3）：161.

徐秉恒，段蕙芬，刘仁义.1979.施加核糖核酸酶于海马对于学习记忆的影响.科学通报，（4）：182-185.

徐康，劳汉生.2002.工业心理学及其在中国的引进和发展.科学，54（3）：43-47.

徐丽华，陈登峰，傅文青，等.2011.留守环境对农村独生子女心理健康状况的影响.中国临床心理学杂志，19（5）：663-665.

徐联仓.1959.苏联心理学界在研究什么？心理学报，（4）：276-278.

徐联仓.1963a.水平排列信号的组合特点对信息传递效率的影响.心理学报，（4）：321-329.

徐联仓.1963b.信息多余性对掌握信号结构过程的影响.心理学报，（3）：230-238.

徐联仓.1963c.在复合刺激中信息量与反应时的关系.心理学报，（1）：42-47.

徐联仓.1964.刺激与反应配合的适合性与对水平排列信号的言语反应和运动反应特点的关系.心理学报，（4）：320-330.

徐敏毅.1994.儿童解决算术应用题时认知加工过程的实验研究.心理发展与教育，（2）：33-39.

徐青，徐莎贝，陈祉妍.2003.心理咨询与治疗中的费用问题讨论.中国心理卫生杂志，17（11）：796-799.

徐振华，吴光玉，尚莉丽.1994.240 例厌食小儿心理状况调查.中国心理卫生杂志，8（4）：159.

许百华，傅亚强.2001.液晶显示器上字符辨认效果与观察角度及字符大小的关系.心理科学，24（5）：563-565.

许百华，傅亚强.2003.低色温低强度背景光照射条件下液晶显示颜色编码的实验研究.心理科学，26（3）：397-399.

许波.2003.车文博先生荣获中国心理学会终身成就奖.心理科学，26（6）：1103.

许淑莲，孙长华，吴振云，等.1981.50~90 岁成人的短时记忆研究.心理学报，（4）：440-445.

许淑莲，汤慈美，宋维真等.1979.入手术室时的情绪状态和某些心理、生理机能的联系及其和针麻效果的关系.心理学报（复刊号），（1）：77-87.

许为，朱祖祥.1989.环境照明强度、色温及色标亮度对荧光屏（CRT）现实颜色编码的影响.心理学报，（4）：369-377.

许又新.1988.耻感、神经症和文化.中国心理卫生杂志，2（3）：125-127.

许宗惠，林仲贤，潘广钺.1988.不同色光照明后相同白光色貌的色位移——相继颜色对比.心理学报，（2）：159-165.

薛海波，肖世富，李春波，等.2005.老年成套神经心理测验的制定和应用.中华医学杂志，85（42）：2961-2965.

薛继芳，戴郑生.2002.精神分裂症患者的 HR 神经心理测验结果与分析.中国临床心理学杂志，10（2）：143-144.

薛攀皋.2007.高端权力介入与中国心理学沉浮.炎黄春秋，（8）：46.

闫杰.2008.文化心理学视野下的心理咨询与治疗的本土化.教育理论和实践,28(9):62-64.

严标宾,郑雪,邱林.2003.大学生主观幸福感的跨文化研究:来自 48 个国家和地区的调查报告.心理科学,26(5):851-855.

严进,刘晓虹.2004.关于军事应激应用性研究的几点思考.第二军医大学学报,25(6):581-583.

严进,王重鸣.2000.两难对策中价值取向对群体合作行为的影响.心理学报,32(3):332-336.

严康慧,苏彦捷,任仁眉.2006.川金丝猴社会行为节目及其动作模式.兽类学报,26(2):129-135.

阎巩固.1997.人格测量和员工选聘:问题与回答.心理学动态,5(4):47-52.

杨公侠,陈伟民,黄德明,等.1984.高压钠灯、高压汞灯、荧光灯和白炽灯对视敏度的影响.心理学报,(4):402-408.

杨骏,赵慧俐,郑晓华.1996.中学生考试焦虑问题.中国心理卫生杂志,10(5):220.

杨丽珠,刘凌.2008.婴儿视觉自我认知的微观发生研究.心理科学,31(1):16-19.

杨丽珠,孙晓杰,常若松.2007.中国澳大利亚 4～5 岁幼儿人格特征的跨文化研究.心理学探新,27(3):76-80.

杨丽珠,邹晓燕,朱玉华.1995.学前儿童在游戏中社交和认知类型发展的研究——中美跨文化比较.心理学报,27(1):84-90.

杨思梁.2011.陈立与 20 世纪中国工业心理学.心理学报,43(11):1341-1354.

杨晓映,何先友.2007.不同问题情景对小学生运用乘法运算策略的影响.心理发展与教育,(3):68-72.

杨鑫辉,赵凯.1998.中国心理学发展史上的丰碑之作——读《中国心理科学》.心理学报,20(3):359-360.

杨鑫辉.1999.心理学通史(第二卷).济南:山东教育出版社:335.

杨雄里,刘育民.1979.明视光谱亮度函数的测定.生理学报,31(2):105-120.

杨阳,张钦,刘旋.2011.积极情绪调节的 ERP 研究.心理科学,34(2):306-311.

杨玉芳.2003.中国心理学研究的现状与展望.中国科学基金,(3):141-145.

杨玉洁,龙君伟.2008.企业员工知识分享行为的结构与测量.心理学报,40(3):350-357.

杨志明.1993.概化理论的效度观.湖南师范大学社会科学学报,(1):61-63.

杨治良,高桦,郭力平,等.1998.社会认知具有更强的内隐性——兼论内隐和外显的

"钢筋水泥"关系. 心理学报, 30（1）: 1-6.

杨治良, 叶阁蔚.1995.汉字内隐记忆的实验研究（Ⅱ）: 任务分离和反应倾向.心理学报, 27（1）: 1-8.

杨治良, 叶阁蔚, 王新发.1994.汉字内隐记忆的实验研究（Ⅰ）: 内隐记忆存在的条件.心理学报, 26（1）: 1-7.

杨治良, 叶奕乾, 祝蓓里, 等.1981.再认能力最佳年龄的研究——试用信号检测论分析.心理学报,（1）: 42-52.

姚本先, 陆璐.2007.我国大学生心理健康教育研究的现状与展望.心理科学, 30（2）: 485-488.

叶阁蔚, 杨治良.汉字内隐记忆的实验研究（Ⅲ）: 检验加工分离说的修正模型, 心理科学, 20（1）: 26-30.

叶广俊, 郭梅.1987.独生子女就一定有性格、行为异常吗?——独生子非独生子及双生子儿童心理卫生问题调查.中国心理卫生杂志, 1（1）: 35-37.

叶浩生.2005.西方心理学理论与流派.广州: 广东高等教育出版社.

叶浩生.2006.心理学新进展丛书.上海: 上海教育出版社.

叶浩生.2014.西方心理学的历史与体系.北京: 人民教育出版社.

叶绚, 曹日昌, 陈光山, 等.1980.材料数量与呈现速度对视、听同时瞬时记忆的影响.心理学报,（3）: 311-322.

衣琳琳, 苏彦捷.2004.对猕猴嗅觉的研究.中国实验动物学报, 12（2）: 84-90.

易进.1998.心理咨询与治疗中的家庭理论.心理学动态, 6（1）: 37-42.

游旭群, 邱香, 牛勇.2007.视觉表象扫描中的视角大小效应.心理学报,39（2）:201-208.

余凤琼, 袁加锦, 罗跃嘉.2009.情绪干扰听觉反应冲突的 ERP 研究.心理学报,41（7）: 594-601.

余立新, 李斌, 唐兵.2003.书法欣赏教学对小学生书法能力提高的实验研究.西南师范大学学报（人文社会科学版）, 29（3）: 88-92.

余娜, 辛涛.2009.认知诊断理论的新进展.考试研究, 5（3）: 22-34.

俞国良.1999.学习不良儿童的家庭心理环境、父母教养方式及其与社会性发展的关系.心理科学, 22（5）: 389-393.

俞国良.2000.教师教学效能感及其相关因素研究.北京师范大学学报,（1）: 72-79.

俞国良, 侯瑞鹤.2006.学习不良儿童对情绪表达规则的认知特点.心理学报, 38（1）: 85-91.

俞国良, 侯瑞鹤, 罗晓路.2006.学习不良儿童对情绪表达规则的认知特点.心理学报,

38（1）：85-91.

俞国良，罗晓路.1997.学校心理学与学习不良儿童.北京师范大学学报，（1）：30-36.

俞国良，辛涛，申继亮.1995.教师教学效能感：结构与影响因素的研究.心理学报，27（2）：159-166.

俞国良，曾盼盼.2001.论教师心理健康及其促进.北京师范大学学报（人文社会科学版），（1）：20-27.

俞国良，张雅明.2006.学习不良儿童元记忆监测特点的研究.心理发展与教育，（3）：1-5.

俞文钊.1987.一个成功企业的心理评价指标.心理科学通讯，（8）：35-38.

俞文钊，吕晓俊，王怡琳.2002.持续学习组织文化研究.心理科学，25（2）：134-151.

虞积生，方俐洛，高晶.1980a.中国正常男青年的深度视觉阈值的测定Ⅱ.心理学报，（3）：303-306.

虞积生，方俐洛，张嘉棠.1980b.中国正常男青年的深度视觉阈值的测定Ⅰ.心理学报，（3）：298-302.

袁克定，申继亮，辛涛，等.1998.论教师知识结构及其对教师培养的意义.中国教育学刊，（3）：55-58.

原琳，彭明，刘丹玮，等.2011.认知评价对主观情绪感受和生理活动的作用.心理学报，43（8）：898-906.

岳玲云，冯廷勇，李森森，等.2011.不同调控方式个体反事实思维上的差异：来自ERP的证据.心理学报，43（3）：274-282.

曾凡林，昝飞.2001.家庭寄养和孤残儿童的社会适应能力发展.心理科学，24（5）：580-582.

曾琦，董奇，陶沙.1997.婴儿客体永久性发展机制的研究.心理学报，29（4）：393-399.

曾琦，陶沙，董奇，等.1999.爬行与婴儿共同注意能力的发展.心理科学，22（1）：14-17.

曾祺.2009.心理咨询效果评估研究探析.科教文汇，（1）：252.

查子秀.1994.超常儿童心理与教育研究15年.心理学报，26（4）：337-346.

詹秉绶.1956.对詹姆士-兰格情绪论的批判.福建师范大学学报（哲学社会科学版），（1）：1-11.

詹延遵，凌文辁，方俐洛.2006.领导学研究的新发展：诚信领导理论.心理科学进展，14（5）：710-715.

张本，王学义，孙贺祥，等.2001.唐山大地震远期神经症抽样调查和病因学探讨.神经疾病与精神卫生，1（1）：8-11.

张本，徐瑞芬，于振剑，等.2009.汶川大地震急性应激障碍检出率及相关因素的调查研究.中国临床心理学杂志，17（10）：1158-1160.

张必隐，Danks D H.1989.中、英文阅读理解之比较研究.心理学报，（4）：346-353.

张达人，张鹏远，陈湘川.1998.感知负载对干扰效应和负启动效应的影响.心理学报，30（1）：7-13.

张大均.1994.当代教学心理学研究的基本走向.教育研究，（10）：63-67.

张大均，胥兴春.2005.近20年来教育心理学研究对我国教育改革的推动作用.心理科学，28（6）：1418-1420.

张大荣，沈渔村，周东丰，等.1994.进食障碍患者血 DST 及尿 MHPG.SO$_4$ 排出量的测定.中国心理卫生杂志，8（3）：97-100.

张红霞，谢毅.2008.动机过程对青少年网络游戏行为意向的影响模型.心理学报，40（12）：1275-1286.

张厚粲.2000.中国的心理测量学——发展、问题与展望.香港：香港中文大学出版社.

张厚粲，龚文，孙燕青，等.1997.斯-欧氏非言语智力测验的修订研究.心理科学，20（2）：97-103.

张厚粲，彭聃龄，孟庆茂.1980.主观轮廓与深度线索.心理学报，（1）：63-67.

张厚粲，舒华.1989.汉字读音中的音似与形似启动效应研究.心理学报，（3）：284-289.

张华，陶沙，李蓓蕾，等.2000.婴儿运动经验与母婴社会性情绪互动行为的关系.心理发展与教育，（3）：1-6.

张辉华.2014.个体情绪智力与任务绩效：社会网络的视角.心理学报，46（11）：1691-1703.

张辉华，王辉.2011.个体情绪智力与工作场所绩效关系的元分析.心理学报，43（2）：188-202.

张积家.2000.试论毛泽东的军事心理学思想.，社会心理科学，（3）：1-5.

张积家，陈栩茜.2005.句子背景下缺失因素的中文听觉词理解的音、义激活进程（Ⅱ）.心理学报，37（5）：582-589.

张积家，林新英.2000.大学生颜色词分类的研究.心理科学，28（1）：19-22.

张积家，陆爱桃.2008.十年来教师心理健康研究的回顾和展望.教育研究，（1）：48-55.

张家骙.1978.言语知觉反映论.中国科学，（5）：519-530.

张嘉棠.1984.中美认知心理学讨论会在美国召开.心理学报，（3）：347-348.

张进辅，徐小燕.2004.大学生情绪智力特征的研究.心理科学，27（2）：293-296.

张景焕，陈泽河.1996.开发儿童创造力的实验研究.心理学报，28（3）：277-283.

张军.2010.非参数项目反应理论在维度分析中的运用及评价.心理学探新，30（3）：80-83.

张侃.2003."我国心理学的现状与发展对策".心理与行为研究，1（2）：81-85.

张黎黎，林鹏，钱铭怡，等.2010.不同专业背景心理咨询与治疗专业人员的临床工作现状.中国健康心理学杂志，24（12）：948-953.

张丽华，胡领红，白学军.2008.创造性思维与分心抑制能力关系的汉字负启动效应实验研究.心理科学，31（3）：638-641.

张良久，周晓东.2006.高层管理团队冲突：一个动态的分析模型.软科学，20（3）：69-85.

张玲.2006.认知行为治疗33例焦虑症临床分析.中国健康心理学杂志，14（1）：54-55.

张履祥，钱含芳.1991.独生子女非智力人格因素特点的研究.心理发展与教育，（4）：50-52.

张梅玲，刘静和，王宪锢，等.1983.以"1"为基础标准揭示数和数学中部分和整体关系的系统性教学实验.心理学报，（4）：410-418.

张梅玲，张天孝.1993.从未来的需要设计今天的教学——《现代小学数学》教学实验的探索.人民教育，（4）：36-38.

张敏，卢家楣.2013.青少年负性情绪信息注意偏向的情绪弹性和性别效应.心理与行为科学，11（1）：61-64.

张敏强，刘淑桢，黎光明.2010.概化理论在英语阅读精确性研究中的应用.教育测量与评价（理论版），（9）：4-8.

张明，陈彩琦，张阳.2005.返回抑制对工作记忆储存和目标维持的影响.心理科学，28（2）：281-284.

张明，王凌云.2009.注意瞬脱的瓶颈理论.心理科学进展，17（1）：7-16.

张宁，张雨青，吴坎坎，等.2010.汶川地震幸存者的创伤后应激障碍及其影响因素.中国临床心理学杂志，18（1）：69-72.

张庆林.2000.黄希庭心理学学术思想探寻.西南师范大学学报（人文社会科学版），26（5）：50-55.

张庆林，邱江，曹贵康.2004.顿悟认知机制的研究评述与理论构想.心理科学，27（6）：1435-1437.

张庆林，司继伟，王卫红.2001.小学儿童假设检验思维策略的发展.心理学报，33（5）：431-436.

张庆林，田燕，邱江.2012.顿悟中原型激活的大脑自动响应机制：灵感机制初探.西南大学学报（自然科学版），34（9）：1-10.

张人骏，朱永新.1986a.台湾心理学.天津：天津人民出版社.

张人骏，朱永新.1986b.心理学人物辞典.天津：天津人民出版社.

张日昇，徐洁，张雯.2008.心理咨询与治疗中的质性研究.心理科学，31（3）：681-684.

张述祖.1956.批判实用主义的实践概念.河北师范学院学报，（1）：16-25.

张铁忠，黄文胜.1992.弱智儿童知觉广度的实验研究.应用心理学，7（4）：9-13.

张铁忠，朱朝辉，黄文胜.1993.弱智儿童视觉搜寻目标定向运动速度的实验研究.应用心理学，8（4）：21-26.

张婷，张仲明.2011.心理咨询中心理阻抗的表现及测量.科教导刊，（1）：81-83.

张彤，郑锡宁，朱祖祥，等.1997.语音告警信号语速研究.应用心理学，3（1）：34-39.

张彤，朱祖祥，郑锡宁，等.1986.不同性质照明光的视觉功能比较.应用心理学，（3）：19-24.

张卫华，张大荣，钱英.2006.进食障碍患者的异常心理特点.中国心理卫生杂志，20（9）：596-599.

张文新，赵景欣，王益文，等.2004.3~6 岁儿童二级错误信念认知的发展.心理学报，36（3）：327-334.

张武田，冯玲.1992.关于汉字识别加工单位的研究.心理学报，（4）：379-385.

张向葵.2002.退休人员的应付方式对其心理健康的调节作用研究.心理科学，25（4）：414-431.

张燮.1994.《心理咨询和治疗专业道德规范》的建议稿.心理科学，17（6）：363-369.

张雅明，俞国良.2007.学习不良儿童元记忆监测与控制的发展.心理学报，39（2）：249-256.

张亚林，杨德森.2000.中国道教认知疗法治疗焦虑障碍.中国心理卫生杂志，14（1）：62-63.

张艳.2013.精神分裂症患者认知功能的研究.中国医药科学，3（12）：35-36.

张瑜，郑希付，黄珊珊，等.2013.不同线索下特质焦虑个体的返回抑制.心理学报，45（4）：446-452.

张增慧.1959.有关神经衰弱患者记忆问题的实验研究.心理学报，（6）：388-401.

张增杰，刘范，赵淑文，等.1985.5~15 岁儿童掌握概率概念的实验研究——儿童认知发展研究.心理科学，（6）：1-6.

张增修，佘凌.1997.盲童与智力残疾盲童的记忆广度研究.心理科学，20（4）：369-370.

张智君，朱祖祥.1995.视觉追踪作业心理负荷的多变量评估研究.心理科学，18（6）：337-340.

张忠标.1989.恒河猴（Macaca mulatta）学习辨别数多少能力的实验研究.心理学报，（1）：55-60.

张仲明，李红.2006.传递性推理心理效应的研究.南京师范大学学报（社会科学版），（1）：111-114.

章晓云，钱铭怡.2004.进食障碍的心理干预.中国心理卫生杂志，18（1）：31-34.

章志光.1990.试论品德的心理结构.北京师范大学学报（哲学社会科学版），（1）：7-17.

赵洁皓，张振馨，洪霞，等.2002.神经心理测验对痴呆诊断的贡献与误区.中华神经科杂志，35（6）：333-335.

赵晋全，杨治良，秦金亮，等.2003.前瞻记忆的自评和延时特点.心理学报，35（4）：455-460.

赵莉如.1980.中国心理学会的历史和现况.心理学报，（4）：473-481.

赵莉如.1996a.心理学在中国的发展及其现状（上）.心理学动态，4（1）：24-29.

赵莉如.1996b.心理学在中国的发展及其现状（下）.心理学动态，4（4）：1-6.

赵莉茹，林方，张世英.1989.心理学史.北京：团结出版社：369-381.

赵伶俐.1999.易经：人类科学思维和审美思维方式的经典阐释.心理科学，22（3）：237-240.

赵伶俐.2002.审美概念学习效应与迁移的逻辑线路探究.心理科学，25（1）：60-63.

赵伶俐.2003.多值逻辑与审美逻辑——论审美认知的逻辑基础.西南师范大学学报，29（2）：22-27.

赵伶俐.2007.审美概念理解对审美感性水平影响的实验探索.心理科学，30（4）：878-882.

赵伶俐，黄希庭.2002.审美概念理解对于创造性思维作业成绩的影响.心理科学，25（6）：649-652.

赵伶俐，刘兆吉.2000.刘兆吉美育心理学的创建研究.西南师范大学学报（人文社会科学版），26（6）：5-11.

赵鸣，徐知媛，刘涛，等.2012.语言类比推理的神经机制：来自 ERP 研究的证据.心理学报，44（6）：711-719.

赵艳春，吕志勤，孙万文，等.1998.脑损伤患者神经心理测验中的行为问题研究.卒中与神经疾病，5（4）：223-225.

赵增辉，刘京海，陈亦冰.1991.成功之路——上海市闸北八中"成功教育"试验报告.

人民教育，（2）：7-34.

郑红渠，张庆林.2007.中小学教师心理健康维度的初步构建.心理发展与教育，（4）：95-100.

郑全全，朱华燕，胡凌雁，等.2001.群体决策过程中的信息取样偏差.心理科学，33（1）：68-74.

郑日昌.1999.北京女青少年节食状况及相关问题研究.中国心理卫生杂志，13（6）：340-342.

郑荣樑.1961.缪勒"感官特殊能量"学说的思想根源及其错误.兰州大学学报，（2）：107-116.

郑涌.1991.关于英文词的短时记忆编码方式的实验研究.心理科学（3）：49-50.

中国科学院心理研究所医学心理组.1959.心理治疗在神经衰弱快速综合治疗法中的作用.心理学报，（3）：151-160.

中国心理学会常务理事会.1982.中国心理学六十年的回顾与展望——纪念中国心理学会成立六十周年.心理学报，（2）：127-138.

中国心理学会生理心理学组.1972.中国心理学会第三届学术年会第三分组生理心理学组会议纪要.

中国心理学组织.2012.中国心理学年鉴.北京：化学工业出版社.

仲宁宁，陈英和，王明怡，等.2006.小学二年级数学学优生与学困生应用题表征策略差异比较.中国特殊教育，（3）：63-38.

周爱保.1996.词汇听觉使用频率在两类记忆测验中的比较研究.心理学报，28（1）：53-57.

周楚，杨治良，秦金亮.2007.错误记忆的产生是否依赖对词表的有意加工：无意识激活的证据.心理学报，39（1）：43-49.

周丹，施建农.2005.从信息加工的角度看创造力过程.心理科学进展，13（6）：721-727.

周国韬，张平，李丽萍，等.1997.初中生在方程学习中学习能力感、学习策略与学业成就关系的研究.心理科学，20（4）：324-328.

周泓，张庆林.2002.创造性生理基础研究.西南师范大学学报（人文社会科学版），28（1）：33-37.

周惠卿.1959.第13届国际应用心理学会议.心理学报，（5）：355-356.

周建中，王甦.2001.连续和同时线索化条件下的返回抑制容量.心理科学，24（3）：269-272.

周劲波，王重鸣.2005.基于价值特征的决策模型研究.心理科学，28（6）：1347-1352.

周明建，宝贡敏.2005.组织中的社会交换：由直接到间接.心理学报，37（4）：535-547.

周仁来.1993.聋童与听力正常儿童分类能力的比较研究.心理科学，16（6）：349-354.

周润民.1989.个体之间的相互作用和儿童左右概念的发展.心理学报，（3）：247-253.

周晓虹.2007.现代社会心理学——多维视野中的社会行为研究.上海：上海人民出版社.

周晓林，曲延轩，舒华，等.2004.汉语听觉词汇加工中声调信息对语义激活的制约作用.心理学报，36（4）：379-792.

周莹莹.2006.品德心理结构研究进展的剖析及展望.社会科学心理，21（83）：53-57.

周颖，孙里宁.2004.聋童和正常儿童在内隐和外显记忆上的发展差异.心理科学，27（1）：114-116.

朱曼殊，陈国鹏，张仁俊.1986.幼儿对人称代词的理解.心理学报，（4）：356-364.

朱曼殊，宋正国，哈维 C B.1987.中国和加拿大儿童对持续时间概念的掌握.心理科学，1987（2）：1-4.

朱曼殊，武进之，应厚昌，等.1982.儿童对几种时间词句的理解.心理学报，（3）：294-301.

朱曼殊，武进之.1982.对正常儿童、聋哑儿童和盲童的一项比较研究——语言和思维发展的关系.心理科通讯，（1）：15-21，64.

朱雄真.1962.神经衰弱、高血压、溃疡病患者大脑皮层机能状态的某些差异.心理学报，（3）：241-247.

朱滢.1982.在包含多种提取内容时加工层次对自由回忆和再认的影响.心理学报，（1）：99-103.

朱滢.2005.陈霖的拓扑性质知觉理论.心理科学，28（5）：1031-1034.

朱永祥.2000.小学生元认知技能培养实验研究报告.教育研究，（6）：74-77.

朱月龙.1996.飞机座舱带式刻度显示的工效学研究.苏州大学学报，12（3）：89-94.

朱智贤.1982.儿童心理学教学参考资料.北京：北京师范大学出版社.

朱智贤，林崇德.1988.儿童心理学.北京：北京师范大学出版社.

朱智贤，钱曼君，吴凤岗，等.1982.小学生字词概念发展的研究.心理科学，（4）：23-29.

朱祖祥.1995.建设本土化的工程心理学.应用心理学，1（1）：3-6.

朱祖祥，曹立人.1994.目标-背景色的配合对彩色 CRT 显示工效的影响.心理学报，26（2）：128-135.

朱祖祥，吴剑明.1989.视觉显示终端屏面亮度水平和对比度对视疲劳的影响.心理学报，（1）：35-40.

朱祖祥，许为，颜来因，等.1988.VDT 背景色的视觉工效比较研究.应用心理学，3（4）：15-22.

朱祖祥，许跃进.1982.照明性质对辨认色标的影响.心理学报，（2）：211-217.

竺培梁，耿亮.2011.大学生情绪智力、认知智力、人格与决策的关系研究.外国中小学教育，（8）：37-40.

邹泓，吴放.1997.中美两国儿童依恋安全性指标的比较研究.心理发展与教育，（1）：30-33.

邹瑾，王立新，项玉.2008.自闭症心理理论范式研究的新进展——"思想泡"技术的运用.中国特殊教育，（2）：56-59.

Albright T D，Neville H J.1999.Neuroscience//Wilson R A，Kiel F C. The MIT Encyclopedia of the Cognitive Sciences. Cambridge，MA：The Mit Press.

Arnett J J. 2002.The psychology of globalization.American Psychologist，10（57）：774-783.

Ashby F G，Isen A M.1999.A neuropsychological theory of positive affect and its influence on cognition.Psychological Review，106（3）：529.

Baker C，Liu J，Wald L，et al.2007.Visual word processing and experiential origins of functional selectivity in human extrastriate cortex. Proceedings of National Academy of Science，104（21）：9087-9092.

Barker R G.1987. Prospecting in environmental psychology：Oskaloosa revisited//Altman I，Stokols D.Handbook of Environmental Psycholog.New York：Wiley.

Boyaci H，Fang F，Murray S O，et al.2007. Responses to lightness variations in early human visual cortex. Current Biology，17（11）：989-993.

Chen L.1982. Topological structure in visual perception. Science，218：699-700.

Chen L，Zhang S W，Srinivasan M.2003. Global perception in small brains：Topological pattern recognition in honeybees. PNAS，100：6884-6889.

Cheng K，Wang Z H，Alyssa S.2014. Immediate emotion-enhanced memory dependent on arousal and valence：The role of automatic and controlled processing. Acta Psychologica，150：153-160.

Cheung S，Fang F，He S，et al.2009.Retinotopically specific reorganization of visual cortex for tactile pattern recognition. Current Biology，19（7）：596-601.

Crist R E，Li W，Gilbert C D.2001. Learning to see：Experience and attention in primary visual cortex. Nat. Neurosci，4：19-525.

Fang F，Boyaci H，Kersten D，et al.2008. Attention-dependent representation of a size illusion in human V1. Current Biology，18（21）：1707-1712.

Fang F，He S.2004.Stabilized structure-from-motion without disparity induces disparity adaptation. Current Biology，14（3）：247-251.

Fang F，He S.2005a. Cortical responses to invisible objects in human dorsal and ventral pathways. Nature Neuroscience，8（10）：1380-1385.

Fang F，He S.2005b.Viewer-centered object representation in the human visual system revealed by viewpoint aftereffects. Neuron，45（5）：793-800.

Gilbert C D，Li W. 2012. Adult visual cortical plasticity. Neuron，75：250-264.

Gilbert C D，Li W.2013.Top-down influences on visual processing. Nat. Rev. Neurosci，14：350-363.

Guo J Z，Guo A.2005. Crossmodal interaction between olfactory and visual learning in Drosophila.Science，309：307-310.

Han S，Jiang Y，Gu R H，et al.2004. The role of human parietal cortex in attention networks. Brain，127：650-659.

Han S，Northoff G.2008. Reading direction and culture. Nature Review Neuroscience，9：965.

Jacoby L L.1991.A process dissociation framework：Separating automatic from intentional uses of memory.Journal of Memory and Language，30（5）：513-541.

Kroll J F，Stewart E.1994.Category interference in translation and picture naming：Evidence for asymmetric connections between bilingual memory representations.Journal of Memory and Language，33（2）：149-174.

Lyubomirsky S，King L，Diener E.2005.The benefits of frequent positive affect：Does happiness lead to success?Psychological Bulletin，131（6）：803.

Mai X Q，Luo J，Wu J H，et al.2004.N380，a special ERP component in puzzle solving.IUPsyS.，Beijing，559.

Maisella A J. 1998. Urbanization，mental health，and social deviancy. American Psychologist，53（6）：624-634.

Masella A J.1998.Toward a "Global-community psychology"：Meeting the needs of a changing world. American Psychologist，53（12）：1282-1293.

Nissen M J，Bullemer P.1987.Attentional requirements of learning：Evidence from performance measures.Cognitive Psychology，19（1）：1-32.

Petsche H，Kaplan S，Stein A V，et al.1997.The possible meaning of the upper and lower alpha frequency ranges for cognitive and creative tasks.International Journal of Psychophysiology Official Journal of the International Organization of Psychophysiology, 26（s 1–3）：77-97.

Reber A S.1967.Implicit learning of artificial grammars.Journal of Verbal Learning and Verbal Behavior, 6（6）：855-863.

Robertson L C, Palmer S E, Gomes L M.1987.Reference frames in mental rotation.Journal of Experimental Psychology：Learning, Momery, and Cognition, 13：368-379.

Segall M H, Lonner W J, Berry J W.1998. Cross-cultural psychology as a scholarly discipline：On the flowering of culture in behavioral research. American Psychologist, 53（10）：1101-1110.

Simons D J.2000.Current approaches to change blindness.Visual Cognition, 7（1）：1-15.

Yong L, Meng L, Yuan Z, et al.2008.Disrupted small-world networks in schizophrenia..Brain, 131（7）：945-961

附 录

心理学大事记

一、学习改造阶段（1949—1956）

1950年	3月	由中国科学院计划局主持召开了一次心理学座谈会，与会者一致希望早日成立中国心理学会
	6月	中国科学院在北京筹建立心理研究所筹备处。全国各地心理学会分会也陆续筹建和开始活动，包括1950年成立的南京、杭州、昆明、广州、武汉等分会
	8月	在召开中华全国自然科学工作者代表大会时，出席会议的心理学工作者及北京地区的心理学者等23人于会后在清华大学成立中国心理学研究所
1951年	3月	国务院（当时称政务院）批准成立中国科学院心理学研究所，任命曹日昌为所长
	12月	中国科学院心理学研究所正式成立
1952年		全国高等院校进行较大规模的院系调整，清华大学和燕京大学两校原心理学部分合并入北京大学哲学系，成立了当时国内唯一的一个心理学专业。在这一年，中国心理学工作者掀起了学习巴甫洛夫学说和苏联心理学的热潮
1953年	1月	中国科学院心理研究所改为心理研究室，曹日昌为室主任
	春天	先是在中国科学院开办研究室，后于夏起，在北京、天津、昆明、西安等地先后举办了巴甫洛夫学说学习会，参加学习会的有数千人，形成了全国性的学习巴甫洛夫学说的高潮
	10月	中国心理学筹备委员会在北京召开第一次会议，为了加强与全国各地的联络工作，出版《心理学通讯》
1954年	4月	中国心理学会筹备委员会在北京召开第二次筹备会议，当时各地已有19个分会，批准成立心理所
1955年	8月	中国心理学会在北京正式成立并召开第一次代表大会，有70余人参加了会议。会议代表推选出理事会成员17人，潘菽为新中国心理学会第一任理事长，曹日昌为副理事长，丁瓒为秘书长，此时全国会员登记人数为585人
	12月	在中国科学院第53次院务常务会议上提出1956年将南京大学心理学力量并入中国科学院心理研究所，扩展为心理研究所
1956年	3月	中国科学院常务会议通过上述决议
	上半年	国务院科学委员会召开科学规划会议，制定了我国心理学12年的发展规划
	8月	国务院批准成立心理所，着手恢复中国心理学的工作
	12月	中国科学院心理研究所在北京举行正式大会，潘菽任所长，曹日昌和丁瓒为副所长。由此标志着心理学所学习阶段的结束，转向正式研究的开始。《心理学报》正式出版发行，为中国心理学会会刊，曹日昌任主编，编辑部设在中国科学院心理研究所编译室

二、初步繁荣阶段（1957—1965）

1957年	全国心理学工作者对心理学教学和科研工作脱离实际的倾向开展了对心理学如何联系实际，为经济建设服务的问题的讨论

续表

年份	月份	事件
1958年	3月	中国心理学会理事会向全国心理学界发出"苦战三年，创新局面"的号召，并提出中国心理学工作者的最低奋斗目标
1958年	8月	在"极左"思潮的煽动下，北京师范大学部分教师发起了一场批判运动。与此同时，北京大学通过批判心理学教材而汇编成两本《心理学批判集》，交北京高等教育出版社发行。《光明日报》抢先报道了这个批判运动，从而引起了遍及全国的连锁反应，造成了极为严重的后果，是新中国成立以来我国心理学界的第一次遭受的最大挫折
1959年	9月	为了纠正1958年心理学批判运动的错误，我国心理学界于北京召开了两次由北京心理学工作者参加的座谈会。这一学术会议讨论当时以一种异常迅速的态势在全国展开，演变成一次学术讨论，规模空前，持续数月的学术大讨论，标志着中国心理学已经进入了百花争艳的初步繁荣时期
1960年	1月	中国心理学会召开了第二次全国会员代表大会
1960年	9月	中国科学院心理研究所开始与全国17个省（自治区、直辖市）的20所高等师范院校开展了心理学研究大协作，并把研究领域从教育心理拓展到劳动心理、医学心理及脑电生理机制的研究
1961年	2月	根据文科教材规划的规定，中国科学院心理研究所、综合性大学心理学专业及高等师范院校的心理学教师共同合作，由曹日昌主编《普通心理学》
1962年	3月	中国心理学会成立了一个六人规划小组，并负责制定心理学十年规划。朱智贤主编的《儿童心理学》出版，这是新中国成立以来我国第一本儿童心理学教材。潘菽主编的《教育心理学》出版，这也是新中国成立以来我国用国内出版的第一本教育心理学教科书
1963年	12月	中国心理学会在北京召开了第一届心理学学术年会
1964年	8月	中国心理学会创办了第二个学术期刊《心理科学通讯》，刊登研究报告、论文、学术动态等有关文章。中国心理学研究所新建了感知觉实验室、记忆实验室、脑电实验室、思维实验室等一些水平较高的实验室
1965年	10月28日	姚文元在《光明日报》上发表文章《这是研究心理学的科学方向和正确方向吗？》，他诬蔑心理学的研究是所谓"形而上学"、"唯心主义"，将心理学污蔑意义和科学价值"，毫无，将心理学污蔑成资产阶级伪科学
三、停滞不前及取消阶段（1966—1976）		
1966年		"文化大革命"开始，中国心理学事业遭受到新中国成立以来第二次最大的挫折。心理学研究中断达10年之久，进入了一个停滞不前的阶段
1970年	7月	中国科学院心理研究所被正式撤销，各大专院校的心理学教研室被停止开设一切心理学课程，实验室被拆毁，实验仪器和仪器被砸烂，心理学图书资料被禁阅甚至烧毁，中国心理学会停止活动，《心理学报》和《心理科学通讯》被迫停刊
1972年	5月	中国科学院心理研究所的研究人员在干校劳动3年后回到北京，先是参加办了学习班，组织了有关心理学科性质问题的学习讨论，还对国际心理学动态进行了资料收集工作，并开办了心理学问题专题，以逐步恢复心理学的研究工作
1973年		我国心理学研究与外单位的科研协作开始得到加强

续表

年份	时间	内容
1973年	下半年	由于受到"批林批孔"运动开始后对"开展心理学工作请示报告"的批判，我国心理学研究又被迫暂时停止工作
1974年		"批林批孔"运动提出对心理学要批评改造
1975年		继续受到"批林批孔"运动和"极左"路线的影响，心理学的研究方向和研究任务摇摆不定
	10月	胡耀邦同志针对心理学当前现状发表了重要谈话。这次谈话对于广大心理学工作者的研究起到了积极的指导作用。但不久后掀起的"反击右倾翻案风"对胡耀邦的讲话进行了批评，因而破坏了心理学研究所刚刚出现的比较稳定的局面。这一现象一直持续到1976年10月

四、重新恢复建设阶段（1977—1999）

年份	时间	内容
1977年	夏季	在中国科学院的推动下，各门学科都在制定新的长远科学规划
	8月16—24日	心理学所在北京平谷县召开了全国心理学科科学规划座谈会。来自全国各地的23位代表在会上批订了规划初稿，后经修改作为草案。规划除前言外，共分4部分：①外国心理学概况；②奋斗目标；③研究项目；④实现规划的措施。在研究项目中又分为心理学基本理论、感觉与知觉、思维与记忆、生理心理、教育心理、工程心理、医学心理研究等8个方面。在每个方面均按国内外概况、八年规划和23年设想安排。它促进了我国心理学事业的恢复和发展，参加会议的代表后立即向所在单位领导汇报并召集开会传达规划的会议精神和内容，积极开展工作，争取已毕业的同行归队，恢复开展实验研究，重新开展研究。平谷会议在"文化大革命"期间被迫停顿被迫停止的境地，是中国心理学发展史上的一个重要转折点
		北京大学心理学系招收第一批本科生
1978年	5月	中国心理学会在杭州召开第一届全国心理学专业学术会议
	8月	中国心理学会恢复与国际有关心理学的联系和交流，参加澳大利亚心理学会第13届年会
	12月	中国心理学会在河北省保定组织召开了第二届学术年会，中国心理学理事会决定重建发展心理和教育心理专业委员会
1979年		中国心理学主办《心理学报》复刊
	7月	中国心理学会提出加入国际心理科学联合会的申请，并获国务院批准。然后具体办理各种入会手续。中国心理学会在北京召开席美国心理科学第87届年会。中国心理学会出席美国心理科学专业委员会、教育心理基本理论专业委员会、心理学专业委员会筹委会、工业心理专业委员会、工业心理专业委员会成立。《四川心理科学》创刊（季刊），四川省心理学委员会成立大会（第一届年会）。中国运动心理专业委员会、体育运动心理专业委员会、生理心理专业委员会，以及科普，文献编译出版，学科名词3个工作委员会
1980年		杭州大学（现浙江大学）设立心理学系。《外国心理学》创刊，浙江省心理学会成立，成为其第44个会员，中国心理工业心理专业委员会成立。中国心理学会在广州举办中国心理学普
	5月	通心理和实验心理学专业委员会在北京成立大会第一届年会

续表

年份	时间	事件
1980年	7月6—12日	国际心理科学联合会在德国莱比锡举行代表会议期间（7月9日），陈立和荆其诚作为中国代表出席国际心理学大会，会上讨论并一致通过接纳中国心理学会加入国际科学联合会，成为其第44个会员。中国心理学会先后担任理事长荆其诚当选为国际心理科学联合会执委（1984—1992）和副主席（1992—1996）；前副理事长张厚粲当选为国际心理学会执委，说明中国心理学已走向世界，并逐渐在国际心理学界占有重要地位
	11月	第一届生理心理学专业委员会学术年会暨成立大会在南京举行。中国心理学会医学专业委员会在重庆召开学术年会（第一届）。中国心理学会加入国际应用心理学联合会
1981年	3月	北京师范大学成立心理学系。《心理科学通讯》复刊，由中国心理学会主办。《心理学探新》创刊（季刊）。第一次全国行为科学讨论会在北京召开
1982年	12月4—8日	第三次全国会员代表大会暨建会60周年纪念大会（全国第四届学术会议）在北京召开。与会人数450人
	4月	经国务院学位委员会批准北京大学、北京师范大学、杭州大学、华南师范大学获得心理学科二级学科博士学位授予权。中国心理学会在中国科学院心理研究所召开常务理事扩大会，讨论修改《中国心理学会章程》
1983年	4月	《心理学动态》（双月刊），由中国科学院心理研究所主办。第一届全国运动心理学术论文报告在云南昆明举行。现改名为《心理科学进展》（月刊）
	6月	中国社会心理学会（Chinese Association of Social Psychology, CASP）成立
	9月	中国心理学会法制心理专业委员会成立
1984年	3月	学校管理心理专业委员会成立暨教材研讨会（第一届年会）在北京召开。北京师范大学（现首都师范大学）、华南师范大学、南京师范大学获得心理学科的博士学位授予权。中国心理学会获得心理学一级学科博士学位授予权。中国心理学会发展教育专业委员会更名为教育心理专业委员会和发展心理专业委员会。增设学校管理心理专业委员会。以及国际学术交流工作委员会。中国心理学会加入国际应用心理学会（International Association of Applied Psychology, IAAP）。中国心理学会法制心理测试工作委员会。中国心理学会第一次会员工作会议（第一次年会）在北京召开第一次学术大会主办
1985年	3月	《心理发展与教育》创刊，由北京师范大学主办。北京师范大学成立儿童心理研究所。北京师范大学基础心理学专业获得博士学位授予权。中国行为科学学会（组织行为学会）成立。天津市法制心理学会主办《社会心理学》
	9月27日	中国心理卫生协会召开首届全国代表大会
1986年	8月	《外国心理学》改名为《应用心理学》（季刊），由浙江省心理学会、杭州大学主办。朱智贤承担国家哲学社会科学重点项目"中国儿童青少年心理发展与教育"的课题，开启了心理学中国化的研究。华南师范大学成立心理学系。心理测量工作委员会在北京召开心理测量第一次学术工作会议

续表

年份	时间	内容
1987年	7月21—24日	《中国心理卫生杂志》创刊，由中国心理学会和中国心理卫生协会主办。北京大学生理心理学被确立为教育部重点学科。北京师范大学儿童心理研究所更名为发展心理研究所。在北京科学堂，中国心理学会发展心理学专业委员会和中国国际科技会议中心的协助下，组织召开国际行为发展研究学会中国学术讨论会，这是在我国举行的第一次国际性学术会议
	9月	中国心理学会和中国国际科技会议中心组织在北京和杭州召开国际科学联合会执委会会议，这是在我国召开的第一次国际心理科学联合会执委会会议
1988年		杭州大学工业心理学专业被批准为国家重点学科。西南师范大学（现西南大学）建立心理学研究所。中国心理学会进行换届改选理事会工作，决定采用差额选举方式选举第五届理事会
	10月	中国—西德心理治疗讲习班（第一期）在云南昆明举办
1989年		《心理学大词典》（朱智贤主编，北京师范大学出版社）出版。《心理学报》开始由中国心理学会和中国科学院心理研究所共同主办。杭州大学工业心理学国家专业实验室由国家教育委员会和国家计划委员会批准成立，是心理学领域第一个国家实验室。经中国科学技术协会同意，中国心理学会测量专业委员会加入国际测试委员会。中国心理学会心理学基本理论专业委员会变更为理论心理学与心理学史专业委员会，增设心理测量专业委员会。中国人类工效学专业委员会成立
1990年		中国心理学会加入亚非心理学会（AFRO-ASIAN psychological Association, AAPA）。北京师范大学教育心理学获得博士学位授予权。《社会心理学研究》创刊（季刊）。中国社会心理学会成立
	11月	中国大学生心理卫生与心理咨询专业委员会在北京召开第一届年会。中国心理卫生协会心理治疗和心理咨询专业委员会成立
1991年		《中国大百科全书（心理学）》（中国大百科全书出版社）出版。中国心理学会心理治疗与心理咨询学术会议
	10月	中国心理学会在北京举办第一届全国心理治疗与心理咨询专业联合会主席，荆其诚当选为国际心理科学联合会副主席
1992年	8月25—28日	第二届亚非心理学大会在北京举行
	9月	全国首届森田疗法学术交流会在北京举行
	10月	中国心理学会批准公布了《心理测验管理条例（试行）》《中国临床心理学杂志》创刊，由中国医药科技出版社主办。西南师范大学普通心理学获得硕士学位授予权。中国心理学会第六届理事会决定增设心理学教学工作委员会，将原心理学基本理论委员会改名为理论心理学与心理学史委员会，科普工作委员会变更为心理学普及工作委员会
1993年	12月	《健康心理学》创刊，由中国心理卫生协会制定《心理咨询工作者的道德准则》及《卫生系统心理治疗与心理咨询工作者条例》创刊（季刊），由中国心理学会心理咨询专业被批准为"国家理科基础科学研究和教学人才培养基地"。华中师范大学普通心理学获得博士学位授予权。杭州大学成立心理学系。中国心理学会成立心理学基本理论委员会，将原心理学基本理论委员会改为理论心理学与心理学史委员会，学校管理委员会

续表

年份	月份	内容
1994年	4月	西南师范大学、东北师范大学成立心理学系。中共中央和国务院颁发的《中共中央关于进一步加强和改进学校德育工作的若干意见》指出："通过多种方式对不同年龄层次的学生进行心理健康教育。"
		由全国23个单位发起，在湖南岳阳召开"全国中小学生心理辅导与教育"学术研讨会，会上成立了全国性的学校心理辅导与教育的联络组织
	7月	中国心理学会教学工作专业委员会在上海召开第一次学术会议
	10月	全国首届中青年法制心理学工作者学术研讨会在湖北武汉召开
		《学习与发展》（林崇德，北京教育出版社，1992）、《心理学大词典》（朱智贤，北京师范大学出版社，1989）获第一届普通高等学校人文社会科学研究成果（林崇德）一等奖。《中国普通高等学校德育大纲（试行）》要求把心理健康教育作为高等学校德育工作的重要组成部分。
1995年		吉林大学、上海师范大学成立心理学系。湖南师范大学心理学系被正式列入国家"211工程"重点建设规划
	4月—5月	第一届华人心理学家学术研讨会在台湾大学举办
	8月27—30日	国际心理科学联合会亚太地区第一届代表大会暨学术会议在广州召开
	10月	中国神经科学学会成立，华东师范大学心理学专业被批准成为"国家理科基础科学研究与教学人才培养基地"。中国政法大学犯罪心理学研究中心成立
1996年	7月	在第26届国际心理学大会上，中国获得第28届国际心理学大会的主办权
	10月	中国心理学会成立心理学名词审定委员会。《中国心理科学》（王甦、林仲贤、荆其诚主编，吉林教育出版社）出版。南京师范大学、陕西师范大学成立心理学系。国际学校心理学会接受中国心理学会为团体成员。中国心理卫生协会森田疗法应用专业委员会成立
1997年		教育部成立中小学心理健康教育咨询专家委员会。中国心理学会设立终身成就奖，颁发给作出重大贡献的心理学家，是我国心理学界的最高荣誉。中国心理卫生协会心理治疗与心理咨询专业委员会加入世界心理治疗学会。中国心理卫生协会心理卫生学专业委员会成立
1998年		《当代中国青年价值观与教育》（黄希庭等，四川教育出版社，1994）、《内隐社会认知的初步实验研究》（杨治良等）获第二届教育部普通高等学校人文社会科学研究优秀成果奖。朱智贤心理学发展基金会设立全国心理学博士后科研流动站。辽宁师范大学建立心理学博士后科研流动站。西南师范大学接受中国心理学会博士后科研流动站。《心理学探新》重新创刊，由江西师范大学主办。《健康心理学》改为《健康心理学杂志》。
	10月	全国维果斯基研究会成立大会暨第一届学术研讨会召开

年	月/日	事件
1999 年		科技部制定的《全国基础研究"十五"计划和 2015 年远景规划》，将心理学确定为 18 个优先发展的基础学科之一。《中共中央国务院关于深化教育改革全面推进素质教育的决定》颁布。教育部颁布《关于加强中小学心理健康教育的若干意见》。北京师范大学人文社会科学重点研究基地"全国人文社会科学重点研究基地"。北京师范大学社会科学重点研究基地成立。福建师范大学心理治疗学会成立。在第二届世界心理治疗大会上，钱铭怡被推选为世界心理治疗学会副主席

五、21 世纪以来的中国心理学

年	月/日	事件
2000 年		心理学被国务院学位委员会确定为国家一级学科。北京师范大学建立"认知科学与学习"教育部人文社会科学重点研究基地。天津师范大学心理与行为研究中心建成为"认知科学与学习"教育部重点实验室。北京师范大学被批准获得心理学一级学科博士学位授予权。浙江大学被批准获得心理学一级学科博士学位授予权。西南师范大学建立了北京市级"心理学基础实验教学中心"。西北师范大学、山东师范大学、首都师范大学博士后科研流动站。中国心理学会获得国际心理科学联合会先进委员会光荣称号。第四军医大学建成全军医学重点实验室。张厚粲当选为国际心理学联合会副主席
	3 月	中国心理学会在北京召开"心理学为素质教育服务"研讨会
	5 月 25 日	定为全国大学生心理健康日
	10 月	21 世纪的心理学与西部大开发第一届学术研讨会在西南师范大学召开
2001 年		《国务院关于基础教育改革和发展的决定》中十分明确地指出："加强中小学生的心理健康教育。"中共中央、国务院再次颁发了《关于适应新形势进一步加强和改进中小学德育工作的意见》，又一次指出"中小学都要加强心理健康教育"。北京师范大学心理学院挂牌成立。中山大学心理学系复系，北京大学脑科学和认知科学中心成立。华南师范大学与认知科学网合作建成的"脑科学与认知科学网络基地"。北京大学、北京师范大学、华东师范大学、浙江大学和东南大学联合组建的"教育部人文社科重点研究合作研究中心"成立。《心理学报》改为双月刊
	3 月	教育部颁发了《关于加强普通高等学校大学生心理健康教育工作的意见》，阐明了在高校开展心理健康教育的重要性和紧迫性，对高校开展大学生心理健康教育作出了明确规定。在广州召开国际中华神经、精神暨心理卫生中国区域学术会议
	3 月 15 日	在九届人大四次会议通过的《中华人民共和国国民经济和社会发展第十个五年计划纲要》中，也明确提出"特别是加强青少年的思想政治、道德品质、心理健康和法制教育"
	7 月	第三届世界心理治疗大会上，中国获得第五届世界心理治疗大会的主办权
	11 月	王登峰等有关中国人人格结构的论文发表，提出了中国人的"大七"人格结构
2002 年		北京大学基础心理学、华东师范大学基础心理学、西南师范大学基础心理学、北京师范大学发展与教育心理学、华南师范大学发展与教育心理学、浙江大学应用心理学被批准为国家重点学科，西南师范大学被批准获得心理学一级学科博士学位授予权。东南大学儿童发展与学习科学教育部重点实验室成立。国家劳动和社会保障部颁发的《中小学心理健康教育指导纲要》正式实施。由教育部领导开发我国大学生心理健康测评系统"(CSMHAS)。卫生部正在开发《中国大学生心理健康相关评定量表手册》，制作"中国大学生心理健康测评系统"。到 2005 年完成编写《中国大学生心理健康相关评定量表》。欧洲人类帮助计划组织、国际人类帮助计划和德国人类帮助计划组织了国际心理卫生专业技术资格考试中设立心理治疗学专业，国际人类帮助计划组织北京大学组织了国际心理学组织的 33 位心理治疗师创办的连续培训项目，3 年内培养出第一批中国咨询心理师队伍。《心理学动态》更名为《心理科学进展》。《中国心理卫生杂志》改为月刊

续表

年	月	
2002年	4月	教育部印发《普通高等学校大学生心理健康教育工作实施纲要（试行）》，就进一步加强大学生心理健康教育工作作出全面部署，提出具体实施意见。卫生部、民政部、公安部、中国残联共同颁布《中国精神卫生工作规划（2002—2010年）》。我国第一部精神卫生条例——《上海市精神卫生条例》正式出台
	5月	教育部颁布《普通高校心理健康教育实施纲要》
	11月	第一届全国学校心理素质教育研讨会在重庆市一中召开
2003年		教育部设立哲学社会科学重大攻关科研研究项目：《教育的智慧——写给中小学老师》（林崇德，开明出版社，1999）获第三届教育部普通高等学校人文社会科学研究成果奖一等奖。《心理与行为研究》创刊（季刊），由天津师范大学心理与研究中心主办。西南师范大学建立心理学系成立。南开大学社会心理学院成立。浙江大学、华南师范大学建立心理学博士后科研流动站。华中师范大学发展大学建立心理学获得博士学位授予权。西南师范大学的"普通心理学"被评定为国家精品课程
	4月	非典型性肺炎疫情严峻，全国心理学专业人员纷纷为非典患者进行心理辅导
	8月	中国心理学会咨询心理学专业委员会（筹）在北京召开第一届学术会议
	11月	中国心理学会临床心理学研究生工作委员会成立
	12月	教育部办公厅颁发《关于进一步加强高校学生管理工作和心理健康教育工作的通知》，要求各高校党委高度重视，切实把大学生心理健康教育工作纳入重要议事日程，采取有效措施抓紧抓好。林崇德论文在国际权威理论心理学杂志 Theory & Psychology 上发表，提出智力维的"三棱结构"
		《心理学大辞典》（林崇德、杨治良、黄希庭主编，上海教育出版社）出版。北京师范大学认知神经科学与学习研究所成立。教育部获定秋季在教育部直属高校心理学系招生。南京大学的社会心理学、南京大学西南民族暨教育部分地方院校入学新生开展大学生心理健康测评工作。全国高等学校学校心理研究中心成立。全国高等学校心理研究中心人文社会科学重点研究基地。中国心理学会建立会士制度。"21世纪中国学校心理健康教育论坛"在上海闵行区召开
2004年	4月	中国心理学会军事心理学博士点建设工作会议在湖南召开。眼动研究国际学术研讨会在天津举行
	5月	第一届全国心理学专业委员会成立
	6月	教育部召开全国高校心理健康教育工作会议
	7月	教育部印发《中等职业学校学生心理健康教育指导纲要》
	8月	《中共中央国务院关于进一步加强和改进大学生思想政治教育的意见》中明确指出，要重视心理健康教育。卫生部、教育部、公安部、民政部、司法部、财政部、中国残联共同颁布《关于进一步加强精神卫生工作的指导意见》

续表

年份	日期	事件
2004年	8月8~13日	第28届国际心理学大会在北京举办
	12月	北京大学人格与社会心理学研究中心、中国心理学会人格心理学专业委员会（筹）联合发起组织了第一届"心理学研究的中国化"学术研讨会
		Visual Cognition 以整个第四期专题讨论了陈霖提出的拓扑性知觉理论（Chen lin's theory of topological perception），拓扑性知觉理论获得世界声誉。这是1949年以来首位中国心理学家关于知觉理论的重大成就。《中国现代心理学文库》丛书（人民教育出版社）出版。《四川心理科学》停刊。北京师范大学的发展心理学被评定为国家精品课程。教育部普通高等学校学生心理健康教育专家指导委员会成立。西南大学心理学认知与人格教育部重点实验室成立。华中师范大学成立心理学院。发展心理学专业委员会举办了第9届全国学术研讨会，此后，四年一届的会议改为两年一次
2005年	1月13日	教育部、卫生部、共青团中央印发了《关于进一步加强和改进大学生心理健康的意见》
	3月	北京师范大学认知神经科学与学习国家重点实验室获科技部批准
	5月	国际跨文化心理大会在西安召开，有500多名海外学者参加了大会
	11月	在广东中山大学举办第一届全国与认知科学学术研讨会
2006年		党的十六届六中全会决议通过的《中共中央关于构建社会主义和谐社会若干重大问题的决定》中，首次提出了"注重促进人的心理和谐"问题，并明确提出"构建社会主义和谐社会，离不开心理和谐"。《国务院科技发展规划纲要（2006—2020年）》中把脑科学与认知科学确立为基础研究的8个科学前沿问题之一，其中涉及心理学的研究方向有可塑性与脑高级认知功能的过程及其神经基础。《学生汉语阅读过程眼动研究》（沈德立、教育科学出版社，2001）获第四届普通高等学校人文社会科学研究成果奖一等奖。《当代中国心理学家文库》丛书（北京师范大学出版社）出版。科技部批准了由董奇和林崇德主持的"中国儿童青少年心理发育特征的调查"全国协作项目。北京大学的变态心理学、南京师范大学的心理学史、浙江大学的医学心理学、华东师范大学的体育心理学、浙江师范大学的心理学公共课被评定为国家精品课程
	5月12日	中国心理学会士论坛在北京香山饭店举行
	9月16日	全国心理健康指导与教育科普工作研讨会在西安举行。天津师范大学建成全国征兵心理检测技术中心。中国心理学会人格心理学专业委员会成立
	9月29日	第四军医大学……中国心理学会发展心理学专业、教育心理学专业委员会第一次联合举办学术年会
	10月	中国心理学会人格心理学专业委员会首届学术年会在重庆召开

续表

年	日期	事件
2007年	2月5日	北京师范大学心理学一级学科被批准为国家重点学科。天津师范大学发展与教育心理学被批准为国家重点学科。华东师范大学的教育心理学、华南师范大学的教育心理学、湖南省第一师范学院的儿童发展与教育心理学、山西警官高等专科学校的犯罪心理学被评定为国家精品课程。《心理健康心理学杂志》改为月刊，由中国心理卫生协会主办
	4月23—25日	中国心理学会常务理事会讨论通过了中国心理学会临床与咨询心理学专业机构和专业人员注册标准及伦理守则
	5月	"心理和谐与和谐社会——重大基础研究和应用研究"学术讨论（香山科学会议第301次）在北京召开
	7月	卫生部发布《精神卫生宣传教育核心信息和知识要点》
	12月	第一届中国心理学家大会在北京召开
2008年	1月	中国心理学会临床与咨询心理学专业机构和专业人员注册系统在北京召开会议，第一批注册督导师和心理师颁发证书。中国心理学会临床与咨询心理学专业机构和专业人员注册系统注册督导师教国际心理治疗联盟接受为集体会员。《心理学报》改为月刊。北京师范大学脑影像中心成立
	3月	中国认知行为治疗学术年会举行
	4月19—22日	中国心理学会理论心理学与心理学史专业委员会在青岛举行学术年会。"5·12"汶川特大地震后，各重点院校的心理学机构有组织地投入到灾后的心理救助工作中
	5月	华东师范大学认知科学院成立
	5月	华东师范大学心理与认知科学学院成立
	7月	张侃当选为国际心理学联合会副主席。教育部、财政部批准立项建设北京师范大学、华东师范大学、华南师范大学、西南大学的国家级创新教学团队
	7月8—10日	第二届中国心理学家大会在北京隆重开幕
	8月20—22日	中国心理学会学校心理学专业委员会成立。华南师范大学心理学院宣布成立
	9月	江西师范大学心理学专业被批准为"国家理科基础科学研究和教学人才培养基地"
	10月12—15日	第五届世界心理治疗大会（WCP2008）在北京召开。WCP2008由世界心理学会（World Council for Psychotherapy, WCP）主办，由中国心理卫生协会、中国心理学会、北京大学心理学系承办

年份	日期	事件
2009年	5月15日	由国际理论心理学协会主办，中国心理学会理论心理学与心理学史专业委员会、江苏省心理学会、南京师范大学心理学重点学科承办的第13届国际理论心理学学术大会在南京师范大学隆重召开
	6月16日	北京体育大学和中国运动心理学会获得承办2013年国际运动心理学大会报名的资格，这一决定将成为中国运动心理学发展进程的里程碑事件。叶浩生教授当选为第13届国际理论心理学协会执委
	7月8~10日	中国心理学会法制心理学专业委员会第14届学术会议在华东师范大学举行，由华东师范大学主办
	10月16日	中国心理学会公布了中国科学院心理研究所评选出的81位可视中国心理学家，这是我国首次评定心理学家
	10月18日	在北京人民大会堂由中国科学技术有限公司承办的第三届中国心理学家大会盛大开幕。中国心理学会第10届全国会员代表大会于11月4日在济南召开，王登峰教授当选为中国心理学会副理事长
	12月1日	由中国心理学会学校心理专业委员会主办的"第九届幼儿心理健康教育专业培训（B级）"在中山市火炬开发区外语学院心理学校隆重举行。广州津心教育有限公司承办。中国心理学会换届选举工作完成，林崇德担任新理事长、傅小兰担任秘书长及学会法人
		中国科学院心理研究所进行结构调整和优化，将原有研究室、社会与遗传心理学研究室、认知与发展心理学研究室，社会与工程心理研究室合为3个研究室
2010年	1~5月	苗丹民等完成的"中国军人医学心理学选拔"项目获得国家科技进步奖一等奖，是中国心理学界新中国成立以来获得的最高奖项
	4月14日	富士康集团发生一系列员工伤亡事件，将员工的心理健康问题提上企业发展的日程，也为企业管理提出了难题
		青海省玉树藏族自治州县发生7.1级地震，教育部紧急组织编印了两万册藏汉双语心理辅导读物《玉树——我们与你们在一起》，送给地震灾后的孩子们
	4月23日	由教育部思政司主办的全国大学生心理健康教育工作交流会在开封召开
	5月27日	第11届全国大学生心理健康教育学术交流会在京召开
	5月29日	中华全国总工会发出《关于进一步做好职工队伍和社会稳定工作的意见》，特别要求全国各企事业单位要加大对职工心理健康的关注……使广大职工能够以健康积极的心态，充分享有幸福和谐的人生
	7月	中国红十字会主办了"社会心理支持工具包和培训班暨灾害心理援助项目启动会"，它是我国第一个灾害心理援助项目，它的开发和使用将推广中国红十字会灾害心理救援培训正规化、科学化发展，支持我国灾害心理援助工作有效开展
	8月	舟曲泥石流灾害发生后，许多居民有位丧亲遇难，中国卫生部组织了甘肃省卫生厅组织14名心理专家抵达次区，组成心理救援队对次民进行心理辅导
	10月	中国心理学会主办、中国科学院心理研究所承办的首届中国疼痛心理学研讨会召开
	11月20~21日	中国心理学会主办、上海师范大学承办的第13届全国心理学学术大会在上海师范大学隆重召开
	12月	由国家人口和计划生育委员会、教育部、中国扶贫开发协会、中国科学技术协会五部委同实施的青少年健康工程人口正式启动，服务社会、"走向世界"为主题的青少年健康大会

续表

年	月	
2013 年	6 月	文化心理学会议在武汉大学召开
	8 月 26—28 日	华人心理学学术研讨会在北京师范大学召开。会议主题为"心理学研究的中国化:迈向心理学学术自主的新纪元",来自全国 400 多名华人心理学家出席会议
2014 年	1 月 23—24 日	"《当代中国心理科学文库》第三次工作会议"在北京召开。《当代中国心理科学文库》是一套心理学基础研究领域的国际前沿和进展,应用研究领域的国内前沿和进展,反映近年来心理学科学研究领域的发展趋势;方法论和发展论的贡献。《当代中国心理科学文库》的目标是要引领中国心理科学的发展,推动我国心理学在不同领域的重要成果;集成中国学者在不同领域所作出的贡献;促进人才培养,为心理科学在中国的发展争取更好的社会支持条件;展示心理学在现代科学体系、文化环境和重大前沿科学问题以及有重要价值的应用领域。编委会主任杨玉芳强调《当代中国心理科学文库》的 30 位编委,它不同于普通教科书系列,作者及出版社相关负责人出席了本次会议。系统中国社会地位,在我国社会建设和经济社会发展中有不可或缺的作用;这些书目选取了"新书选题单"。已有 30 本著作作者接受邀请并提交了心理学理论研究的重要分支领域,富有成果的理论研究的重要分支领域,在相关领域具有很深的学术造诣、治学严谨、博学,而邀请的作者均为在我国科研和教学一线工作的科研工作者和教师

附录二 中国高校人文社会科学研究优秀成果奖（心理学类）

第一届

一等奖（2项）
- 林崇德：《学习与发展》，北京教育出版社
- 朱智贤：《心理学大词典》，北京师范大学出版社

二等奖（5项）
- 车文博：《意识与无意识》，辽宁人民出版社
- 张日升：《青年心理学——中日青年心理的比较研究》，北京师范大学出版社
- 高觉敷：《西方社会心理学发展史》，人民教育出版社
- 杨治良，叶阁蔚，王新发：《汉字内隐记忆的实验研究》，《心理学报》
- 张必隐，彭聃龄：《中文双字词在心理词典中的分解贮存》，《全国第七届心理学学术会议论文摘选集》

第二届

一等奖
- 杨治良：《内隐社会认知的初步实验研究》，《心理学报》

二等奖
- 阴国恩，李洪玉，李幼穗：《非智力因素及其培养》，浙江人民出版社
- 朱祖祥：《人类工效学》，浙江教育出版社

三等奖
- 卢家楣：《情感教育心理学》，上海教育出版社
- 杨鑫辉：《中国心理学思想史》，江西教育出版社
- 白学军：《智力心理学的研究进展》，浙江教育出版社

第三届

一等奖
- 林崇德：《教育的智慧——写给中小学教师》，开明出版社

二等奖
- 黄希庭，郑涌等：《当代中国大学生心理特点与教育》，上海教育出版社
- 申继亮，辛涛，林崇德：《面向21世纪的教师素质：构成及其培养途径》，教育部全国中小学教师继续教育工作会议（1999年9月）采用
- 杨治良，高桦，郭力平：《社会认知和具有更强的内隐性——兼论内隐和外显的"钢筋水泥"关系》，《心理学报》1998年第1期

续表

三等奖	董奇等：《爬行与婴儿认知、情绪、社会性发展关系的系列研究》，《北京师范大学学报》2000年第2期
	莫雷，唐雪峰：《表面概貌对原理运用的影响的实验研究》，《心理学报》2000年第4期
	舒华，伍新春，闾国利，吕勇等：《儿童汉字学习和读写发展的基础与应用研究》，《语言文字应用》1998年第2期
	阎国利，白学军，吕勇等：《阅读的眼动研究》，《天津师大学报》2000年第4期
	张文新：《儿童社会性发展》，北京师范大学出版社，1999年
	张向葵：《中国和希腊儿童信息加工系统机制的比较研究》，东北师范大学出版社，1998年
第四届	
一等奖	沈德立：《学生汉语阅读过程的眼动研究》，教育科学出版社，2001年
二等奖	方晓义，林丹华：《青少年吸烟行为的预测与干预研究》，《心理学报》2003年第3期
	游旭群等：《航线飞行员人因训练及综合心理管理评估质量系统的研究》，中国国际航空有限公司等采纳，2002年
三等奖	江光荣：《班级社会生态环境研究》，华中师范大学出版社，2002年
	沈模卫，陈硕，周星等：《颜色恒常知觉的影响因素探索及其非线性建模》，《心理学报》2004年第7期
	黄希庭，张志杰：《青少年时间管理倾向量表的编制》，《心理学报》2001年第8期
第五届	
一等奖	莫雷，冷英，王瑞明：《文本阅读信息加工过程研究——我国文本阅读双加工理论与实验》，广东高等教育出版社，2007年
二等奖	杨治良，周楚，万璐璐等：《短时间延迟条件下错误记忆的遗忘》，《心理学报》2006年第1期
	金盛华：《社会心理学》，高等教育出版社，2005年
三等奖	周宗奎，孙晓军，刘亚等：《农村留守儿童心理发展与教育问题》，《北京师范大学学报》2005年第1期
	白学军，刘海娟，沈德立：《优生和差生FOK判断发展的实验研究》，《心理发展与教育》2006年第1期
	张大均，王映学：《数学心理学新视点》，人民教育出版社，2005年
	王洪礼：《自然数码奇象记忆跟踪实验》，《心理科学》2007年第3期
	张向葵，蔡迎春：《走向行动定向的儿童福利政策研究——国内外儿童福利政策研究及启示》，《东北师大学报》2005年第4期
	连榕：《大学生的专业承诺、学习倦怠的关系与量表编制》，《心理学报》2005年第5期

续表

普及成果奖		
第六届		
	一等奖	崔丽娟：《心理学是什么》，北京大学出版社，2007 年
	二等奖	车文博：《中外心理学比较思想史》，上海教育出版社，2009 年
		游旭群，李瑛，刘真等：《中国航线飞行员心理选拔系统研究》，中国南方航空股份公司等采纳，2010 年
		朱滢，韩世辉：Cultural Differences in the Self: From Philosophy to Psychology and Neuroscience, Social and Personality Psychology Compass, 2008, 5
		张大均：《当代中国青少年心理问题及教育对策》，四川教育出版社，2008 年
		林崇德等：《创新人才与教育创新研究》，经济科学出版社，2009 年
	三等奖	张锋，周艳艳，李鹏等：《海洛因戒除者的行为冲动性：基于 DDT 和 IGT 任务反应模式的探讨》《心理学报》2008 年第 6 期
		卢家楣，刘伟，贺雯等：《我国当代青少年情感素质现状调查》，《心理学报》2009 年第 12 期
		汪凤炎：《中国心理学思想史》，上海教育出版社，2008 年
		张庆林，赵玉芳，张劲梅：《西部大开发社会焦点问题的心理学研究》，西南师范大学出版社，2009 年
		郭秀艳：Player-spectator discrepancies on risk preference during decision making, The Journal of General Psychology, 2010, 2
		陈红：Prevalence and sociodemographic correlates of eating disorder endorsements among adolescents and young adults from China, todd Jackson European eating, Disorders Review, 2008, 16
		刘永芳：《归因理论及其应用》（修订版），上海教育出版社，2010 年
		周欣悦，高定国：Social support and money as pain management mechanisms, Psychological Inquiry, 2008, 3、4

附录三　国家社会科学基金重大项目、教育部重大攻关项目（心理学类）

一、国家社会科学基金重大项目（2011—2014年）

乐国安. 2012. 基于大规模网络实际测量的个体与群体行为影响分析研究. 南开大学

金盛华. 2013. 中国本土心理学核心理论的突破与建构研究. 北京师范大学

刘翔平. 2014. 儿童阅读障碍的认知机制及其干预研究. 北京师范大学

陈英和, 莫雷. 2014. 个体心理危机的实时监测与干预系统的建构. 华南师范大学

陈英和. 2014. 中国儿童青少年思维发展数据库建设及其发展模式的分析研究. 中国科学院心理研究所

朱莉琪. 2014. 公平感对人类决策影响的社会神经科学研究. 中国科学院心理研究所

二、教育部重大攻关项目（2011—2014年）

方晓义. 普通高中学生发展指导制度研究. 北京师范大学

林崇德. 拔尖创新人才成长规律与培养模式研究. 北京师范大学

舒华. 学生语言能力发展研究. 北京师范大学

游旭群. 我国教师职业心理健康标准测评体系研究. 陕西师范

附录四 教育部研究生学位中心关于国内心理学学科评估结果一览

心理学一级学科中，全国具有"博士一级"授权的高校共 16 所，本次有 14 所参评；还有部分具有"博士二级"授权和硕士授权的高校参加了评估；参评高校共计 32 所。以下相同得分按学校代码顺序排列

学校代码	名称	学科整体水平得分	学校代码	名称	学科整体水平得分
10027	北京师范大学	97	10285	苏州大学	68
10001	北京大学	83	10345	浙江师范大学	
10269	华东师范大学	82	10414	江西师范大学	
10574	华南师范大学		10475	河南大学	
10635	西南大学		10636	四川师范大学	
10335	浙江大学	77	10346	杭州师范大学	66
10065	天津师范大学	75	10370	安徽师范大学	
10511	华中师范大学		10022	北京林业大学	
10319	南京师范大学	73	10166	沈阳师范大学	
10533	中南大学		10338	浙江理工大学	
10718	陕西师范大学		10486	武汉大学	
10028	首都师范大学	72	10681	云南师范大学	
10165	辽宁师范大学		11078	广州大学	
10445	山东师范大学		10459	郑州大学	63
10200	东北师范大学	71	10522	武汉体育学院	
10558	中山大学		10637	重庆师范大学	

资料来源：中国教育科学网

后　记

　　本书系教育部人文社会科学项目"新中国心理学发展史研究"（10YJAXLX007）研究成果。各章节完成人分别为：绪论为霍涌泉；第一章为郭祖仪；第二章第一、二、三节为魏萍，第四节为王永春；第三章为陈永涌；第四章为段海军、田琳；第五章为陈永涌、曹东辉；第六章为魏萍、吴晶；第七章为王毅敏、宋佩佩；第八章为柳强、张秀青；第九章为杜阳宇、魏欣；第十章为陈永涌、霍涌泉。附录部分由张秀青、马明明、齐梓帆、张钰晨、白雪撰写整理。感谢通讯评审专家叶浩生教授、彭运石教授、刘如平教授、李越教授、王振宏教授等学者的鉴定及修改建议。杨剑峰博士、王小娟博士和马明明、张秀青、宋佩佩等同志对课题做了大量工作，陈永涌博士、宋佩佩和郭祖仪教授承担了繁重的统稿任务。根据评审专家的修改建议，我又对全部文稿进行了增加、改写和完善。本书得以问世，要特别感谢中国心理学会前任副理事长叶浩生教授拔冗撰写序言，感谢南京师范大学心理学院刘昌教授的鼎力扶持，也十分感谢科学出版社付艳及朱丽娜等编辑的精细加工。陕西师范大学学术出版基金资助了本书的出版。没有教育部人文社会科学基金和陕西师范大学的大力支持，本书的面世很可能还要推迟。国内其他学科基本上都写出了自己的新中国发展史，而唯独心理学界搞不出自己的当代发展史，这不啻是我们中国心理学界同仁的一件憾事。

　　然而，"当代人不写当代史"。作为一本中国心理学的当代发展史的初创之作，其研究、成稿过程中面临的困难和挑战十分大。因此，本书仅是对新中国心理学史的一种探索性研究，而不一定能构成具有完整意义的"史书"。其中存在的问题仍需要学术界多多加以批评指正，以便今后能够助推出更具有权威性和学术意义的《新中国心理学发展史研究》之"升级版"。

课题主持人霍涌泉于古城西安

2015 年 10 月